U0937470

普通高等院校机械工程学科“十二五”规划教材

机电传动控制

同志学　吴晓君　马松龄　张明慧　编著

国防工業出版社
·北京·

内容简介

本书系统地介绍了机电传动控制系统中的有关电动机的基本理论及机电控制的基本知识，内容涉及知识面较广，其中包括机电传动系统的动力学基础，直流电动机、交流电动机、控制电动机的特性与调速，继电器—接触器控制系统，可编程控制器的编程等。

本书知识面宽、内容丰富、应用性强，体现了理论先导、机电结合、理论联系实际、精练实用的原则。理论阐述抓住本质，工程问题结合要点。全书内容实用、全面，由浅入深，重点突出，每章后附有习题与思考题。本书可作为机械设计制造及其自动化专业、机械电子工程或相关专业本科生教材，也可供从事机电一体化工作的工程技术人员参考。

图书在版编目（CIP）数据

机电传动控制/同志学等编著．—北京：国防工业出版社，2017.4 重印

普通高等院校机械工程学科“十二五”规划教材

ISBN 978-7-118-07536-6

Ⅰ．①机… Ⅱ．①同… Ⅲ．①电力传动控制设备—高等学校—教材 Ⅳ．①TM921.5

中国版本图书馆 CIP 数据核字（2011）第 140554 号

※

国防工业出版社出版发行

（北京市海淀区紫竹院南路 23 号 邮政编码 100048）

北京京华虎彩印刷有限公司印刷

新华书店经售

*

开本 787×1092 1/16 印张 14¾ 字数 338 千字

2017 年 4 月第 1 版第 3 次印刷 印数 5001—7000 册 **定价** 35.00 元

（本书如有印装错误，我社负责调换）

国防书店：（010）88540777 发行邮购：（010）88540776

发行传真：（010）88540755 发行业务：（010）88540717

前　言

“机电传动控制”课程是各高校机械工程类专业最重要的基础课程之一。本教材是根据教育科学“十二五”国家规划项目中对机械设计制造及其自动化、机械电子工程专业本科人才培养目标的要求而精心编排的。从人才培养目标出发，在知识结构、内容安排、例题和习题选择等方面体现了机械工程专业的特点，力求内容完整、结构紧凑、实用性强。教材的编写原则是，语言通畅，叙述清楚，讲解细致，便于教学。尽可能反映近年来与本课程有关的科技发展的新内容、新技术，并引入了工程应用实例。

本书从机电传动控制的必要环节出发，依据“机电传动控制”课程的教学目标，采用理论知识体系完整、知识面宽、综合性强、实用为度的知识构架。在内容组织上，从机电传动系统的动力学基础开始，介绍机电传动系统的运动方程式、生产机械的负载特性、过渡过程等基本知识，进而逐一深入阐述机电传动系统中直流电动机、交流电动机、伺服电动机的基本理论和特性；为突出机电结合工程实用，有专门章节叙述电动机的选择；由此涉及继电器—接触器控制知识以及可编程序控制器编程技术。各章节内容独立完整而又相互关联，从而构成完整的“机电传动控制”课程知识体系。通过本课程的学习，可使学生掌握电动机、电器结构、机电控制等必备的基础理论，了解机电传动控制系统的基本概念、工作原理、方法、类型及最新控制技术在机械设备上的应用。

全书共分 8 章。第 2、4、6、8 章由同志学编写，第 1、7 章由吴晓君编写，第 3 章由马松龄编写，第 5 章由张明慧编写。全书由同志学统稿。

对书中参考和引用的教材、资料的相关兄弟院校、单位和作者，一并表示感谢。限于编者的学识水平，加之时间仓促，书中难免存在不妥之处，诚望使用本书的教师和读者给予指正，在此我们表示衷心的感谢，本书配有 PPT 课件，授课教师可发邮件至 896369667@ QQ. com 索取。

编　者

目　录

第1章 绪 论

1.1 机电传动与控制系统的发展概况

机电传动系统是指以电动机为动力源，带动生产机械运动的运动整体。机电传动系统的目的是将电能转换成机械能，实现生产机械的启动、运动、切换和停止。一个完整的机电传动控制系统包含控制环节（电气控制）、驱动环节（原动力为电动机）和被控对象（机械部分）。其中任一环节中的技术更新，都会促进机电传动技术向前发展。

1.1.1 机电传动系统的发展

电动机是将电能转变为机械能的驱动装置。作为生产机械的动力源，电动机的主要作用是产生驱动转矩。电动机能提供的功率范围很大，从毫瓦级到万千瓦级。电动机使用方便，具有启动、加速、制动、反转等能力，能满足机电传动各种运行要求。

19世纪末，第二次工业革命以电力的广泛应用为显著特点。由于电动机的出现，电力开始用于带动机器，成为补充和取代蒸汽动力的新能源，这使机械传动发生了变革，跨入了用电动机代替蒸汽机的电气时代。在其初期，常以一台电动机拖动一根天轴，然后再由天轴通过带轮和传动带分别拖动多台生产机械。这种拖动方式生产效率低，劳动条件差，一旦电动机发生故障，将造成成组的生产机械停车。随后有了单电动机拖动系统，即用一台电动机拖动一台生产机械，它虽较成组拖动前进了一步，但当一台生产机械的运动部件较多时，机械传动机构仍十分复杂。在20世纪30年代出现了多电动机拖动系统，即一台生产机械的每一个运动部件分别由一台专门的电动机拖动。例如，龙门刨床的刨台，左右垂直刀架和侧刀架、横梁机器夹紧机构，均分别由一台电动机拖动，这种拖动方式不仅大大简化了生产机械的传动机构，而且控制灵活，为生产机械的自动化提供了有利的条件，所以现代化机电传动基本上均采用这种拖动方式。

伴随着电动机驱动与调速系统的发展，机电传动系统得到快速的发展。由于直流电动机具有良好的启动、制动和调速性能，可以很方便地在宽范围内实现平滑无级调速，所以20世纪30年代以后直流调速系统在重型和精密机床上得到了广泛应用。60年代以后，由于大功率晶闸管的问世以及大功率整流技术和大功率晶体管的发展，晶闸管直流电动机无级调速系统和采用脉宽调制的直流调速系统获得广泛应用。80年代以后，由于半导体交流技术的发展，使得交流电动机调速系统有了突破性进展。交流调速具有许多优点，如单机容量和转速可大大高于直流电动机；交流电动机无需电刷与换向器，易于维护、可靠性高；能用于含有腐蚀性、易爆性和高粉尘气体等特殊环境中；与直流电动机相比，交流电动机还具有体积小、重量轻、制造简单、坚固耐用等优点。现在，交流调速已经突破关键技术，从实用阶段进入扩大应用、系列化的新阶段。矢量控制技术是近年来新兴的控制技术,它能使交流调速具有优越的直流调速性能。交流变频调速器及矢量控制伺服单元电动机已日益应用于工业中。交流调速技术的发展对机械行业产生的影响也日益显现。

除了驱动用电动机,控制用的伺服电动机在机电设备中具有的重要地位也日益凸显。伺服系统的发展经历了由液压到电气的过程。20 世纪 50 年代,无刷电动机和直流电动机实现了产品化,并在计算机外围设备和机械设备上获得了广泛应用。70 年代则是直流伺服电动机的应用最为广泛的时代。70 年代后期至 80 年代初期,随着微处理器技术、大功率高性能半导体功率器件技术和电动机永磁材料制造工艺的发展及其性能价格比的日益提高,交流伺服控制系统逐渐成为主导产品。交流伺服驱动技术已经成为工业领域实现自动化的基础技术之一,并将逐渐取代直流伺服系统。步进电动机作为一种开环控制的系统和现代数字控制技术有着本质的联系,而且利用了基本相同的技术以几乎相同的速度与伺服电动机同步发展。目前以运动准确为目标的机电传动控制系统中,大多采用步进电动机或全数字式交流伺服电动机作为执行电动机。数字化控制是机电传动系统的发展趋势。

1.1.2 机电传动控制系统的发展

机电传动的控制环节经历了以下几个发展阶段:

1. 继电器—接触器控制阶段

对于开关量的自动控制,从 20 世纪初开始采用接触器、继电器和行程开关等控制电器实现对控制对象的启动、停车以及有级调速等控制,这种继电器—接触器控制装置适用于动作比较简单、控制规模小的场合,具有结构简单、价格低廉、维修方便、抗干扰性强等特点,因此广泛应用于各类机床和机械设备上。采用这种控制装置可以方便地实现生产过程自动化,而且还可以实现集中控制和远程控制。继电器—接触器控制系统的缺点:由于采用固定接线形式,故在进行程序控制时,改变控制程序不方便、灵活性差;采用有触点的开关动作,工作效率低、触点易损坏、可靠性差,另外,它的控制速度慢、控制精度低。尽管如此,这种控制装置仍能满足在一定范围内的机械设备的自动控制。目前,继电器—接触器控制系统仍然是机床和其他机械设备最基本的电气控制形式之一。

2. 顺序控制器控制

20 世纪 60 年代随着电子计算机的出现及其在工业控制中的大量应用,大大提高了控制装置通用性和灵活性,而且它还具有采样速度快和控制功能强的优点。但是,对于开关量的自动化控制系统来说,由于它不需要复杂的数学运算,并且要求编程简单、使用维修方便,如果采用通用的电子计算机来完成开关量的控制,则存在“大材小用”和不经济等问题。因此,需要一种比继电器—接触器控制系统的通用性和灵活性更强,但又比计算机控制装置简便、经济的开关量控制装置,顺序控制器就是顺应这样的需要而产生的。

顺序控制器是通过组合逻辑元件的插接来实现逻辑控制的。顺序控制器的类型较多,它可以满足程序经常改变的控制要求,使程序可变、编程容易、可靠性高、使用和维护方便。但这种控制系统的输入/输出端数目往往受到矩阵板本身结果的限制,而且抗干扰性差,近年来已经很少应用。

3. 可编程序控制器

可编程序控制器(PLC)是计算机技术与继电器技术相结合的产物,是在顺序控制器和微机控制器的基础上发展起来的新型控制器,是一种以微处理器为核心用于数字控制的专用计算机。PLC 在现代工业自动化控制中是最值得重视的先进控制技术,现已成为工业控制三大支柱(PLC、计算机辅助设计/计算机辅助制造(CAD/CAM)、机器人(ROBOT)之一。它以其可靠性高、逻辑控制功能强、体积小、可在线修改控制程序、具有远程通信联网功能、易于和计算机连接、能对模拟量进行控制、具备高速计数等优异性能,正在日益取代由大量中间继电器、时间继电器、计数继电器等组成的传统继电器—接触器控制系统,在机械、化工、石油、冶金、电力、轻工、电子、纺织、食品、交通等行业得到广泛应用。

4. 数字控制技术

数字控制(NC)技术在电气自动控制中占有十分重要的地位,它是以数字化的信息通过数控装置(专业或通用计算机)实现控制的一种技术,最典型的产品是数控机床。1952年,美国麻省理工学院研制成功世界上第一台三坐标数控铣床,它综合应用了当时电子计算机、自动控制、伺服驱动、精密检测与新型机械结构等多方面的最新技术成就,成为一种新型的通用性强的高效自动化机床,它集高效率、高柔性、高精度于一身,特别适合多品种、小批量的加工自动化。

5. 计算机数字控制技术

随着微电子技术的发展,由小型或微型计算机再加上通用或专用大规模集成电路组成的计算机数控装置性能更为完善,几乎所有的机床品种都实现了数控化,出现了具有自动换刀功能的数控加工中心机床。

6. 加工中心机床

加工中心机床是带有刀库和自动换刀装置的一种多功能数控机床。由于工件经一次装夹后能对多个表面自动完成铣、镗、钻、铰等多种工序的加工,并且有多种换刀或选刀功能,从而使生产效率和自动化程度大大提高。

7. 自适应数控机床

自适应数控机床可针对加工过程中加工条件的变化(材料变化、刀具磨损、切削温度变化等)做自动适应调整,使加工过程始终处于合理的最佳状态。自适应数控机床是基于最优控制及自适应控制理论,在扰动下实现最优。

8. 柔性制造系统

柔性制造系统是由数控加工设备、物料运储装置和计算机控制系统等组成的自动化制造系统,包括多个柔性制造单元,能根据制造任务或生产环境的变化迅速调整,适用于多品种、中小批量生产。

柔性制造系统虽然具有柔性,因为缺少计算机辅助设计等环节,不能保证“及时生产”(边生产边设计)。

9. 计算机集成制造系统

在柔性制造系统基础上,综合应用计算机辅助设计、计算机辅助制造、智能机器人等多项高新技术,形成了从产品设计到制造的智能化生产的完整体系。这就是计算机集成制造系统(CIMS),它将自动制造技术推进到了更高的水平,是今后电气自动控制的发展方向。

1.2 本课程的性质和任务

随着社会生产和科学技术的发展与进步,机电传动控制技术正在不断地深入到各个领域并迅猛地向前推进。机电传动控制技术水平是一个国家工业技术水平的重要标志之一。“机电传动控制”课程是机械设计制造及其自动化专业的一门必修的专业基础课。本课程把驱动电动机、控制电动机(如交流伺服电动机和步进电动机)、继电器—接触器控制系统、可编程序控制器等内容,根据学科的发展与其内在的规律,以驱动系统为主导,以控制为主线,将机电传动控制所需的强电控制知识系统、科学、有机地结合起来,指导学生学习机电传动过程中各类电动机特性与驱动技术,掌握机电传动控制系统中的各类电器、控制电路工作原理、特点性能,了解最新技术在机械设备中的应用。

本课程的基本任务:

(1) 学习机电传动系统的动力学分析方法,熟悉机电传动系统的运动方程式;掌握多轴机电传动系统中转矩、转动惯量的折算原则与方法;重点掌握典型生产机械的负载特性与电动机的匹配。

(2) 学习交流电动机、直流电动机及控制电动机的结构和工作原理;熟悉其机械特性;掌握交流电动机、直流电动机的启动、调速、制动特性与方法;了解伺服控制系统的构成;学会电动机的选用。

(3) 学习继电器—接触器控制系统,熟悉各种控制电器的工作原理、作用、特点和电气符号;掌握继电器—接触器控制电路中基本控制环节的构成和工作原理;学会分析简单控制电路;了解完整的机电传动控制系统的组成、要求与设计方法。

(4) 学习可编程控制器的工作原理和编程方法,掌握 S7 - 200PLC 的指令系统与编程方法、应用实例。

本课程除课堂教学外,还有实验、课程设计、生产实习和毕业设计等实践性教学环节。通过从机电综合的角度学习电动机驱动技术、控制知识,使机械专业学生不仅掌握较为牢固的机电传动控制基本理论,而且还具有较强机电传动控制系统分析能力和实践动手能力。

1.3 课程内容安排

全书共分 8 章。第 1 章为绪论。第 2 章重点介绍机电传动系统的运动方程式。由于电动机是机电传动系统的动力与电气控制的对象,故第 3 章和第 4 章分别介绍直流电动机和交流电动机的工作原理及其特性。随着机电传动控制系统的发展,控制电动机作为一种重要的检测、控制元件,应用也越来越多,特别是在数控方面,伺服电动机和步进电动机应用越来越广泛,故第 5 章介绍各类常用控制电动机的结构特点、工作原理、性能和应用,并对伺服电动机和步进电动机组成的机电传动控制系统作简单介绍。第 6 章介绍电动机的选用。由于继电器—接触器控制系统目前还广泛应用在生产实际中,它仍然起着重要的作用,故第 7 章介绍继电器—接触器控制系统中用到的常用电器和基本控制电路以及典型的应用实例等。随着微型计算机的出现和迅速发展,PLC 正在取代传统的顺序控制器,故第 8 章介绍 S7 -200PLC。

本教材是根据机械设计制造及其自动化专业少学时学习的需要而安排内容的。授课内容不同,学时进度和安排有所不同,下面给出 40 学时的教学参考:

第 1 章　绪论——0.5 学时;

第 2 章　机电传动系统的动力学基础——1.5 学时;

第 3 章　直流电动机的特性与调速——6 学时;

第 4 章　交流电动机的特性与调速——8 学时;

第 5 章　控制电动机——3 学时;

第 6 章　机电传动控制系统中电动机的选择——3 学时;

第 7 章　继电器 - 接触器控制系统——8 学时;

第 8 章　可编程控制器——2 学时;

实验:S7 -200 编程——6 学时;

交流电动机机械特性测试——2 学时。

本教材还配有电子教案,可供使用本教材的高等院校、高职高专和培训机构的教师参考。

第2章 机电传动系统的动力学基础

从动力学角度分析,机电传动系统是一个以电动机为动力源,并通过传动机构带动生产机械的运动系统。尽管每个机电传动系统的电动机种类繁多、特性各异,生产机械的负载特性也各种各样,但它们都服从动力学运动规律。本章主要介绍机电传动系统动力学模型和运动方程式的建立,并对系统的稳定运行条件进行分析,另外还介绍过渡过程产生的原因和研究意义。

2.1 机电传动系统的运动方程式

2.1.1 单轴机电传动系统运动方程式

图2.1为单轴机电传动系统动力学模型,其上作用有两个转矩,一个是电动机产生的转矩 T_M(与电动机运动方向相同,是一个驱动转矩),另一个是生产机械产生的负载转矩 T_L(与运动方向相反),二者同时作用在一个轴(电动机轴)上,使系统以角速度 ω 转动。根据牛顿运动定律,可得单轴机电传动系统的运动方程式为

$$T_M - T_L = J\frac{d\omega}{dt} \tag{2.1}$$

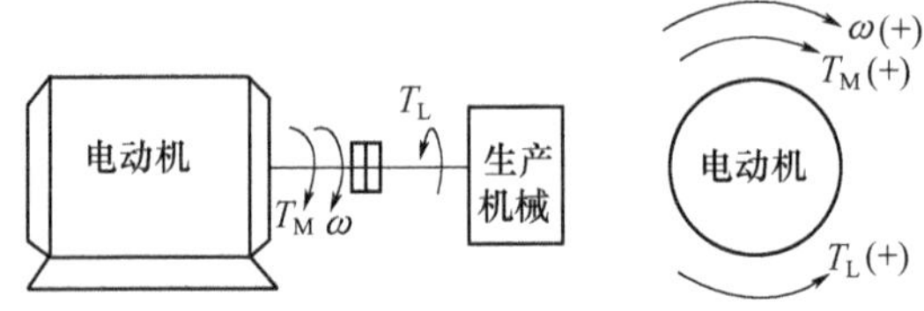

图2.1 单轴机电传动系统动力学模型

式中 T_M——电动机产生的转矩(N·m);

T_L——单轴机电传动系统的负载转矩(N·m);

J——单轴机电传动系统的转动惯量(kg·m²);

ω——单轴机电传动系统的角速度(rad/s);

t——时间(s)。

工程实际中,常用转速 n 代替角速度 ω,用飞轮转矩 GD^2 代替转动惯量 J。则机电传动系统运动方程的实用形式变为

$$T_M - T_L = \frac{GD^2}{375}\frac{dn}{dt} \tag{2.2}$$

令 $T_d = J\dfrac{d\omega}{dt}$,称为动态转矩,则式(2.1)可写成转矩平衡方程式

$$T_M - T_L = T_d$$

或

$$T_M = T_L + T_d \tag{2.3}$$

由此可以看出,在任何情况下,电动机所产生的转矩总是与负载转矩(静态转矩)和动态转矩之和相平衡。

当 $T_M = T_L$ 时,$T_d = 0$,这表示无动态转矩,系统恒速运转,即系统处于平衡状态。

值得指出的是图2.1中关于转矩正方向的约定:由于传动系统有多种运动状态,相应的运动方程式中转速和转矩就有不同的符号。因为电动机和生产机械以共同的转速旋转,所以,一般以转动方向为参考来确定转矩的正、负。设电动机某一转动方向的转速 n 为正,则约定电动机转矩 T_M 与 n 一致的方向为正向,负载转矩 T_L 与 n 相反的方向为正向。

根据上述约定就可以从转矩与转速的符号上判定 T_M 和 T_L 的性质:若 T_M 与 n 符号相同(同为正或同为负),则表示 T_M 的作用方向与 n 相同,T_M 为拖动转矩;若 T_M 与 n 符号相反,则表示 T_M 的作用方向与 n 相反,T_M 为制动转矩。而若 T_L 与 n 符号相同,则表示 T_L 的作用方向与 n 相反,T_L 为制动转矩;若 T_L 与 n 符号相反,则表示 T_L 的作用方向与 n 相同,T_L 为拖动转矩。

如图2.2所示,在重物提升过程中,设电动机的旋转方向为 n 的正方向。

启动时:如图2.2(a)所示,电动机拖动重物上升,T_M 与 n 正方向一致,T_M 取"+";T_L 与 n 正方向相反,T_L 也取"+"。

制动时:如图2.2(b)所示,重物仍在上升,n 为正,只是电动机要制止系统运动,所以,T_M 与 n 正方向相反,T_M 取"-";T_L 仍然与 n 正方向相反,T_L 仍取"+"。

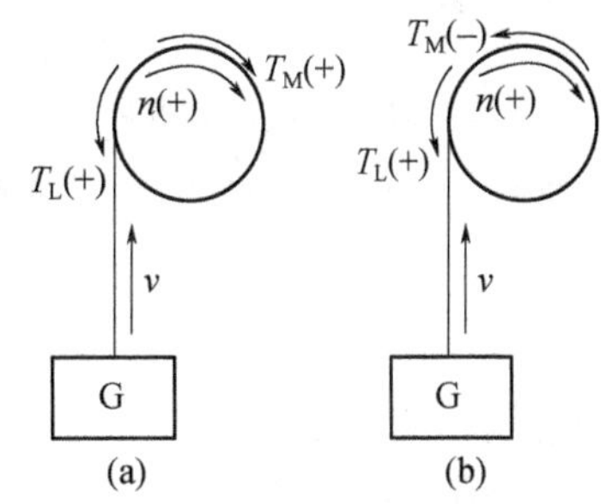

图2.2 T_M、T_L 符号的判定

(a)启动时;(b)制动时。

2.1.2 多轴机电传动系统的等效动力学模型

实际应用中常见的是多轴机电传动系统(图2.3),负载转矩和电动机转矩没有作用在同一轴上。在建立动力学模型时,为了简化运动方程式一般将其等效成单轴机电传动系统。即将负载转矩和系统的转动惯量(或质量)折算到电动机轴上,得到一个等效负载转矩和等效转动惯量,这个具有等效转动惯量和等效负载转矩的单轴机电传动系统就是多轴机电传动系统的等效动力学模型。

1. 等效负载转矩的计算

负载转矩是静态转矩,可根据等效前后功率守恒的原则进行等效。例如,生产机械作旋转运动,如图2.3(a)所示,等效前的负载功率为

$$P'_L = T'_L\omega_L$$

式中 ω_L——生产机械的角速度;

T'_{L}——真实负载转矩。

设 T'_{L} 折算到电动机轴上的等效负载转矩为 T_{L}，电动机的角速度为 ω_{M}，则等效后的负载功率为

$$P_{M} = T_{L}\omega_{M}$$

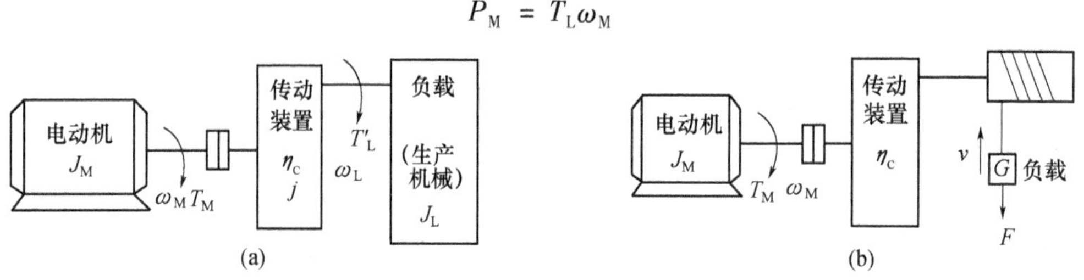

图 2.3　多轴机电传动系统

(a) 负载作旋转运动；(b) 负载作直线运动。

若传动系统的机械效率为 η_{C}，则根据等效前后功率守恒可得

$$P_{M}\eta_{C} = P'_{L}$$

将等效前后的负载功率的具体表达式代入上式，经整理，得

$$T_{L} = \frac{T'_{L}}{\eta_{C} j} \tag{2.4}$$

式中　j——传动系统的速比。

如图 2.3(b)所示，生产机械作直线运动(如卷扬机提升重物)，则等效前的负载功率为

$$P'_{L} = Fv$$

等效后的负载功率为

$$P_{M} = T_{L}\omega_{M}$$

根据等效前后功率守恒原则，即 $P_{M}\eta_{C} = P'_{L}$，得

$$T_{L} = \frac{Fv}{\eta_{C}\omega_{M}} = \frac{9.55Fv}{\eta_{C} n_{M}} \tag{2.5}$$

式中　F——直线运动部件的负载力(N)；

n_{M}——电动机的转速(r/min)；

v——直线运动部件的速度(m/s)；

η_{C}——传动系统的效率。

2. 等效转动惯量的计算

由于转动惯量与运动系统的动能有关，所以等效转动惯量的计算可根据等效前后动能守恒的原则进行折算。对于生产机械作旋转运动的机电传动系统来说，等效转动惯量 J_{Z} 和等效飞轮转矩 GD_{Z}^{2} 分别为

$$J_{Z} = J_{M} + \frac{J_{1}}{j_{1}^{2}} + \frac{J_{L}}{j_{L}^{2}} \tag{2.6}$$

$$GD_{Z}^{2} = GD_{M}^{2} + \frac{GD_{1}^{2}}{j_{1}^{2}} + \frac{GD_{L}^{2}}{j_{L}^{2}} \tag{2.7}$$

式中　J_M、J_1、J_L——电动机轴、中间传动轴、生产机械轴的转动惯量；

j_1——电动机轴与中间传动轴之间的速比，$j_1 = \omega_M/\omega_1$；

j_L——电动机轴与生产机械轴之间的速比，$j_L = \omega_M/\omega_L$；

GD_M^2、GD_1^2、GD_L^2——电动机轴、中间传动轴和生产机械轴的飞轮转矩。

一般情况下，j_1 较大，即 J_1 对折算结果影响不大，所以在实际工程中为计算简便起见，将式(2.6)和式(2.7)简化成

$$J_Z = \delta J_M + J_L/j_L^2 \tag{2.8}$$

或

$$GD_Z^2 = \delta GD_M^2 + GD_L^2/j_L^2 \tag{2.9}$$

一般 $\delta = 1.1 \sim 1.25$。

对于生产机械中有直线运动部件的机电传动系统来说，等效转动惯量 J_Z 和等效飞轮转矩 GD_Z^2 分别为

$$J_Z = J_M + J_1/j_1^2 + J_L/j_L^2 + mv^2/\omega_M^2 \tag{2.10}$$

$$GD_Z^2 = GD_M^2 + GD_1^2/j_1^2 + GD_L^2/j_L^2 + 365Gv^2/n_M^2 \tag{2.11}$$

式中　m——直线运动部件的质量。

这样，可以将一个具有中间传动系统的多轴机电传动系统，简化为一个单轴机电传动系统，将其运动方程式写成

$$T_M - T_L = J_Z \frac{d\omega}{dt} \text{ 或 } T_M - T_L = \frac{GD_Z^2}{375}\frac{dn_M}{dt}$$

2.2　机电传动系统的典型负载特性

在机电传动系统的运动方程式中，生产机械的负载转矩(除特别注明外，本书中提及的负载转矩均指折算到电动机轴上的负载转矩)可能是常数，也可能是转速的函数。将生产机械的负载转矩与转速之间的函数关系称为机电传动系统的负载特性。

工程实际中的负载特性可能是各种各样的，以下仅介绍几种典型的负载特性。

1. 恒转矩型负载特性

这类负载特性的特点是负载转矩大小与转速无关，是一个常数，如提升机构、车床等。

在图2.4(a)中，负载转矩的方向总是与运动方向相反，阻碍运动，称其为反抗转矩。这类负载主要是因摩擦、非弹性体的压缩和拉伸及扭转等作用所产生的，如机床加工过程中的切削力所产生的负载转矩为反抗转矩。

在图2.4(b)中，负载转矩的方向与运动方向无关，称其为位能转矩。这类负载主要是由重力和弹性体的压缩、拉伸和扭转等作用而产生的，如卷扬机吊重物时重力所产生的负载转矩为位能转矩。这类负载，在某方向阻碍运动成为制动转矩，而在相反方向却促进运动而成为拖动转矩。

2. 离心式通风机型负载特性

这种类型的负载是按离心力原理工作的，如离心式风机、水泵等的负载转矩 T_L 与转

速 n 的平方成正比，即 $T_L = Cn^2$(C 为常数)，如图 2.4(c)所示。

3. 直线型负载特性

这类负载的负载转矩与转速成正比，即 $T_L = Cn$(C 为常数)，特性曲线如图 2.4(d)所示。如实验室用作模拟负载的他励直流发电机，当励磁电流和电枢电阻固定不变时，其驱动转矩与转速成正比。

4. 恒功率型负载特性

这类负载的负载转矩与转速成反比，即 $T_L = k/n$(k 为常数)，特性曲线如图 2.4(e)所示。例如，在车床加工时为了保持切削功率基本不变，一般在粗加工时，选择大切削量，负载阻力大，开低速；在精加工时，选择小切削量，负载阻力小，开高速。

上述仅是一些简单常用的单一类型的负载特性，实际工程机械中可能还会有其他类型的负载特性，或者几种负载特性共存的情况。

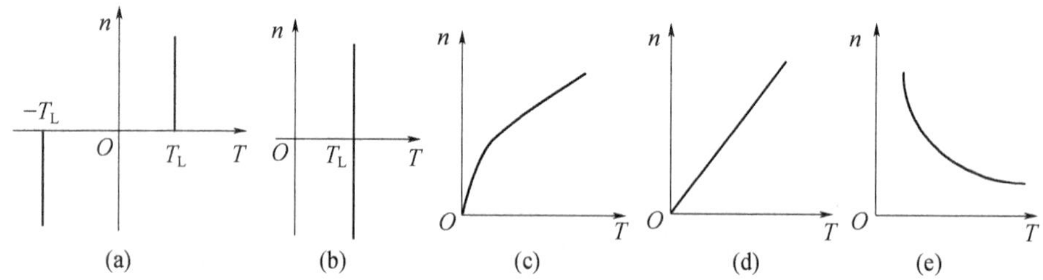

图 2.4 典型的负载特性曲线

2.3 机电传动系统稳定运行的条件

机电传动系统设计的一个重要环节就是电动机的机械特性与生产机械的负载特性合理匹配，而合理匹配的一个最基本的条件是系统能否稳定运行。

机电传动系统稳定运行有两层含义：一是系统能够匀速运转，即系统处于力的平衡状态；二是当系统受到某种干扰使运动速度发生变化后，如果干扰消除，系统应能自动恢复到原来的运行状态。

机电传动系统中电动机与生产机械是连成一体的，两者的速度始终是相同的，如果要匀速运转，则系统必须达到力的平衡，即生产机械的负载转矩 T_L 与电动机的拖动转矩 T_M 应大小相等、方向相反。在图 2.5 中，曲线 1 是负载特性曲线，曲线 2 是电动机的机械特性曲线。在两条曲线的交点 a 和 b 处，存在 $T_L = T_M$，即这两点是系统的平衡点，系统在这两点处一定能够匀速运转。由此可见，电动机机械特性和负载特性的两条曲线有交点，即存在平衡点，是机电传动系统稳定运行的必要条件。

但对于图 2.5 中的平衡点 a 来说，当系统受到某种干扰使运动速度降低到 n_C 时，干扰又消失了。这时，负载特性运行于 c 点，而电动机工作于 d 点，显然，电动机的转矩大于负载转矩，系统将加速运行。当系统速度上升到 a 点时，系统又重新达到了平衡。同理，当系统受到某种干扰使运动速度升高，随后干扰又消失后，由于电动机转矩小于负载转矩，系统将减速运行。当速度降低到 a 点时，系统又重新达到了平衡。由此看来，系统能够在 a 点稳定运行,即 a 点是系统的稳定运行点。

对于图 2.5 中的平衡点 b,当系统受到某种干扰使运动速度降低,随后干扰又消失后,电动机转矩小于负载转矩,系统将减速运行而无法回到 b 点;当系统受到某种干扰使运动速度升高,随后干扰又消失后,由于电动机转矩大于负载转矩,系统将加速运行而远离 b 点。所以,系统无法在 b 点稳定运行,即 b 点不是系统的稳定运行点。

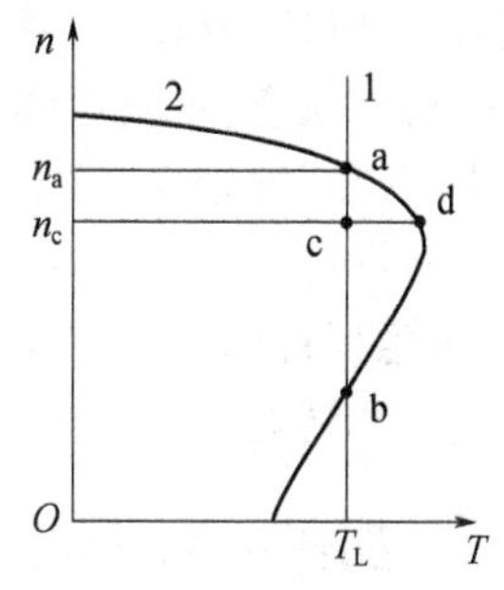

图 2.5　稳定运行条件

从以上分析可以总结出,机电传动系统稳定运行的必要条件:机电传动系统存在平衡点,即电动机的机械特性与负载特性曲线有交点。稳定运行的充分条件:当转速偏离平衡点时,系统存在一个使其趋于平衡点的转矩差,使其能够自动回复到原来的平衡点。

只有满足上述充分必要条件的平衡点,才是机电传动系统的稳定平衡点。

2.4　机电传动系统的过渡过程

机电传动系统的运行状态有两种:一种是稳定运行状态,在此状态下系统匀速运转,电动机的转矩等于生产机械的负载转矩;另一种就是当电动机的转矩或负载转矩发生变化时,系统就要由一个稳定运转状态变化到另一个稳定运转状态,在这个变化过程中,系统失去平衡,作变速运动,这一过程称为过渡过程。研究机电传动系统的过渡过程就是研究电动机的转速、转矩和电流在这一过程中的变化规律。

2.4.1　研究机电传动系统过渡过程的实际意义

实际应用中,大多数生产机械对机电传动系统的过渡过程都提出了不同的要求:如龙门刨床的工作台等在工作中需要经常进行启动、制动、反转和调速,要求过渡过程尽量快,以提高生产率;电梯、地铁、电车等生产机械要求启动、制动过程平滑,加速度不宜太大,以保证舒适性;造纸机械、印刷机械等生产机械也必须限制其运行加速度的大小,如果超过允许值,则可能损坏机器部件或生产出次品;过渡过程中的能量损耗、系统准确停车与协调运转等。

总之,为了满足各种要求,必须研究过渡过程的基本规律,才能正确选择机电传动装置,为机电传动自动控制系统提供控制原则,进而设计出完善的控制线路,达到改善产品质量、提高生产率和减轻劳动强度的目的。

2.4.2　机电传动系统产生过渡过程的原因

机电传动系统之所以产生过渡过程,是因为存在以下惯性:

(1) 机械惯性。由于机电传动系统存在转动惯量,使转速不能突变。

(2) 电磁惯性。由于电动机中存在电感,使电流和磁场不能突变。

(3) 热惯性。它反映在温度上,使温度不能突变。

由于存在各种惯性,当对机电传动系统进行控制、系统中的电气参数发生突变、负载突变时，机电传动系统的转速、转矩、电流、磁通等不能突变，需要经过一定时间，才能过渡到另一稳定状态，这就形成了过渡过程。

由于热惯性较大，温度变化较转速、电流等参数的变化要慢得多，一般可不考虑，而只考虑机械惯性和电磁惯性。在某些场合，如直流他励电动机电枢回路在不串接电感的情况下，电磁惯性影响也不大，可以只考虑机械惯性。在这种过渡过程中，仅转速不能突变，电枢电流和转矩是可以突变的。

2.4.3 加快机电传动系统过渡过程的方法

以直流电动机拖动系统的启动过程为例，可以推导出这一机电传动系统在过渡过程中的转速 n、电动机转矩 T_M、电枢电流 I_a 随时间的变化而变化的规律，如图 2.6 所示。

由图 2.6 可以看出，启动过程 n、T_M、I_a 变化规律为指数曲线。在开始瞬间，$T_M = T_{st}$，动态转矩 $T_d = T_M - T_L$ 最大，电动机以较大的加速度升速；随着速度升高，T_d 逐渐减小，升速减缓，但一直升速，直至达到稳态 $T_M = T_L$，$n = n_s$。

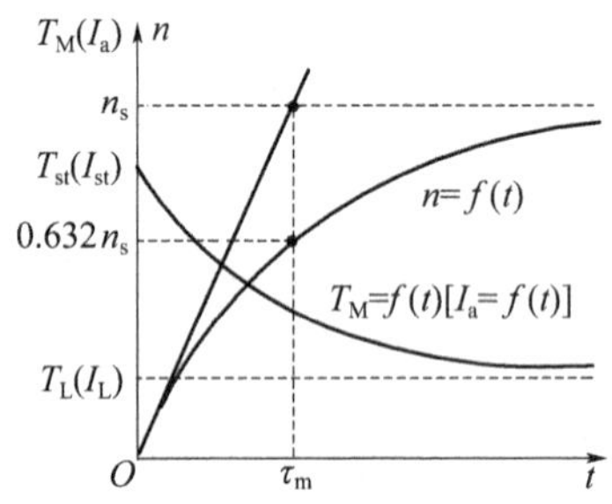

图 2.6 启动时过渡过程曲线

理论上 $t = \infty$ 时，系统才能达到稳态。实际上，当 $t = (3 \sim 5)\tau_m$ 时，就可以认为转速已经达到稳态转速 n_s。

由图 2.6 可以看出，τ_m 的大小直接影响转速曲线的弯曲程度，当 τ_m 越大，过渡过程越长，将 τ_m 称为机电时间常数。所以加快机电传动系统过渡过程，实质上就是减小 τ_m。可以推导出直流机电传动系统启动过程的机电时间常数为

$$\tau_m = \frac{GD^2}{375} \frac{n_s}{T_{st} - T_L} \tag{2.12}$$

由此可以看出，加快机电传动系统过渡过程的方法有以下两种：

(1) 减少系统 GD^2。例如，龙门刨床的刨台采用两台电动机驱动就是为了减小 GD^2；有的场合采用小惯量直流电动机，就是因为这种电动机的电枢细长，GD^2 小，且启动转矩大，所以$\frac{GD^2}{T_{st} - T_L}$较小，启动快，快速响应性能好。

(2) 增加动态转矩。例如，目前，大惯量直流电动机（也称宽调速直流力矩电动机）已在很多场合取代了小惯量直流电动机。这主要是因为这种电动机电枢粗短，GD^2 大，但 $T_{max} - T_L$ 更大，所以$\frac{GD^2}{T_{st} - T_L}$与小惯量直流电动机相比，仍然较小，快速性能指标不比小惯量直流电动机差；其低速时转矩大，可以直接驱动负载，而无需机械减速机构；另外，它的电枢粗短，散热好，过载能力强。

其实，增加动态转矩还可以从控制方法上考虑。由于 $T_d = T_M - T_L$ 越大，系统加速度越大，过渡过程越短，但同时又不希望 I_a 超过最大值，所以可以在整个启动过程中，让 T_d 在允许范围内，始终保持最大，这样过渡过程就最短。

习题与思考题

2-1　说明机电传动系统运动方程式中的拖动转矩、静态转矩和动态转矩的概念。

2-2　从运动方程式怎样看出系统是处于加速的、减速的、稳定的和静止的各种工作状态?

2-3　试列出如题2-3图所示几种情况下系统的运动方程式,并说明系统的运行状态是加速、减速还是匀速?(图中箭头方向表示转矩的实际作用方向)

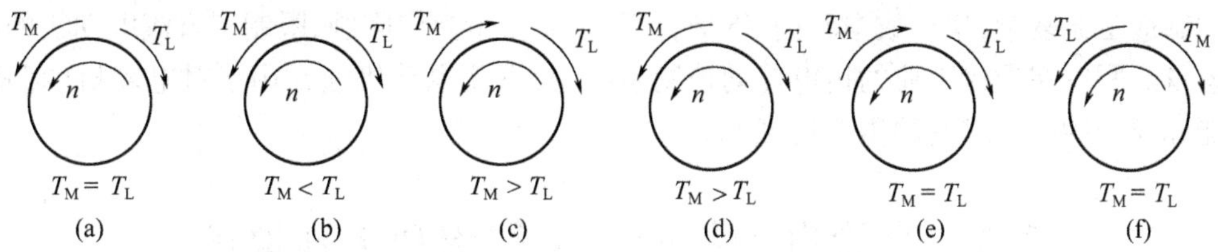

题2-3　图

2-4　多轴拖动系统为什么要折算成单轴拖动系统?转矩折算为什么依据折算前后功率不变的原则?转动惯量折算为什么依据折算前后动能不变的原则?

2-5　一般生产机械按其运动受阻力的性质来分可有哪几种类型的负载?

2-6　反抗静态转矩与位能静态转矩有何区别?各有什么特点?

2-7　在题2-7图中,曲线1和曲线2分别为电动机的机械特性和电动机所拖动的生产机械的负载特性,试判断哪些是系统的稳定平衡点,哪些不是。

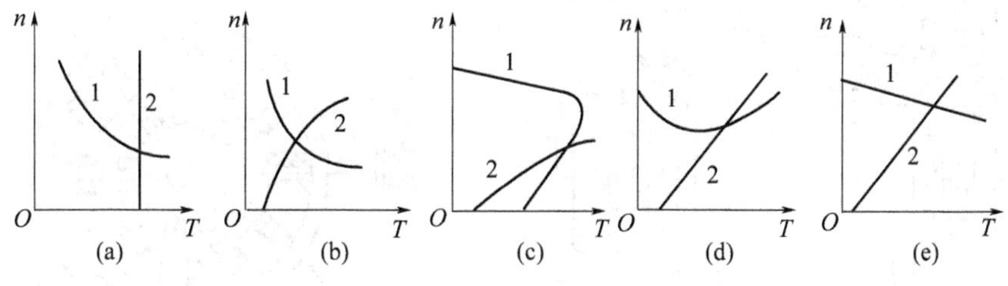

题2-7　图

2-8　在$T=f(n)$坐标系中,第一、三象限被认为是电动象限,第二、四象限被认为是电动机的制动象限,能否运用动力学方程加以解释?

2-9　什么叫过渡过程?什么叫稳定运行过程?试举例说明。

2-10　研究过渡过程有什么实际意义?试举例说明。

2-11　加快机电传动系统的过渡过程一般采用哪些办法?

2-12　为什么大惯量电动机反而比小惯量电动机更为人们所采用?

第 3 章　直流电动机的特性与调速

直流电动机的优点是:调速特性很好,调速范围广,易于平滑调速;启动、制动和过载转矩较大;易于控制,可靠性较高;特别是调速特性为交流电动机所不及。但是直流电动机的制造工艺复杂,生产成本较高,维护较困难,尤其是换向问题,限制了直流电动机的极限容量。所以在现代工业的机电传动控制系统中,直流电动机通常用于对电动机的调速性能和起动性能要求高的生产机械上。

3.1　直流电动机的基本结构和工作原理

3.1.1　直流电动机的基本结构

图 3.1 是一台常用小型直流电动机结构示意图。直流电动机主要分为定子和转子两大部分。定、转子之间存在的间隙称为气隙。定、转子之间的位置关系如图 3.2 所示。

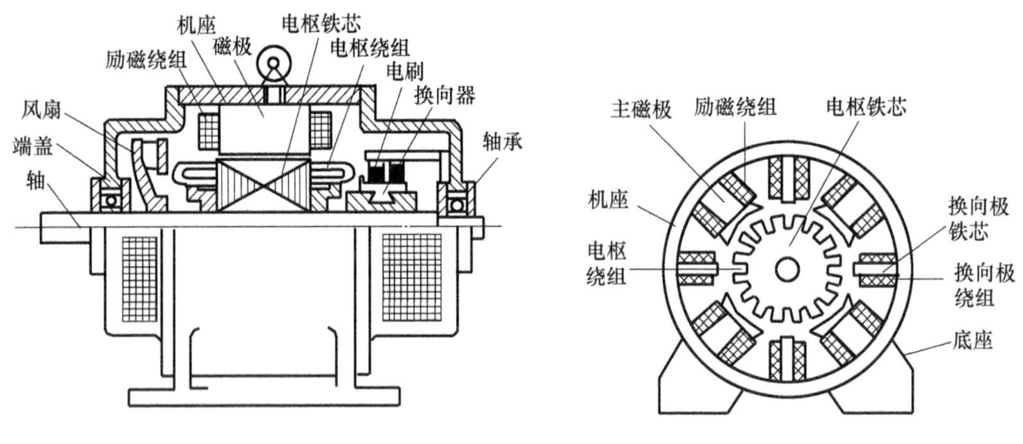

图 3.1　直流电动机结构　　图 3.2　直流电动机轴端剖面图

1. 定子

定子是电动机的静止部分,定子的作用是产生主磁场和在机械上支撑电动机,它的组成部分有主磁极、换向极、机座、端盖和轴承等,电刷装置也固定在定子上。

(1) 主磁极　主磁极包括铁芯和励磁绕组两部分。当励磁绕组中通入直流电流后,铁芯中即产生励磁磁通,并在气隙中建立励磁磁场。励磁绕组通常是用圆形或矩形的绝缘导线制成线圈,套在磁极铁芯外面。主磁极铁芯一般是用厚 1mm ~ 1.5mm 的低碳钢板冲成一定形状,然后把冲片叠在一起,用铆钉固定。主磁极铁芯柱体部分称为极身,靠近气隙一端较宽的部分称为极靴,极靴与极身交接处形成一个凸出的肩部,用以支撑住励磁绕组。极靴沿气隙表面成弧形，使磁极下气隙磁通密度分布更合理。整个主磁极用螺杆固定在机座上。主磁极结构装配图如图 3.3 所示。主磁极 N、S 两极成对出现，各主磁极的励磁绕组通常是相互串联连接，连接时要能保证主磁极相邻磁极的极性总是按 N、S 交替排列。

（2）换向极　换向极也由铁芯和绕组构成，其结构如图 3.4 所示。换向极铁芯通常是用整块钢制成的，大容量直流电动机和换向要求高的电动机，换向极铁芯用薄钢片叠成。换向极绕组要与电枢绕组串联，通过的电流大，导线截面也较大，匝数较少。换向极装在主磁极之间，如图 3.2 所示。换向极的数目一般等于主磁极数，在功率很小的电动机中，换向极的数目有时只有主磁极极数的一半，或不装换向极。换向极的作用是改善换向，防止电刷和换向器之间出现过强的火花。

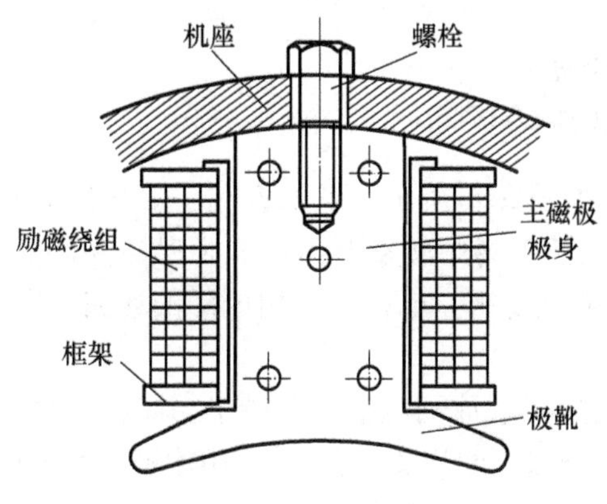

图 3.3　主磁极装配图

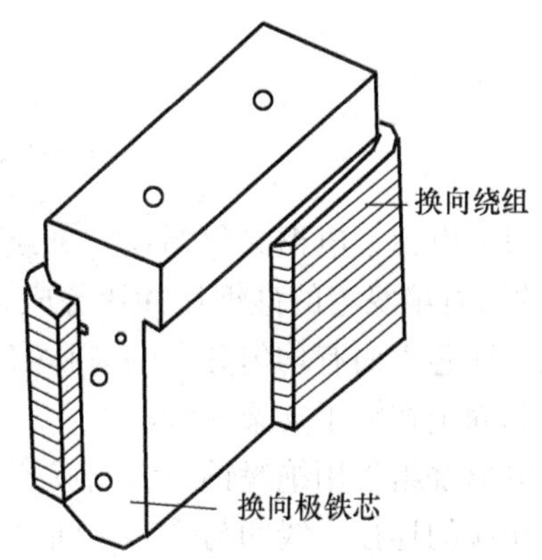

图 3.4　换向极结构

（3）电刷装置　电刷装置的作用是把电机转动部分的电流引出到静止的电路（发电机），或者反过来把静止电路里的电流引入到旋转的电路中（电动机）。电刷装置与换向器配合使用。电刷装置由电刷、刷握、压紧弹簧和刷杆座等组成。电刷是用石墨等做成的导电块，电刷装在刷握的盒内，用压紧弹簧把它压紧在换向器的表面上。压紧弹簧的压力可以调整，保证电刷与换向器表面有良好的滑动接触。刷握固定在刷杆上，刷杆装在刷杆座上，彼此之间绝缘。刷杆座安装在端盖或轴承盖上，根据电流的大小，每一刷杆上可以由几个电刷组成电刷组，电刷组的数目一般等于主磁极数。电刷装置结构示意图如图3.5所示。

（4）机座和端盖　机座一般用铸钢或厚钢板焊接而成。它的作用是用来固定主磁极、换向极及端盖，借助底脚将电动机固定于基础上。并且机座还构成磁路的一部分，用以通过磁通的部分称为磁轭。端盖主要起支撑作用，端盖固定于机座上，其上放置轴承，支撑直流电动机的转轴，使直流电动机能够旋转。

2. 转子

转子是电动机的转动部分，转子的主要作用是感应电动势，产生电磁转矩，是将电能变为机械能的枢纽。其组成部分有电枢铁芯、电枢绕组、换向器、转轴和风扇等。

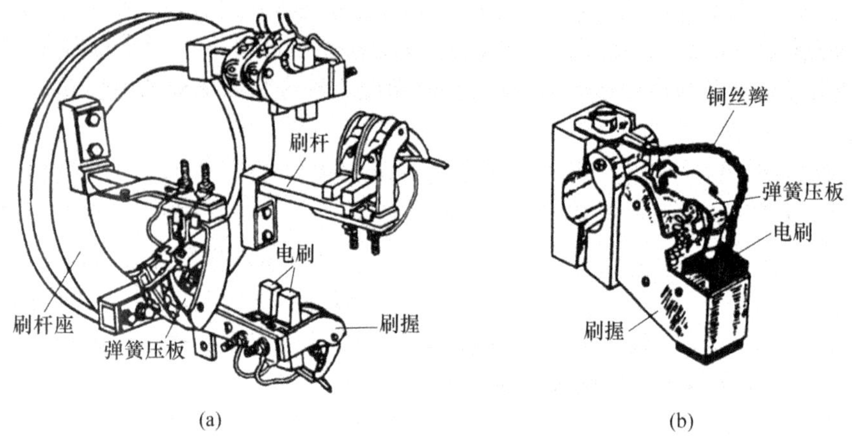

图 3.5 电刷装置

（a）电刷装置结构;（b）电刷盒的装配。

（1）电枢　电枢又包括铁芯和绕组两部分,如图 3.6 所示。电枢铁芯一般用厚0.5 mm 的涂有绝缘漆的硅钢片冲片叠成,这样铁芯在主磁场中转动时可以减少磁滞和涡流损耗。铁芯表面有均匀分布的齿和槽,槽中嵌放电枢绕组。电枢铁芯构成磁的通路。电枢铁芯固定在转子支架或转轴上。

电枢绕组是用绝缘铜线绕制成的线圈按一定规律嵌放到电枢铁芯槽中,并与换向器进行相应的连接。线圈与铁芯之间以及线圈的上下层之间均要妥善绝缘,用槽楔压紧,再用玻璃丝带或钢丝扎紧。电枢绕组是电动机的核心部件,电动机工作时在其中产生感应电动势和电磁转矩,实现机电能量的转换。

（2）换向器　换向器的作用是与电刷配合,将输入到直流电动机的直流电流转换成电枢绕组内的交变电流,或是将直流发电机电枢绕组中的交变电动势转换成输出的直流电压。

换向器是一个由许多燕尾状的梯形铜片间隔云母片绝缘排列而成的圆柱体,每片换向片的一端有高出的部分,上面铣有线槽,供电枢绕组引出端焊接用。所有换向片均放置在与它配合的具有燕尾状槽的金属套筒内,然后用 V 形钢环和螺纹压圈将换向片和套筒紧固成一个整体。换向片组与套筒、V 形钢环之间均要用云母片绝缘,换向器的侧剖面如图 3.7 所示。

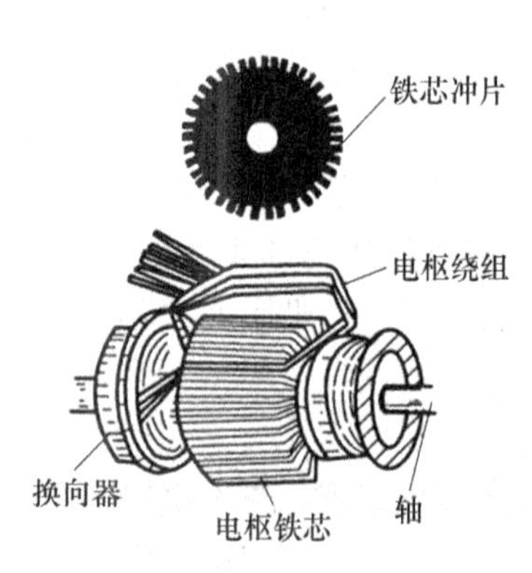

图 3.6 电枢

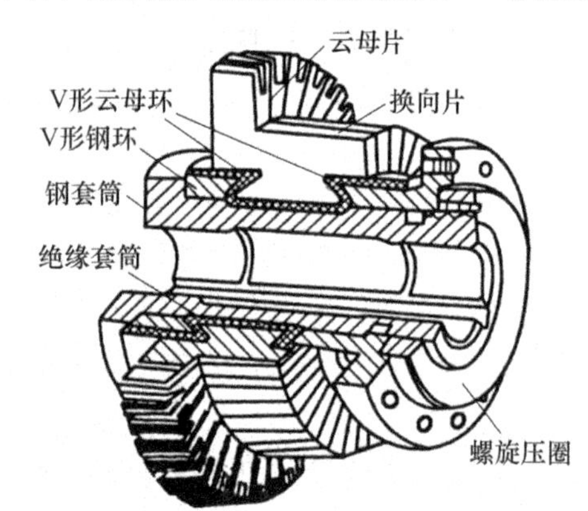

图 3.7 换向器

3. 气隙

在小型电动机中，气隙为 0.5mm ~ 3mm，大型电动机可达到 10mm。气隙数值虽小，但磁阻很大，是电动机磁路的主要组成部分。气隙大小对电动机运行性能有很大影响。

3.1.2 直流电动机的基本工作原理

直流电动机是把电能转换成机械能的装置。图 3.8 为直流电动机的工作原理图。直流电动机工作时接于直流电源上，如 A 电刷接电源正极，B 刷接电源负极，则电流从 A 刷流入，经线圈 abcd，再从 B 刷流出。图示瞬间，在 N 极下的线圈边 ab 中的电流方向由 a 到 b，S 极上的线圈边 cd 中的电流方向由 c 到 d。根据电磁力定律可知，载流导体在磁场中受力方向可由左手定则判定。ab 边受力的方向向左，cd 边受力的方向向右。两个电磁力 F 对转轴所形成的电磁转矩 T 为逆时针方向，在这个电磁转矩作用下，电枢逆时针方向旋转。

当线圈转过 180°，换向片 2 转至与 A 刷接触，换向片 1 转至与 B 刷接触。电流由正极经换向片 2 流入 cd 边，线圈中电流方向由 d 到 c，同时 ab 边的电流方向由 b 到 a，再由换向片 1 经 B 刷流回负极。虽然线圈中的电流方向改变了，但产生的电磁力及其对转轴所形成的电磁转矩的方向未改变，仍为逆时针方向，这样可使电动机沿一个方向连续旋转下去。

通过上述分析可知，有了电刷和换向器，使每一磁极下的导体中的电流方向始终不变，因而产生单方向的电磁转矩，电枢始终向一个方向旋转，这就是直流电动机的基本工作原理。

从以上分析可知，电机转动是磁场与导体相互作用的结果，改变磁场方向或导体中的电流方向，都能改变直流电动机的转动方向。但是，如果同时改变磁场和导体电流的方向，则电动机转动方向不变。

当电枢在磁场中逆时针以转速 n 转动时，线圈 abcd 中的线圈边 ab 和 cd 切割磁力线也要产生感应电动势 e，这个电动势的方向可由右手定则判定，如图 3.9 所示。由于该电动势与电流或外加电压的方向总是相反，所以称为反电动势。实际的直流电动机电枢绕组是由多个电枢线圈串联构成，通常电刷间总电枢电动势表示为

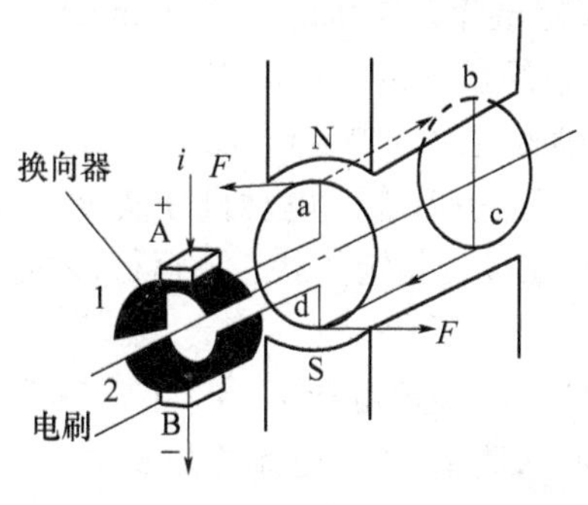

图 3.8 直流电动机工作原理

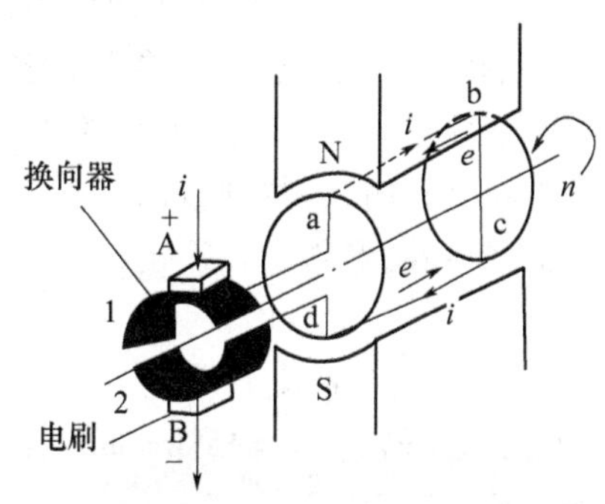

图 3.9 反电势的产生

$$E = K_e \Phi n \tag{3.1}$$

式中 E——电枢电动势(V);

Φ——一对磁极磁通量(Wb);

n——电枢转速(r/min);

K_e——电势常数,与电机结构有关。

直流电动机中电枢绕组中的电流与磁通相互作用,产生的总的电磁转矩为

$$T = K_t \Phi I_a \tag{3.2}$$

式中 T——电磁转矩(N·m);

I_a——电枢电流(A);

K_t——转矩常数,与电机结构有关,$K_t = 9.55K_e$。

3.1.3 直流电动机铭牌数据

直流电动机机座的外表面上都有一个铭牌,上面标有电动机的型号和各种技术数据等,供使用时参考。铭牌数据主要包括电动机型号、额定功率、额定电压、额定电流、额定转速和励磁电流、励磁方式、励磁电压、工作方式、绝缘等级等,此外还有出厂编号、出厂日期等。

(1) 额定功率 P_N　指在规定的工作条件下,长期运行时的允许输出功率(W 或 kW)。对于电动机,则是指轴上输出的机械功率。

(2) 额定电压 U_N　指额定运行状况下,直流电动机的输入电压(V)。

(3)额定电流 I_N　指在额定运行情况下,直流电动机输入的电流(A)。

对于直流电动机,有

$$I_N = \frac{P_N}{U_N \eta_N} \tag{3.3}$$

(4) 额定效率 η_N　指额定运行状况下,直流电动机的输出功率与输入功率 P_1 之比,即

$$\eta_N = \frac{P_N}{P_1} \tag{3.4}$$

(5) 额定转速 n_N　指在额定功率、额定电压、额定电流时电机的转速(r/min)。

(6) 额定励磁电压 U_{fN}　指在额定情况下,励磁绕组所加的电压(V)。

(7) 额定励磁电流 I_{fN}　指在额定情况下,通过励磁绕组的电流(A)。

若电机运行时,各物理量都与额定值一样,称额定运行状态。电动机在实际运行时,由于负载的变化,经常不在额定状态下运行。电动机在接近额定的状态下运行,才是经济的。

例 3-1　一台直流电动机,其额定功率 $P_N = 160\text{kW}$,额定电压 $U_N = 220\text{V}$,额定效率 $\eta_N = 90\%$,额定转速 $n_N = 1500\text{r/min}$,求该电动机的输入功率、额定电流各是多少?

解　输入功率

$$P_1 = \frac{P_N}{\eta_N} = \frac{160}{0.9} = 177.8(\text{kW})$$

额定电流

$$I_N = \frac{P_N}{U_N \eta_N} = \frac{160 \times 10^3}{220 \times 0.9} = 808.1(A)$$

3.1.4 直流电动机的励磁方式

直流电动机一般都是在励磁绕组中通入直流励磁电流产生磁场的，励磁绕组获得电流的方式称励磁方式。直流电动机按励磁方式的不同，可分为他励和自励两大类。他励电动机的励磁绕组由其他直流电源供电，与电枢绕组之间没有电的直接联系，如图 3.10(a)所示；自励电机的励磁绕组由电机本身供电。自励电机按励磁绕组与电枢绕组连接方式的不同，又可分为并励、串励和复励三种，如图 3.10(b)、(c)和(d)所示。并励电机的励磁绕组与电枢绕组并联。他励和并励电动机的励磁电流通常仅为电机额定电流的 1% ~3%；串励电机的励磁绕组与电枢绕组串联，励磁电流等于电枢电流。复励电机有两个励磁绕组，并励绕组流过的电流小，导线细，匝数多；串励绕组流过的电流大，导线粗，匝数少。

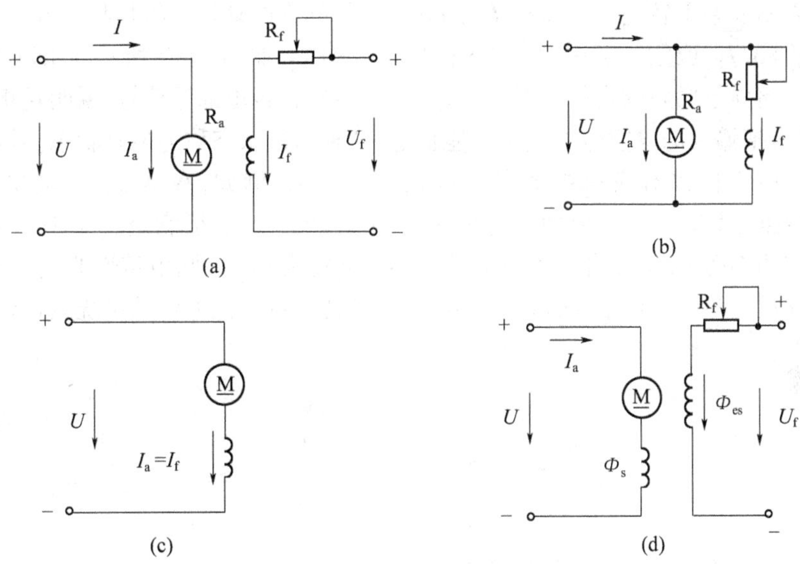

图 3.10 直流电动机的励磁方式

(a) 他励；(b) 并励；(c) 串励；(d) 复励。

3.2 他励直流电动机的机械特性

电动机的机械特性是指电动机在稳定运行状态下的转速与转矩之间的关系。直流电动机的稳定运行状态，就是电动机的电流和转速都不随时间变化而保持恒定的状态。因为转速和转矩都是机械量，所以把稳态下这两个量之间的关系称为机械特性，即 $n = f(T)$。

机电传动系统的稳态运行情况，可以利用机械特性进行分析，在一定的近似条件下，也可以利用机械特性和运动方程式来分析机电传动系统的动态运行情况，例如，确定转速随时间的变化规律。因此，电动机的机械特性对于分析机电传动系统的运行是非常重要的。

3.2.1 他励直流电动机的机械特性方程

图3.11所示他励直流电动机原理电路图，电枢回路中的电压平衡方程式为

$$U = E_a + I_a R_a \tag{3.5}$$

将前面已经得出的直流电机基本方程式(3.1)，即反电势 $E = K_e \Phi n$，代入式(3.5)并经整理后，得

$$n = \frac{U}{K_e\Phi} - \frac{R_a}{K_e\Phi} I_a \tag{3.6}$$

由基本方程式(3.2)可导出 $I_a = T/(K_t\Phi)$，将此代入式(3.6)并经整理后，得

$$n = \frac{U}{K_e\Phi} - \frac{R_a}{K_e K_t \Phi^2} T \tag{3.7}$$

上式表示稳态下转速 n 与转矩 T 之间的关系，称为电动机的机械特性方程式。

根据式(3.7)可绘出第一象限内的机械特性曲线，如图3.12所示。由图看出，机械特性是一条略向下倾斜的直线。在第一象限内，转速和转矩都是正号，说明转矩与转速同方向，电动机把输入的电能转换成机械能输出，这种运行状态称为电动状态。机械特性曲线上每一点的坐标都对应一组稳定运行状态的数据，例如，在A点，电动机的转矩为10N·m，转速为800r/min。要使电动机在A点稳定运行，必须满足转矩平衡条件，所以负载转矩应为10N·m。如果负载转矩由10N·m增大到 T_B，则由特性曲线可知，电动机的稳态转速就由800r/min降低到 n_B。可见，机械特性对于机电传动系统运行状态分析是非常重要的。

I
+
+
R_f
E
R_a
n
U
I_a
M
I_f
U_f
T
−
−

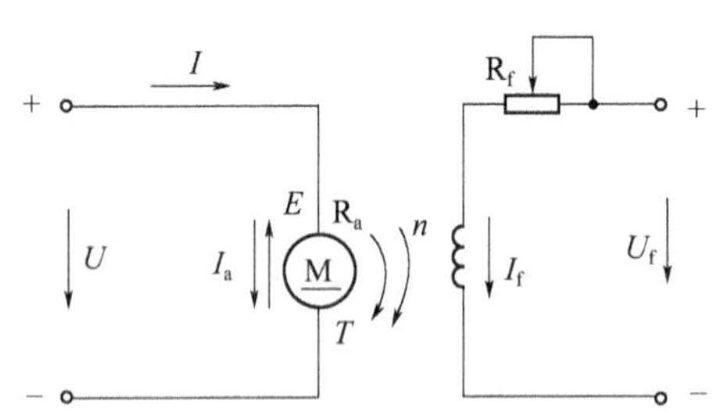

图3.11 他励直流电动机原理电路图

n/(r/min)
T
T_L
n
n_0
800
A
Δn
B
n_B
0
10
T_B
T/(N·m)

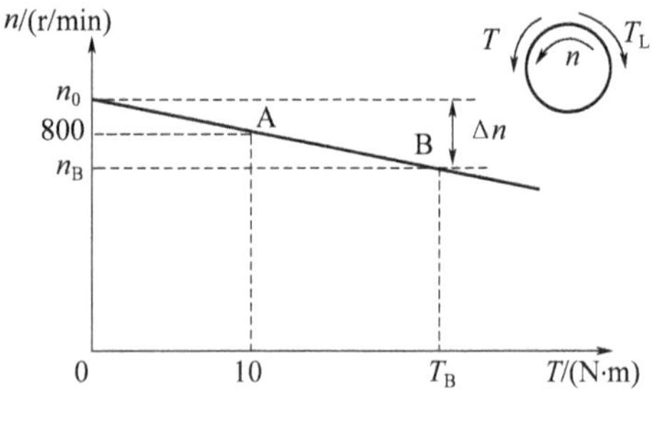

图3.12 他励直流电机机械特性曲线

当 U、R_a 和 Φ 保持不变时，式(3.7)也可写为

$$n = n_0 - \Delta n \tag{3.8}$$

式中 n_0——理想空载转速，对应于 $T = 0$ 的状态，$n_0 = \dfrac{U}{K_e\Phi}$。实际上，即使在空载时，电动机自身还会存在一定的制动转矩，电动机电磁转矩不可能为0，因此 n_0 对应的只是完

全不计空载制动转矩的"理想状态",故称其为理想空载转速。这就是"理想"的含义。

为了衡量转速随转矩的变化而变化的快慢程度,即机械特性的陡峭程度,令

$$\beta = \frac{\mathrm{d}T}{\mathrm{d}n} = \frac{\Delta T}{\Delta n} \times 100\% \tag{3.9}$$

在此,称 β 为机械特性硬度。根据 β 值的大小,可将机械特性分为三类:

(1) 绝对硬特性($\beta \to \infty$),如交流同步电动机的机械特性(转速不随转矩变化)。

(2) 硬特性($\beta > 10$),如直流他励电动机的机械特性,交流异步电动机机械特性的上半部分。

(3) 软特性($\beta < 10$),如直流串励电动机和直流复励电动机的机械特性。

3.2.2 固有机械特性

当他励直流电动机的电源电压、磁通均为额定值,电枢回路内不接任何电阻时的机械特性称为固有机械特性,也称自然特性。固有机械特性的方程式为

$$n = \frac{U_N}{K_e \Phi_N} - \frac{R_a}{K_e K_t \Phi_N^2} T \tag{3.10}$$

根据式(3.10)可以画出与图3.12形状类似的曲线,也是一条向下倾斜的直线。由于电枢电阻 R_a 很小,对应的转速降也很小,他励直流电动机的机械特性是硬特性。

由于机械特性曲线是一条直线,只要找出直线上任意两点,就可以绘制出机械特性曲线。一般方法是求出理想空载点($T=0, n=n_0$)和额定点($T=T_N, n=n_N$),由于额定转速已知,实际上只需求出 n_0 和 T_N 即可,计算步骤如下:

(1) 估算电枢电阻 R_a。电动机在额定负载下,有

$$I_N^2 R_a = (0.50 \sim 0.75) \sum \Delta P_N$$

因为

$$\sum \Delta P_N = U_N I_N - P_N$$

所以

$$I_N^2 R_a = (0.50 \sim 0.75)(U_N I_N - P_N)$$

故

$$R_a = (0.50 \sim 0.75)(U_N / I_N - P_N / I_a^2) \tag{3.11}$$

(2) 求 $K_e \Phi_N$。额定条件下电动势为

$$E_N = K_e \Phi_N n_N = U_N - I_N R_a$$

故

$$K_e \Phi_N = (U_N - I_N R_a) / n_N \tag{3.12}$$

(3) 求理想空载 n_0,即

$$n_0 = U_N / (K_e \Phi_N)$$

(4) 求额定转矩,即

$$T_N = 9550 \frac{P_N}{n_N} \tag{3.13}$$

这样就得出理想空载点($0, n_0$)和额定工作点(T_N, n_N)的坐标,过两点所作直线就是

他励直流电动机的固有机械特性曲线。

例 3.2 某他励直流电动机额定功率 $P_N = 22\text{kW}$，$U_N = 220\text{V}$，$I_N = 115\text{A}$，额定转速 $n_N = 1500\text{r/min}$，电枢回路总电阻 $R_a = 0.1\Omega$，忽略空载转矩，电动机拖动恒转矩负载 $T_L = 0.85T_N$（T_N 为额定电磁转矩）运行。求稳定运行时，电动机的转速、电枢电流和电动势。

解 电动机的 $K_e\Phi_N$

$$K_e\Phi_N = \frac{U_N - I_N R_a}{n_N} = \frac{220 - 115 \times 0.1}{1500} = 0.139$$

理想空载转速

$$n_0 = \frac{U_N}{K_e\Phi_N} = \frac{220}{0.139} = 1582.7(\text{r/min})$$

由于电动机固有机械特性为一直线，所以存在关系式

$$\frac{n_0 - n_N}{T_N} = \frac{n_0 - n}{T_L}$$

故电动机的转速为

$$n = n_0 - \frac{T_L}{T_N}(n_0 - n_N) = 1582.7 - 0.85 \times (1582.7 - 1500) = 1512.4(\text{r/min})$$

额定转矩为

$$T_N = 9550\frac{P_N}{n_N} = 9550 \times \frac{22}{1500} = 140(\text{N}\cdot\text{m})$$

由于电枢电流正比于电磁转矩，所以

$$I_a = 0.85I_N = 0.85 \times 115 = 97.75(\text{A})$$

电枢中反电动势为

$$E = K_e\Phi_N n = 0.139 \times 1512.4 = 210.2(\text{V})$$

3.2.3 人为机械特性

如果人为地改变电动机励磁磁通、电枢供电电压或在电枢回路内串联一个电阻，则电动机的机械特性曲线就会发生变化，将这种机械特性称为人为机械特性。

1. 电枢回路串接电阻的人为机械特性

当电枢供电电压和励磁磁通都保持额定值，仅在电枢回路内串入电阻（图 3.13），这时人为机械特性方程式为

$$n = \frac{U_N}{K_e\Phi_N} - \frac{R_a + R_{ad}}{K_e K_T \Phi_N^2}T \tag{3.14}$$

与固有机械特性相比，电枢回路串电阻的人为机械特性的特点是：

（1）理想空载转速保持不变。

（2）斜率随电枢回路串入的电阻 R_{ad} 的增大而增大，负载一定的情况下，转速降增大，

特性曲线变软。图3.14给出电阻R_{ad}不同值的一组人为机械特性曲线。

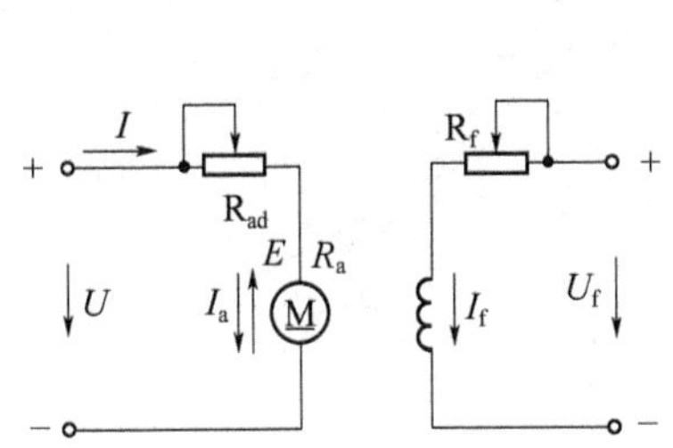

图3.13 电枢回路串接电阻的他励直流电动机原理电路图

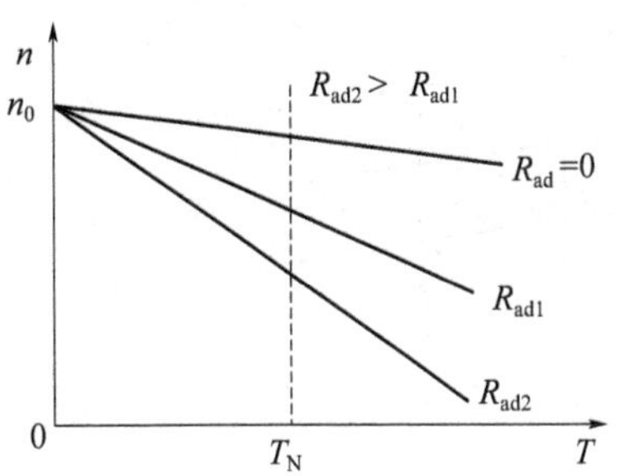

图3.14 电枢回路串接电阻的人为机械特性

2. 改变电枢电压的人为机械特性

当励磁磁场保持额定磁通不变,电枢回路也不串接附加电阻,而改变电枢外加电压时,其人为机械特性变化如图3.15所示。由于电动机的外加电压不允许超过额定值,因此改变电枢供电电压只能在额定值以下进行。改变电枢供电电压的人为机械特性方程式为

$$n = \frac{U}{K_e \Phi_N} - \frac{R_a}{K_e K_t \Phi_N^2} T \tag{3.15}$$

由上式看出,降低电枢电压后,理想空载转速$n_0 = \frac{U}{K_e \Phi_n}$下降,特性曲线的硬度不变,因此,降低电枢电压情况下的人为机械特性是一组平行线,如图3.15所示。改变电枢电压也可以调速。当负载转矩不变情况下,电压越低,转速也越低,并且保持硬特性。

3. 减弱磁通时的人为机械特性

保持电动机的电枢供电电压为额定值,电枢回路不串接电阻,改变电动机励磁磁场的磁通。由于受励磁线圈发热和电动机磁饱和的限制,磁通调节只能向减弱方向进行。由此得出减弱磁通时的人为机械特性方程式为

$$n = \frac{U_N}{K_e \Phi} - \frac{R_a}{K_e K_t \Phi^2} T \tag{3.16}$$

与固有机械特性相比,减弱磁通时的人为机械特性的特点是:

(1) 理想空载转速与磁通成反比,减弱磁通后n_0升高。

(2) 斜率与磁通的平方成反比,减弱磁通使斜率增大,机械特性变软。减弱磁通时的人为机械特性如图3.16所示。它是一组随Φ减弱,理想空载转速n_0升高,曲线斜率变大的直线族。

应当注意:在运行过程中,过分减小Φ,将使电磁转矩($T = K_t \Phi I_a$)很小,可能会因小于负载转矩而造成停车;同时I_a将剧增而导致电动机严重过载。当电动机空载(T很小)时,若Φ过小,由图3.16可见,n_0很大(超过机械强度允许值),造成飞车。因此直流电动机启动前必须先加励磁电流,运转过程中决不允许励磁电流为0。

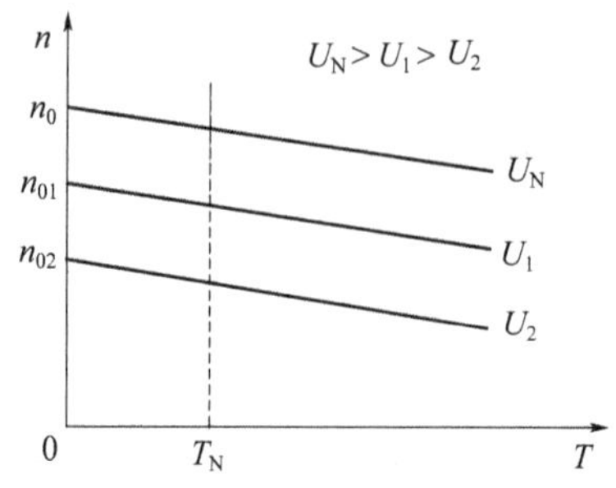

图 3.15　改变电枢电压的人为机械特性

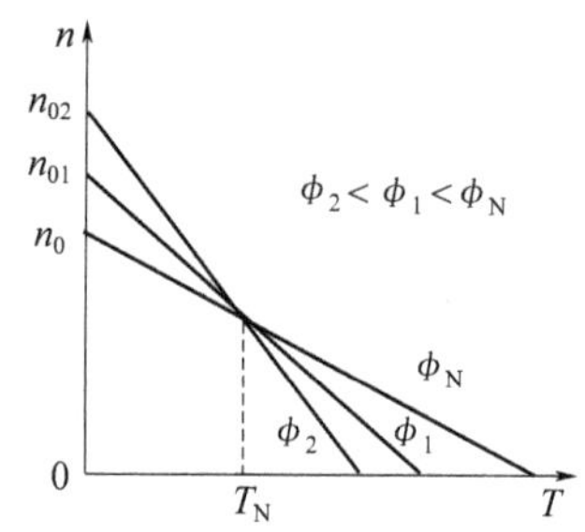

图 3.16　改变磁通的人为机械特性

3.3　他励直流电动机的启动

直流电动机的转速从零加速到稳定运行速度的整个过程称为启动过程,或简称启动。电动机的启动性能是衡量电动机运行性能的一项重要指标,启动性能包括:①启动电流的大小;②启动转矩的大小;③启动时间的长短;④启动过程是否平滑;⑤启动过程的经济性,包括启动设备的投资和启动过程的能耗。

上述这些性能中,启动电流和启动转矩是两项主要指标。如果给他励电动机直接加上额定电压直接启动,将会产生以下问题:

(1) 因为电动机从转速为 0 开始启动,电枢反电动势 $E = K_e \Phi n = 0$,故启动电流为 $I_{st} = U_N / R_a$。由于电枢回路电阻很小,因此启动电流可能达到 10 倍 ~20 倍额定电流。从电动机本身考虑,换向条件允许的电流值一般为额定值的 2 倍左右,过大电流带来换向火花和换向困难。同时,过大的启动电流会引起电网电压下降,影响电网上其他用户的正常用电。

(2) 由于 $T_{st} = K_t \Phi I_{st}$,直接启动时转矩也很大,约为额定转矩的 10 倍 ~20 倍。电枢绕组会受到过大的动态转矩冲击而损坏;对于传动机构来说,过大的启动转矩会损坏传动部件。

基于以上原因,除了容量很小的电动机外,一般情况下不允许直接启动直流电动机。

为了限制启动电流,他励直流电动机通常采用电枢回路串接电阻或降低电枢供电电压的方法来启动。无论采用哪种方法,启动时都应保证电动机的励磁磁通 Φ 达到最大值。这是因为在同样的电流下,磁通 Φ 越大,启动转矩 T_{st} 越大;而在同样转矩的条件下,磁通 Φ 大,启动电流 I_{st} 可以小些。

3.3.1　电枢回路串接电阻启动

一般情况下,启动时在电枢回路中串接多级电阻来限制启动电流。启动时,将启动电阻全部串接,随着转速上升,再将电阻逐级切除,直到电动机的转速上升到稳定值,启动过程结束。

他励直流电动机的三级启动过程如图 3.17 所示。电动机所带负载为 T_L,KM 为接通电源用的接触器主触点,KM_1、KM_2、KM_3 分别为启动过程中切除启动电阻的三个接触器的主触点。启动时,先将 $KM_1 \sim KM_3$ 全部断开,再将接触器 KM 主触点闭合,以接通电枢电源。此时启动电阻全部串入电枢回路,其值为 $R_1 = R_a + R_{st1} + R_{st2} + R_{st3}$,启动电流 $I_{st1} = U_N/R_1$。

随着转速上升,反电动势增大,电枢电流下降,动态转矩 $\Delta T = T - T_L$ 逐渐减小,工作点沿着图 3.17(b)中最下面一条特性曲线从 a 点向 b 点移动。为保证启动时间尽量短,需要保持一定的加速度,也就是保持 $\Delta T > 0$,因此,当转速升高到 n_1,电流降至切换电流 I_{st2}时(一般选取 $I_{st2} = (1.1 \sim 1.2)I_N$),$KM_1$ 闭合,切除电阻 R_{st1}。由于系统存在机械惯性,转速来不及改变,电动机的机械特性曲线已经变化,工作点将由 b 点平移到 c 点。此时,电流与转矩又变大了,电动机的转速、电流和转矩沿着曲线从 c 点向 d 点方向变化,转速继续上升。

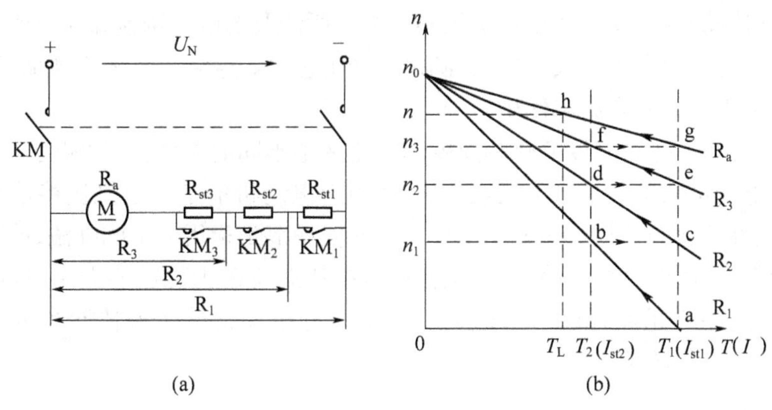

图 3.17 他励直流电动机串接三级电阻启动

(a) 电路图;(b) 机械特性。

当 KM_1、KM_2、KM_3 依次闭合,直至三级启动电阻全部切除,最后直流电动机的转速沿着固有特性曲线继续上升,直至 $T = T_L$,启动过程全部结束,电动机带动负载 T_L 以恒定转速 n 稳定运行在 h 点。

启动电阻的级数越多,启动过程就越快、越平稳,但所需的控制设备越复杂,所以一般启动电阻分为 2 级 ~5 级较为合适。

3.3.2 降压启动

当直流电动机的电枢回路由可调电压的直流电源供电时,可以采用降压启动的方法。启动前先调好励磁电流,根据启动电流要求:$I_{st} = U/R_a$,限定合适的启动电压 U_1,同时要注意电枢最低启动电压对应的启动转矩 T_{st1} 要大于负载转矩 T_L,否则会无法启动。随着启动过程中转速的上升,电流和电磁转矩都要减小,为保持启动电流和启动转矩有较大值,必须分级或连续提高电枢回路的电压。在启动过程中,随着转速的提高,分级提高电压的启动过程如图 3.18 所示。在启动

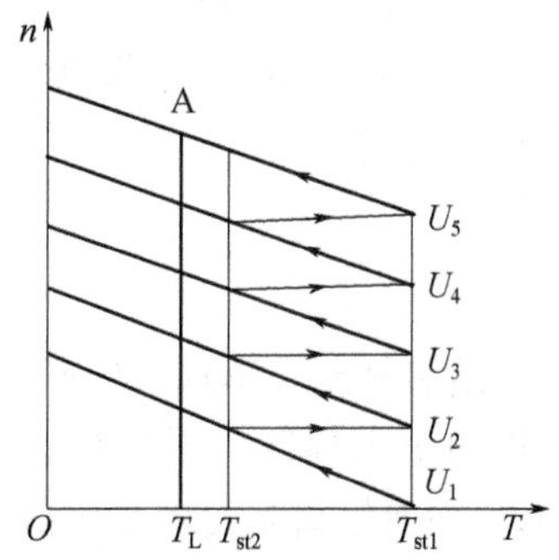

图 3.18 降压启动过程

过程中，也可利用自动控制的方法，使电压按一定规律连续升高，始终保持电枢电流为最大允许值，使系统平稳而迅速启动，这是一种比较理想和节能的启动方法。

3.4 他励直流电动机的调速

为了提高生产率和产品质量，大量的生产机械要求在不同的条件下采用不同的速度进行工作。例如，车床在粗加工时需要低转速，精加工时又需要高转速；轧钢机在轧制不同品种和厚度的钢材时，必须采用不同的最佳速度。这就要求采用一定的方法来改变生产机械的工作速度，通常称为速度调节，简称调速。

调速的方法有机械的、电气的，或采用机械与电气相结合的方法。电气调速可简化机械结构，提高传动效率，便于实现自动控制。本节所涉及的电气调速即通过改变电动机的参数而改变转速。但在生产实际中，为满足生产工艺的调速要求及减小初期投资，通常将机械调速与电气调速配合起来使用。

首先需要说明一点，速度变化和速度调节是两个不同的概念，不能混为一谈。速度变化是指由于电动机的负载转矩增大或减小，而引起电动机沿某一条机械特性发生转速下降或升高，这种转速的变化称为速度变化。而速度调节是指用人工的办法，改变电动机电路的某一参数，如改变电枢回路电阻、电枢供电电压或主磁极磁通的大小，从而改变电动机的机械特性（不再是原来的那条曲线），进而改变电动机的机械特性和负载特性的交点，得到不同的工作转速。

3.4.1 调速指标

电动机调速性能的好坏，常用下列各项指标来衡量：

（1）调速范围 D　是指电动机拖动额定负载时，所能达到的最高转速与最低转速之比，即

$$D = \left.\frac{n_{\max}}{n_{\text{nin}}}\right|_{T=T_N} \tag{3.17}$$

不同的生产机械要求的调速范围是不同的，如车床要求 20～100，龙门刨床要求 10～40，轧钢机要求 8～10。

（2）静差率 δ　是指电动机在额定负载时的转速降落 Δn_N 和对应机械特性的理想空载转速 n_0 之比，即

$$\delta = \left.\frac{n_0 - n_N}{n_0}\right|_{T=T_N} = \left.\frac{\Delta n_N}{n_0}\right|_{T=T_N} \tag{3.18}$$

给定静差率体现了生产机械对调速系统相对稳定性的要求，也就是负载波动时，转速允许的变化程度。不同生产机械对相对稳定性的要求是不同的，一般设备要求小于30%，而造纸机则要求小于或等于0.1%。

（3）调速的平滑性　平滑性用相邻两个调速级转速 n_i 与 n_{i-1} 之比来衡量，称为平滑系数。在一定的调速范围内，调速的级数越多越平滑，此系数越接近1，如转速连续可调，称为无级调速。平滑系数表示为

$$K = \frac{n_i}{n_{i-1}} \tag{3.19}$$

(4) 调速的经济性　一方面是指调速所需设备投资和调速过程中的能量损耗,另一方面是指电动机在调速过程中能否得到充分利用。电动机允许输出功率和转矩随转速变化的规律是不同的,在选择调速方法时,既要满足负载要求,又要尽可能使电动机得到充分利用。

3.4.2 常用的调速方法

由直流他励电动机机械特性方程方程式

$$n = \frac{U}{K_e\Phi} - \frac{R_a + R_{ad}}{K_e K_T \Phi^2}T$$

可知,改变电动机电枢电压 U、主磁通 Φ 或在电枢回路中串入附加电阻 R_{ad},可以得到不同的人为机械特性曲线,从而在负载不变时可以改变电动机的转速,达到调速的目的。

1. 电枢回路串接电阻调速

若保持电枢电压 U 和主磁通 Φ 为额定值,在电枢回路内串接不同的电阻 R_{ad} 时,则电动机运行于不同的人为机械特性曲线之上,如图 3.19 所示。当 T_L 为恒负载时,机电传动系统的稳定工作点就发生了变化,于是就得到了不同的工作转速,从而实现了调速。

以图 3.19 所示的机电传动系统为例,分析在电枢回路内串接电阻时的调速过程。电枢回路没有串接附加电阻时,工作点为固有机械特性与负载 T_L 的交点 A,对应的系统转速为 n_A。当电枢回路串入调速电阻 R_{ad1} 后,电动机的机械特性由曲线 1 变为曲线 2。在电枢回路串入电阻 R_{ad1} 的瞬间,由于系统存在机械惯性,系统转速不能突变,电动机工作点只能由 A 点平移到 A′,电动机的电磁转矩 $T = K_t\Phi I_a$ 由于 I_a 的变小而变小(小于 T_L),由运动方程可知,系统将进入减速过程,工作点沿着曲线 2 向从 A′向 B 移动;随着转速下降,电磁转矩增大;当工作点移动到 B 点时,电磁转矩与负载重新达到平衡,系统稳定工作。此时,对应的系统转速为 n_B,且 $n_B < n_A$,实现了调速。

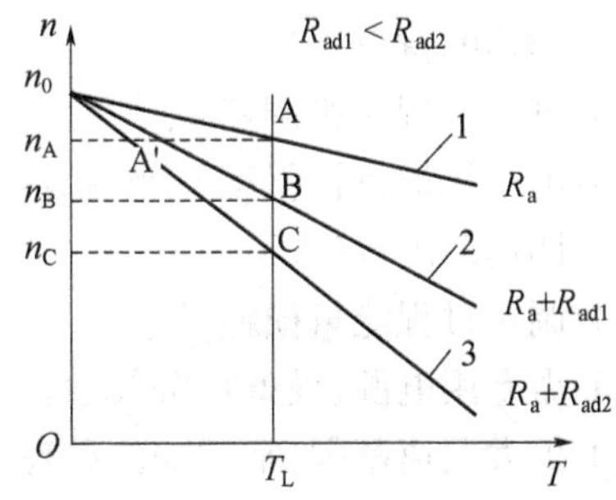

图 3.19　电枢回路串接电阻调速

这种调速方法适用于对调速性能要求不高的中、小型电动机。这种调速方法的特点:

(1) 调速的平滑性差。由于制造上的原因,串接电阻级数不宜过多,最多 6 级。

(2) 低速时,特性较软,稳定性较差。由于理想空载点不变,串入电阻越大机械特性曲线越软,静差率越高,速度稳定性恶化。因此,电动机的转速不宜调节的太低,调速范围有限,一般情况下,$D = 2 \sim 3$。

(3) 轻载时调速效果不大。由图 3.19 可以看出,T_L 小,则工作点靠近纵轴,调速范围很小,调速效果不明显。

(4) 串接电阻后损耗加大,效率降低。串接的电阻 R_{ad} 越大,消耗在电枢回路中总的铜耗越大。

电枢回路串电阻调速方法虽然有上述缺点，但同时具有设备简单，操作方便的优点，一般适宜作短时调速，在起重和运输牵引装置中得到广泛应用。

2. 降低电枢电源电压调速

电动机的工作电压不允许超过额定电压，因此电枢电压只能在额定电压以下进行调节。以图 3.20 所示的机电传动系统为例，分析电枢供电电压降低时的调速的机电过程。当电动机拖动恒负载 T_L 在固有特性曲线 1 上的 a 点稳定运行时，突然将电枢两端电压降低至 U。电压降低瞬间，由于系统机械惯性，电动机的转速不能突变，相应的反电动势 $E = K_e\Phi n$ 也没有变化。电枢电流 $I_a = (U - E)/R_a$ 将减小，导致电磁转矩 $T = K_t\Phi I_a$ 减小，运行点由曲线 1 上的 a 点，平移到人为特性曲线 2 上的 b 点。由于电磁转矩小于负载转矩，电动机工作点开始沿曲线 2 顺着箭头方向下降，电动势也随之减小，又使电磁转矩和电枢电流逐渐上升，当到达 c 点时，$T = T_L$ 后，两者重新达到平衡，电动机就稳定运行 c 点。此时系统转速比 a 点低，这就实现了调速。值得一提的是，在 a 点和 c 点运行，电枢电流相同。

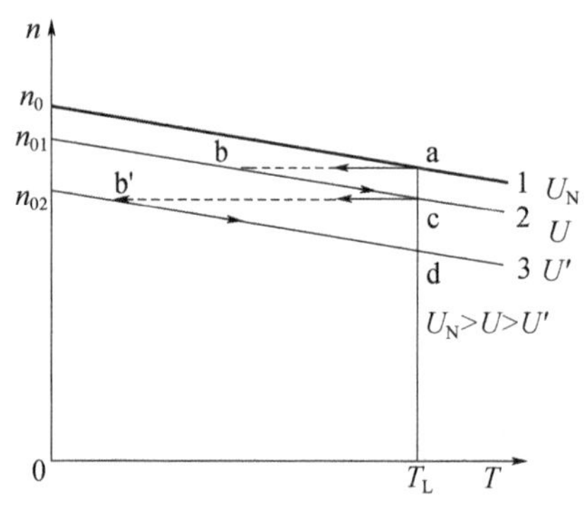

图 3.20 降低电枢电源电压调速

降压调速的特点：

（1）可以实现无级调速，平滑性很好；

（2）由于机械特性斜率不变，相对稳定性较好；

（3）调速范围较广；

（4）调速过程能量损耗较小；

（5）需专用电源，设备投资较大。

为了扩大调速范围，常把降压调速和后面将介绍的弱磁调速结合起来使用。在额定转速以下采用降压调速，在额定转速以上采用弱磁调速。

3. 弱磁调速

弱磁调速是指保持他励直流电动机电枢电压为额定值，电枢回路不串入电阻，人为地减小励磁电流使主磁通减少的调速方式。

电动机额定运行时，其磁路已接近饱和，即使增加励磁电流，磁通也增加很少，从电动机的性能考虑也不允许磁路过饱和。因此，改变磁通只能是从额定值向下调，所以调节磁通调速只能是弱磁调速。他励直流电动机改变磁通调速，比较简便的方法是在励磁电路中串联调速电阻，增大励磁回路电阻，使得励磁电流减小，磁通改变。

下面以图 3.21 为例分析弱磁调速的机电过程。当电动机额定运行时，系统稳定运行于固有机械特性曲线与负载 T_L 的交点 a 上，转速为 n_N。当磁通由 Φ_N 下降到 Φ_1 后，理想空载转速由 n_0 增大为 n_{01}，机械特性曲线斜率增大，电动机的机械特性变成曲线 2。磁通减弱瞬间，转速不能突变，工作点平移到 b 点。同时，电枢反电动势 $E = K_e\Phi n$ 随着磁通的减小而减小，虽然电动势减小得不多，但由于电枢内电阻很小，电枢电流 $I_a = (U_N - E)/R_a$

仍然增大很多,使电磁转矩 $T=K_t\Phi I_a$ 大于负载转矩 T_L,电动机开始加速,工作点沿着曲线 2 上箭头方向移动。随着转速的上升,电动势 E 回升,电枢电流 I_a 和电磁转矩 T 回降,到达机械特性曲线 2 上的 c 点时,$T=T_L$,电动机转速不再上升,以转速 n_1 稳定运行。

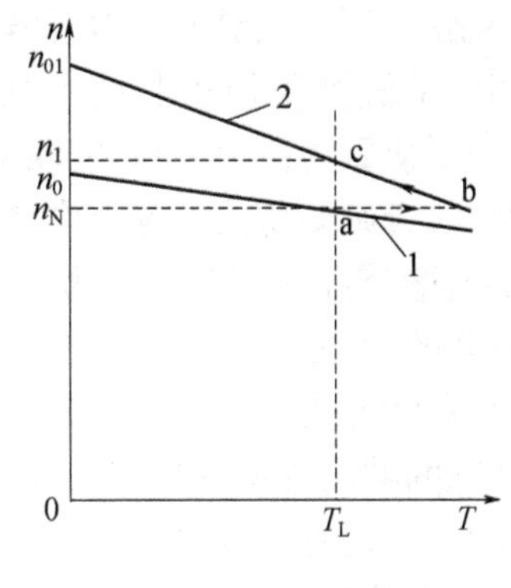

图 3.21　弱磁调速

这种调速方法的优点:①由于励磁电流远远小于电枢电流,因此可以用小容量调节电阻,控制简单,调速平滑性较好;②投资少,能量损耗小,调速的经济性好。

主要缺点:因为正常工作时,磁路已趋饱和,所以只能采取弱磁调速方式,调速范围不广。普通电动机调速范围可达到 $D=1.2\sim2$,特殊设计的电动机 $D=3\sim4$。

表 3.1 给出了他励直流电动机调速方法的比较,以及不同调速方法的适用场合。

表 3.1　他励直流电动机调速方法的比较

调速方法	调速方向	调速范围	相对稳定性	平滑性	经济性	适用场合
电枢串接电阻调速	从 n_N 向下调	额定负载下 $D=2\sim3$,轻载更小	差	差	调速设备投资少,能耗大	调速性能要求不高的场合,适用于恒转矩负载
降压调速	从 n_N 向下调	一般 $D=4\sim8$。100kW 以上,$D=10$;1kW 以下电动机,$D\approx3$	好	好	调速设备投资大,能耗小	调速性能要求高的场合,适用于恒转矩负载
弱磁调速	从 n_N 向上调	一般直流电动机 $D=1.2\sim2$ 之间,变磁通电动机可达到 4 左右	较好	好	调速设备投资小,能耗小	一般与降压调速配合使用,适用于恒功率负载

3.5　他励直流电动机的制动

在机电传动系统中,有时需要电动机快速、准确停车或者迅速反转;有时需要由高速运行迅速转为低速运行,这时就需要对电动机进行制动。常用的制动方法有机械制动或电气制动。电气制动就是使电动机产生一个与旋转方向相反的电磁转矩 T,阻碍电动机转动。这种制动方法制动转矩大,制动强度的控制也比较容易,机电传动系统多采用这种方法,也可以与机械制动配合使用。

当一台生产机械工作完毕需要停车时,最简单的方法是断开电枢电源,让系统在摩擦阻转矩的作用下,转速慢慢下降至零而停车,称这种停车方法为自由停车。自由停车一般较慢,有时无法满足生产机械的要求,如电车,若不能紧急停车,就可能出大事故。如果希望加快制动过程,就要人为地对电动机进行制动。

当起重机提升重物时,电动机将电能转换为机械能,使重物上升;但在起重机下放重物时,为了使重物稳速下降,电动机必须产生与转速方向相反的转矩,以限制位能负载的运行速度,否则重物由于重力作用,下降速度将越来越快。

从上述分析可看出,电动机的制动状态有两种形式:一是在卷扬机下放重物时为限制位能负载的运动速度,电动机的转速不变,以保持重物的匀速下降,这属于稳定的制动状态;二是在降速或停车制动时,电动机的转速是变化的,这属于过渡的制动状态。这两种制动状态的共同点特点是,电动机产生的转矩 T 与转速 n 方向相反,电动机工作在发电机运行状态,电动机吸收或消耗机械能(势能或动能),并将其转化为电能反馈回电网或消耗在电枢电路的电阻中,这是制动状态与电动状态的根本区别。

生产机械对电动机的制动有以下要求:

(1) 制动转矩要足够大,制动电流不超过电动机换向和发热所允许的数值;

(2) 制动过程要平滑,有些生产机械(如载人电梯)制动时,要求电动机的转速均匀降低,当采用分级制动时,要求相邻的两级转速差要小,即平滑性好;

(3) 能按生产工艺的要求,准确、可靠地停止在预定位置,或将转速限定到指定值;

(4) 制动过程中能量的损耗及设备投资要少,即经济性好;

(5) 制动时间要符合制动要求,一般来说制动越快越好,但要考虑电动机及传动机构所允许的条件。

他励直流电动机的电气制动主要有能耗制动、反接制动和反馈制动三种方式。

3.5.1 能耗制动

图 3.22 是能耗制动接线图。图中双向开关合向位置 1 时为电动状态,合向位置 2 时电动机便进入能耗制动状态。

能耗制动时,开关合向位置 2,切断直流电源并在电枢回路串入一个制动电阻 R_{ad};在机电传动系统惯性作用下,电动机继续旋转,励磁仍然保持不变;在电动势 E 作用下,电动机变成发电状态,把旋转系统所储存的动能变为电能消耗在制动电阻和电枢内阻中,故称为能耗制动。由于此时电动机电压为 0,则电枢电流为

$$I = \frac{U - E}{R_a + R_{ad}} = -\frac{E}{R_a + R_{ad}} \tag{3.20}$$

电枢电流方向与电动运行状态时电流方向相反,由此产生的电磁转矩也与电动状态的电磁转矩方向相反,从原来的拖动转矩变为制动转矩,使电动机很快减速直至停止。

在能耗制动时,因为 $U=0$,所以电动机的机械特性方程式为

$$n = -\frac{R_a + R_{ad}}{K_e K_t \Phi_N^2} T \tag{3.21}$$

根据式(3.22)可画出能耗制动的机械特性曲线,位于第二象限,如图 3.23 所示。

如果电动机带动的是反抗性负载,它只具有惯性能量(动能),能耗制动的作用是消耗掉传动系统储存的动能,使电动机迅速停车,其制动过程如图 3.23 所示。假设电动机原来运行在 a 点,在切换瞬间,转速保持不变,电动机的工作点平移到了第二象限特性曲线 1 上的 b 点,在反向的电磁转矩和负载转矩共同作用下,转速迅速下降,同时反电动势

和电枢电流也下降，转速沿着曲线1箭头方向降到0点后电动机停车，完成制动过程。

如果电动机所带的负载为位能负载，在制动到 $n=0$ 时，重物还将拖着电动机反转，使电动机向下降的方向加速，即电动机进入第四象限的能耗制动状态，随着转速的升高，电动势 E 增加，电流和制动转矩也增加，电动机工作点由能耗制动特性曲线1的0点向c点移动。当到达c点后，$T=T_L$，系统稳定运行，电动机以 n_c 转速匀速下降重物。

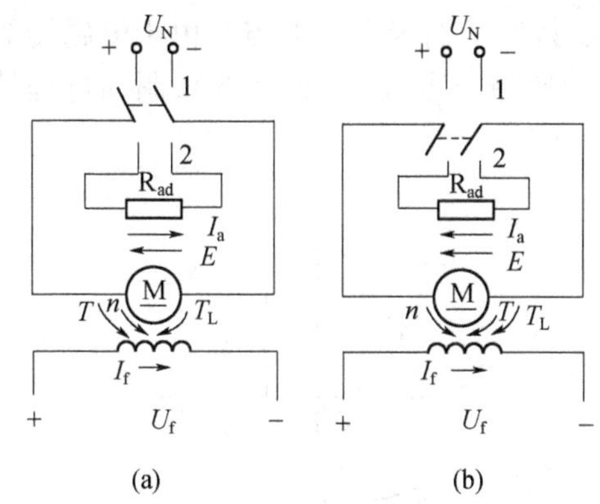

图3.22 能耗制动接线图

(a) 电动状态；(b) 能耗制动状态。

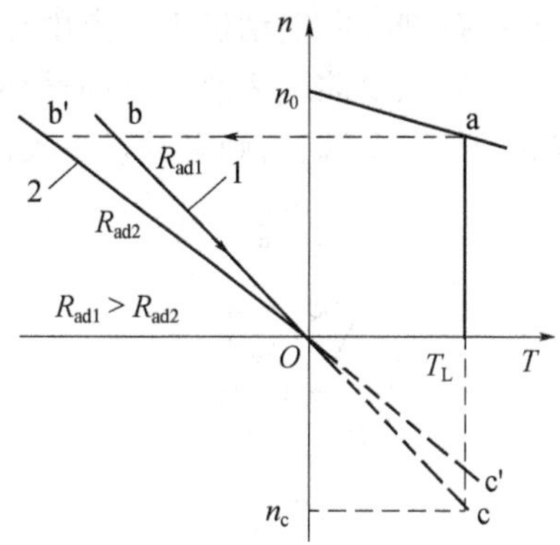

图3.23 能耗制动机械特性

能耗制动开始瞬间，电枢电流 I_a 和电枢回路总电阻 (R_a+R_{ad}) 成反比，因此，串入的 R_{ad} 越小，制动电流及制动转矩越大，制动效果越好，停车迅速。但由于 I_a 大小受到电动机换向条件限制不能太大，所以 R_{ad} 不能太小。

能耗制动的特点是，控制比较简单，运行可靠，且比较经济。制动转矩随转速的下降而减小，因此制动比较平稳，便于准确停车，适用于要求准确停车的场合，或提升装置匀速下放重物情况。

3.5.2 反接制动

当他励电动机的电枢电压 U 或电枢电动势 E 中的任一个在外部条件作用下改变了方向，即二者由方向相反变为一致时，电动机即运行于反接制动状态。把改变电枢电压 U 的方向所产生的反接制动称为电源反接制动，而把改变电枢电动势 E 的方向所产生的反接制动称为倒拉反接制动。下面分别讨论这两种反接制动。

1. 电源反接制动

图3.24为电源反接制动原理接线图，当开关投向位置1时，电动机以电动状态运行，对应各物理量正方向如图中虚线方向。将开关投向位置2，这时加到电枢绕组两端的电源电压极性和电动状态时相反，由于机械惯性作用，电动机转动方向 n 不变，电动势 E 方向也不变，外加电压 U 与电动势 E 方向变为相同，电枢电流 $I'_a=\dfrac{-U_N-E}{R_a+R_{ad}}$，与原来方向相反，电磁转矩 $T=K_t\Phi I_a$ 也随之反向，如图中实线箭头所示，起制动作用，使转速迅速下降。由于这时电枢电路总电压为 (U_N+E)，因此在反接电源的同时必须在电枢回路中串入制动电阻 R_{ad}，以限制过大的制动电流。

电源反接制动的机械特性方程式为

$$n = -\frac{U_N}{K_e\Phi_N} - \frac{R_a + R_{ad}}{K_e K_t \Phi_N^2}T = -n_0 - \frac{R_a + R_{ad}}{K_e K_t \Phi_N^2}T \tag{3.22}$$

根据式(3.22)可画出电源反接的机械特性曲线,如图3.25中的曲线2所示。制动的机电过程分析如下:在制动前,电动机运行在固有特性曲线1上的a点,当串接电阻并将电源反接的瞬间,电动机工作点由点a平移到反接制动曲线上的b点。由于电磁转矩变为制动转矩,沿曲线2箭头方向开始减速。当转速降至零时(达到d点),制动过程结束,应立即切断电源,否则电动机将反向启动。

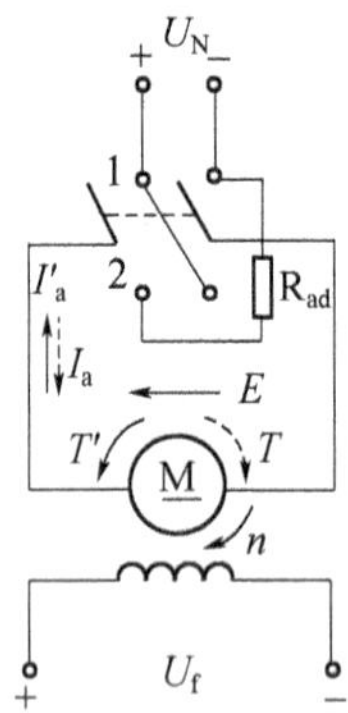

图3.24 电源反接制动接线图

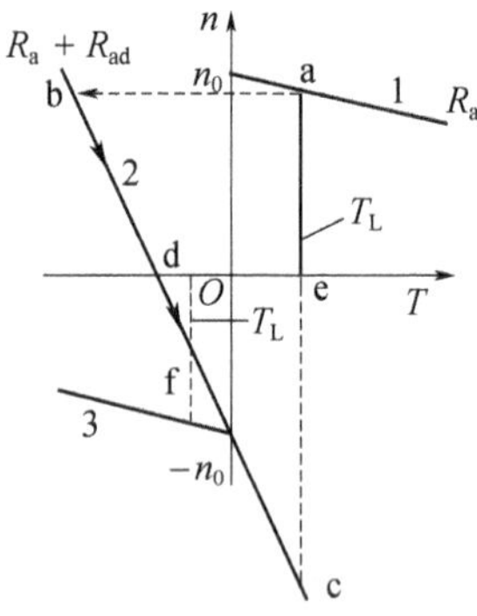

图3.25 电源反接制动机械特性

2. 倒拉反接制动

倒拉反接制动常见于起重装置,其工作原理如图3.26所示。图3.26(a)为电动机工作在正向电动状态,提升重物G匀速上升,其工作点在图3.27中固有特性曲线1上的a点,设电动机逆时针方向旋转为正。

当在电枢电路中串联较大的制动电阻R_{ad}时,工作点从固有机械特性曲线1上的a点平移到人为特性曲线2上的b点。因电磁转矩$T < T_L$,电动机的转速下降,E也下降,电枢电流$I_a = \frac{U_N - E}{R_a + R_{ad}}$增大,$T$随之增大,电动机工作点沿着曲线2上箭头所示的方向向d点移动。

当转速降至零时,在位能负载作用下,电动机将被负载倒拉着开始反转,其旋转方向变为下放重物的方向,如图3.26(b)所示。此时,电动势E反向,与电枢电压方向相同,于是电枢电流为

$$I_a = \frac{U_N - (-E)}{R_a + R_{ad}} = \frac{U_N + E}{R_a + R_{ad}} \tag{3.23}$$

I_a方向不变,电动机转矩T方向也不变。但因电动机旋转方向已反向,电磁转矩变成了阻碍运动的制动转矩,因此,这种制动称为倒拉反接制动。由于此时$T < T_L$,重物将加速下降,电动机工作点从d点向c点移动。当到达c点时,$T = T_L$,重物以恒定速度n_c下放。

在dc段及c点运行过程中,电动机处于倒拉反接制动状态,其机械特性方程式为

$$n = n_0 - \frac{R_a + R_{ad}}{K_e K_t \Phi^2} T \tag{3.24}$$

由于串入较大的制动电阻 R_{ad}，当 T 大于某一值时，$\frac{R_a + R_{ad}}{K_e K_t \Phi^2} T > n_0$，电动机的转速变为负值，所以特性曲线应在第四象限内。图 3.27 中画出了串入不同 R_{ad} 情况时倒拉反接制动的机械特性。可以看出，在同一负载转矩 T_L 作用下，串接的制动电阻越大，最后的稳定运行点的速度越大，即下放速度越大。值得注意的是，若对 T_L 的大小估计不准，选用的制动电阻太小，可能不会出现倒拉反接制动，也就是无法实现下降重物的目的。

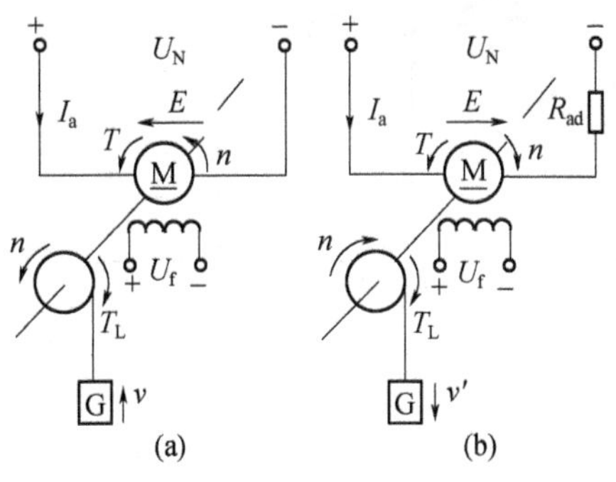

图 3.26　倒拉反接制动原理图

(a) 电动状态；(b) 倒拉反接制动。

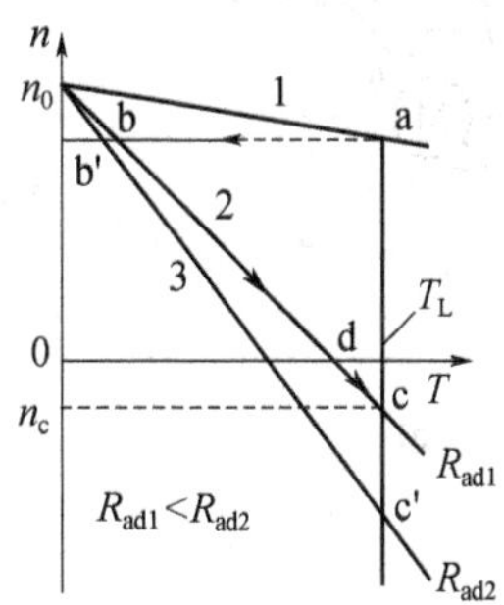

图 3.27　倒拉反接制动机械特性

3.5.3　反馈制动

电动机为正常接法时，在外部条件作用下电动机的实际转速 n 大于其理想空载转速 n_0，此时，电动机即运行于反馈制动状态，如图 3.28 所示。如起重机下放重物或电车下坡时，电动机的转速 n 超过理想空载转速 n_0，电动机便处于反馈制动（也称再生制动）状态。

反馈制动的机械特性方程式与电动状态时的完全一样，只不过 $n > n_0$ 时，$E = K_e \Phi n$ 大于电枢电压 U，电枢电流 $I_a = (U - E)/R_a < 0$，电磁转矩随电枢电流的反向而反向，变成制动转矩。电动状态时，电枢电流为正值，由电网的正端流向电动机；反馈制动时，电枢电流为负值，电流由电枢流向电网的正端，将机械能转变成电能馈送回电网，因此称这种状态为反馈制动状态。

反馈制动分为正向反馈制动（机械特性曲线位于第二象限）和反向反馈制动（机械特性曲线位于第四象限）。下面分两种情况说明反馈制动时电动机工作点的变化情况。

1. 正向反馈制动

如图 3.28(a)所示，电车以恒定速度行驶在平路上，电动机工作在正向电动状态，电动机的电磁转矩 T 与摩擦力产生的反抗负载 T_L 相平衡，以转速 n_a 稳定运行在固有特性曲线的 a 点上，如图 3.28(c)所示。如图 3.28(b)所示，当电车下坡时，在重力作用下，电车的下滑力超过摩擦力，负载转矩（由重力和摩擦力的共同作用所产生）就从反抗负载变为位能负载 T'_L，其方向与前进方向相同而成为拖动转矩，负载特性曲线处于第二象限。

在电磁转矩和位能负载共同作用下，电动机开始加速（电车加速下行）。当电动机的转速 $n>n_0$ 时，反电动势 $E=K_e\Phi n$ 大于电枢供电电压 U，电枢电流反向，电动机变成了发电机，把富余的机械能转化为电能，开始向电源馈送；另一方面，由于电枢电流 $I_a<0$，电磁转矩 $T<0$，电动机转矩由原来的拖动转矩变为制动转矩，对下滑起抑制作用，这一过程称为正向反馈制动。当到达机械特性的 b 点后，电动机的电磁转矩与负载转矩 T'_L 重新平衡，电车以稳定转速 n_b 下坡，电动机仍然处于正向反馈制动状态。

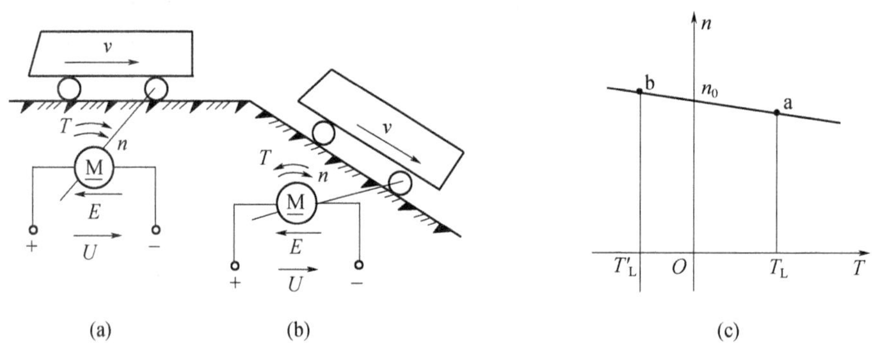

图 3.28　正向反馈制动

（a）电动状态；（b）正向反馈制动；（c）正向反馈制动机械特性。

2. 反向反馈制动

起重机械下放重物时，也能产生反馈制动过程，以保持重物匀速下降。

设电动机提升重物时转速 n 为正，则机械特性曲线位于第一象限，稳定工作点在固有机械特性 1 与负载特性的交点 a 上，如图 3.29(c)所示。如果电枢电压反向，则根据前面的设定，电动机的机械特性就变成了第三象限的曲线 2，其理想空载转速为 $-n_0$。如果再在电枢回路中串入电阻，则电动机的机械特性曲线就由曲线 2 变成了曲线 3。

现在分析起重机下放重物的机电过程。当电动机反向启动后，在电磁转矩 T 与位能负载 T_L 的共同作用下重物迅速下降，且下降速度越来越大，同时电枢电动势 $E=K_e\Phi n$ 也增加，电动机处于反向电动状态，如图 3.29(a)所示，工作点从图 3.29(c)中曲线 3 的 d 点向 f 点移动。由于电动机和生产机械的特性曲线在第三象限没有交点，系统不可能建立稳定的平衡点，所以系统加速到 f 点后，还会沿着特性曲线 3 的延伸线继续加速。当电动机转速 n 大于理想空载转速后，因反电动势 $E=K_e\Phi n$ 大于电枢电压 U，电枢电流反向，电动机变成发电机，向电网馈电；同时，电磁转矩也反向，由拖动转矩变为制动转矩，电动机进入反馈制动状态。当转速继续升高，最后到达 c 点时，电磁转矩 $T=T_L$，系统在第四象限建立了新的稳定平衡点，电动机以 $n=-n_c$ 的转速在反馈制动状态下稳定运行，以保持重物匀速下降。

如果改变电枢电路中的附加电阻 R_{ad} 的大小，也可以调节反馈制动状态下电动机的转速。附加电阻 R_{ad} 越大，稳定运行状态下电动机的转速越高，因此，为使重物下降速度不致过高，串接的附加电阻 R_{ad} 不宜过大。但即使不串接任何电阻，重物下放过程中电动机的转速仍高于理想空载转速，如果下放的工件较重，采用这种制动方式运行是不太安全的。

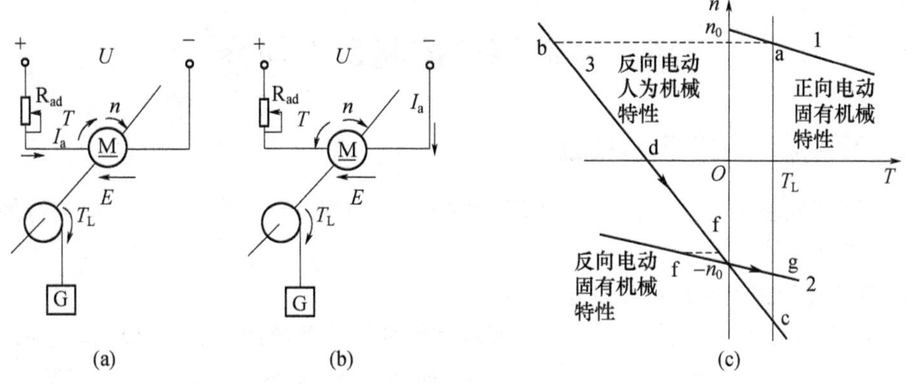

图 3.29 反向反馈制动

(a) 反向电动状态;(b) 反向反馈制动;(c) 反向反馈制动机械特性。

除了以上两种反馈制动运行情况外,在过渡过程中有时也会发生反馈制动。例如,在降低电枢电压调速过程和弱磁状态下增磁调速过程中都可能出现反馈制动过程。

在图 3.30(a)中,A 点是电动状态运行工作点,对应电压为 U_1,转速为 n_A,降压调速时,电压下降为 U_2,因转速不能突变,工作点由 A 点平移到 B 点,随后,工作点在机械特性 U_2 上从 B 点向 n_{02}点变化,变化过程中电动机的反电动势 $E > U_2$,电枢电流方向反向,电动机处于反馈制动过程,这一过程有加快电动机减速的作用。当转速降到 n_{02}时,制动过程结束。从 n_{02}到 C 点的减速过程为电动状态,n_C 为降压后的稳定运行转速。

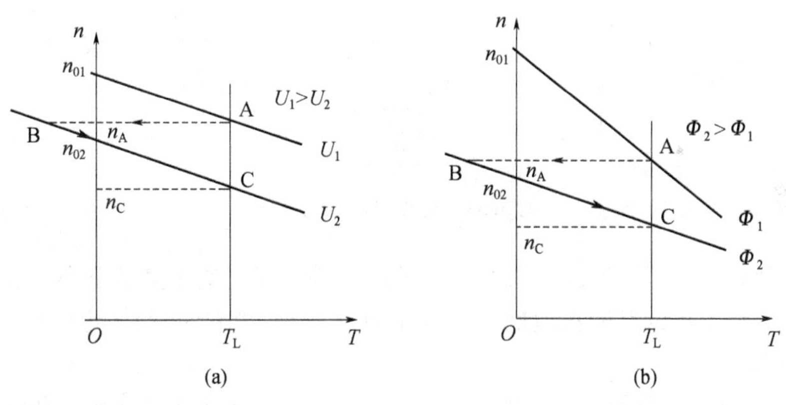

图 3.30 过渡过程中的反馈制动

(a) 降压调速过程;(b) 增磁调速过程。

在图 3.30(b)中,A 点是电动状态运行工作点,对应磁通为 Φ_1,转速为 n_A,增磁调速时,磁通增大为 Φ_2,因转速不能突变,工作点由 A 点平移到 B 点,此后工作点在机械特性 Φ_2 的 $B \sim n_{02}$段上变化,电动机处于反馈制动过程,这一过程同样是起到加快电动机减速的作用。当转速降到 n_{02}时,制动过程结束。从 n_{02}到 C 点的减速过程为电动状态,n_C 为增磁后的稳定运行转速。

反馈制动时,由于有功功率回馈到电网,因此与能耗制动和反接制动相比,反馈制动的经济性较高。

3.6 直流调速控制系统简介

3.6.1 直流调速控制系统概述

直流调速控制系统是以直流电动机为受控对象，对生产机械按工艺要求进行控制的机电传动控制系统。

1. 机电传动控制系统的组成与分类

自动控制系统按其组成结构可分为开环和闭环调速系统两大类。开环调速系统将给定信号经过放大、保护等，对电动机实施控制，如图 3.31 所示。开环系统具有结构简单、成本低、调整和维修方便的优点，在精度要求不高的地方被广泛采用，但由于不能自动纠正转速偏差，往往不能满足高要求的生产机械的需要。

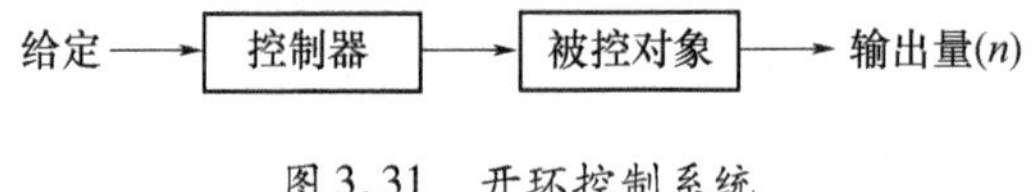

图 3.31　开环控制系统

在对电动机转速稳定要求较高的场合，则采用速度闭环控制系统，如图 3.32 所示。与开环系统相比，闭环系统增加了速度反馈环节。这种按偏差控制原理建立的控制系统叫做负反馈控制系统，其特点是输入量与输出量之间既有正向的控制作用又有反向的反馈控制作用。

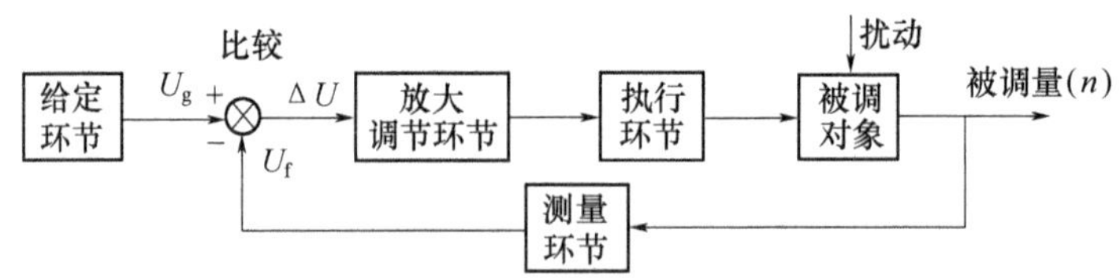

图 3.32　速度闭环控制系统

控制系统除了可以从组成结构形式上划分外，常见的还有下列的分类方法：

(1) 按采用不同的反馈物理量，可分为转速负反馈、电势负反馈、电压负反馈及电流正反馈控制系统。

(2) 按自动调节系统的复杂程度，可分为单环自动调节系统和多环自动调节系统。

(3) 按系统稳态时被调量与给定量有无差别，可分为有静差调节系统和无静差调节系统。

(4) 按给定量变化的规律，可分为定值调节系统、程序控制系统和随动系统。

(5) 按调节动作与时间的关系，可分为断续控制系统和连续控制系统，或无级调速和有级调速。

(6) 按系统中所包含的元件特性，可分为线性控制系统和非线性控制系统。

(7) 按电动机调速特性，可分为恒转矩调速和恒功率调速系统。

2. 直流调速系统基本组成

直流调速系统的基本组成部分包括直流电动机、控制电器、检测元件、功率半导体器件和处理信息的微电子器件等。如果采用数字控制方案，还可能包含微型计算机。一个现代化的生产车间往往有许多套机电传动控制系统,可能要用多级微型计算机进行控制,还有通信设备和屏幕显示器等。也可以把整个系统大体上分成电力和控制两大部分,电力部分通常包括电动机、功率半导体(变流器)和工作机械,其功能是进行能量转换和调节;控制部分通常包括检测、转换环节和调节器,其功能是取得和处理系统中有关变量的信息,并按预定的调节规律产生控制信号或作用。

20 世纪 50 年代末出现的无自关断能力的半控型普通晶闸管是第一代电力电子器件。随着变流技术的发展而出现的能自关断的全控型器件,如电力晶体管(GTR)、门极可关断晶闸管(GTO)、功率场效应晶体管(MOSFET)、绝缘栅双极晶体管(IGBT)、静电感应晶体管(SIT)和静电感应晶闸管(SITH)等,称为第二代电力电子器件或功率集成器件。当今已发展到的功率集成电路(PIC),属于第三代电力电子器件。

3. 直流调速控制系统分类

过去,是由专用的直流发电机作为直流电压可调电源,由交流电动机(异步电动机或同步电动机)带动直流发电机,组成 G-M 调速系统,如图 3.33 所示。发电机向需要调速的直流电动机供电,调节发电机的励磁电流 I_f 的大小,能够方便地改变其输出电压 U_a,从而调节直流电动机的转速 n。为了给直流发电机和直流电动机的励磁供给电,还需一台直流励磁发电机 GE。

G-M 调速系统所需设备多,体积大,费用高,效率低;安装复杂,运行噪声大,维护工作量大。到了 20 世纪 60 年代,出现了由晶闸管可控整流装置提供可调电源的直流调速系统,如图 3.34 所示。调速系统由晶闸管变流器—电动机(V-M)组成,通常称为 V-M 调速系统。通过调节触发器 AT 的控制电压 U_c 来移动触发脉冲相位,便可改变整流电压 U_d,经平波电抗器 LF 向直流电动机供电,当电动机励磁恒定,就可实现电动机在额定转速以下的调速。与 G-M 系统相比,V-M 系统不仅在经济性和可靠性上有所提高,而且在技术性能上还有很大的优势,如在控制作用的快速性方面,晶闸管装置是毫秒级,而变流机组是秒级。目前,世界上各主要工业国家的直流调速系统都已改用晶闸管可控整流装置来供电。

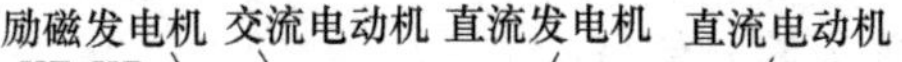

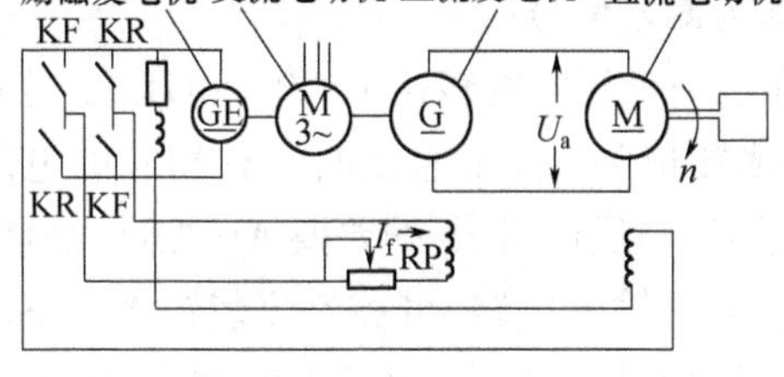

图 3.33　G-M 调速系统

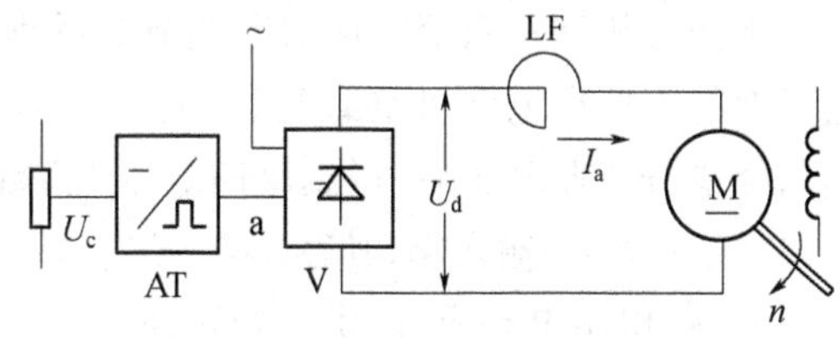

图 3.34　V-M 调速系统

对于小容量直流机电传动系统,经常采用晶体管脉宽调制(PWM)调速系统,如图 3.35所示, UR 是硅二极管整流电路,其作用是将电网交流电整为直流电,再通过大功率晶体管组成的斩波器 VT 得到可变的直流电压 U_d,经平波电抗器 LF 向直流电动机供电,从而实现电动机的调速。直流斩波器输出电压 U_d 平均值是由其输出脉冲占空比来调节的,改变脉宽调制器 PWM 的控制电压 U_c 即可以改变输出脉冲的占空比。随着 GTO、GTR、P-MOSFET、IGBT 大功率模块等全控式电力电子器件的功率驱动装置的发展,直流脉宽调制 PWM 调速系统的研制和应用也越来越广泛。与晶闸管—电动机系统相比：PWM-M 系统的主电路线路简单，所需功率元件少；低速性能好，调速范围宽；开关频率高，快速性能好；波形系数好，附加损耗小，效率高，功率因数高。目前，因为受到大功率晶体管最大电压、电流定额的限制，晶体管直流脉宽调速系统的最大功率只有几十千瓦，而晶闸管直流调速系统的最大功率可以达到几千千瓦，因此，PWM 调速系统还只能在中、小容量的调速系统中取代晶闸管直流调速系统。

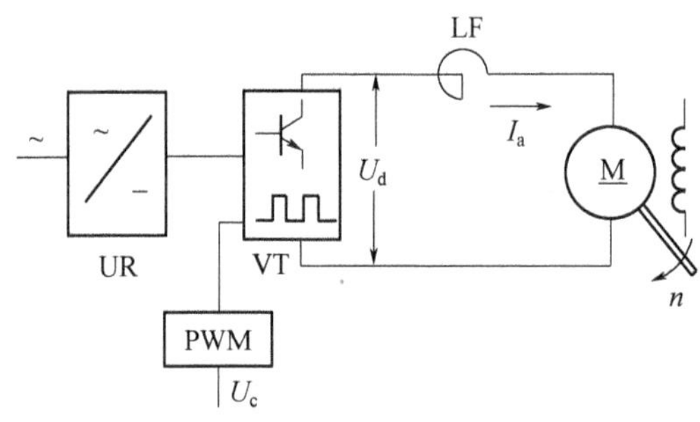

图 3.35　PWM 调速系统

3.6.2　晶闸管—电动机调速系统

直流调速系统中，目前用得最多的是晶闸管—电动机调速系统。晶闸管—电动机直流传动控制系统常用的有单闭环直流调速系统、双闭环直流调速系统和可逆调速系统。常见的单闭环直流调速系统又分为有静差调速系统和无静差调速系统两类。

1. 单闭环有静差调速系统

图 3.36 为晶闸管—直流电动机有静差调速系统的原理图，其中，放大器为比例放大器（或比例调节器），直流电动机 M 由晶闸管可控整流器经过平波电抗器 LF 供电。整流器整流电压 U_d 可由控制角 α 改变，触发器的输入控制电压为 U_k。TG 为速度反馈装置，ΔU 为给定电压 U_g 与速度反馈信号 U_f 的差值，称为偏差信号（$\Delta U = U_g - U_f$）。

下面分析这种系统转速自动调节的过程。在某一个规定的转速下，给定电压 U_g 是固定不变的。假设电动机空载运行（$I_a \approx 0$）时，空载转速为 n_0，测速发电机有相应的电压 U_{BR}，经过分压器分压后，得到反馈电压 U_f，给定量 U_g 与反馈量 U_f 的差值 ΔU 加进比例调节器（放大器）的输入端，其输出电压 U_k 加入触发器的输入电路，可控整流装置输出整流电压 U_d 供电给电动机，产生空载转速 n_0。当负载增加时，I_a 加大，由于 $I_a R_\Sigma$ 的作用，使电动机转速下降（$n < n_0$），测速发电机的电压 U_{BR} 下降，反馈电压 U_f 降到 U'_f。但这时给定电压 U_g 并没有改变，于是偏差信号增加到 $\Delta U' = U_g - U'_f$，放大器输出电压上升到 U'_k。它使晶闸管整流器的控制角 α 减小，整流电压上升到 U'_d，电动机转速又回升到近似等于 n_0（但绝不可能等于 n_0）。因为，如果回升到 n_0，那么反馈电压也将回升到原来的数值 U_f，而偏差信号又将下降到原来的数值 ΔU，也就是放大器输出的控制电压 U_k 没有增加，因而晶闸管整流装置的输出电压 U_d 也不可能增加，也就无法补偿负载电流 I_a 在电阻 R_Σ 上的电压降，电动机转速又将下降到原来的数值。这种维持被调量（转速）近于恒值不变，但又具有偏差的反馈控制系统通常称为有差调节系统（有差调速系统）。系统的放大倍

数越大,准确度就越高,静差度就越小,调速范围就越大。

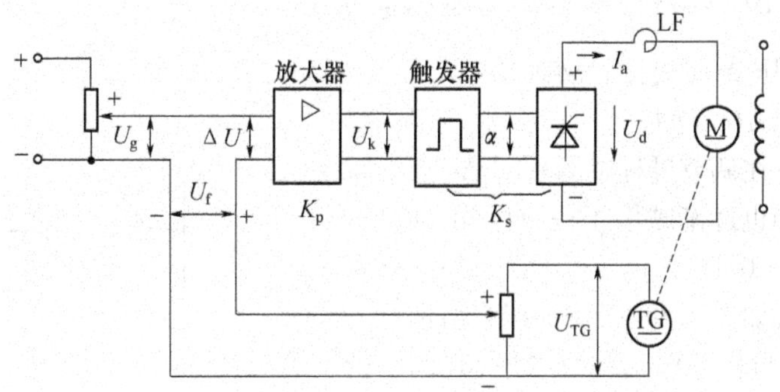

图 3.36 晶闸管—直流电动机有静差调速系统的原理图

2. 单闭环无静差调速系统

采用比例(P)调节器的单闭环调速系统是有静差的调速系统,增大比例放大系数可以减少静差,提高静特性的硬度,但不可能完全消除静差。无静差调速系统,是指调速系统稳态运行时,系统的给定值与被调量的反馈值保持相等,即 $\Delta U = U_g - U_f = 0$。采用比例积分调节器就可以组成无静差调速系统。

实用的无静差调速系统通常采用如图 3.37 所示结构,由于比例积分环节的存在,只要偏差 $\Delta U = U_g - U_f \neq 0$,系统就会起调节作用,当 $\Delta U = 0$ 时,$U_g = U_f$,则调节作用停止,调节器的输出电压 U_k 由于积分作用,保持在某一数值,以维持电动机在给定转速下运转,系统可以消除静态误差。因此,该系统是一个无静差调速系统。

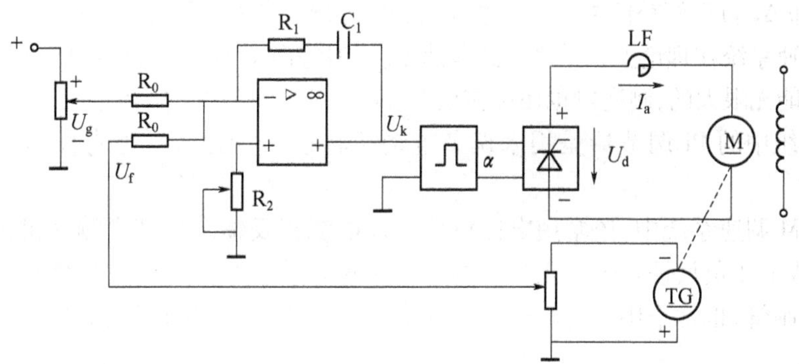

图 3.37 采用比例积分调节器的无静差调速系统

系统的调节原理如图 3.38 所示。若电动机负载波动,如图 3.38 (a)中的 t_1 瞬间,负载突然由 T_{L1} 增加到 T_{L2},则电动机的转速将由 n_1 开始下降而产生转速差 Δn(图 3.38(b)),它通过测速机反馈到 PI 调节器的输入端产生偏差电压 $\Delta U = U_g - U_f > 0$,于是开始了消除偏差的调节过程。首先,比例部分调节作用占主导,其输出电压等于 $K_p \Delta U$,使控制角 α 减小,可控整流电压增加 ΔU_{d1}(图 3.38(c)中曲线 1),由于比例输出没有惯性,故这个电压使电动机转速迅速回升。偏差 Δn 越大,ΔU_{d1} 也越大,它的调节作用也就越强,电动机转速回升也就越快。而当转速回升到原给定值 n_1 时,$\Delta n = 0$,$\Delta U = 0$,故 $\Delta U_{d1} = 0$。

积分部分的调节作用:积分输出部分的电压等于偏差电压 ΔU 的积分,它使可控整流电

压增加 $\Delta U_{d2} \propto \int \Delta U \mathrm{d}t$ 或 $\frac{\mathrm{d}\Delta U_{d1}}{\mathrm{d}t} \propto \Delta U$，即 ΔU_{d2} 的增长率与偏差电压 ΔU（或偏差转速 Δn）成正比。开始时 Δn 很小，ΔU_{d2} 增加很慢；当 Δn 最大时，ΔU_{d2} 增加得最快；在调节过程中的后期 Δn 逐渐减小了，ΔU_{d2} 的增加也逐渐减慢了；一直到电动机转速回升到 n_1，$\Delta n = 0$ 时，ΔU_{d2} 不再增加，并一直保持这个数值不变，如图 3.38(c) 中曲线 2 所示。

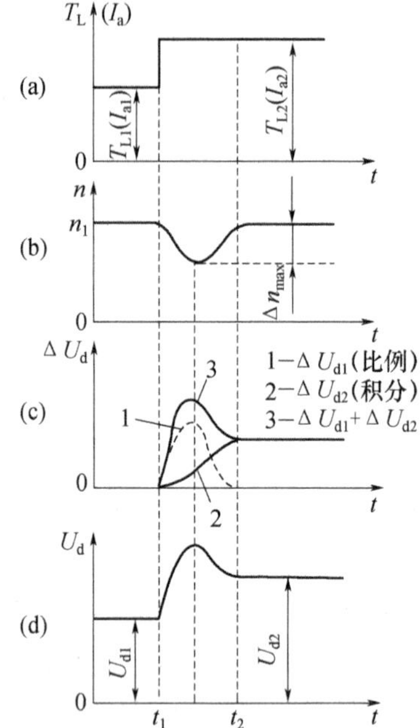

图 3.38 负载变化时 PI 调节器对系统的调节过程

把比例作用与积分作用综合考虑，其调节的综合效果如图 3.38(c) 中曲线 3 所示，由图可知，不管负载如何变化，系统都会自动调节。在调节过程的开始和中间阶段，比例调节起主要作用，它首先阻止 Δn 的继续增大，而后使转速迅速回升；在调节过程的末期 Δn 很小，比例调节的作用减弱，而积分调节作用就上升到主要地位，依靠它来最后消除转速偏差 Δn，使转速回升到原设定值。这就是无静差调速系统的调节过程。

可控整流电压 U_d 等于原静态时的数值 U_{d1} 加上调节过程完成后的增量（$\Delta U_{d1} + \Delta U_{d2}$），如图 3.38(d) 所示。可见，在调节过程结束时，U_d 稳定在一个大于 U_{d1} 的新的数值 U_{d2} 上。增加的那部分电压（即 ΔU_d）正好补偿由于负载增加引起的那部分主回路压降 $(I_{a2} - I_{a1})R_{\Sigma}$。

这个调速系统在理论上讲是无静差调速系统，但是由于调节放大器不是理想的，且放大倍数也不可能无限大的，测速机也还存在误差，因此，实际上这样的系统仍然有一点静差。

这个系统中的 PI 调节器是用来调节电动机转速的，因此，常把它称为速度调节器（ASR）。

在 V－M 调速系统中，还常用电压负反馈及电流正反馈来代替由测速机构成的速度负反馈，组成电压负反馈及电流正反馈的自动调速系统。为了在电动机堵转时不致烧坏电动机和晶闸管，也常采用具有转速负反馈带电流截止负反馈的调速系统，获得所谓“挖土机特性”。

3. 转速、电流双闭环调速系统

为了提高生产率，经常处于启动、制动，正转、反转的生产机械，控制的目标是实现最短启动（制动）时间控制，或者说最大启动（制动）加速度控制。所谓最佳启动（制动）过程，实际上是要求保持电动机电流为最大允许值 I_{am}，做到在充分利用电动机过载能力的条件下获得最快的动态响应。它的特点是在电动机启动时，启动电流很快地加大到允许过载能力值 I_{am} 并且保持不变。这就要求有一个电流调节器来完成这个任务。

按照反馈控制规律，采用某个物理量的负反馈就可以保持该物理量基本不变。为了实现最佳启动（制动）过程，调速系统中需要增设电流闭环，在启动和制动时，实现恒流控制。而到达稳态后，实现电流跟随控制。因此转速、电流双闭环调速系统便应运而生。

具有速度调节器和电流调节器（ACR）的双闭环调速系统如图 3.39 所示。为了使转速和电流两种负反馈分别起作用，在系统中设置了两个调节器分别调节转速和电流，二者之间实行串级连接，把转速调节器的输出当做电流调节器的输入，再用电流调节器的输出去控制晶闸管整流器的触发装置。从闭环结构上看，电流调节环在里面，叫做内环；转速调节环在外面，叫做外环。这样就形成了转速、电流双闭环调速系统。图3.39中，TA为电流传感器，LF为平波电抗器。

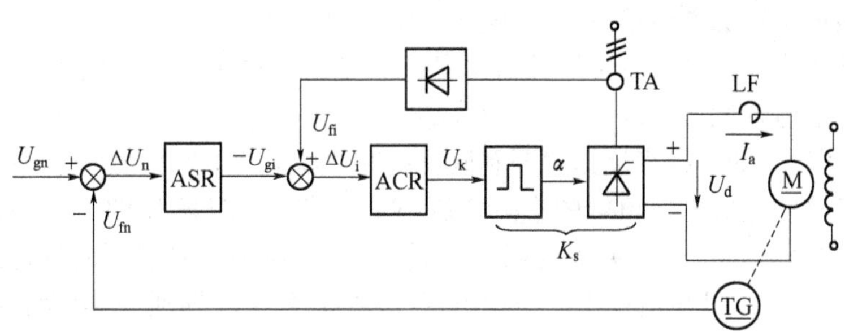

图3.39 转速、电流双闭环系统构成

为了获得良好的静态和动态性能，双闭环调速系统的两个调节器一般都采用PI调节器。

4. 可逆直流调速系统

只向直流电动机提供单向电流、使电动机单向运转的调速系统称为不可逆直流调速系统。而在实际生产过程中，经常要求电动机不但能平滑调速而且能正转、反转及快速启动、制动等，如龙门刨床的工作台，要求能控制电动机正转、反转的调速系统，这种系统称为可逆调速系统。直流电动机可逆调速系统有电枢反接的可逆线路及励磁反接的可逆线路两类。

图3.40(a)为利用接触器进行切换的可逆线路。晶闸管整流装置KZ的输出电压U_d极性不变，当正向接触器FKM吸合时，电动机电枢得到A(+)、B(−)的电压，电动机正转；当反向接触器RKM吸合时，电动机电枢得到A(−)、B(+)的电压，电动机反转。图3.40(b)是用晶闸管开关代替接触器，组成晶闸管开关可逆线路。图3.40(c)是将两组晶闸管整流装置反极性并联。当正组整流装置ZKZ供电时，电动机正转；当反组整流装置FKZ供电时，电动机反转。两组晶闸管整流装置分别由两套触发装置控制。

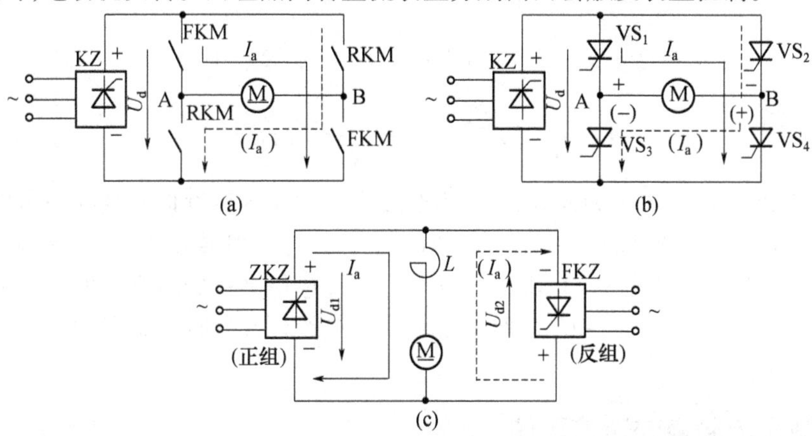

图3.40 电枢反接的可逆线路

(a) 用接触器切换；(b) 用晶闸管切换；(c) 两组晶闸管反并联。

3.6.3 直流脉宽调制调速系统基本工作原理

在直流电动机调速系统中,晶闸管电路应用最为广泛,但是它们也有一些致命缺点:

(1) 存在电流谐波分量,在低速时转矩脉动大,限制了调速范围。

(2) 低速时电网的功率因数低。

(3) 平波电抗器的电感量较大,影响了系统的快速反应。

随着大功率全控式电力电子器件的功率驱动装置的发展,中小功率的机电传动控制系统开始使用晶体管调速系统,并逐步取代晶闸管。

目前,应用较广的一种直流脉宽调制调速系统的基本主电路如图 3.41 所示。三相交流电源经整流滤波变成电压恒定的直流电压,$VT_1 \sim VT_4$ 为四只 IGBT,工作在开关状态,其中,处于对角线上的一对开关管的栅极,因接受同一控制信号而同时导通或截止。若 VT_1 和 VT_4 导通,则电动机电枢上加正向电压;若 VT_2 和 VT_3 导通,则电动机电枢上加反向电压。当它们以较高的频率(一般为 2kHz)交替导通时,电枢两端的电压波形如图3.42 所示。由于机械惯性的作用,决定电动机转向和转速的仅为此电压的平均值。

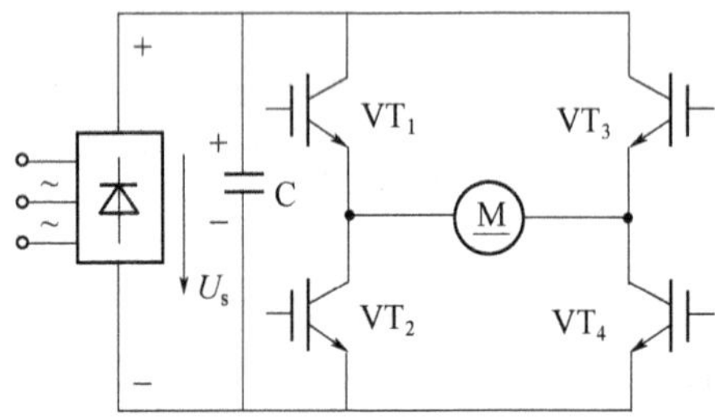

图 3.41 直流脉宽调制调速系统的基本主电路

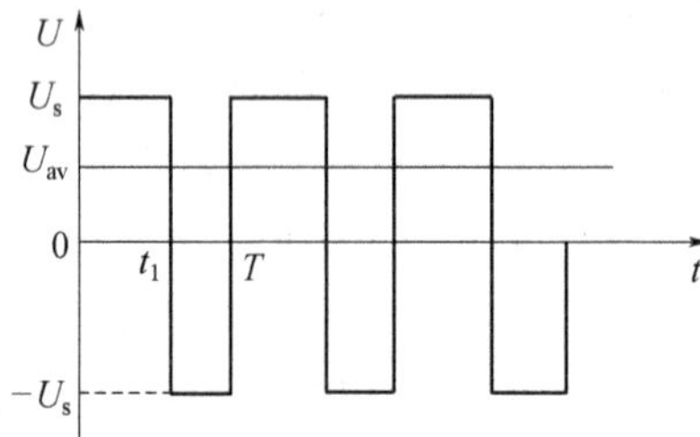

图 3.42 电动机电枢电压的波形

设矩形波的周期为 T,正向脉冲宽度为 t_1,并设 $\gamma = t_1/T$ 为导通占空比。由图 3.42 可求出电枢电压的平均值为

$$U_{av} = \frac{U_s}{T}[t_1 - (T - t_1)] = \frac{U_s}{T}(2t_1 - T)$$

$$= \frac{U_s}{T}(2\gamma T - T) = (2\gamma - 1)U_s \tag{3.25}$$

由式(3.25)可知,在 T 为常数时,人为地改变正脉冲的宽度以改变导通占空比 γ,即可改变 U_{av},达到调速的目的。当 $\gamma = 0.5$ 时,$U_{av} = 0$,电动机转速为零;当时 $\gamma > 0.5$ 时,U_{av}为正,电动机正转,且在 $\gamma = 1$ 时,$U_{av} = U_s$,正向转速最高;当 $\gamma < 0.5$ 时,U_{av}为负,电动机反转,且在 $\gamma = 0$ 时,$U_{av} = -U_s$,反向转速最高。连续地改变脉冲宽度,即可实现直流电动机的无级调速。

3.6.4 数字控制直流调速系统

传统的晶闸管直流调速系统,其控制回路都是采用模拟电子线路构成的,晶闸管触发器大多采用分立元件组装而成,这就使得硬件设备复杂,安装调整困难,故障率较高。采

用微处理器控制的数字式直流调速系统是目前调速控制系统的发展方向,与常规模拟调速系统比较,有如下优点:

(1) 数字调速系统的控制器由可编程功能模块组成,设备的通用性强,易于实现硬件设备的标准化。

(2) 数字控制不仅可以实现数字给定和比较、数字 PI 运算、数字触发和相位控制、电枢电流和励磁电流的控制、速度控制、逻辑切换和各种保护功能,而且在系统硬件结构不变时,很容易引入各种先进的控制规律,如非线性控制、最优控制和自适应控制等,实现最佳控制。

(3) 数字传动装置控制器的结构配置和参数调整简单方便,不受环境的影响;并能存储大量的实时数据,实现系统的监控保护、故障自诊断、报警显示、波形分析、故障自动复原等多种功能,具有很强的自保护功能,提高了系统的可靠性。

(4) 具有很强的通信功能。不仅可与上一级计算机通信,而且在与直流传动装置之间、PLC 之间、交流传动装置之间,都可以通过局域网进行快速的数据交换,构成分布式计算机控制系统,实现生产过程的全局自动化。

图 3.43 为数字双闭环可逆直流调速系统。图中,虚框部分是采用计算机实现的控制部分,它包括数字触发器、数字速度调节器(ASR)和数字电流调节器(ACR),由电流互感器得到的电流反馈信号经 A/D 转换进入计算机,由光电码盘测得的转速脉冲经处理后把实际转速 D_{fn} 反馈到计算计中。此外,转速的给定 D_{gn} 也是数字的,用户可以通过键盘进行人机对话,发出启、停指令,修改控制参数。系统控制部分除了脉冲功放和晶闸管开关器件因功率大而采用分立元件外,其余部分均采用了大规模专用集成芯片及软件,因此系统的结构简单,可靠性高。这样的系统称为全数字化直流调速(DDC)系统。

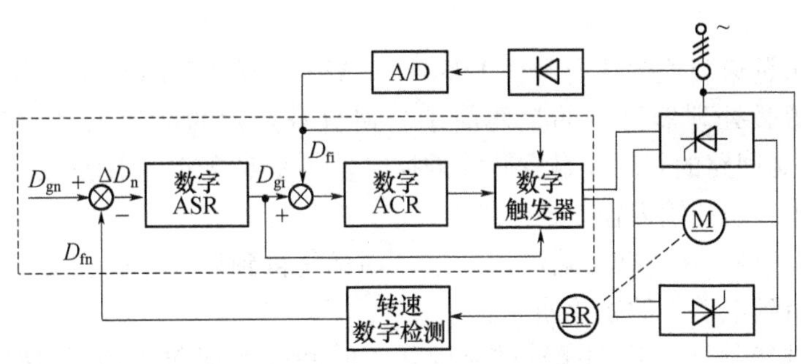

图 3.43 数字控制的双闭环可逆直流调速系统原理框图

3.6.5 产品化的数字直流调速装置简介

随着计算机技术的发展,过去的模拟控制系统正在被数字控制系统所代替。在带有计算计的通用全数字直流调速装置中,在不改变硬件或改动很少的情况下,依靠软件支持就可以方便地实现各种调节和控制功能,因而通用全数字直流调速装置的可靠性和应用的灵活性明显优于模拟控制系统。因此,直流调速系统数字化方面的研究受到了很多国家的重视。美国、英国、德国、日本等国家的一些公司相继推出各自的产品,如西门子公司的6RA(6RM)系列,AVTRON公司的ADD－32系列,ABB公司的DCS系列,GE公司的DC系列,CT公司的MENTOR,AEG公司的MinisemiD系列、MaxisemiD系列等。其共同特点:

(1) CPU都采用16位、32位单片机或多CPU,以提高系统的运算速度和精度。

(2) 产品功能较强,它可提供多种功能的模块供选择,不但具有数字触发、PI运算、无环流控制逻辑、非线性补偿、定位控制等功能,而且还具有参数优化、故障自诊断、张力控制、多机架协调控制等功能。

(3) 通信功能强。

(4) 保护功能强,可靠性高,故障报警及处理功能完善。

目前,以德国西门子公司的6RA24系列、6RA70系列通用全数字直流调速装置在国内的应用较为广泛。6RA70系列较6RA24系列,在单台装置的最大容量、通信能力、电压等级、设置的灵活性等方面得到提高和丰富。下面主要以6RA70系列为例进行介绍。

西门子SIMOREG 6RA70系列直流调速器为三相交流电源直接供电的全数字控制装置,其结构紧凑,用于可调速直流电动机电枢和励磁供电,其额定电枢电流为15A～2000A,额定励磁电流3A～85A,可以通过并联SIMOREG整流装置进行扩展,并联后输出额定电枢电流可达到12000A;并且可根据不同的应用场合,选择单象限或四象限的工作装置,由于装置本身带有参数设定单元,因此设备可直接完成参数的设定。所有的控制、调节、监视及附加功能都由微处理器来实现,如图3.44所示;还可选择给定值和反馈值为数字量或模拟量。

该装置的主要特点如下:

(1) 用脉冲编码器反馈时,调节器精度$n=0.006\%$(数字给定),$n=0.1\%$(模拟给定)。

(2) 全数字调速装置的核心硬件C98043－A7001开环和闭环控制电子模板功能强大。该模板内置微处理器采用的是西门子公司自身开发的单片机80C166,主要完成:①电枢回路、磁场回路的开环及触发脉冲的控制。②速度给定,速度反馈。③装置运行的使能控制。④可组态的输入输出控制端。

(3) 电流调节器、速度调节器可以通过自动优化得到调节器的相关P、I参数。弱磁的优化运行可得到电动机的磁化曲线。

(4) 通过选择斜坡上升、下降、过渡圆弧等时间来实现起制动、加速度的S曲线过渡,减少因速度突变而引起的电流过大现象和机械冲击现象,有利于延长电器和机械寿命。

(5) 6RA70装置提供了丰富的自由软件模块连接,可以通过开关量的连接和模拟量连接能任意配置所需的控制功能。

6RA70系列直流调速器的传动部分采用转速、电流双闭环调速。双闭环系统基本上实现了在电流受限制下的快速启动,利用了饱和非线性方法,达到“准时间最优控制”。它具有系统精度高、响应速度快、易于稳定、便于调整等优点。可逆调速系统的切换采用电枢反接线路,电动机采用正、反两组晶闸管供电的逻辑无环流控制。

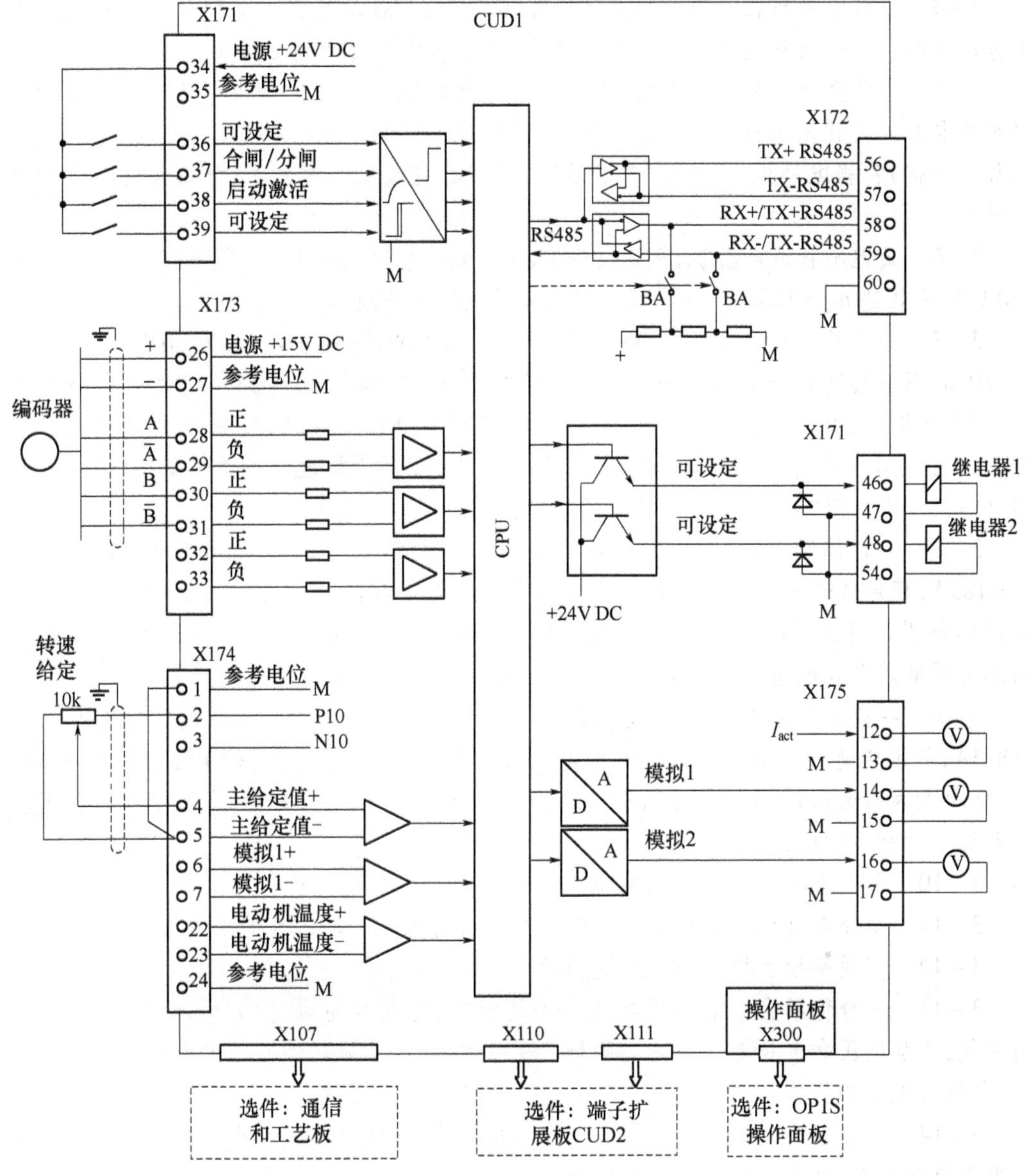

图 3.44　SIMOREG 6RA70 全数字直流调速器基本控制单元框图

习题与思考题

3-1　为什么直流电机的转子会用表面涂有绝缘层的硅钢片叠压而成？

3-2　一台他励直流电动机所拖动的负载 T_L 为常数，当电枢电压或电枢电路内附加电阻改变时，能否改变其稳定运行状态下电枢电流的大小？为什么？这时机电传动系统中哪些量必然发生变化？

3-3　为什么直流电动机直接启动时启动电流很大？

3－4　直流电动机在电枢电路串接电阻启动时，在启动过程中为什么必须将启动电阻分级切除？若把启动电阻留在电枢电路中，对电动机运行有什么影响？

3－5　他励直流电动机启动时，为什么一定会先把励磁电流加上？若忘了先合励磁绕组的电源开关就把电枢电源接通，这时会产生什么现象（试从 $T_L=0$ 和 $T_L=T_N$ 两种情况加以分析）？当电动机运行在额定转速下，若突然将励磁绕组断开，此时又将出现什么情况？

3－6　某他励直流电动机，额定功率 $P_N=54\text{kW}$，额定电压 $U_N=220\text{V}$，额定电流 $I_N=270\text{A}$，额定转速 $n_N=1150\text{r/min}$。试画出固有机械特性曲线。

3－7　一台并励直流电动机，额定功率 $P_N=2.2\text{kW}$，额定电压 $U_N=110\text{V}$，额定效率 $\eta_N=0.8$，额定转速 $n_N=1500\text{r/min}$，$R_a=0.42\Omega$，$R_f=82.7\Omega$。试计算：（1）额定电枢电流 I_{aN}；（2）额定励磁电流 I_{fN}；（3）励磁功率 P_{fN}；（4）额定转矩 T_N；（5）额定电流是的反电动势；（6）直接启动是的启动电流；（7）如果限制启动电流不得超过额定值的2倍，应在电枢回路串入多大电阻？对应的启动转矩是多少？

3－8　一台他励直流电动机，额定功率 $P_N=17\text{kW}$，额定电压 $U_N=110\text{V}$，额定电流 $I_N=185\text{A}$，额定转速 $n_N=1000\text{r/min}$，最大允许电流 $I_{max}=2\text{I}_N$，负载转矩 $T_L=0.8T_N$。试计算：（1）如果采用能耗制动停车，电枢回路应串入多大电阻？（2）采用反接制动停车，电枢回路又应串入多大电阻？（3）两种方法制动，当 $n=0$ 时，电磁转矩分别是多少？

3－9　一他励直流电动机，额定功率 $P_N=22\text{kW}$，额定电压 $U_N=220\text{V}$，额定电流 $I_N=118.3\text{A}$，额定转速 $n_N=1000\text{r/min}$，电枢电阻 $R_a=0.145\Omega$。试计算：（1）阻转矩为 $0.8T_N$ 时，电动机的转速；（2）阻转矩为 $0.8T_N$ 时，电枢回路串入 0.73Ω 电阻，电枢电流变化范围以及稳定运行后的转速。

3－10　他励直流电动机有几种调速方法？它们的特点如何？

3－11　研究电动机的制动有什么意义？制动状态与电动状态的根本区别在哪里？

3－12　实现倒拉反接制动和反馈制动的条件是什么？

3－13　一台他励直流电动机在稳态下运行时，电枢反电动势为 E_1，如负载转矩 T_L 为常数，外加电压和电枢电路中的电阻均不变。试问：减弱励磁使转速上升到新的稳态值后，电枢反电动势将如何变化？是大于 E_1、小于 E_1 还是等于 E_1？

3－14　一台直流他励电动机拖动一台卷扬机构，在电动机拖动重物匀速上升时将电枢电源突然反接，试利用机械特性从机电过程上说明：

（1）从反接开始到系统达到新的稳定平衡状态之间，电动机经历了几种运行状态？最后在什么状态下建立系统新的稳定平衡点？

（2）各种状态下转速变化的机电过程怎样？

3－15　他励直流电动机各种制动方法如何实现？各有哪些优、缺点？分别适用于什么场合？

第 4 章　交流电动机的特性与调速

交流电动机做传力电动机应用极为广泛，它包括三相交流异步电动机、三相交流同步电动机和单相交流异步电动机。工业上使用三相交流异步电动机极为广泛，家电上常用单相交流异步电动机。三相交流同步电动机既可以作发电机使用，也可以作电动机使用。做电动机使用时，它以某一固定转速运转（不受负载大小影响）。

4.1　三相异步电动机的结构和工作原理

4.1.1　三相异步电动机的基本结构

三相异步电动机主要由定子和转子两部分构成，如图 4.1 所示。定子部分固定不动，转子部分工作时转动，定子和转子之间有气隙，其结构如图 4.2 所示。

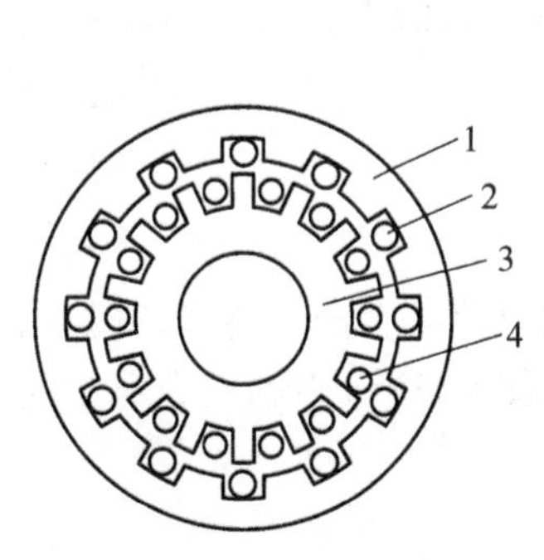

图 4.1　定子和转子结构示意图
1—定子铁芯；2—定子绕组；
3—转子铁芯；4—转子绕组。

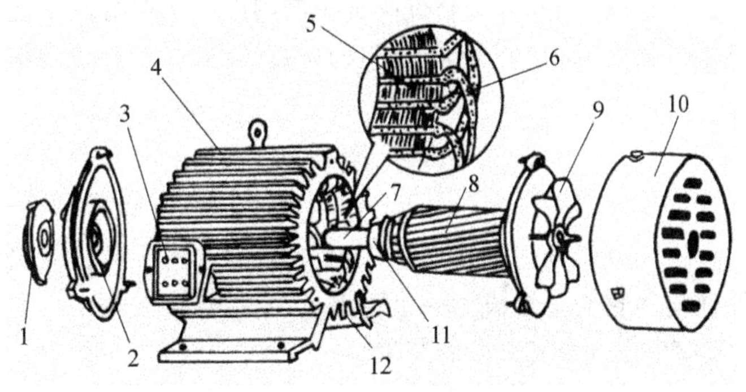

图 4.2　鼠笼式三相异步电动机的结构图
1—轴承盖；2—端盖；3—接线盒；4—散热片；5—定子铁芯；
6—定子绕组；7—转轴；8—转子；9—风扇 ；
10—风扇罩壳；11—轴承；12—机座。

根据转子结构的不同，三相异步电动机分为鼠笼式（图 4.3）和绕线式（图 4.4）两种。

定子部分由定子铁芯、定子绕组和机座等组成。定子铁芯由硅钢片冲制涂漆叠压而成（片间绝缘是为了减少涡流），内圆均匀开槽，嵌放三相对称绕组，本身起导磁作用。机座起支撑和固定作用。

转子部分由转子铁芯和绕组两部分组成。转子铁芯由硅钢片叠压而成，装于转轴上，外圆开槽，嵌放转子绕组，转子铁芯、定子铁芯和气隙共同构成电动机的完整磁路。对于鼠笼式转子绕组，是将铜条插入铁芯的槽内，并将所有铜条两端分别焊在两个铜端环上。

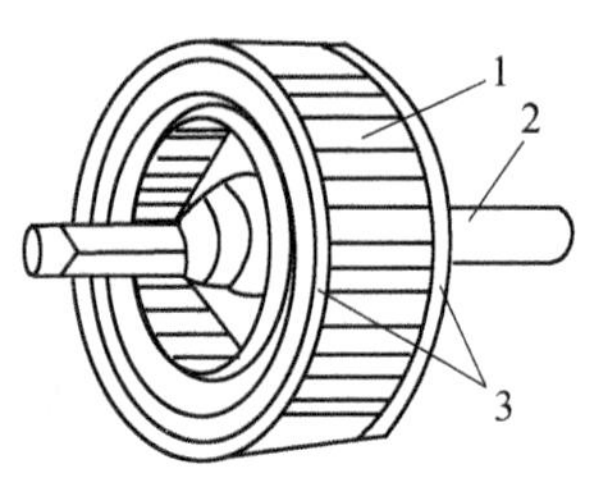

图 4.3　鼠笼式转子结构图

1—转子导条；2—转轴；3—端环。

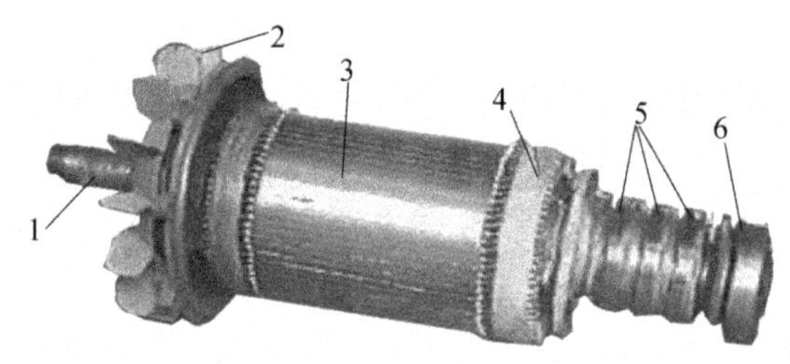

图 4.4　线绕式转子结构

1—转轴；2—风扇；3—转子铁芯；4—三相转子绕组；5—滑环；6—轴承。

对于绕线式转子绕组，与定子绕组一样，由漆包线绕成三相对称的绕组嵌放在转子铁芯槽内，一般接成星形，通过滑环和电刷与外加电阻共同组成转子电路。转子绕组组成的磁极数与定子相同。

4.1.2　三相异步电动机的工作原理

1. 旋转磁场的产生

如图 4.5 所示，将分布在定子槽内的三相对称的定子绕组接成星形，并且通入三相交流电。假定各相的电流正方向为从首端到末端，三相电流的瞬时表达式为

$$i_A = I_m \sin\omega t \tag{4.1}$$

$$i_B = I_m \sin(\omega t - 2\pi/3) \tag{4.2}$$

$$i_C = I_m \sin(\omega t - 4\pi/3) \tag{4.3}$$

三相电流变化曲线如图 4.5(c)所示。由于各相绕组中的电流都会产生各自的磁场，但在空间它们会合成为一个总磁场(称为合成磁场)。下面以图 4.5(c)中的几个典型时刻为例，分析合成磁场的产生。

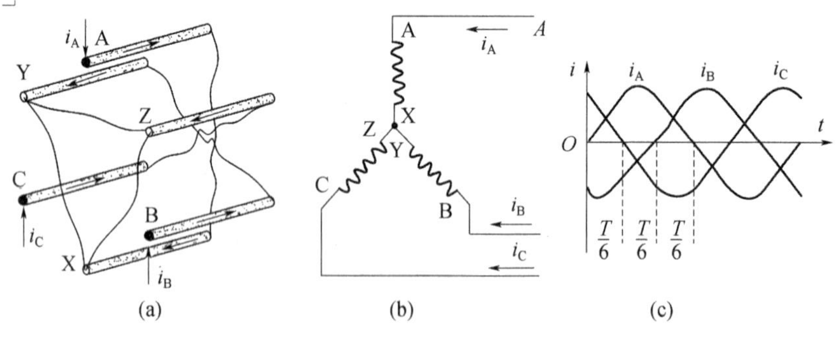

图 4.5　定子三相绕组与三相电源

(a) 定子绕组嵌放情况；(b) 绕组星形接法；(c) 三相电流的波形图。

在 $t=0$ 时刻，$i_A=0$，其他两相定子电流方向如图 4.6(a)所示。根据右手螺旋法则可以确定出合成磁场，如图 4.6(a)箭头所示。

同理，可以确定出 $t=T/6$、$T/3$、$T/2$ 时刻的合成磁场分别如图 4.6(b)～(d)所示。由

此分析可知，三相电流通过对称布置的三相定子绕组时，产生的合成磁场在空间上是随时间不断旋转的，这就是旋转磁场。

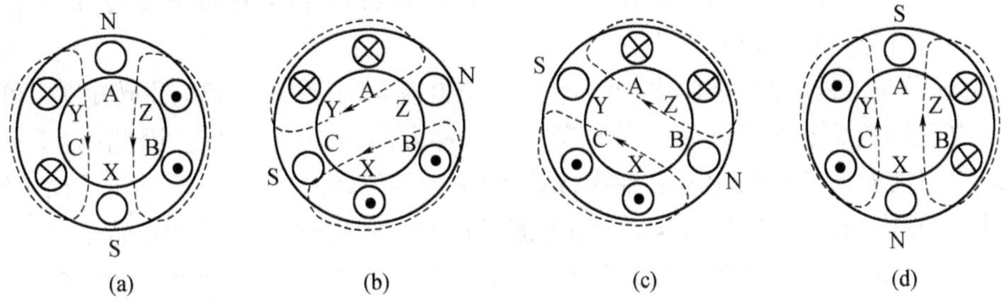

图 4.6 两极旋转磁场的产生

(b) $t=0$；(b) $t=T/6$；(c) $t=T/3$；(d) $t=T/2$。

实际上，任意两相以上的多相电流，通过相应的多相绕组，都能产生旋转磁场。

2. 三相异步电动机工作原理

由上分析可知，当定子中通有三相交流电后，就会在定子空间内沿圆周方向产生一个旋转磁场。如图 4.7 所示，当转子和旋转磁场不同步(如旋转磁场转速 n_0 大于转子转速 n)时，转子绕组的导体就会切割磁通，导体相对旋转磁场的运动方向为水平向左，根据右手定则，可以确定转子绕组内部产生的感生电动势 e_2 的方向如图所示。由于转子导体组成了一个闭合回路，所以在转子绕组内也就产生了转子电流 i_2。

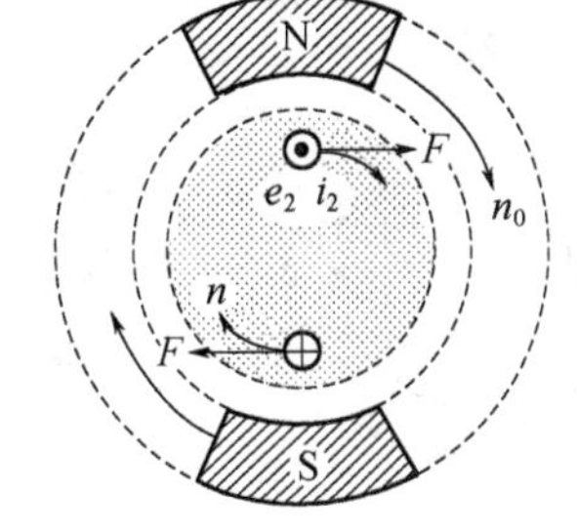

图 4.7 异步电动机工作原理

转子内有感生电流，必然在磁场中会受到电磁力 F，根据安培电磁力定律，F 的方向如图 4.7 所示。该力在转子上形成电磁转矩 T，其方向与旋转磁场的旋转方向相同，从而使转子按旋转磁场的旋转方向(顺时针方向)旋转起来。

从上面的分析过程可以看出，转子的转速一定小于旋转磁场的旋转速度，否则，若二者相等，便没有了转速差，转子也就不会切割磁通，当然也就不存在转子电流，更无电磁转矩而言。所以，转速差是保证转子旋转的主要因素。转速差越大，转子电流就越大，电磁转矩也越大。正因为转子和旋转磁场不同步，所以称此类电动机为异步电动机。转子电流的产生及电能从定子到转子的传递都是基于电磁感应现象，因此异步电动机也称为感应电动机。

通常，将转速差(n_0-n)与同步转速(即旋转磁场转速)n_0 之比称为转差率，用 S 表示，即

$$S=\frac{n_0-n}{n_0} \tag{4.4}$$

转差率是研究异步电动机运行情况的主要参数。额定负载时，转差率很小，一般为 0.015 ~ 0.060。

3. 旋转磁场的旋转方向与旋转速度

如果将图 4.5(b)中三相电源中的任意两相对调,如 B 相绕组端子接电源的 C 相,而 C 相绕组端子接电源的 B 相,用同样的分析方法,可以看到,旋转磁场的旋转方向与图4.6相反,由顺时针方向变为逆时针方向。

用上述分析方法,分析感应电动势 e_2 和转子电流 i_2、电磁力 F 和电磁转矩 T。可以得出结论:电磁转矩 T 和转子旋转方向 n 变为逆时针方向,与原来相反。因此,对于三相异步电动机,只有对调任意两相电源接线,则旋转磁场的旋转方向改变,电动机反向运转。

在图 4.6 中,有一对磁极($p=1$),当电流变化一个周期时,磁场转过一周。

将图 4.5(b)中的每相绕组分为两部分(图4.8),并在定子铁芯中增加槽数,将绕组按图 4.9(a)所示布置,给三相绕组通入的三相交流电仍为图 4.5(c)所示电流。根据右手螺旋法则,可以确定出 $t=0$、$T/6$、$T/3$、$T/2$ 时刻的合成磁场分别如图 4.9(a)~(d)所示。从图中可以看出,同样的电源,不同的定子绕组布置,可以得到四极合成磁场($p=2$)。当电流变化一个周期,磁场转过 1/2 周。

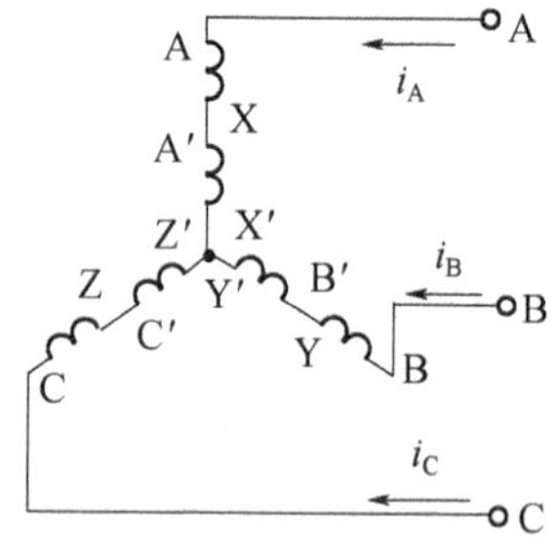

图 4.8 四极定子绕组接线图

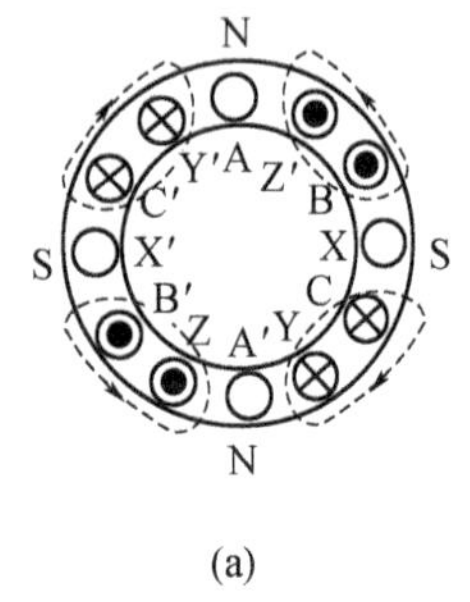

(a)

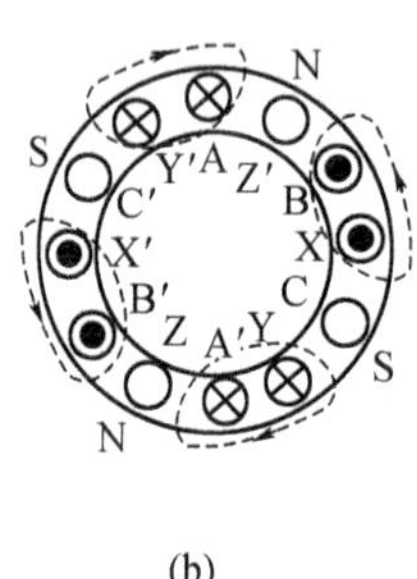

(b)

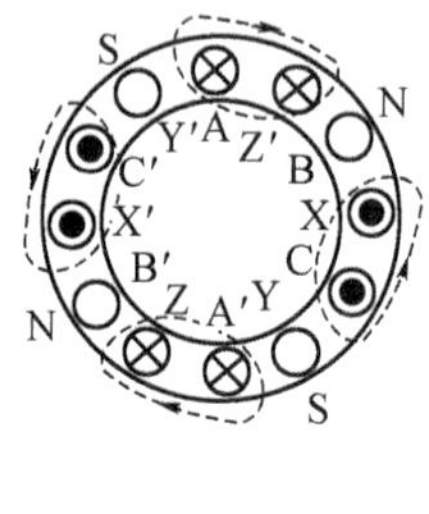

(c)

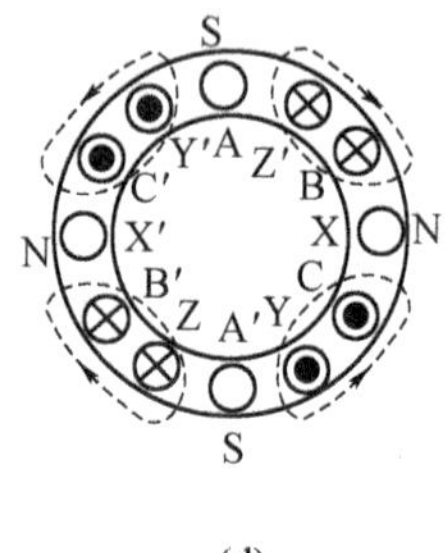

(d)

图 4.9 四极旋转磁场

(a) $t=0$;(b) $t=T/6$;(c) $t=T/3$;(d) $t=T/2$。

依此类推,旋转磁场的转速 n_0 与磁极对数 p 成反比,即

$$n_0 = 60f_1/p \tag{4.5}$$

式中 f_1——电源频率(Hz);

n_0——转速(r/min)。

通常,我国标准工业频率(电流频率)为 50Hz,因此,对应于 p 为 1、2、3、4 时,同步转速分别为 3000r/min、1500r/min、1000r/min、750r/min。

4. 定子绕组接线方式

每相定子绕组都由许多匝线圈所组成,分别在首端和末端引出,并接在电动机接线盒内接线端子上,排列顺序如图 4.10 所示。

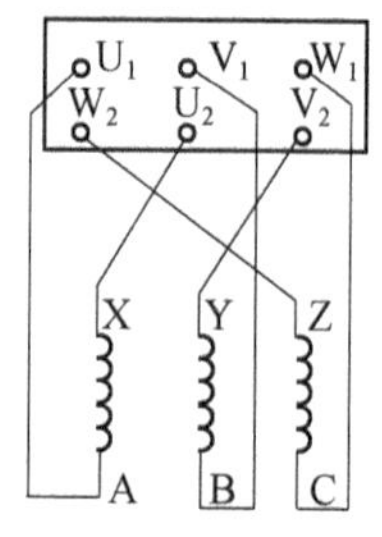

图 4.10 出线端的排列

我国电工专业标准规定,定子三相绕组出线端的首尾端分

别用 U_1-U_2、V_1-V_2、W_1-W_2表示。

定子三相绕组的接法有三角形(△)和星形(Y)两种,分别如图4.11~4.12所示。具体使用那种接法视电源电压和电动机额定电压而定。一般电动机铭牌上标有接法与对应的电源线电压值。

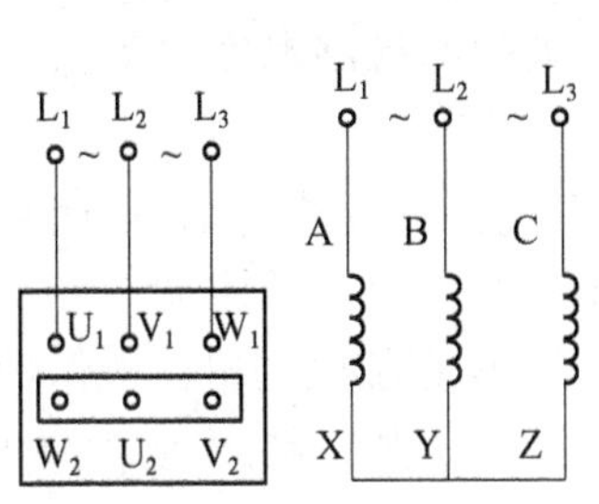

图4.11 星形连接

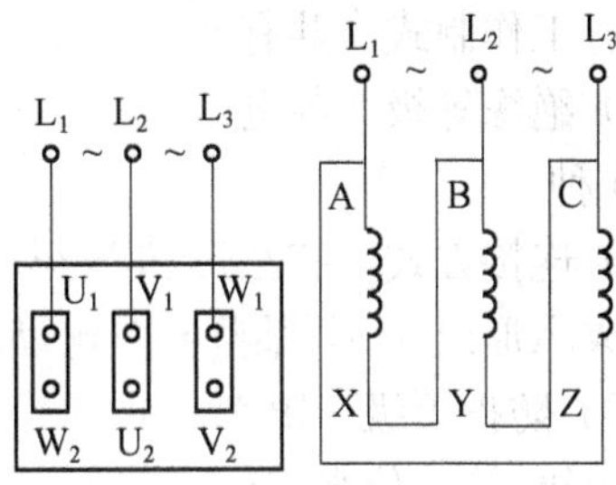

图4.12 三角形连接

4.1.3 三相异步电动机的铭牌数据

电动机在制造厂所拟定的条件下工作称为电动机的额定运行,这个条件下的参数称之为额定参数,一般标于铭牌上。认识和了解这些参数的作用和意义,可以帮助我们正确地选择、使用和维护电动机。图4.13是我国使用最多的Y系列三相异步电动机铭牌的一个实例。

商标	三相交流异步电动机	
型号：Y-112M-4	出厂编号：××××	接法方法：△
功率：4.0kW	电压：380V	电流：8.7A
频率：50Hz	转速：1440 r/min	噪声值：74dB (A)
工作制：S1	绝缘等级：B	防护等级：IP44
质量：49kg	标准编号：ZBK22007-88	出厂日期：
	厂家名称	

图4.13 Y系列三相异步电动机铭牌

电动机铭牌上的型号释义如图4.14所示。

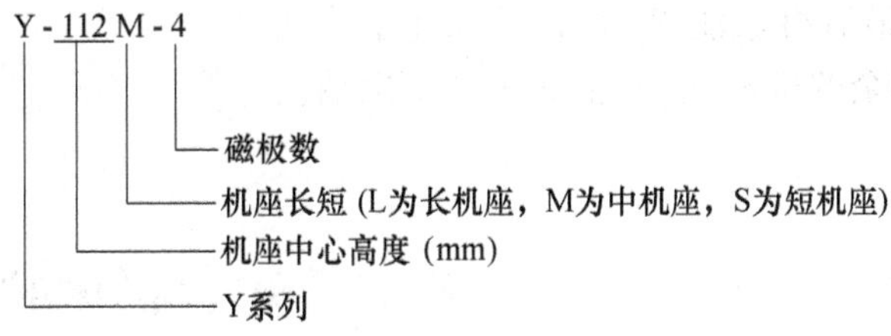

图4.14 异步电动机型号

对电动机铭牌上的其他数据释义如下:

(1) 额定功率 P_N 额定状态下,电动机轴上输出的机械功率(kW)。

(2) 额定电压 U_N 额定状态下,定子绕组端应加的线电压(V)。

(3) 额定电流 I_N 额定电压和额定功率时,定子的线电流值(A)。

(4) 额定频率f_N　我国规定工业用电的频率为50Hz,有些国家采用60Hz。

(5) 额定转速n_N　额定频率、额定电压和额定功率时,电动机的转速(r/min)。

(6) 噪声值(LW) 电动机运行时的最大噪声。一般地,电动机功率越大,磁极数越少,额定转速越高,噪声越大。

(7) 工作制式　共有S1~S10这10种工作制。

(8) 绝缘等级　与电动机内部的绝缘材料和允许工作的最高温度有关,共有A、E、B、F、H5种。

(9) 连接方式　有△形和Y形两种。对于中、小容量低压异步电动机,通常可根据需要接成△形或Y形;某些异步电动机,只有3个接线柱,只能有一种接法。

(10) 防护等级　IP为防护代号。第一位数字(0~6)规定了电动机接触保护和外来物保护等级,第二位数字(0~8)规定了电动机防水保护等级。数字越大,防护要求越高。

一般不标于铭牌上的电动机额定参数:

(1) 额定功率因数$\cos\varphi_N$　额定频率、额定电压和额定功率时,定子绕组的功率因数。

(2) 额定效率η_N　额定频率、额定电压和额定输出功率时,电动机轴上输出功率与输入电功率之比,其表达式为

$$\eta_N = \frac{P_N}{\sqrt{3}U_N I_N \cos\varphi_N} \times 100\% \tag{4.6}$$

(3) 额定负载转矩T_N　额定转速下、额定输出功率时,对应的负载转矩。

4.1.4　三相异步电动机的能流图

三相异步电动机在将电能转化为机械能的过程中,其功率表现形式的转化和功率损耗可用图4.15所示的能流图来说明。电源输送给电动机的电功率P_1,在经过定子铜损ΔP_{Cu1}和定子铁损ΔP_{Fe1}后,将剩余的功率P_e以磁的形式传递给转子,转子在转化为机械能P_m的同时,也有转子铜损ΔP_{Cu2}和转子铁损ΔP_{Fe2}(一般情况下,转子铁芯中的交变磁化频率f_2很低,所以转子铁损忽略不计),最后机械能P_m在自身损耗了一部分(ΔP_m)之后,把剩余的机械能P_2全部从电动机轴上输出。

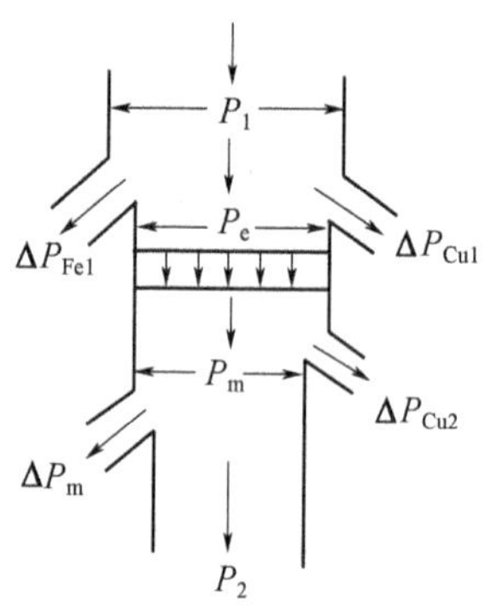

图4.15　三相异步电动机能流图

4.2　三相异步电动机的转矩和机械特性

4.2.1　三相异步电动机的定子电路和转子电路

1. 定子电路分析

当三相定子绕组中通入三相交流电后,则有三相电流通过,于是产生了磁场,如图4.16(a)所示。其中一小部分磁通不能通过气隙与转子绕组相链,因而不能起传递能量的作用,这部分称为漏磁通;另一部分磁通则能够通过气隙与转子绕组相链,从而

把能量传递给转子，这部分称为主磁通（实际上主磁通是由定子电流和转子电流共同产生的）。主磁通在转子绕组中产生感生电动势和感生电流，从而在主磁场中产生转矩。

由上分析可知，定子回路内有两个感应电动势：一个是主磁通引起的（因为主磁通是旋转的，而旋转的磁场和固定不动的定子绕组之间存在切割磁通的情况，所以在定子绕组中会产生感应电动势 e_1）；另一个是漏磁通产生的漏磁电动势 e_{L1}。

从图 4.16(b) 所示的电路中可以看出，当定子三相绕组中通入三相交流电后，加在每相定子绕组上的电压 u_1 由三个分量所平衡，即

$$u_1 = i_1R_1 + (-e_{L1}) + (-e_1) \tag{4.7}$$

式中 R_1——定子绕组的电阻。

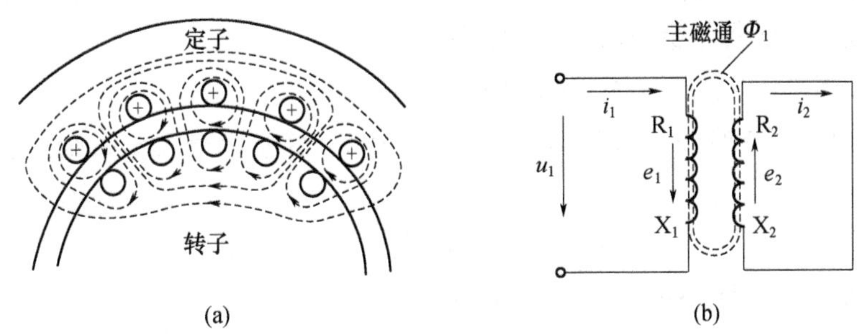

图 4.16 定子和转子电流的磁通

(a) 电动机的磁路；(b) 一相电路图。

在式(4.7)中，第一项和第二项较小，常可忽略，于是

$$U_1 \approx E_1 = 4.44f_1N_1\Phi \tag{4.8}$$

2. 转子电路分析

旋转磁场在转子每相绕组中产生的感应电动势为

$$e_2 = -N_2\frac{\mathrm{d}\phi}{\mathrm{d}t} \tag{4.9}$$

其有效值为

$$E_2 = 4.44f_2N_2\Phi \tag{4.10}$$

式中 Φ——主磁通；

N_2——转子绕组的匝数；

f_2——e_2 的频率或转子电流 i_2 的频率。

由于旋转磁场和转子间的相对转速为 (n_0-n)，所以

$$f_2 = \frac{p(n_0-n)}{60} = \frac{n_0-n}{n_0}\frac{n_0p}{60} = Sf_1 \tag{4.11}$$

由式(4.11)可以看出，当 $S=1$，即转子转速 $n=0$ 时（启动瞬间），转子电流的频率最高，即 $f_2=f_1=50\text{Hz}$；在额定负载时，$S=0.015\sim0.06$，转子电流的频率也较低，即 $f_2=$

$(0.75\sim3)\mathrm{Hz}$。

将式(4.11)代入式(4.10),得

$$E_2 = 4.44Sf_1N_2\Phi \tag{4.12}$$

由此式不难看出,交流异步电动机在运转过程中,转子绕组中的感应电动势 E_2 只随转差率 S 的变化而变化。当 $S=1$ 时,转子绕组中感应电动势达到最大(可以理解为,转子与旋转磁场的相对转速最大,转子导体切割磁通最快),令其为 E_{20},即

$$E_{20} = 4.44f_1N_2\Phi \tag{4.13}$$

由式(4.13)和式(4.12),可得任意转差率时的感应电动势 E_2 与 E_{20} 的关系为

$$E_2 = SE_{20} \tag{4.14}$$

由感应电动势产生的感生电流,同样也会产生磁场,其中一小部分磁通不能通过气隙与定子绕组相链,这部分称为漏磁通;另一部分磁通则能够通过气隙与定子绕组相链,共同形成主磁通。转子每相绕组的漏磁感抗为

$$X_2 = 2\pi f_2L_{L2} = 2\pi(Sf_1)L_{L2} \tag{4.15}$$

令 $S=1$,即 $n=0$ 时,转子感抗 $X_{20}=2\pi f_1L_{L2}$(转子感抗的最大值),则式(4.15)可表示成

$$X_2 = SX_{20} \tag{4.16}$$

转子电路电压平衡方程式用复数表示为

$$\dot{E}_2 = \dot{I}_2R_2 + \mathrm{j}\dot{I}_2X_2 \tag{4.17}$$

式中 R_2——转子每相绕组的电阻;

X_2——漏磁感抗。

由式(4.17)可以得出,每相转子绕组的电流为

$$I_2 = \frac{E_2}{\sqrt{R_2^2+X_2^2}} = \frac{SE_{20}}{\sqrt{R_2^2+(SX_{20})^2}} \tag{4.18}$$

可见,转子电流 I_2 也与转差率 S 有关。电动机启动瞬间,$S=1$,转子电流也达到最大值;随着启动过程的延续,转子转速越来越高,S 也越来越小,转子电流也越来越小。其变化规律可用图4.17所示曲线表示。

由于转子绕组存在漏磁通,也就存在感抗 X_2,因此也就存在功率因数的问题。转子电路的功率因数为

$$\cos\varphi_2 = \frac{R_2}{\sqrt{R_2^2+(SX_{20})^2}} \tag{4.19}$$

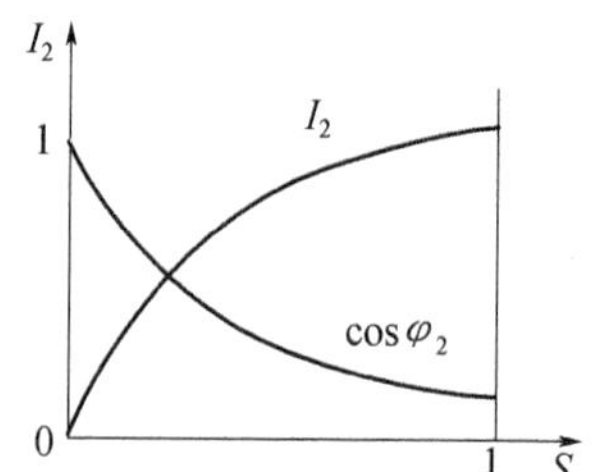

图4.17 I_2、$\cos\varphi_2$ 与 S 的关系

用曲线表示如图4.17所示。由图可见,电动机启动瞬间,$S=1$,转子电路的功率因数很小;随着启动过程的延续,转子转速越来越高,S 也越来越小,功率因数也越来越大。

4.2.2 三相异步电动机的电磁转矩

三相异步电动机的电磁转矩是由旋转磁场的每极磁通 Φ 与转子电流 I_2 相互作用而

产生的，但由于转子电路存在功率因数，电磁转矩应该与转子电流的有效分量 $I_2\cos\varphi_2$ 成正比。即

$$T = K_t \Phi I_2 \cos\varphi_2 \tag{4.20}$$

式中 K_t——常数，与电动机结构参数有关。

将式(4.18)和式(4.19)代入式(4.20)，并考虑到式(4.8)，则得出转矩的另一表达式，即

$$T = K\frac{SR_2U_1^2}{R_2^2 + (SX_{20})^2} \tag{4.21}$$

式中 K——与电动机结构参数、电源频率有关的一个常数；

U_1——定子绕组相电压(等于电源相电压 U)；

R_2——转子每相绕组的电阻；

X_{20}——电动机启动瞬间，转子每相绕组的感抗。

4.2.3 三相异步电动机的机械特性

式(4.21)表示的是电磁转矩 T 与转差率 S 之间的关系 $T=f(S)$，通常称为 $T-S$ 曲线。但考虑到 $n=(1-S)n_0$ 和人们的习惯画法，可以将式(4.21)转化为 $n=f(T)$ 形式，称为异步电动机的机械特性。曲线 $n=f(T)$ 如图 4.18 所示。

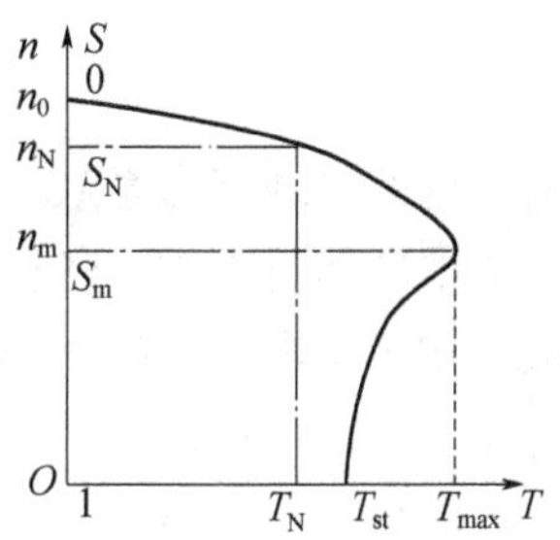

图 4.18 异步电动机固有机械特性

1. 固有机械特性

异步电动机在额定电压和额定频率下，用规定的接线方式，定子和转子电路中不串接任何电阻或电抗时的机械特性，称为固有机械特性，如图 4.18 所示。

描述异步电动机的机械特性，应该重点研究四个特殊工作点：

(1) 理想空载工作点 在这一点上 $T=0, n=n_0(S=0)$。

(2) 额定工作点 此时，$T=T_N, n=n_N(S=S_N)$。额定转矩 T_N 和额定转差率 S_N 可以如下计算：

$$T_N = 9.55P_N/n_N \tag{4.22}$$

$$S_N = (n_0 - n_N)/n_0 \tag{4.23}$$

一般地，$n_N=(0.94\sim0.985)n_0$，$S_N=0.015\sim0.06$。

(3) 启动工作点 在启动瞬间，$T=T_{st}, n=0(S=1)$。启动转矩为

$$T_{st} = K\frac{R_2U^2}{R_2^2 + X_{20}^2} \tag{4.24}$$

由此可以看出，异步电动机的启动转矩 T_{st} 与 U、R_2、X_{20} 有关，当外接电源电压 U 降低时，启动转矩 T_{st} 减小非常明显。通常将固有机械特性上的 $\lambda_{st}=T_{st}/T_N$ 作为衡量异步电动机启动能力的一个重要数据，一般 $\lambda_{st}=1.0\sim1.2$。

(4) 临界工作点　在这一点,电磁转矩最大 $T = T_{max}$,$n = n_m (S = S_m)$。

电磁转矩的最大值如此求得:根据式(4.21),令 $dT/dS = 0$,得临界转差率

$$S_m = R_2 / X_{20} \tag{4.25}$$

再将 S_m 代入式(4.21),可得最大转矩为

$$T_{max} = KU^2 / (2X_{20}) \tag{4.26}$$

由此式可以看出,当外接电源电压 U 减小时,T_{max} 按平方关系减小,这说明异步电动机对电源电压的波动非常敏感。如果电源电压过低,会使轴上的输出转矩明显下降,甚至小于负载转矩,而造成停车;转子电阻 R_2 对最大转矩 T_{max} 无影响,但对临界转差率 S_m 有影响,这对线绕式异步电动机来说非常有利。

异步电动机在运行过程中经常会遇到短时冲击负载,如果冲击负载转矩小于最大电磁转矩,电动机仍然能够运行,而且短时的过载也不会引起电动机剧烈发热。通常,把固有机械特性上最大转矩与额定转矩之比

$$\lambda_m = T_{max} / T_N \tag{4.27}$$

称为电动机的过载能力系数。它表征了电动机能够承受冲击负载的能力大小,是电动机的又一个重要运行参数。各种电动机的过载能力系数在国家标准中有规定,如普通的 Y 系列鼠笼式异步电动机的 $\lambda_m = 2.0 \sim 2.2$,起重和冶金机械用 YZ 和 YZR 型线绕式异步电动机的 $\lambda_m = 2.5 \sim 3.0$。

实际应用过程中,式(4.21)使用极不方便,可以把它换算成用 T_{max} 和 S_m 表示的形式,即

$$T = 2T_{max} / (S/S_m + S_m/S) \tag{4.28}$$

使用就方便多了,称式(4.28)为转矩—转差率的实用表达式(也叫做规格化转矩—转差率特性)。

2. 人为机械特性

由式(4.21)可知,异步电动机的机械特性与定子电压 U、定子电源频率 f、定子和转子电路中串接电阻或电抗等电参数有关,因此,人为地改变这些参数就可以得到异步电动机的各种人为机械特性。

1) 降低定子电压时的人为机械特性。

由于异步电动机受磁路饱和以及绝缘、温升等因素的限制,定子电压的改变只能是降压方式。

由式(4.24)和式(4.26)可以看出,在其他参数不变的情况下,降低定子电压,电动机最大转矩 T_{max} 和启动转矩 T_{st} 与 U^2 成正比地下降。如当 $U_a = U_N$ 时,$T_a = T_{max}$;当 $U_b = 0.8U_N$ 时,$T_b = 0.64T_{max}$;当 $U_c = 0.5U_N$ 时,$T_c = 0.25T_{max}$。由式(4.25)可知,临界转差率 S_m 不发生影响,且电动机的同步转速(即理想空载转速 n_0)也与电压无关。可见,降低定子电压时的人为机械特性是一组过理想空载转速点往左偏移的曲线族,如图4.19所示。

由于异步电动机对电网电压的波动非常敏感,运行时,如电压降低太多,会大大降低

它的过载能力与启动转矩，甚至使电动机发生带不动负载或者根本不能启动的现象。例如，电动机运行在额定负载 T_N 下，即使 $\lambda_m = 2$，若电网电压下降到 70% U_N，则由于这时 $T_{max} = \lambda_m T_N (U/U_N)^2 = 2 \times 0.7^2 \times T_N = 0.98 T_N$，电动机也会停转。此外，电网电压下降，在负载转矩不变的条件下，将使电动机转速下降，转差率增大，电流增加，引起电动机发热甚至烧坏。

2）定子电路接入电阻或电抗时的人为机械特性

在电动机定子电路中外串电阻或电抗后，电动机端电压为电源电压减去定子外串电阻上或电抗上的压降，致使定子绕组上相电压降低，这种情况下的人为特性与降低电源电压时的相似，如图 4.20 所示，图中实线 1 为降低电源电压的人为特性，虚线 2 为定子电路串入电阻 R_{S1} 或电抗 X_{S1} 的人为特性。从图中可看出，所不同的是定子串入 R_{S1} 或 X_{S1} 后的最大转矩要比直接降低电源电压时的最大转矩大一些，这是因为随着转速的上升和启动电流的减小，在 R_{S1} 或 X_{S1} 上的压降减小，加到电动机定子绕组上的端电压自动增大，致使最大转矩大些；而降低电源电压的人为特性在整个启动过程中，定子绕组的端电压是恒定不变的。

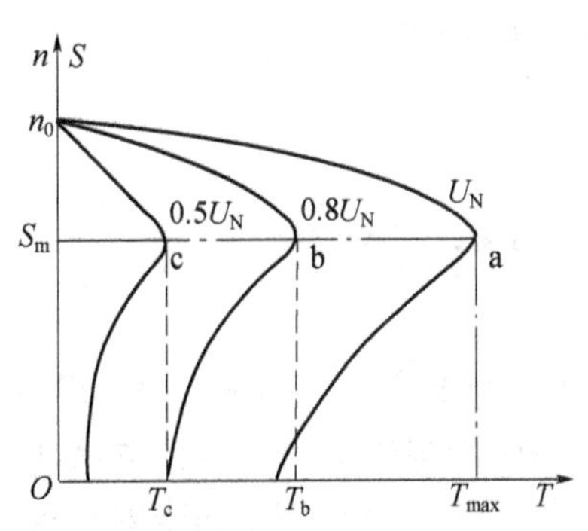

图 4.19 改变电源电压时的人为机械特性

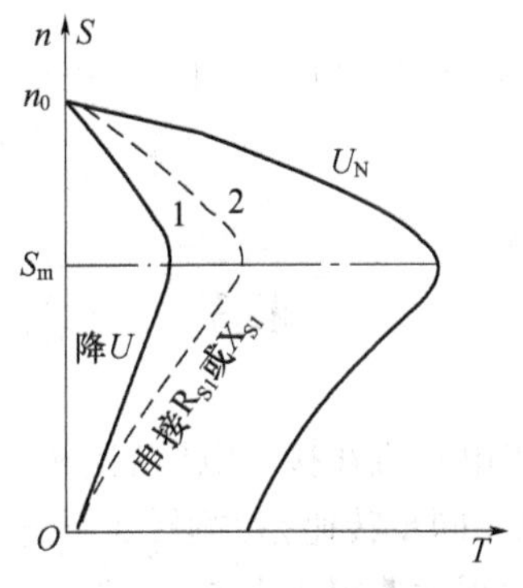

图 4.20 定子电路外接电阻或电抗时的人为机械特性

3）改变定子电源频率时的人为机械特性

改变定子电源频率 f 对三相异步电动机机械特性的影响是比较复杂的，下面仅做定性地分析。根据 $X_{20} \propto f$，$K \propto 1/f$，式(4.24)～式(4.26)，且一般变频调速采用恒转矩调速，即希望最大转矩 T_{max} 保持为恒定值，为此在改变频率 f 的同时，电源电压 U 也要相应地变化，使 U/f = 常数(实质上是使电动机气隙磁通保持不变)。在上述条件下就存在 $n_0 \propto f$，$S_m \propto 1/f$，$T_{st} \propto 1/f$ 和 T_{max} 不变的关系，即随着频率的降低，理想空载转速减小，临界转差率增大，启动转矩增大，而最大转矩基本维持不变，如图 4.21 所示。

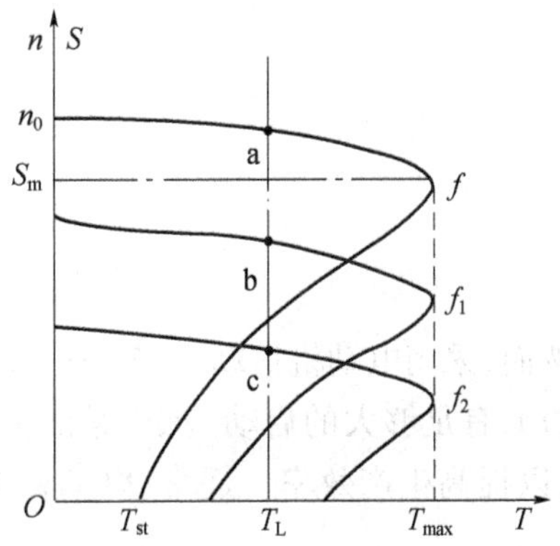

图 4.21 改变定子电源频率时的人为特性

4）转子电路串入电阻时的人为机械特性

在三相线绕式异步电动机的转子电路中串入对称的三相电阻 R_{2r} 后（图 4.22(a)），转子电路中的电阻为 R_2+R_{2r}。由式(4.5)和式(4.26)可看出，串入 R_{2r} 对理想空载转速 n_0 和最大转矩 T_{max} 没有影响，但临界转差率 S_m 则随着 R_{2r} 的增加而增大，此时的人为特性将是一条比固有特性较软的曲线，如图 4.22(b)所示。

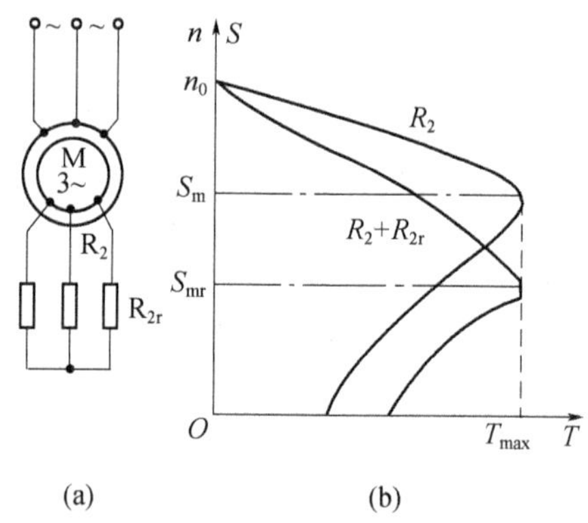

图 4.22　线绕式异步电动机转子电路串电阻
（a）原理接线图；（b）机械特性。

4.3　三相异步电动机的启动特性

异步电动机在接入电网启动的瞬时，由于转子处于停止状态，定子旋转磁场以最快的相对速度（同步转速）切割转子导体，在转子绕组中感应出很大的转子电势和转子电流，从而引起很大的定子电流，一般 $I_{st}=(5\sim7)I_N$，但因启动时 $S_{st}=1$，转子功率因数 $\cos\varphi_2$ 很低，因而启动转矩 $T_{st}=K\Phi I_{2st}\cos\varphi_{2st}$ 却不大，一般 $T_{st}=(0.8\sim1.5)T_N$。异步电动机的固有启动特性如图 4.23 所示。

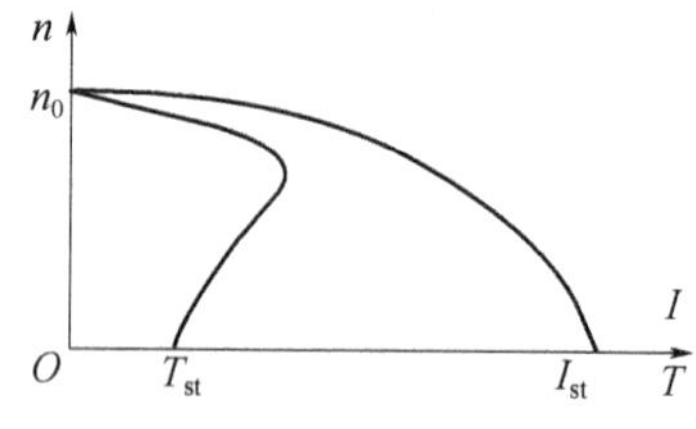

图 4.23　异步电动机固有启动特性

然而，采用电动机拖动生产机械，总是希望电动机能够满足如下启动要求：

(1) 有足够大的启动转矩，保证生产机械能正常启动。一般场合下希望启动越快越好，以提高生产效率。通常，电动机的启动转矩要大于负载转矩，否则电动机不能启动。

(2) 在满足启动转矩要求的前提下，启动电流越小越好。因为过大的启动电流冲击，对于电网和电动机本身都是不利的。对电网而言，它会引起较大的线路压降，特别是电源容量较小时，电压下降太多，会影响接在同一电源上的其他负载，例如，影响到其他异步电动机的正常运行甚至停车；对电动机本身而言，很大的启动电流将在绕组中产生较大的损耗，引起发热，加速电动机绕组绝缘老化，且在大电流冲击下，电动机绕组端部受电动力的作用有发生位移和变形的可能，容易造成短路事故。

（3）要求启动时平滑加速，以减小对生产机械的冲击。

（4）启动设备安全可靠，力求结构简单，操作方便。

（5）启动过程中的功率损耗越小越好。

其中（1）、（2）两条是衡量电动机启动性能的主要技术指标。

显然，异步电动机的这种启动性能和生产机械的要求是相矛盾的，为了解决这些矛盾，必须根据具体情况，采取不同的启动方法。

4.3.1 鼠笼式异步电动机的启动方法

在一定的条件下，鼠笼式异步电动机可以直接启动。但在不允许直接启动的情况下，可以在启动时，降低加到定子上的电压，待电动机转速上升到一定值时，再加全电压运行。这样，就可以减小启动电流，但启动转矩也随之减小。常见的降压启动方法有直接（全压）启动、在定子电路串接电阻或电抗降压启动、Y－△降压启动、自耦变压器降压启动、软启动器等。

1. 直接（全压）启动

所谓直接启动，就是将电动机的定子绕组通过闸刀开关或接触器直接接入电源，在额定电压下进行启动，如图4.24所示。由于直接启动的启动电流很大，因此，何种情况下才允许采用直接启动，有关供电、动力部门都有规定，主要取决于电动机的功率与供电变压器的容量之比值。一般在有独立变压器供电（变压器供动力用电）的情况下，若电动机启动频繁，则电动机功率小于变压器容量的20%时允许直接启动；若电动机不经常启动，电动机功率小于变压器容量的30%时也允许直接启动。如果没有独立的变压器供电（与照明共用电源）的情况下，电动机启动比较频繁，则常按经验公式来估算，满足下列关系则可直接启动：

$$\frac{I_{st}}{I_N} \leqslant \frac{3}{4} + \frac{\text{电源总容量}}{4 \times \text{电动机功率}} \tag{4.29}$$

直接启动因无需附加启动设备，且操作和控制简单、可靠，所以，在条件允许的情况下应尽量采用，考虑到目前在大中型厂矿企业中，变压器容量已足够大，因此，绝大多数中、小型鼠笼式异步电动机都采用直接启动。

2. 定子电路串接电阻或电抗降压启动

图4.25为异步电动机采用定子电路串接电阻 R_{st} 或电抗 X_{st} 的降压启动的原理接线图。启动时，接触器 KM_1 断开，KM闭合，将启动电阻 R_{st} 或电抗 X_{st} 串入定子电路，使启动电流减小；待转速上升到一定程度后再将 KM_1 闭合，R_{st} 或 X_{st} 被短接，电动机接上全电压而趋于稳定运行。

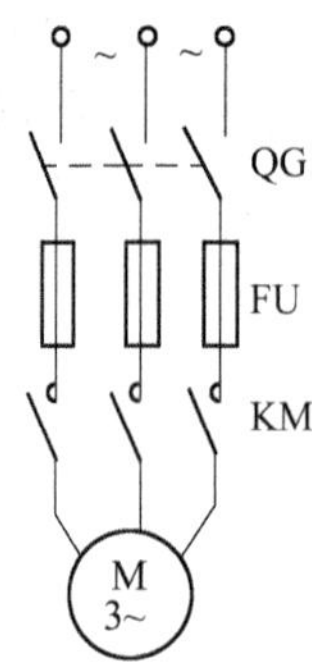

图 4.24 异步电动机直接启动

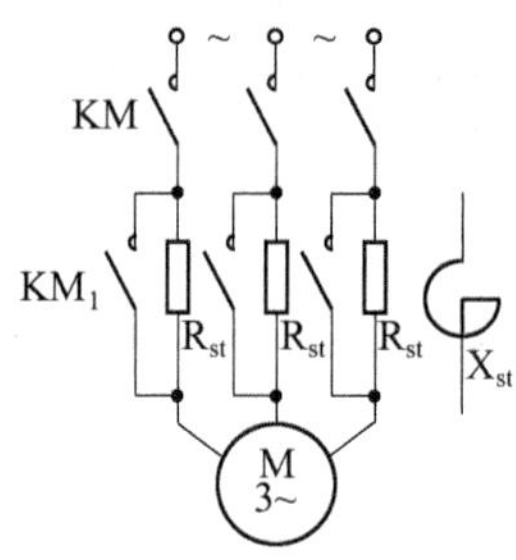

图 4.25 定子电路串接电阻或电抗的降压启动

这种启动方法的缺点：启动转矩随定子电压的平方关系下降，故它只适用于空载或轻载启动的场合；在启动过程中，电阻器上消耗能量大，不适用于经常启动的电动机，若采用电抗代替电阻，则所需设备费较贵，且体积大。

3. Y－△降压启动

图 4.26 为异步电动机采用 Y－△降压启动的接线图。启动时，接触器的触点 KM 和 KM_1 闭合，KM_2 断开，将定子绕组接成星形；待转速上升到一定程度后再将 KM_1 断开、KM_2 闭合，将定子绕组接成三角形，电动机启动过程完成而转入正常运行。这种方法适用于电动机运行时定子绕组接成三角形的情况。

定子 Y 形接法的启动电流等于△形接法的 1/3，即 $I_{stY}=I_{st\triangle}/3$；而 Y 形接法启动转矩只有△形接法时的 1/3，即 $T_{stY}=T_{st\triangle}/3$。

这种启动方法的优点是设备简单、经济、启动电流小；缺点是启动转矩小，且启动电压不能按实际需要调节，故只适用于空载或轻载启动的场合，并只适用于正常运行时定子绕组按△接线的异步电动机。由于这种方法应用广泛，我国规定 4kW 及以上的三相异步电动机，其定子额定电压为 380V，连接方法为△。当电源线电压为 380V 时，它们就能采用 Y－△换接启动。

4. 自耦变压器降压启动

异步电动机采用自耦变压器降压启动的原理图如图 4.27 所示。启动时 KM_1、KM_2 闭合，KM 断开，三相自耦变压器 T 的三个绕组连成星形接于三相电源，使接于自耦变压器副边的电动机降压启动，当转速上升到一定值后，KM_1、KM_2 断开，自耦变压器 T 被切除，同时 KM 闭合，电动机接上全电压运行。

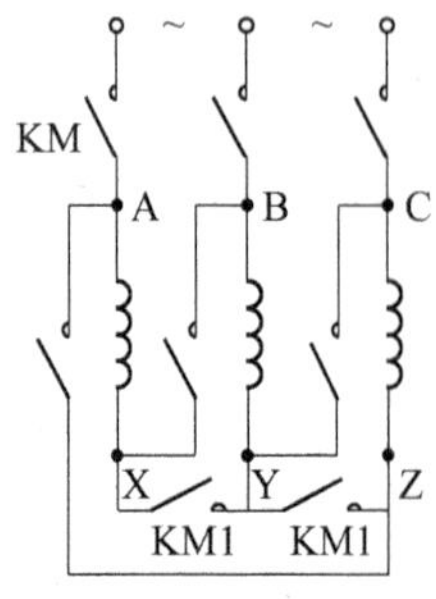

图 4.26 Y－△降压启动

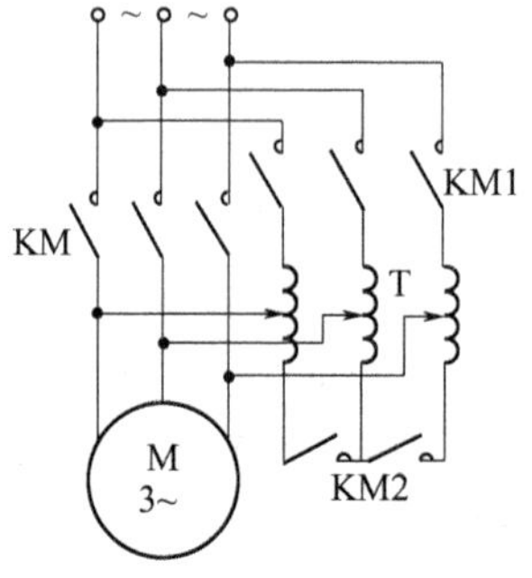

图 4.27 自耦变压器降压启动

这种方法具有降压启动的共同特点,不过与Y-△降压启动相比,最大的优点是降压比可调(一般为40%、60%和80%,或55%、64%和73%)。这种启动方法的缺点是变压器的体积大、质量大、价格高、维修麻烦,且启动时自耦变压器处于过电流(超过额定电流)状态下运行,因此,不适于频繁启动的电动机。所以,它在不太频繁启动,要求启动转矩较大、容量较大的异步电动机上应用较为广泛。

通常把自耦变压器的输出端做成固定抽头(一般有 $K=80\%$、65%和50%三种电压,可根据需要进行选择)、连同转换开关(图4.27中的KM、KM1和KM2)和保护用的继电器等组合成一个设备,称为启动补偿器。

为了应用方便,将上述四种启动方式列于表4.1,对启动电压、启动电流和启动转矩进行比较。

表4.1 鼠笼式异步电动机常用启动的比较

启动方法	启动电压相对值 $K_U=U_{st}/U_N$	启动电流相对值 $K_I=I'_{st}/I_{st}$	启动转矩相对值 $K_T=T'_{st}/T_{st}$
直接(全压)启动	1	1	1
定子电路串接电阻或电抗降压启动	0.8	0.8	0.64
	0.65	0.65	0.42
	0.5	0.5	0.25
Y-△降压启动	0.57	0.33	0.33
自耦变压器降压启动	0.8	0.64	0.64
	0.65	0.42	0.42
	0.5	0.25	0.25
注:U_N、I_{st}和T_{st}分别为电动机的额定电压、全压启动时的启动电流和启动转矩;U_{st}、I'_{st}、T'_{st}分别为按各种方法启动时实际加在电动机上的线电压、实际启动电流和实际启动转矩			

5. 软启动器

上述的直接启动电流冲击大,降压启动(一级降压启动)电流有两次冲击(图4.28中曲线)。而带电流闭环的电子控制软启动器可以限制启动电流并保持恒值,直到转速升高后电流自动衰减下来(图4.28),启动时间也短于一级降压启动。主电路采用晶闸管交流调压器,用连续地改变其输出电压来保证恒流启动。稳定运行时可用接触器给晶闸管旁路,以免晶闸管不必要地长期工作。视启动时所带负载的大小,启动电流可在$(0.5\sim4)I_N$之间调整,以获得最佳的启动效果,但无论如何调整都不宜满载启动。负载略重或静摩擦转矩较大时,可在启动时突加短时的脉冲电流,以缩短启动时间。

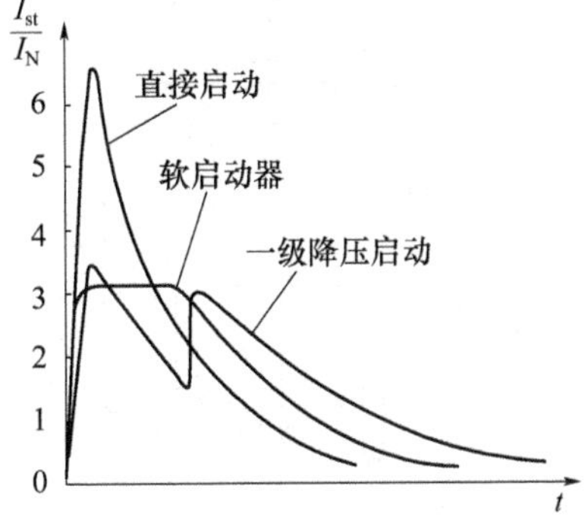

图4.28 异步电动机的启动过程与电流冲击

随着高性能变频器的大量推广应用，三相异步电动机的启动、调速和制动问题变得非常容易解决，可以很容易地实现快速、平滑地启动。

4.3.2 线绕式异步电动机的启动方法

线绕式异步电动机由于能在转子电路中串接电阻，因此具有较大的启动转矩和较小的启动电流，即具有较好的启动特性。

在转子电路中串接电阻的启动方法有逐级切除启动电阻法和频敏变阻器启动法两种。

1. 逐级切除启动电阻法

采用逐级切除启动电阻的方法，主要是为了使整个启动过程中电动机能保持较大的加速转矩。如图4.29(a)所示，启动开始时，接触器KM1～KM3全部断开，启动电阻全部串入转子电路，KM闭合，电动机接入电网。电动机的机械特性如图4.29(b)中曲线Ⅲ所示，初始启动转矩为T_A，加速转矩$T_{a1}=T_A-T_L$，这里T_L为负载转矩，在加速转矩的作用下，转速沿曲线Ⅲ上升，轴上输出转矩相应下降，当转矩下降至T_B时，加速转矩下降到$T_{a2}=T_B-T_L$。这时，为了使系统保持较大的加速度，让KM3闭合，使各相电阻中的R_{st3}被短接（或切除），启动电阻由R_3减为R_2，电动机的机械特性曲线由曲线Ⅲ变化到曲线Ⅱ。只要R_2的大小选择合适，并掌握好切除时间，就能保证在电阻刚被切除的瞬间电动机轴上输出转矩重新回升到T_A，使电动机重新获得最大的加速转矩。以后各段电阻的切除过程与上述相似，直到转子电阻全部被切除，电动机稳定运行在固有机械特性曲线Ⅳ上点9，启动过程结束。

电动机在启动过程中的工作点是从点1沿曲线Ⅲ向点2移动；到达点2时，KM1、KM2断开，KM3闭合，工作点由点2平移至点3，并沿曲线Ⅱ向点4移动；到达点4时，KM1断开，KM2、KM3闭合，工作点由点4平移至点5，并沿曲线Ⅰ向点6移动；到达点6时，KM1、KM2、KM3全部闭合，工作点由点6平移至点7，并沿曲线Ⅳ向点9移动，完成启动，进入稳定运行方式。

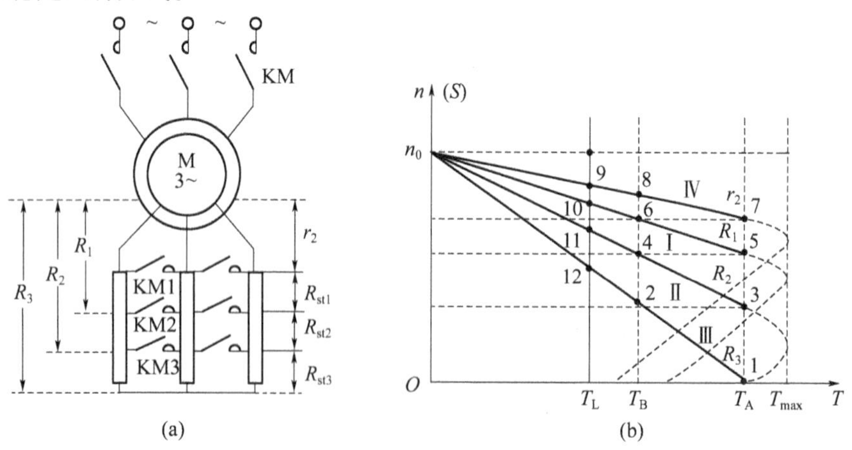

图4.29 逐级切除启动电阻启动原理图和机械特性

(a) 原理接线图；(b) 机械特性。

在整个启动过程中，I_{st}较小，且 T_{st}较大，但线绕式电动机结构复杂。这种方法适用于功率较大、需要重载起动的电动机。

2. 频敏变阻器启动法

频敏变阻器实质上是一个铁芯损耗很大的三相电抗器。三相线圈连成 Y 形，然后接到电动机的转子电路上。当线圈中通过转子电流时，由于铁芯中产生交变磁通，也就产生了涡流，涡流使铁芯发热，就相当于一个电阻发热，同时交变的磁通又在线圈中产生感应电动势，阻碍电流通过，因而有感抗存在，所以相当于 R 和 X 的并联。

如图 4.30 所示，启动开始时，转子电流频率高，铁损大，相当于 R 大，且 $X \propto f_2$，所以，X 也很大，从而限制了启动电流。同时由于启动时铁损大，频敏变阻器从转子中提取的有功电流也较大，从而提高了转子电路的功率因数，增大了启动转矩。

随着转速的上升，f_2 逐渐下降，从而铁损减小，感应电势也减小，即由 R 和 X 组成的等效阻抗逐渐减小，相当于逐渐自动切除阻抗。当 $n = n_N$ 时，f_2 很小，R 和 X 近似于 0，相当于转子被短路，启动结束，进入正常运行。这种电阻和电抗对频率的"敏感"特性，就是"频敏"变阻器名称的由来。

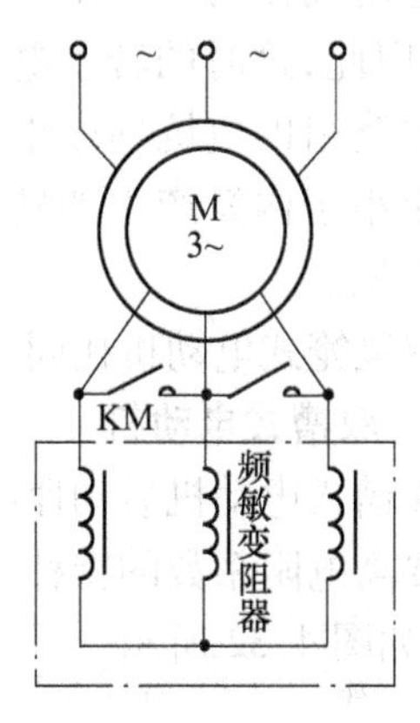

图 4.30 频敏变阻器启动法

这种启动方法具有自动平滑调节启动电流和启动转矩的良好特性，且结构简单、运行可靠、无需经常维修。它的缺点是功率因数低（一般 0.3 ~0.8），因而启动转矩的增大受到限制，而且不能用做调速电阻。因此，频敏变阻器用于对调速没有要求、启动转矩要求不大、经常正/反向运转的线绕式异步电动机的启动比较合适。

4.3.3 特殊鼠笼式电动机

鼠笼式异步电动机结构简单，运行可靠，但启动性能差，很难适应启动频繁且需启动转矩大的生产机械（主要是起重运输机械和冶金企业中的各种辅助机械）的要求。为了改善启动性能，可在电动机结构上采取适当的措施来解决。

1. 双鼠笼式电动机

双鼠笼式电动机的转子具有两个鼠笼绕组，转子导体如图 4.31 所示。外层绕组（外笼）是用电阻系数较大的导体（黄铜、锰黄铜、铝青铜）制成，且截面较小，因而外笼的电阻 R_{2ex}较大；而内层绕组（内笼）是用电阻系数较小的导体（紫铜）制成，且截面较大，因此，内笼的电阻 R_{2i}较小。但由于外笼的导体处于转子铁芯的外表面，所交链的转子漏磁通较少，因而外层绕组的漏电感 L_{2ex} 比内层绕组的 L_{2i} 小，在同一转子频率下，外层绕组的漏电抗也较小。

启动时，$S = 1$，转子电流频率 $f_2 = f$，转子内外两层绕组的电抗都远远大于它们的电阻，因此，这时的转子电流主要取决于转子电抗，因外层绕组的漏电抗 L_{2ex} 小于内层绕组的漏电抗 L_{2i}，所以 $I_{2ex} > I_{2i}$。又由于内、外两层绕组电阻与阻抗的比值不同，使

$$\frac{R_{2ex}}{\sqrt{R_{2ex}^2+X_{2ex}^2}} > \frac{R_{2i}}{\sqrt{R_{2i}^2+X_{2i}^2}}$$

即

$$\cos\varphi_{2ex} > \cos\varphi_{2i}$$

因此,外笼产生的启动转矩 T_{stex} 大,而内笼产生的启动转矩 T_{sti} 小。启动时起主要作用的是外笼,故外笼又称为启动笼。

电动机在正常工作时 S 很小,f_2 也很小,转子内外两层绕组的电抗都远小于它们的电阻,因此,这时的转子电流主要取决于转子电阻,而 $R_{2ex} > R_{2i}$,所以,此时 $I_{2ex} < I_{2i}$。由于两层绕组的电抗均极小,这时 $\cos\varphi_{2ex}$ 与 $\cos\varphi_{2i}$ 相差不多,因此,在 S 很小时,外笼产生的转矩小于内笼产生的转矩。可见,在正常工作时起主要作用的是内笼,故内笼又称为工作笼。

双鼠笼式电动机比同容量的鼠笼式电动机具有较大的启动转矩和较小的启动电流。

2. 深槽式电动机

深槽式电动机启动性能和双鼠笼式电动机的相似,但它的构造较简单、价格较便宜、不需要高电阻系数的特种材料,它的转子导体具有窄而高的截面形状,放在转子铁芯的深槽中,如图 4.32 所示。

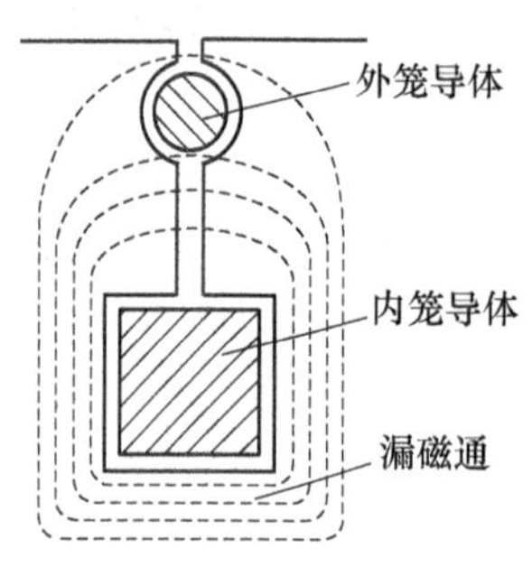

图 4.31　双鼠笼式电动机转子槽和漏磁通分布

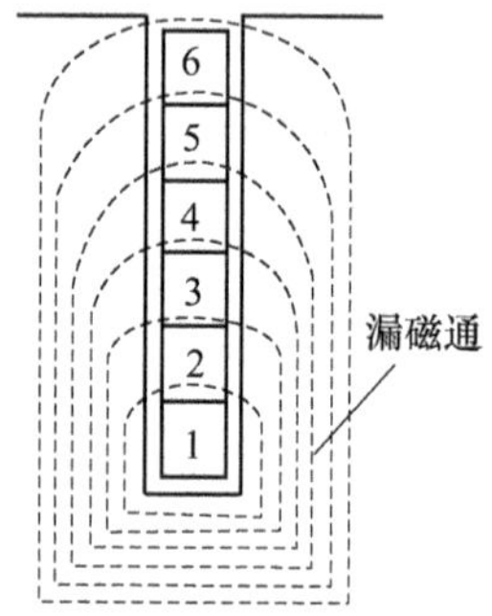

图 4.32　深槽式电动机转子漏磁通分布

深槽式电动机的启动性能得以改善的原理,是基于电流的集肤效应。处于深槽中的导体,可以认为它是沿其高度分成许多层(图 4.32 中的转子导体认为是 6 层),各层所交链漏磁通的数量不同,底部(最心部)最多而顶层(转子外表)最少,因此,与漏磁通相应的漏电抗,也是底层最大而顶层最小。

启动时,$S=1$,转子电流频率 $f_2=f$,如前所述,此时,电流的分布主要取决于电抗,所以,导体中因底层电抗大而电流密度小,顶层因电抗小而电流密度大。集肤效应使得电流集中于导体上部,结果相当于导体有效截面减小,转子有效电阻增大,使得启动电流减小,而启动转矩增大。转子槽越深,这种作用就越强,基于这种道理,现代的鼠笼式异步电动机转子槽都向着加大槽深的方向发展。

正常工作时,S 很小,f_2 也很小, 转子电抗变得很小,集肤效应就不很明显,电流在导体中差不多均匀分布,这使得转子电阻自动减小,此时情况与普通鼠笼式电动机几乎无差异。

上述两种特殊型式的鼠笼式异步电动机都具有较好的启动性能，虽其功率因数和效率稍低，但它们在工业上得到了广泛的应用。实际上，功率大于 100kW 的鼠笼式电动机都做成双鼠笼式或深槽式。

3. 高转差率鼠笼式电动机

转子导体电阻增大，既可以限制启动电流又可以增大启动转矩，对于改善异步电动机的启动性能来说，是一个比较有效的措施。据此，对于启动频繁的电动机，其转子导体不用普通的纯铝，而用电阻率高的 ZL－104 铝合金制造，这样可使转子绕组电阻加大，故这种电动机转差率比一般鼠笼式电动机高，这种电动机称为高转差率异步电动机。它适用于具有较大飞轮转动惯量和不均匀冲击负载及逆转次数较多的机械。

4.4 三相异步电动机的调速方法与特性

从异步电动机的转速公式

$$n = n_0(1 - S) = \frac{60f}{p}(1 - S) \tag{4.30}$$

可见，异步电动机有下列三种调速方法：

(1) 变极对数调速　改变电动机定子绕组极对数 p（旋转磁场极对数）。

(2) 变频调速　改变供电电源的频率 f。

(3) 改变转差率调速　改变电动机的转差率 S。

前两种方法是通过改变电动机的同步转速来调速的，后一种方法是保持同步转速恒定而通过改变电动机的转差率来实现调速。改变转差率调速又分为下列几种方法：

① 调压调速　改变定子绕组的端电压 U。

② 转子电路串接电阻调速　在线绕式异步电动机的转子电路串接电阻。

③ 串级调速　在线绕式异步电动机的转子电路中串接一个频率与转子频率 f_2 相同、相位与转子电动势 E_2 相反或相同的附加电动势 E_{ad}。

④ 电磁转差离合器调速　这种方法与电动机本身无关，只是在异步电动机和负载之间安装一个电磁转差离合器。因电磁转差离合器的工作原理是基于改变转差率来实现调速的，所以将其归入此类。

改变转差率调速方法的共同特点：调速过程中均产生大量的转差功率，除串级调速外，都消耗在转子电路中，使转子发热，调速的经济性比较差。

4.4.1 变极调速

从式(4.30)可以看出，如果极对数增加 1 倍，电动机转速也近似的减小 1/2。显然，变极调速是有级调速，无法平滑调速。变极调速只适用于鼠笼式异步电动机，因为它的转子的极对数能自动随定子的磁场极对数的改变而改变，但线绕式的不行，所以线绕式异步电动机一般不采用变极调速。

改变定子绕组的极对数有两种方法：

(1) 改变定子绕组接法　将每相定子绕组分成两个“半相绕组”，改变它们之间的接法，使其中一个“半相绕组”中的电流反向，极对数就成倍地改变。

(2) 定子上装两套独立绕组　每套绕组相互独立且具有不同的极对数，每次使用其中的一套。

若在定子上装两套独立绕组，两套独立绕组中每套又可以有不同的连接，这样就可以分别得到双速、三速或四速电动机，通称为多速电动机。

下面以单绕组双速电动机为例，介绍通过改变定子绕组接法实现改变极对数的原理。

如图4.33所示，每相绕组由两部分绕组组成，按图示方式在定子槽中安放。将这两部分头尾串联连接(Y型)，得到极对数2，如图4.33(a)所示；将这两部分头尾并联连接(YY型)，得到极对数1，如图4.33(b)所示。

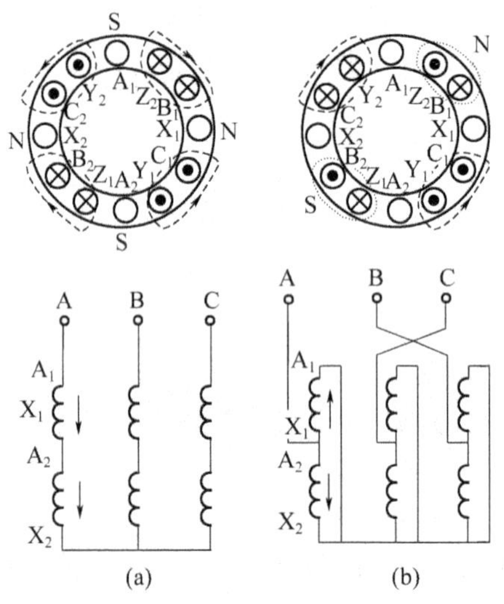

图4.33　改变极对数调速原理

(a) 串联 $p=2$；(b) 并联 $p=1$。

应该注意，改变极对数的同时，相序也发生了变化，必须加以调整(如将V、W对调)。

定子绕组由Y型改接成YY型，极对数减少了1/2，转速增加了1倍，转矩不变，功率增加了1倍，属恒转矩调速。

多速电动机启动时，宜先接成低速再转接成高速，这样可获得较大的启动转矩。

多速电动机虽然结构简单、效率高、特性好、调速所需附加设备少，但体积大、价格高、只能有级调速，所以它适用于机电联合调速的场合，特别是中、小型机床上应用较多。

4.4.2　改变转差率调速

1. 调压调速

如图4.34所示，改变定子供电电源的电压，或改变定子回路中的串接电阻实现调压，T_{max}变化而S_m和n_0不变。对于恒转矩性负载T_L，由负载特性曲线1与不同电压下电动机的机械特性的交点，可以得到a、b、c点所决定的速度，其调速范围很小，没有太大实用价值；离心式通风机型负载曲线2与不同电压下机械特性的交点为d、e、f，可以看出，调速范围稍大。

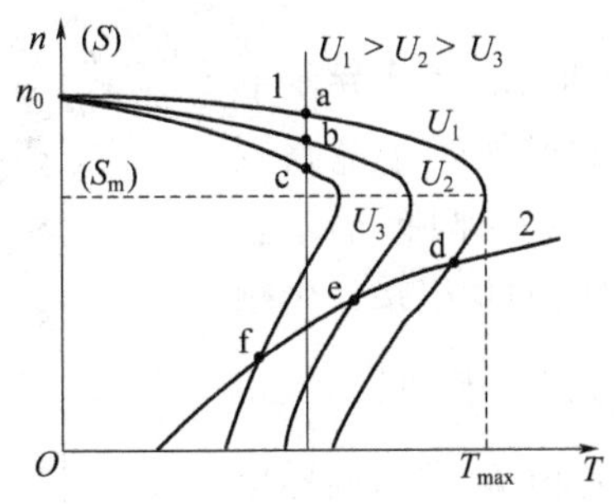

图 4.34 异步电动机调压特性

带转速反馈的闭环控制调压调速原理如图 4.35(a)所示,电源电压经晶闸管调压后加到定子绕组,如果实际转速小于给定转速,则比较器产生一个误差信号,该误差信号经放大器放大后控制触发器,使触发角减小,从而使调压装置的输出电压增大,使电动机的转速近似稳定不变。这样,通过转速闭环控制,得到一组硬度很高的机械特性曲线族,如图 4.35(b)所示。

随着电动机转速的降低,会引起转子电流相应的增大,可能会引起电动机过热而损坏电动机。但由于泵和风机类负载在转速降低的同时转矩减小,功率也在减小,从而使电动机的转差功率减小,发热也就较小,所以定子调压调速的方法特别适合于通风机及泵类机械。

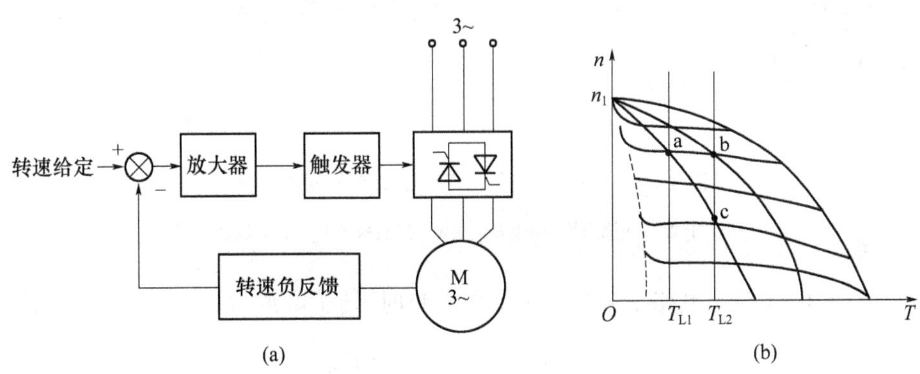

图 4.35 具有转速负反馈的调压调速

(a)原理图;(b)机械特性。

2. 线绕式异步电动机转子电路串接电阻调速

如图 4.36 所示,线绕式异步电动机转子电路串接电阻, n_0、T_{max}不变,而 S_m 随电阻的增大而增大,机械特性变软。如负载为恒转矩负载,则通过改变串接电阻可以得到不同的转速(如增大电阻,则会降低转速)。

转子电路串电阻调速,简单可靠,操作方便,启动电阻可兼做调速电阻(但须考虑发热)。但应该注意到,此法仅适用于线绕式异步电动机;它属于有级调速;随转速降低时机械特性变软;低速时,转差功率较大,能量损耗大。所以这种调速方法大多用在重复短期运转的生产机械中,如起重运输机械。

3. 串级调速

从能量观点看，当 T_L 一定时，线绕式异步电动机转子电路串接电阻调速靠增加转子电路铜耗，使实际输出的机械功率 P_m 减小来降低转速。如果在转子电路中不是串接电阻而是串接一个频率与转子频率 f_2 相同、相位与转子电动势 $\dot{E}_2$ 相反的附加电动势 $\dot{E}_{ad}$ 来吸收转差功率，那么同样也能使实际输出的机械功率减小，达到转速降低的目的。此时转差功率被提供电动势 $\dot{E}_{ad}$ 的装置反馈给电网，起到了节能的作用，从而提高了调速的经济性。这种调速方式就是“串级调速”，其基本原理如图 4.37 所示。

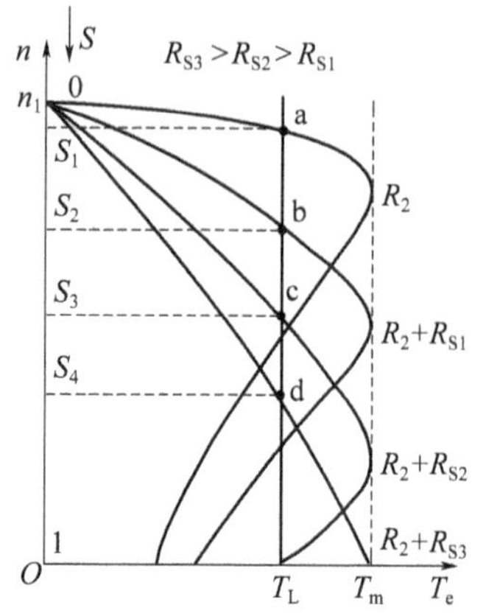

图 4.36 转子电路串接电阻调速特性

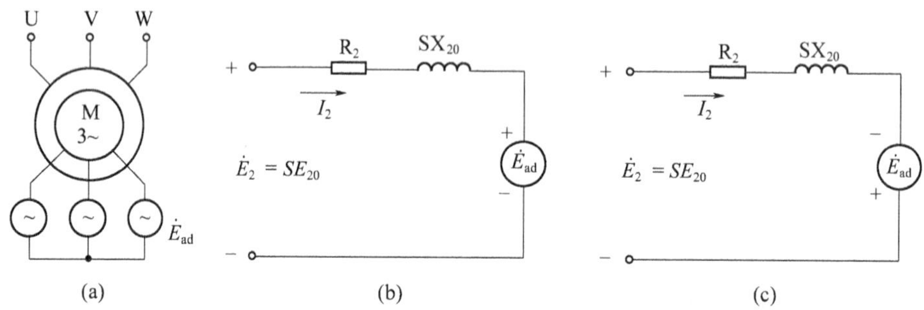

图 4.37 串级调速的原理图与转子等值电路图

(a) 串级调速原理图；(b) $\dot{E}_{ad}$ 与 $\dot{E}_2$ 反相；(c) $\dot{E}_{ad}$ 与 $\dot{E}_2$ 同相。

由前面可知，在转子电路中未串入附加电动势时，转子电流为

$$I_2 = \frac{E_2}{\sqrt{R_2^2 + X_2^2}} = \frac{S \cdot E_{20}}{\sqrt{R_2^2 + (SX_{20})^2}}$$

转子产生的转矩为

$$T = K\frac{SR_2U^2}{R_2^2 + (SX_{20})^2}$$

当串入相位与转子电动势 $\dot{E}_2$ 相反的附加电动势 $\dot{E}_{ad}$ 时，转子电流成为

$$I_2 = \frac{S \cdot E_{20} - E_{ad}}{\sqrt{R_2^2 + (SX_{20})^2}} \tag{4.31}$$

由此可见，当负载 T_L 一定时，如果串入相位相反的附加电动势 E_{ad} 后，转子电流 I_2 必然减小，从而电动机产生的转矩 T 也随之减小，$T < T_L$ 时，电动机的转速不得不降下来。

随着电动机转速减小(转差率 S 增大),$(SE_{20}-E_{ad})$ 的数值又不断增大,转子电流 I_2 也将增大。当 I_2 增大到使电动机产生的转矩 T 又重新等于 T_L 后,电动机又稳速运行。但此时的转速已较原来的转速为低,这样就达到了调速的目的。串入反相附加电动势 E_{ad} 越大,转速降低越多,这就是向低于同步转速方向调速的原理。

同理,当串入相位与转子电动势 $\dot{E}_2$ 相同的附加电动势 $\dot{E}_{ad}$ 时,转速增大,可以实现向高于同步转速方向调速的目的。

串级调速的最大困难是 $\dot{E}_{ad}$ 与 $\dot{E}_2$ 始终要同频率。为克服这一不足,工程实现时先将三相转子绕组电动势整流成直流电压 U_d,然后通过逆变器将此直流电变换成三相交流电馈送回电网,或转换成机械能帮助主电动机拖动生产机械。这样,既避开了 $\dot{E}_{ad}$ 与 $\dot{E}_2$ 同频率的问题,又具有节能的效果,其原理如图 4.38 所示。

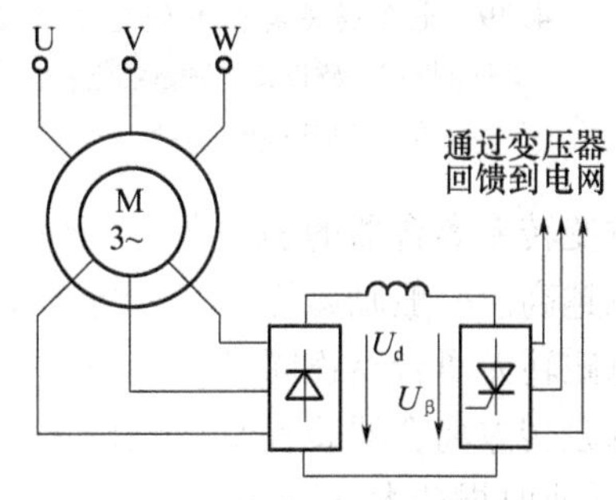

图 4.38 晶闸管串级调速系统的原理图

这种调速方法的优点是调速范围宽,效率高。缺点是设备体积随调速范围的扩大而增大,故造价较高。目前,通常采用的是低于同步转速的串级调速系统。

4. 电磁转差离合器调速

如图 4.39 所示,电磁转差离合器用于连接异步电动机和负载。但它的结构、工作原理不同于机械离合器,主要由电枢与磁极两个旋转部分组成。电枢部分与异步电动机连接,是主动部分,随异步电动机转子同速旋转;磁极部分与负载连接,是从动部分,调速就是指调整它的转速。

电磁转差离合器结构有多种形式。电枢部分可以装鼠笼绕组,也可以是整块铸钢。磁极上装有励磁绕组,它由直流电流励磁,极数可多可少。

在图 4.40 中,假定电枢随异步电动机转子顺时针方向旋转,转速为 n_1。若励磁绕组通入的励磁电流 $I_f=0$,则电枢与磁极之间既无电的联系也无磁的联系,磁极及所连接的负载不转动,这时负载相当于被“脱开”。若励磁电流 $I_f \neq 0$,则磁极有了磁性,磁极与电枢之间就有了磁的联系。由于电枢与磁极之间有相对运动,电枢鼠笼导体会产生感应电动势并产生电流。电流在磁场中流过,对着 N 极的导条电流流出纸面,对着 S 极的导条电流则流入纸面。电流在磁场中流过,产生电磁力 F,使电枢受到逆时针方向的电磁转矩 T 作用。电枢由异步电动机拖动着同速旋转,T 就是与异步电动机输出转矩相平衡的阻转矩。磁极则受到与电枢大小相同、方向相反的电磁转矩,也就是顺时针方向的电磁转矩 T 作用。在它的作用下,磁极部分带动负载按顺时针方向转动,转速为 n,这时负载相当于被“接合”。若异步电动机逆时针方向旋转,则通过电磁转差离合器的作用,负载转向也为逆时针方向。显然,转差离合器能产生电磁转矩的先决条件是电枢与磁极之间有相对运动,因此负载转速 n 必定小于异步电动机转速 n_1,转差离合器的转差就是这个意思。

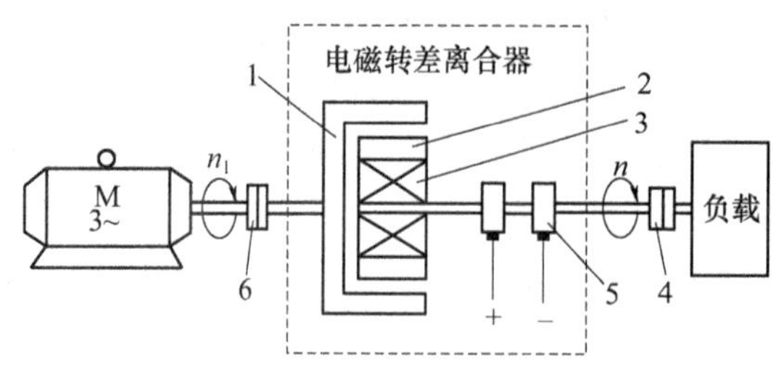

图 4.39 电磁转差离合器调速原理图

1—电枢;2—磁极;3—励磁绕组;

4,6—联轴器;5—滑环。

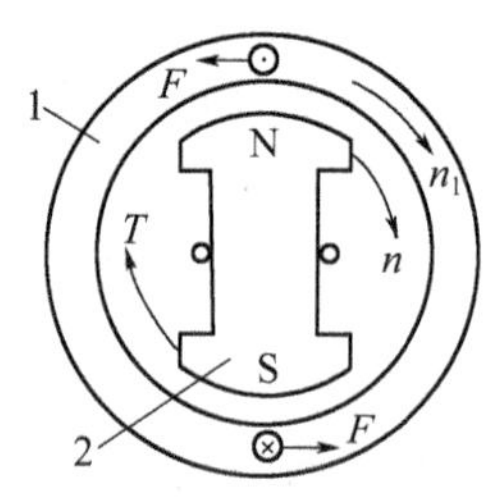

图 4.40 电磁转差离合器示意图

1—电枢;2—磁极。

改变转差离合器的励磁电流(磁场),当励磁电流越大,磁场越强,电磁转矩也越大,转速也越高。一般励磁绕组上加的直流电压为 12V ~ 24V。

电磁转差离合器连同异步电动机一起称为“滑差电动机”。

电磁转差离合器装置及控制电路简单,运行可靠,维护较方便,能平滑调速,价格便宜;但低速时损耗大,效率低。

4.4.3 变频调速

当改变供电电源频率 f 时,同步转速成正比变化,电动机的转速也随之变化。如连续改变电源频率,就可以平滑地调节异步电动机的转速。

三相异步电动机的额定频率称为基频。变频调速时,既可以从基频向下调节,也可以从基频向上调节。在基频以下调频调速通常采用变压变频(VVVF)方式,属于恒转矩调速;在基频以上调频调速通常采用恒压变频(CVVF)方式,或称为恒压弱磁升速控制方式,属于恒功率调速。

1. 从基频向下调节

三相异步电动机定子相电压为

$$U_1 \approx E_1 = 4.44 f_1 N_1 \Phi$$

当 U_1 一定时,如果降低频率 f_1,则主磁通 Φ 将增大。由于在额定状态下,电动机的主磁路已接近饱和。所以为了防止磁路饱和,在调频的同时,一定要调节电压。从基频向下调速时,主要采用恒电动势频率比和恒压频比两种控制方式,下面分别进行介绍。

(1) 保持$\dfrac{E_1}{f_1}$等于常数 降低 f_1 时,同时使定子感应电动势 E_1 减小,以保持 E_1/f_1 为常数(恒电动势频率比)。这时 Φ 保持不变,属于恒磁通控制方式。电动机的机械特性如图 4.36 中虚线所示。

(2) 保持$\dfrac{U_1}{f_1}$等于常数 因为定子感应电动势 E_1 难以直接测量和控制,所以实际变频调速系统常采用保持 U_1/f_1 等于常数(恒压频比)的控制方式,近似为恒磁通控制方式。这种控制方式下电动机的机械特性曲线如图 4.41 中实线所示。

不过,为了使电动机在低频时仍保持足够大的过载能力,通常可将 U_1 适当升高一些,近似地补偿一些定子压降。

2. 从基频向上调节

由于电源电压不能高于电动机的额定电压，在频率 f_1 从基频往上调节时，电动机电压只能保持额定电压不变。因此在基频以上调速时，随着频率 f_1 升高，主磁通 Φ 成反比地降低，电动机转矩也与频率近似成反比变化，类似于直流电动机的弱磁调速的方法，电动机近似做恒功率运行，其机械特性曲线如图 4.42 所示。

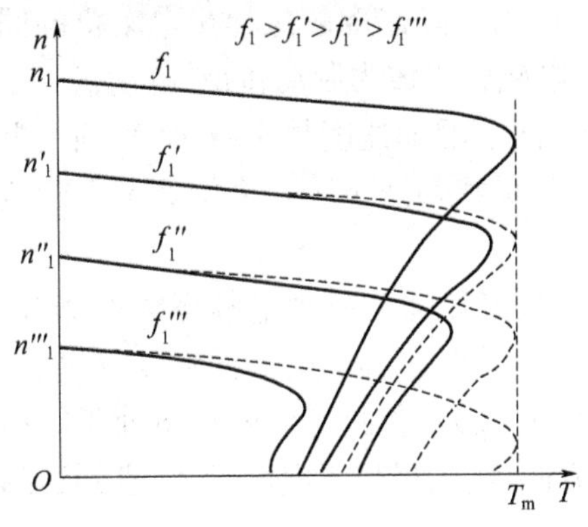

图 4.41 基频以下变频调速的机械特性

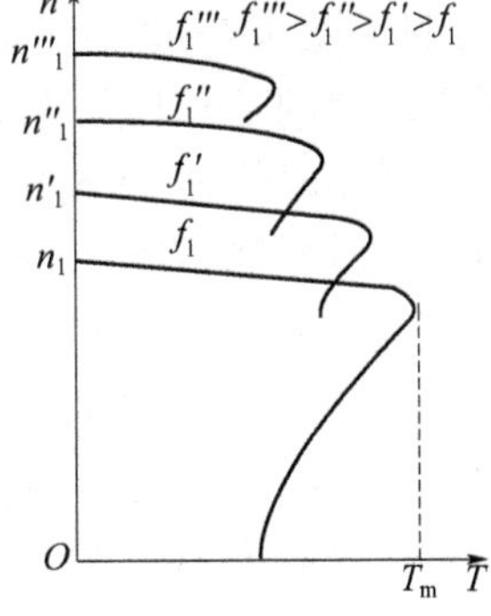

图 4.42 基频以上变频调速的机械特性

综上所述，三相异步电动机变频调速具有很好的调速性能，完全可以与直流调速相媲美。特别是近年来随着电力电子学与电子技术的发展，以及矢量控制、直接转矩控制等新型控制技术的应用，已出现了许多性能良好、工作可靠的变频调速装置，异步电动机变频调速大有取代直流调速的趋势。异步电动机变频调速具有以下特点：

（1）调速范围宽，调速比可达 100∶1。

（2）速度可在整个调速范围内连续控制，调速平滑性好，可实现无级调速。

（3）机械特性硬，静差率小，转速稳定性好。

（4）基频以下为恒转矩调速，基频以上为恒功率调速。

（5）调速时转差率小，转差功率损耗小，运行效率高。

（6）变频调速设备结构复杂，价格昂贵。

4.5 三相异步电动机的制动特性

三相异步电动机通常工作在电动运转状态，把电能转换为机械能，转速 n 与转矩 T 同向，机械特性位于第一象限或第三象限；也可工作于制动状态，这时 n 与 T 的方向相反，把机械能变成电能消耗掉或返回电网，机械特性位于第二象限或第四象限。和直流电动机一样，异步电动机的制动也分为三类四种。

4.5.1 反馈制动

当异步电动机的转速高于同步转速时，转子绕组与旋转磁场的相对转速，已与原来相反，所以转子导体切割旋转磁场的方向也已反向，则转子中的感应电动势和感生电流与原来也相反，由此产生的电磁转矩也与原来相反，即与转速相反，而成为制动转矩。

制动时，电机从轴上吸收功率后，一部分转换为转子铜耗，大部分则通过气隙进入定子，并在供给定子铜耗和铁耗后，反馈给电网。所以这种制动又称反馈制动或发电制动。

以下通过实际应用的例子，分析反馈制动过程中各参数的变化规律。

例 4－1 起重机械下放重物（位能负载）的过程。

电动机开始下放重物阶段，重物在电磁转矩和负载转矩的共同作用下加速下降，处于电动状态，电动机沿图 4.43 中第三象限的虚线运行；当下降速度超过异步电动机的同步转速后，电动机沿图 4.43 中第四象限的实线运行，电磁转矩成为制动转矩，电动机处于制动状态。随着转速的不断升高，制动转矩越来越大，向下的加速度越来越小，直到当电磁转矩等于负载转矩时，力矩达到平衡，进入稳定状态，重物匀速下降。为了调节下降速度的稳定值，可以在转子电路内串接电阻。

例 4－2 在变极调速或变频调速过程中，极对数突然增多或供电频率突然降低，使得同步转速由 n_{01} 突然降低到 n_{02}，如图 4.44 所示。工况点在由 a 点平移到 b 点之后，电动机转速仍然高于同步转速 n_{02}，电磁转矩立即反向而成为制动转矩，电动机处于制动状态。当电动机转速低于 n_{02} 之后，电磁转矩变为正方向，电动机处于电动状态，直到达到新的稳定状态——c 点。

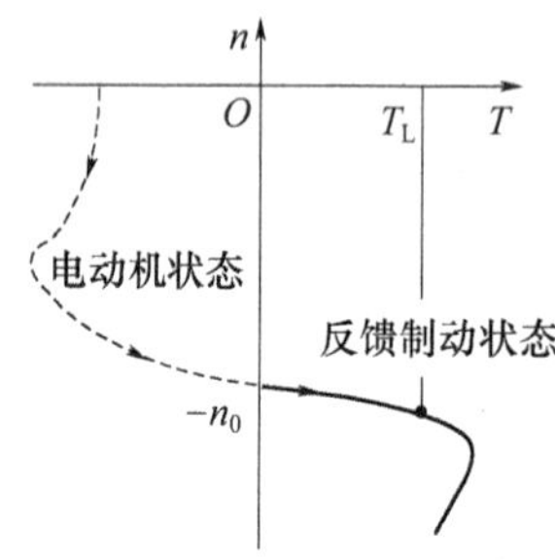

图 4.43 起重机下放重物时反馈制动的机械特性

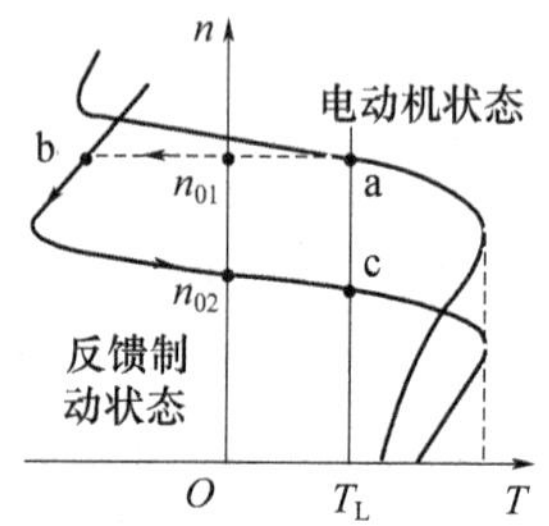

图 4.44 变极或变频调速时反馈制动

4.5.2 反接制动

1. 电源反接制动

如果将正常运行的异步电动机三相电源的相序突然改变，则旋转磁场的旋转方向随之改变，即电源反接。此时机械特性就由图 4.45 中的曲线 1 变为曲线 2。但由于机械惯性，转速不能突变，系统运行点 a 只能平移至曲线 2 上的点 b，电磁转矩反向（由正变负）而成为制动转矩，则电动机在负载和电磁转矩的共同作用下，沿曲线 2 在第二、三象限迅速减速，直至 $n=0$（c 点）时，将电源切断。这一过程称为电源反接制动。

电动机在反接制动过程中，电流很大，所以，常在定子电路中串接电阻（适合于鼠笼式电动机），或在转子电路中串接电阻（适合于线绕式电动机），这时的人为机械特性变为图 4.45 中的曲线 3。

这一制动方法，制动转矩大，制动快速；但须及时切除电源，否则，电动机会反转启动。

2. 倒拉反接制动

在起重机提升重物过程中，系统工作点处于图 4.46 中的曲线 1 之 a 点。此时，电动机的电磁转矩与电动机转动方向相同,是一个驱动力矩,刚好与位能负载达到平衡,所以重物匀速上升。

欲使重物下降,可以不改变电源的接法,而在转子电路中串接一个较大的外接电阻,使特性曲线变软较大,如图 4.46 中曲线 2 所示。

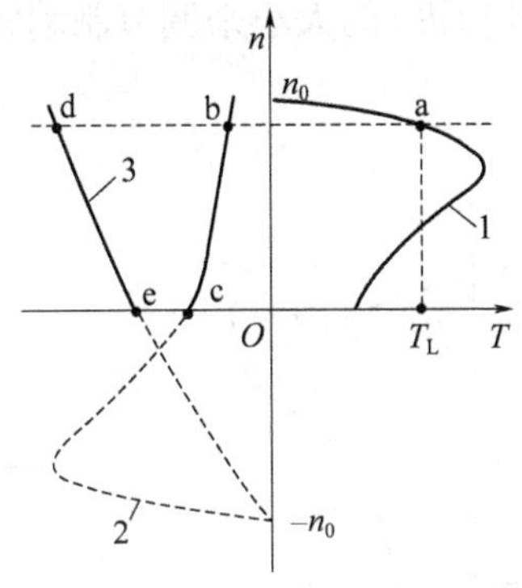

图 4.45 电源反接时反接制动的机械特性

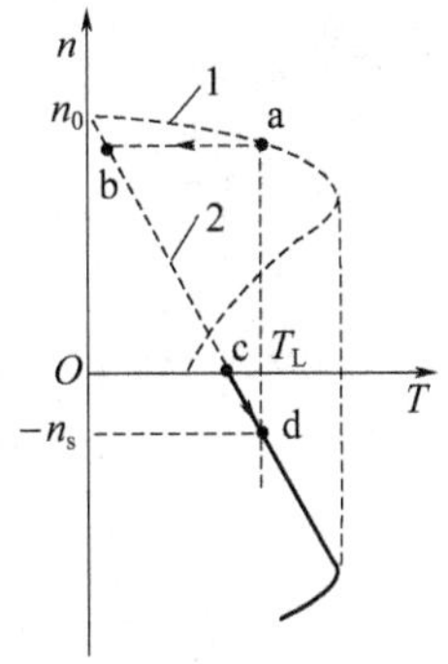

图 4.46 倒拉制动时的机械特性

由于转速不能突变,工作曲线在由曲线 1 变为曲线 2 之后,工作点就由 a 点平移至 b 点;此时的向上的电磁转矩小于负载转矩,重物开始沿曲线 2 减速(上升),到达 c 点($n=0$)。从 b 点到 c 点这一运动过程属于电动机的电动过程。在 c 点之后,由于电磁转矩小于负载转矩,本该上升的重物开始加速下降,即转子旋转方向与旋转磁场旋转方向相反,转子中感应电动势反向,感生电流随即反向,电磁转矩成为制动转矩,电动机处于倒拉反接制动状态。随着转速的进一步增加,电磁转矩增大,直到电磁转矩等于负载转矩而达到新的平衡状态(图 4.46 中 d 点),重物匀速下降。

在倒拉制动状态下,转子轴上输入的机械功转化为电功率后,连同定子送来的电磁功率一起消耗在转子电路的电阻上。应该注意,这种制动方法需要对串接电阻准确估计,否则,重物不会下降。

4.5.3 能耗制动

异步电动机的电源反接制动用于准确停车有一定的困难,因为它容易造成反转,而且电能损耗也比较大;反馈制动虽是比较经济的制动方法,但它只能在高于同步转速下使用;而能耗制动却是比较常用的准确停车的方法。

能耗制动的电气原理图如图 4.47(a)所示。进行能耗制动时,首先将定子绕组的三相交流电源断开(KM1 打开),并立即将一低压直流电源通入定子绕组中(KM2 闭合)。定子绕组中由于直流电的存在,在电动机内部就产生了一个固定磁场,当转子由于惯性继续旋转时,转子导体内就产生了感生电流,它和恒定磁场相互作用而产生制动转矩,迫使转子减速直到停止。

从能量的角度考虑,制动过程就是将系统储存的机械能转化为电能后消耗在转子电路的电阻中。

能耗制动的机械特性如图 4.47(b)中的曲线 2 所示。制动时系统运行点从特性曲线

1 之 a 点平移至特性曲线 2 之 b 点，在制动转矩和负载转矩的共同作用下沿特性曲线 2 迅速减速，直至 $n=0$ 为止，当 $n=0$ 时，$T=0$。所以，能耗制动能准确停车。不过，当电动机停止后不应再接通直流电源，这样会烧坏定子绕组。另外，制动的后阶段，随着转速的降低，能耗制动转矩也很快减小，所以制动较平稳，但制动效果比电源反接制动差。可以用改变定子励磁电流或转子电路串入电阻（线绕式异步电动机）的大小来调节制动转矩，从而调节制动的强弱。

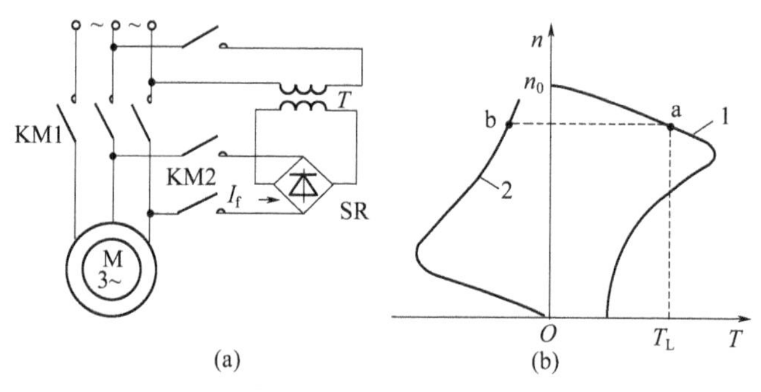

图 4.47　能耗制动

（a）电路原理图；（b）机械特性。

4.6　交流变频调速系统简介

4.6.1　交流变频调速器基本构成与分类

从结构上看，变频器分为交—交和交—直—交两种形式。交—交变频器可将工频交流直接变换成频率、电压均可控制的交流，它又称直接式变频器，如图 4.48 所示。而交—直—交变频器则是先把工频交流电通过整流变成直流电，然后再把直流电变换成频率、电压均可控制的交流电，其中设有中间直流环节，它又称为间接式变频器，如图 4.49 所示。目前应用较多的是交—直—交变频器。

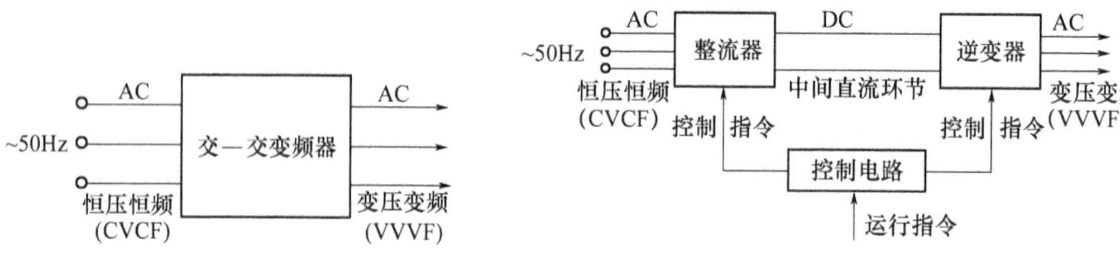

图 4.48　交—交变频器

图 4.49　交—直—交变频器的基本构成

1. 变频器的基本构成

变频器的基本构成如图 4.49 所示，它由主电路（包括整流器、中间直流环节、逆变器）和控制电路组成。

（1）整流器　作用是把三相或单相交流电变成直流电。

（2）逆变器　最常用的是三相桥式逆变器。有规律地控制逆变器中主开关元器件的通与断，可以得到任意频率的三相交流电输出。

（3）中间直流环节　由于逆变器的负载为异步电动机，属于感性负载，其功率因数总不会为1，因此，在中间直流环节和电动机之间总会有无功功率的交换。这种无功能量要靠中间直流环节的储能元件（电容器或电抗器）来缓冲。

（4）控制电路　通常由运算电路、检测电路、控制信号的输入/输出电路和驱动电路等构成，其主要任务是完成对逆变器的开关控制，对整流器的电压控制以及完成各种保护功能等。控制方法可以采用模拟控制或数字控制。高性能的变频器目前已经采用计算机进行全数字控制，采用尽可能简单的硬件电路，主要靠软件来完成各种功能。由于软件的灵活性，数字控制方式常可以完成模拟控制方式难以完成的功能。

按照不同的控制方式，交－直－交变频器又可分成图4.50所示的三种。

（1）用可控整流器变压，用逆变器变频（图4.50（a））。这种装置的调压和调频分别在两个环节上进行，二者要在控制电路上协调配合。其优点是结构简单，控制方便，器件要求低；缺点是功率因数小，谐波较大，器件开关频率低。

（2）用不控整流器整流，用斩波器变压，用逆变器变频（图4.50（b））。这种装置的整流环节采用二极管不控整流器，再增设斩波器，用脉宽调压。其优点是功率因数高，整流和逆变干扰小；缺点是构成环节多，谐波较大，调速范围不宽。

（3）用不控整流器整流，用PWM逆变器变压变频（图4.50（c））。用不控整流器整流，则功率因数高；用PWM逆变，则谐波可以减小。这样，前两种装置的缺点都解决了。在采用可控关断的全控式器件以后，开关频率得以大大提高，输出波形几乎可以得到非常逼真的正弦波。若采用SPWM逆变器构成变压变频器，则可进一步改善调速系统的性能。

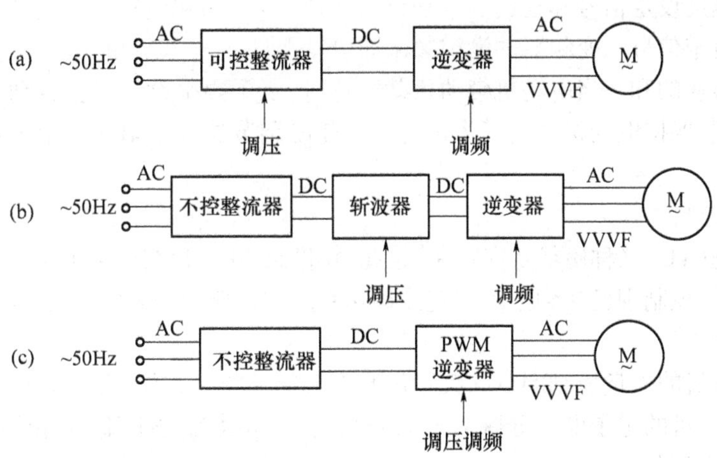

图4.50　交—直—交变频器的不同结构形式

（a）用可控整流器变压，用逆变器变频；（b）用不控整流器整流，用斩波器变压，用逆变器变频；（c）用不控整流器整流，用PWM逆变器变压变频。

2. 变频器的分类

按变频器的供电电压，分为低压变频器（110V、220V、380V）、中压变频器（500V、660V、1140V）和高压变频器（3kV、3.3kV、6kV、6.6kV 及 10kV）；按供电电源，分为单相输入变频器和三相输入变频器；按其输出功率大小，分为小功率变频器、中功率变频器和大功率变频器。

按功能分，有恒转矩（恒功率）通用型变频器、平方转矩风机水泵节能型变频器、简易型变频器、迷你型变频调速器、通用型变频器、纺织专用型变频器、高频电主轴变频器、电梯专用变频器、直流输入型矿山电力机车用变频器、防爆变频器等。

按变频电源的性质，分为电压源型变频器和电流源型变频器。主要区别在于中间直流环节采用哪种滤波器：电压源型变频器采用大容量电容滤波，直流电压波形比较平直；电流源型变频器采用大电感滤波，直流电流波形比较平直。电压源型变频器比电流源型变频器性能优越，采用电压源型变频器能使变频器的性能，包括输出波形、功率因数、效率、可靠性及动态性能进一步提高。

按输出电压调节方式，分为脉幅调制（PAM）、脉宽调制（PWM）和高载频 PWM 控制变频器。PAM 方式下的变频器输出电压的大小通过改变直流电压的大小来进行调制；而 PWM 方式下的变频器输出电压的大小通过改变输出脉冲的占空比来进行调制。

按主开关器件，分为 IGBT 变频器、GOT 变频器和 BJT 变频器。

按机壳外形，分为塑壳变频器、铁壳变频器和柜式变频器。

按照用途，可分为通用变频器、高性能专用变频器、高频变频器和高压变频器等。

按控制方式，分为 U/f 控制变频器、转差频率控制变频器、矢量控制变频器、直接力矩控制变频器、直接转速控制变频器和矩阵控制变频器等。

1）转差频率控制

转差频率控制的基本思想是采用转子速度闭环控制，速度调节器通常采用 PI 控制。它的输入为速度设定信号和检测的电动机实际速度之间的误差信号，速度调节器的输出为转差频率设定信号。变频器的设定频率即电动机的定子电源频率，为转差频率设定值与实际转子转速的和。当电动机带动负载运行时，定子频率设定将会自动补偿由于负载所产生的转差，保持电动机的速度为设定值。速度调节器的限幅值决定了系统的最大转差频率。

2）矢量控制

矢量控制（VC）又称磁场定向控制，是在 20 世纪 70 年代初由美国学者和德国学者各自提出的，矢量控制现已达到了可与直流调速系统的性能相媲美的程度，矢量变换控制属闭环控制方式。

异步电动机的矢量控制的目的就是仿照直流电动机的控制方式，利用坐标变换的手段，把交流电动机的定子电流分解为磁场分量电流（相当励磁电流）和转矩分量电流（相当负载电流）分别加以控制。

如图 4.51(a)所示旋转磁场，是由三相固定的对称绕组 A、B、C 通以三相平衡正弦交流电 i_A、i_B、i_C 产生的，图 4.51(b)所示是两相固定绕组 α 和 β（位置上相差 90°）通以两相平衡交流电流 i_α 和 i_β（时间上差 90°）时所产生的旋转磁场，当两个旋转磁场的大小和转速都相同时，图 4.51(a)、(b)所示的两套绕组等效。图 4.51(c)中有两个匝数相等、互相垂直的绕组 M 和 T,分别通以直流电流 i_M 和 i_T,产生位置固定的磁通 Φ。如果使两个绕组同时以同步转速旋转,那么磁通自然随之旋转起来,这样也可以认为图 4.51(c)和图 4.51(a)、(b)所示的绕组是等效的。其中,绕组 M 相当于励磁绕组,绕组 T 相当于电枢绕组。由此可见,可以将一个三相交流的磁场系统和一个旋转体上的直流磁场系统,以两相系统为过渡,互相进行等效变换。

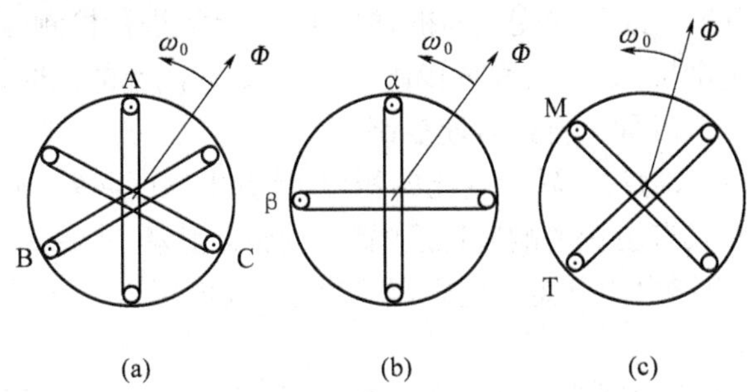

图 4.51　交流绕组与直流绕组等效原理图
(a) 三相交流;(b) 二相交流;(c) 直流。

矢量控制的基本框图如图 4.52 所示,控制器经过运算将给定信号(速度信号)分解成在两相旋转坐标系下互相垂直、且独立的直流给定信号 i_M^* 和 i_T^*,然后经过 Park 逆变换(直/交变换)将其分别转换成两相电流给定信号 i_α^* 和 i_β^*,再经 Clarke 逆变换,得到三相交流的控制信号 i_U^*、i_V^*、i_W^*,进而控制逆变器。

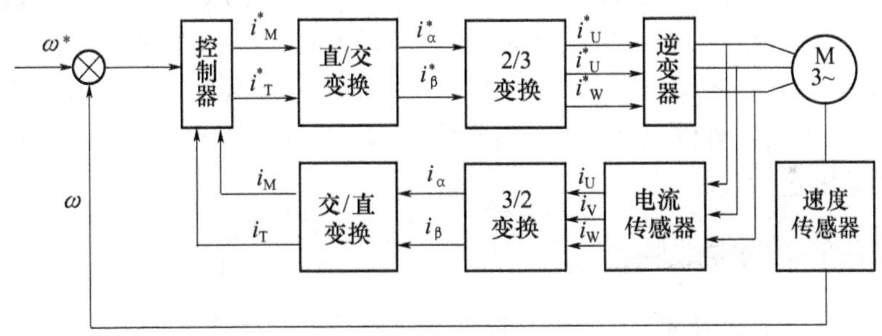

图 4.52　矢量控制原理图

电流反馈用于反映负载的状况,使直流信号中的转矩分量能随负载而变,从而模拟出类似于直流电动机的工作情况。

速度反馈用于反映拖动系统的实际转速和给定值之间的差异,并使之以合适的速度进行校正,从而提高系统的动态性能。

3) 直接转矩控制

直接转矩控制(DTC)直接在定子坐标系下分析交流电动机的数学模型,控制电动机的磁链和转矩。它不需要将交流电动机等效为直流电动机,因而省去了矢量旋转变换中的许多复杂计算;它不需要模仿直流电动机的控制,也不需要为解耦而简化交流电动机的数学模型。

直接转矩控制将逆变器和交流电动机作为一个整体进行控制,逆变器所有开关状态的变化都以交流电动机的电磁过程为基础,将交流电动机的转矩控制和磁链控制有机地统一。直接转矩控制估计定子磁链,由于定子磁链的估计只牵涉到定子电阻,因此对电动机参数的依赖性大大减弱了。直接转矩控制采用了转矩反馈的砰—砰控制,在加减速或负载变化的动态过程中,可以获得快速的转矩响应。

4）直接转速控制

直接转速控制(DSC),通过对变频器的输出电压、电流进行检测,经坐标变换后,送入电动机模型,推算出电动机的磁通、瞬时转速,在保持磁通闭环的同时,每秒对电动机的转速进行数千次的校正,所以称为直接转速控制。

DSC 不像 DTC 那样,通过对转矩变化的积分,计算出速度偏差,再调节转矩、再积分、再调偏差。因此,DSC 具有更快的响应速度、更小的转矩脉动、更稳定的准确度,同时 DSC 还能补偿电路压降及电路电阻和定子电阻温升带来的影响。

5）矩阵式控制方式

矩阵式交—交变压变频器应用全控型开关器件,在三相输入与三相输出之间用了 9 组双向开关组成矩阵阵列,采用 PWM 控制方式,可直接输出变频电压。

从原理上讲,矩阵变频器使用了一组电力半导体开关,按照预定的数学算法控制开关顺序,并直接连接到三相电动机上。

矩阵变频器使用了三相电压输入来控制输出电压,这就不仅能吸收任何电流杂波,也能提供一个“清洁”的输出电压,也就是说可以有效地进行输入电源电流控制与输出电压控制。这也是矩阵变频器吸引人们的一个重要点:能大大降低输入电流谐波的产生,大约只有传统交 - 直 - 交变频器的 20% 以下。而且矩阵变频器的电流几乎是正弦波,即使在带载情况下,也是如此。当有再生发电时,电流能以 180°转换并反馈到电网中,而且也是以正弦波方式。在再生制动方式的工作中,矩阵变频器不需要制动电阻或特殊的变换器,反馈回的电能也无需额外的设备(如变压器等)进行处理。总之,矩阵式变频器变频效率高,且能在四象限运行。

4.6.2 通用变频器性能特点

近年来,随着计算机技术、电力电子技术和控制技术的飞速发展,通用变频器在种类、性能和应用等方面都取得了很大发展,这些变频器已基本上能满足现代工业控制的需要,且用户的选择范围也非常大。目前,国内市场上流行的通用变频器多达几十种。

1. 通用变频器的功能特点

下面以西门子 MM440 系列通用矢量变频器为例,介绍通用变频器的主要功能特点。

(1) 包括 U/f 控制方式、无传感器或带传感器矢量控制方式、无传感器或带传感器的矢量转矩控制方式,有 11 种控制模式可供选用。

(2) 可以是单相电源输入,也可以是三相电源输入,控制异步电动机的额定功率为 120W ~ 200kW(变转矩可达 250kW)。

(3) 有 RS232/422/485、PROFIBUS DP 等多种通信方式可供选用。

(4) 有多种速度设定方式,可以编程设定 15 个固定频率、也可通过 0 ~ 20mA、- 10V ~ + 10V 和 0 ~ 10 V 模拟量输入端子设定,还可在操作面板调节,或通过通讯方式设定。

(5) 可以自由停车,也可以按设定减速停车,内置能耗制动、直流制动和复合制动等功能。

(6) 具有多个继电器输出、0～20mA 模拟量输出端口。

(7) 可实现 PID 闭环控制。

(8) 具有自动再启动,捕捉再启动,滑差补偿,快速电流限制,电机停机抱闸,加/减速斜坡可编程,4 个可编程跳转频率等功能。

2. 交流变频调速机电传动控制系统组成

一个完整的交流变频调速机电传动控制系统包括熔断器、接触器、输入电抗器、输入/输出滤波器、变频器、变频电动机等,如图 4.53 所示。

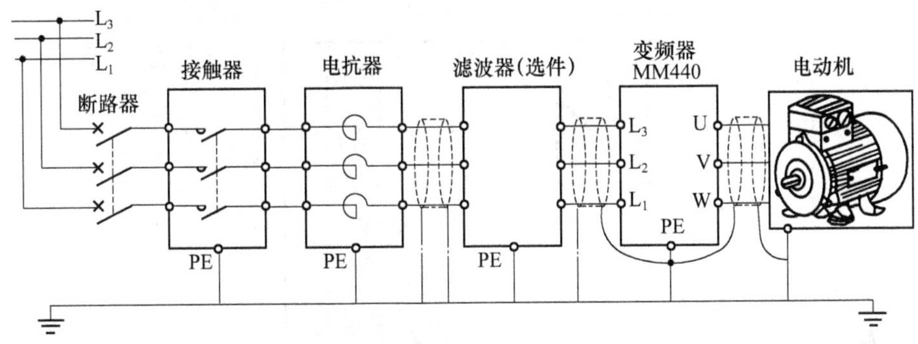

图 4.53 交流变频调速机电传动控制系统组成

(1) 电源 应注意电压等级是否正确,以避免损坏变频器。

(2) 断路器 交流电源与变频器之间必须安装断路器,既作变频器的电源开关控制,又可作变频器保护之用。但不能用作电动机的运转/停止开关。

(3) 接触器 一般使用时可不加接触器,但作外部控制,或停电后自动再启动等功能,或使用制动控制器时,须在变频器之前加装接触器;但不能用作电动机的运转/停止开关。

(4) 电抗器 有三类电抗器可供选用。若使用大容量(600kV·A 以上)的电源时,为改善电源的功率因数可在电源与变频器之间加装 AC 电抗器;为了改善变频器的功率因数,对于较大容量(55kV·A 以上) 变频器,可在变频器的整流环节与逆变环节之间加装直流电抗器;在靠近变频器的输出端与电动机之间,加装输出电抗器可以补偿长线路分布电容的影响,抑制谐波分量,降低变频器噪声。

(5) 输入侧滤波器 变频器周围有电感负载时,需要加装滤波器。

(6) 输出侧滤波器 以减小变频器产生的高次谐波,避免影响其附近的通信器材。

3. MM440 变频器基本原理电路图

MM440 变频器的电路图如图 4.54 所示,包括主电路和控制电路两大部分,主电路完成电能转换(整流和逆变),控制电路处理信息的收集、变换和传输。

在主电路中,由电源输入单相或三相恒压恒频的交流电,经整流电路转换成恒定的直流电,供给逆变电路。逆变电路在 CPU 的控制下,将恒定的直流电逆变成电压和频率均可调的三相交流电供给电动机负载。由图 4.54 可知,MM440 变频器直流环节是通过电容进行滤波的,因此属于电压型交—直—交变频器。

MM440 变频器的控制电路由 CPU、2 路模拟量输入(AIN1 + 和 AIN1 -,AIN2 + 和 AIN2 -)、2 路模拟量输出(AOUT1 + 和 AOUT1 -,AOUT2 + 和 AOUT2 -)、6 路数字量输

入(DIN1～DIN6)、3个继电器输出(RL1、RL2及RL3)、操作板(BOP)等组成。

模拟输入端3、4和10、11是两对模拟电压给定输入端,可以作为频率给定信号,经变频器内的模/数转换器,传输给CPU。端子1、2之间的高精度10V直流电源为模拟电压输入信号提供电压。2路模拟量输入通道也可作为数字量输入通道使用。

数字输入端5、6、7、8、16、17为用户提供了6个完全可编程的数字输入端,数字信号经光电隔离输入CPU,对电动机进行控制。

端子9和28为变频器的外围控制电路提供24V直流电源。

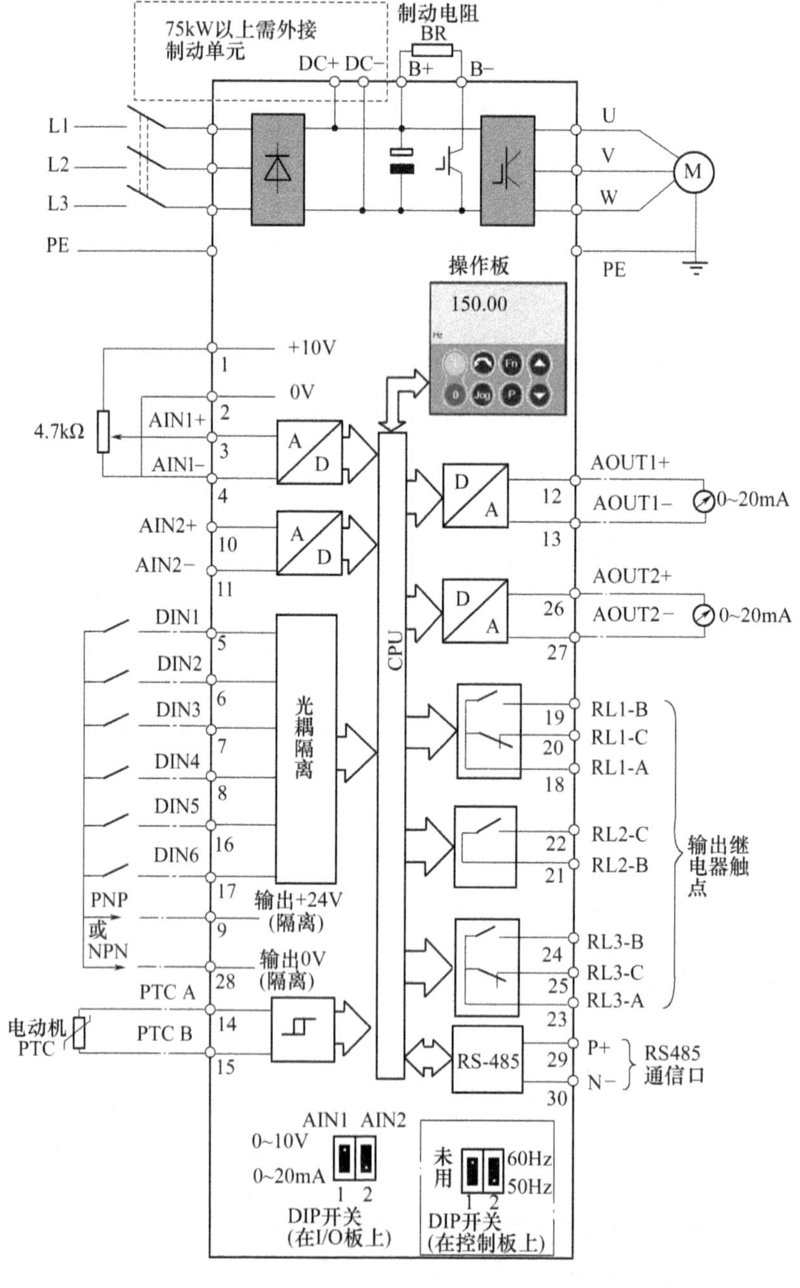

图4.54 MM440变频器电路图

4.6.3 变频电动机的特点

不论那种形式的变频器,在运行过程中都会产生不同程度的谐波电压和电流,使电动机在非正弦电压、电流下运行。据资料介绍,目前普遍使用的正弦波 PWM 型变频器,其低次谐波基本为零,主要为高次谐波分量。

高次谐波会引起电动机定子铜耗、转子铜耗/铁耗及附加损耗的增加,最为显著的是转子铜耗。因为异步电动机是以接近于基波频率所对应的同步转速旋转的,因此,高次谐波电压以较大的转差切割转子导条后,便会产生很大的转子损耗。除此之外,还会因集肤效应而产生附加铜耗。这些损耗都会使电动机额外发热,效率降低 。

高次谐波使电动机定子绕组承受很高的电压上升率,对电动机产生很大的电压冲击,使电动机的匝间绝缘承受较为严酷的考验。另外,由 PWM 变频器产生的矩形斩波冲击电压叠加在电动机运行电压上,会对电动机对地绝缘构成威胁,对地绝缘在高压的反复冲击下会加速老化。

由于电动机工作频率范围宽,转速变化范围大,各种电磁力波的频率很难避开电动机的各构件的固有振动频率。当电磁力波的频率和电动机机体的固有振动频率一致或接近时,将产生共振现象,从而加大电动机的噪声。

当电动机转速较低时,冷却风量按三次方成比例减小,致使电动机的冷却状况变差,温升急剧增加,难以实现恒转矩输出。

普通鼠笼式异步电动机都是按恒频恒压设计的,无法完全适应变频调速的要求。而变频电动机考虑了非正弦波电源对电动机的不利影响,在电磁设计和结构设计方面做了许多改进。

首先,尽可能地减小定子和转子电阻,以降低基波产生的铜耗,弥补高次谐波产生的铜耗;其次,为了抑制电流中的高次谐波,适当增加了电动机的电感;另外,变频电动机的主磁路一般设计成不饱和状态,一是考虑高次谐波会加深磁路饱和,二是考虑在低频时,为了提高输出转矩而适当提高变频器的输出电压。

考虑到非正弦电源对电动机的绝缘、振动、噪声、冷却方式等方面的影响,变频电动机在结构设计上做了相应的改善。例如,加强对地绝缘和线匝绝缘强度,特别要考虑绝缘耐冲击电压的能力;提高电动机的固有频率,以避开与高次谐波产生共振现象;主电机散热采用独立的恒速冷却风扇,以改善低速运行条件下电动机的散热能力;由于轴电流大为增加,为了防止由此导致的轴承损坏,一般对容量超过 160kW 电动机采用轴承绝缘措施;对恒功率变频电动机,当转速超过 3000r/min 时,采用耐高温的特殊润滑脂,以适应轴承温度的升高。

4.7 单相异步电动机

单相异步电动机,是一种容量从几瓦到几百瓦,由单相交流电源供电的旋转电动机。由于它具有结构简单、成本低廉、运行可靠等一系列优点,所以广泛用于电风扇、洗衣机、电冰箱、吸尘器、医疗器械及自动控制装置中。

若三相异步电动机的定子绕组仅由一相供电,或者一相断开时运行,都与单相电源供电时的运行情况相同。

实际上,两相交流伺服电动机的工作原理也与单相异步电动机基本相同。

4.7.1 单相异步电动机的磁场

单相异步电动机的定子绕组为单相,转子一般为鼠笼式。接入单相交流电后,在定子与转子气隙中产生一个交变的脉动磁场,如图4.55(a)所示。此磁场不旋转,只是磁通量或磁感应强度的大小随时间作正弦变化,如图4.55(b)所示。

可以证明,这种脉动磁场,能够分解为两个旋转方向相反、转速相等、磁通量相等的旋转磁场。如图5.55(c)所示,当脉动磁场变化一个周期,对应的两个旋转磁场正好各转一周。若电源频率为f,定子绕组的磁极对数为p,则旋转磁场的同步转速$n_0 = 60f/p$。

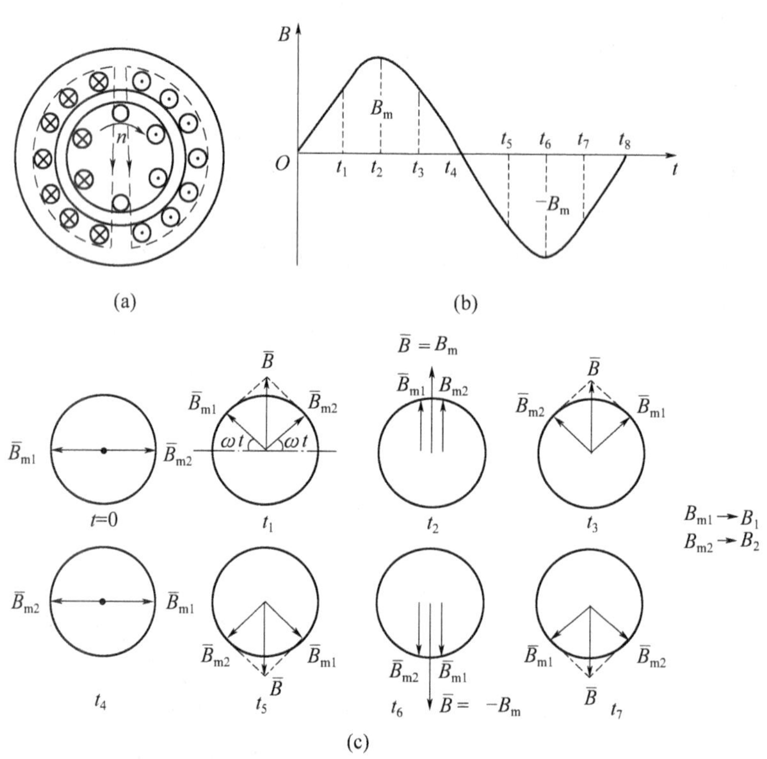

图4.55 单相异步电动机的脉动磁场

(a)单相异步电动机;(b)交变脉动磁场;(c)脉动磁场的分解。

两个旋转磁场分别作用于转子上而产生两个方向相反的转矩。由图4.56可以看出,当转子静止时($S=1$),两个转矩大小相等($T^+=T^-$)、方向相反,合成转矩T为0,因而不能转动。

一旦转子沿顺时针方向转动起来,正向转矩T^+大于反向转矩T^-,合成转矩T为正,使转子继续沿顺时针方向旋转,直到达到稳态。

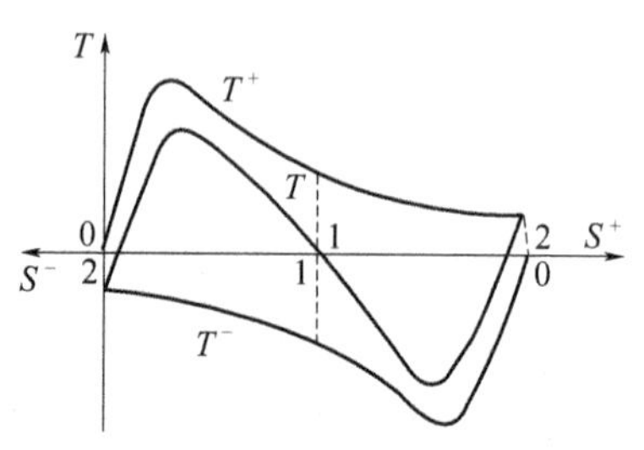

图4.56 单相异步电动机的$T=f(S)$曲线

一旦转子沿逆时针方向转动起来,反向转矩 T^- 大于正向转矩 T^+,合成转矩 T 为负,使转子继续沿逆时针方向旋转,直到达到稳态。

由此可以得出结论:

(1) 在脉动磁场作用下,单相异步电动机没有启动能力,即启动转矩为 0;

(2) 单相异步电动机一旦启动,它能自动加速到稳定运行状态,其旋转方向不固定,完全取决于启动时的旋转方向。

因此,要解决单相异步电动机的应用问题,首先必须解决它的启动转矩问题。

4.7.2 单相异步电动机的启动方法

单相异步电动机启动的关键是产生一个旋转磁场,这样就有了一个启动转矩,就可以自行启动。以下介绍两种产生旋转磁场的方法:

1. 电容分相式异步电动机

图 4.57 为电容分相式单相异步电动机电路原理图。电动机定子上有两个绕组 AX(工作绕组或称作运行绕组)和 BY(启动绕组),两绕组的轴线在空间互相垂直。

启动时,QB 开关拨向 1 触点,这时 BY 绕组中串入一个电容(电容值应使 BY 相电流在相位上超前 AX 相 90°)。这样,通电后,就可以产生一个旋转磁场。

如果将 QB 开关拨向 2 触点,这时 AX 绕组中串入一个电容,使 AX 相电流在相位上超前 BY 相 90°。这样,通电后,就可以产生一个与刚才旋转方向相反的旋转磁场,电动机就可以反向运行。

2. 罩极式单相异步电动机

图 4.58 为罩极式单相异步电动机结构图,在磁极一侧开一小槽,用短路铜环罩住磁极的一部分。这样就将磁极的磁通 Φ 分为 Φ_1 与 Φ_2 两部分,当磁通变化时,由于电磁感应的作用,这两部分磁通在相位上有一定角度,又由于它们在空间上也相差一个角度,合成效果就是一个旋转磁场,这就解决了启动转矩的问题。

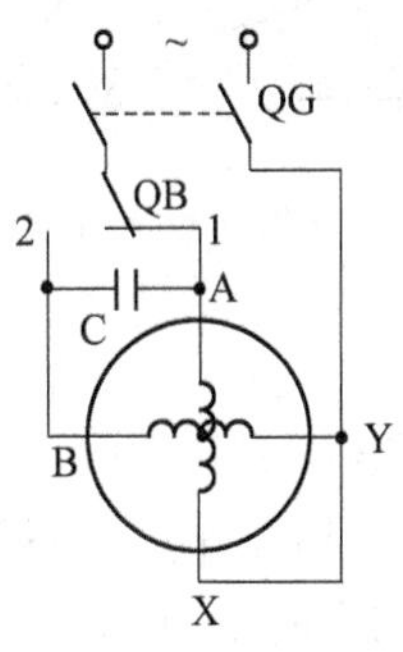

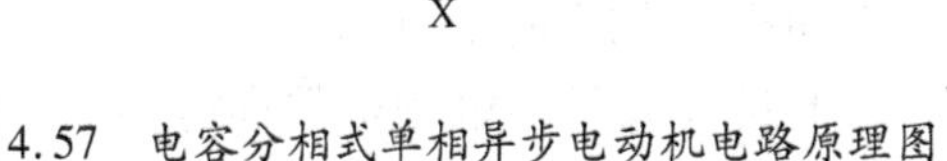

图 4.57 电容分相式单相异步电动机电路原理图

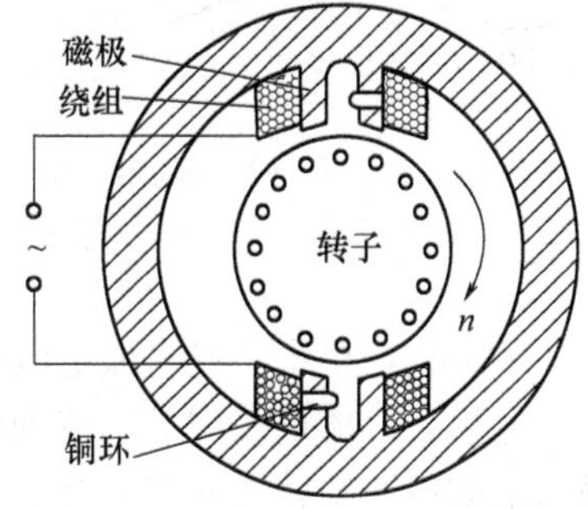

图 4.58 罩极式单相异步电动机结构图

4.8 同步电动机的基本结构和工作原理

同步电动机也是一种三相交流电机,它除了用于电力传动(特别是大容量的电力传动)外,还用于补偿电网功率因数。发电厂中的交流发电机全部采用同步发电机。

本节主要讨论同步电动机的结构和基本工作原理。

4.8.1 同步电动机的基本结构

同步电动机分定子和转子两大部分。定子由铁芯、定子绕组(又称电枢绕组,通常是三相对称绕组,并通有对称三相交流电流)、机座以及端盖等主要部件组成。转子则包括主磁极、装在主磁极上的直流励磁绕组、特别设置的鼠笼启动绕组、电刷以及集电环等主要部件。

同步电动机按转子主磁极的形状分为隐极式和凸极式两种,结构如图 4.59 所示。隐极式转子的优点是转子圆周的气隙比较均匀,适用于高速电动机;凸极式转子呈圆柱形,转子有可见的磁极,气隙不均匀,但制造较简单,适用于低速运行(转速低于 1000r/min)。

同步电动机中作为旋转部分的转子只通以较小的直流励磁功率(一般为电动机额定功率的 0.3% ~2%),故同步电动机特别适用于大功率高电压的场合。

4.8.2 同步电动机工作原理

同步电动机工作原理可用图 4.60 来说明。电枢绕组通以对称的三相交流电,气隙中便产生了一电枢旋转磁场,其旋转速度为同步转速 $n_0=60f/p$。

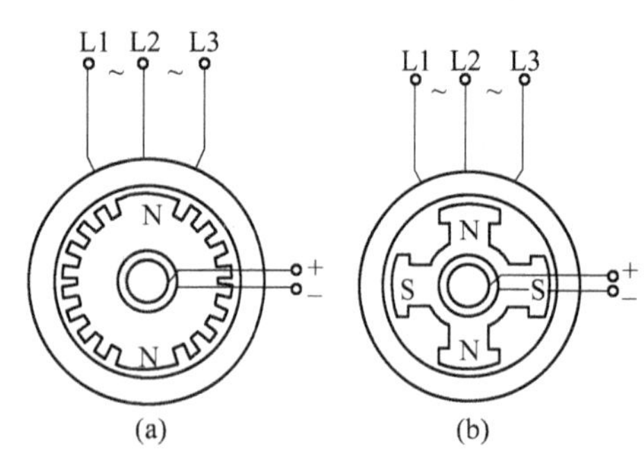

图 4.59 同步电动机结构示意图
(a) 隐极式;(b) 凸极式。

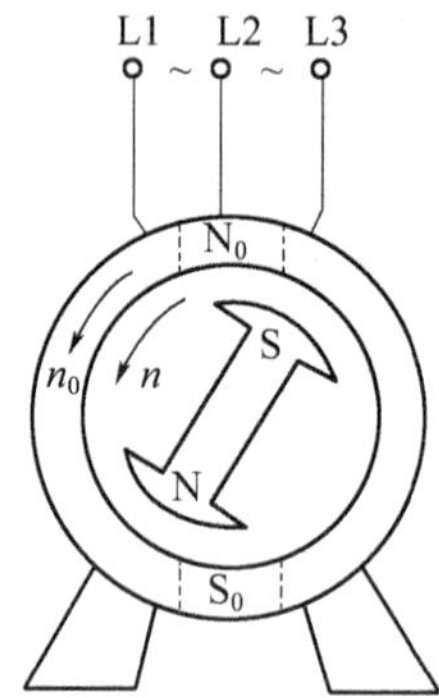

图 4.60 同步电动机工作原理示意图

在转子励磁绕组中通以直流电流后,同一空气隙中,又出现了一个大小和极性固定、极对数与电枢旋转磁场相同的直流励磁磁场。这两个磁场的相互作用,使得转子被电枢旋转磁场拖着以同步转速一起旋转(这就是同步电动机“同步”的来历)。

同步电动机虽具有功率因数可以调节的优点,但没有像异步电动机那样得到广泛应用,这不仅是由于它的结构复杂、价格贵,而且由于它的启动困难。其原因如下:

如图 4.61 所示,当转子尚未转动时加以直流励磁,产生固定磁场 N - S;当定子接上三相电源,流过三相电流时,就产生了旋转磁场,并立即以同步转速旋转。在图 4.61(a)所示位置,两磁场相吸,旋转磁场欲吸着转子一起转动,但由于转子的机械惯性,还未来得及转动时,旋转磁场就已转到图 4.61(b)所示位置,两磁场又相斥。如此反复,转子忽吸忽斥,不能转动(启动)。

为了启动同步电动机,以前常采用异步启动法,即在转子磁极的极掌上装有和鼠笼绕组相似的启动绕组,如图 4.62 所示。启动时,先不加直流励磁,只是给定子通以三相交流电,电动机就像鼠笼式异步电动机那样启动,当转速接近同步转速时,再在转子励磁绕组中通以直流电,产生固定磁极的磁场,两个磁场相互作用,将转子拉入同步。转子达到同步后,启动绕组由于与定子旋转磁场无相对运动而失效(不起作用)。

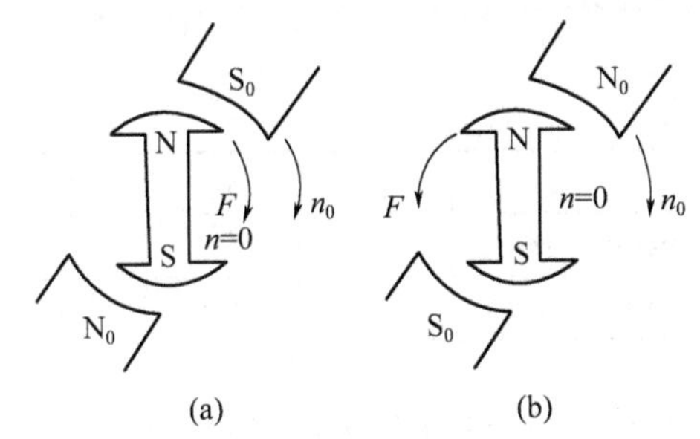

图 4.61　同步电动机启动转矩等于 0

(a) 两者相吸;(b) 两者相斥。

图 4.62　同步电动机启动绕组

采用变频调速方法后,同步电动机可以在低频下直接启动,再由低频调到高频达到高速运行,从而克服了启动问题、重载时的失步和振荡问题。因此,同步电动机的变频调速现已得到广泛应用。因为同步电动机具有运行速度恒定、功率因数可调、运行效率高等特点,因此,除了在低速和大功率的场合,例如,大流量低水头的泵、面粉厂的主传动轴、橡胶磨和搅拌机、破碎机、切片机、造纸工业中的纸浆研磨机和匀浆机、压缩机、大型水泵、轧钢机等采用同步电动机传动外,同步电动机已同异步电动机一样成为最通用的调速电动机了。

习题与思考题

4-1　有一台 4 极三相异步电动机,电源电压的频率为 50 Hz,满载时电动机的转差率为 0.02,求电动机的同步转速、转子转速和转子电流频率。

4-2　将三相异步电动机接三相电源的三根引线中的两根对调,此电动机是否会反转?为什么?

4-3　有一台三相异步电动机,其 $n_N = 1470 \mathrm{r/min}$,电源频率为 50 Hz。设在额定负载下运行,试求:

(1) 定子旋转磁场相对于定子的转速;

(2) 定子旋转磁场相对于转子的转速;

(3) 转子旋转磁场相对于转子的转速;

(4) 转子旋转磁场相对于定子的转速;

(5) 转子旋转磁场相对于定子旋转磁场的转速。

4-4　普通鼠笼式异步电动机在额定电压下启动时,为什么启动电流很大,而启动转矩并不大?

4－5　三相异步电动机带动一定的负载运行时，若电源电压降低了，此时电动机的转矩、电流及转速有无变化？如何变化？

4－6　有一台三相异步电动机，其技术数据如题4－6表所列，试求：

（1）线电压为380V时，三相定子绕组应如何接？

（2）求 n_0、p、S_N、T_N、T_{st}、T_{max} 和 I_{st}；

（3）额定负载时电动机的输入功率是多少？

题4－6　表

型号	P_N/kW	U_N/V	满载时				$\frac{I_{st}}{I_N}$	$\frac{T_{st}}{T_N}$	$\frac{T_{max}}{T_N}$
			n_N(r/min)	I_N/A	η_N/%	$\cos\varphi_N$			
Y132S－6	3	220/380	960	12.8/7.2	83	0.75	6.5	2.0	2.0

4－7　三相异步电动机正在运行时，转子突然被卡住，这时电动机的电流会如何变化？对电动机有何影响？

4－8　三相异步电动机断了一根电源线后，为什么不能启动？而在运行时断了一根线，为什么仍能继续转动？这两种情况对电动机将产生什么影响？

4－9　三相异步电动机在相同电源电压下，满载和空载启动时，启动电流是否相同？启动转矩是否相同？

4－10　三相异步电动机为什么不能运行在 T_{max} 或接近 T_{max} 的情况下？

4－11　有一台三相异步电动机，其铭牌数据如题4－11表所列。

（1）当负载转矩为250 N·m时，在 $U=U_N$ 和 $U'=0.8U_N$ 两种情况下电动机能否启动？

（2）欲采用Y－△换接启动，当负载转矩为 $0.45T_N$ 和 $0.35T_N$ 两种情况时，电动机能否启动？

（3）若采用自耦变压器降压启动，设降压比为0.64，求电源线路中通过的启动电流和电动机的启动转矩。

题4－11　表

P_N/kW	n_N/(r/min)	U_N/V	η_N/%	$\cos\varphi_N$	$\frac{I_{st}}{I_N}$	$\frac{T_{st}}{T_N}$	$\frac{T_{max}}{T_N}$	接法
40	1470	380	90	0.9	6.5	1.2	2.0	△

4－12　双鼠笼式、深槽式异步电动机为什么可以改善启动性能？高转差率鼠笼式异步电动机又是如何改善启动性能的？

4－13　线绕式异步电动机启动时，为什么在转子电路中串接电阻既能降低启动电流又能增大启动转矩？串接转子电路的启动电阻是否越大越好？在启动过程中为什么启动电阻要逐级切除？

4－14　三相异步电动机有哪几种启动方法？它们各自的特点和应用场合是什么？

4－15　异步电动机有哪几种调速方法？这些调速方法各有何优、缺点？

4－16　什么叫做恒功率调速？什么叫做恒转矩调速？

4－17　异步电动机变极调速的可能性和原理是什么？其接线图是怎样的？

4-18　串级调速的基本原理是什么？串级调速引入转子回路的电动势后其频率有何特点？

4-19　串级调速系统电动机的机械特性与正常接线时电动机的固有机械特性有何不同之处？

4-20　串级调速系统的效率比转子串电阻的效率要高的原因是什么？

4-21　试述电磁转差离合器的工作原理，其工作原理与鼠笼式异步电动机的工作原理有何异同？为什么？

4-22　简述异步电动机在下面三种不同的电压—频率协调控制时的机械特性并进行比较：

(1) 恒压恒频正弦波供电时异步电动机的机械特性；

(2) 基频以下电压—频率协调控制时异步电动机的机械特性；

(3) 基频以上恒压变频控制时异步电动机的机械特性。

4-23　异步电动机有哪几种制动状态？各有何特点？

4-24　试说明鼠笼式异步电动机定子极对数突然增加时，电动机的降速过程。

4-25　试说明异步电动机定子相序突然改变时，电动机的降速过程。

4-26　单相异步电动机为什么没有启动能力？启动以后为什么可以加速到稳定转速？

4-27　单相罩极式异步电动机是否可以用调换电源的两根线端来使电动机反转？为什么？

4-28　同步电动机的工作原理与异步电动机的有何不同？

4-29　一般情况下，同步电动机为什么要采用异步启动法？

4-30　为什么可以利用同步电动机来提高电网的功率因数？

4-31　简述矢量变换控制的基本原理。

第 5 章　控制电动机

控制电动机一般是指用于自动控制、随动系统以及计算装置中的微特电动机。它属于机电元件,在系统中具有执行、检测和解算的功能。从基本原理来说,控制电动机与普通旋转电动机没有本质上的差别,由于所起的作用不同,普通旋转电动机侧重于对电动机的力能指标方面的要求,而控制电动机侧重于对特性、高精度和快速响应方面的要求。

5.1　交流伺服电动机

伺服电动机也称执行电动机,它将电压信号转变为电动机转轴的角速度或角位移输出。根据使用电源性质的不同,伺服电动机分为直流伺服电动机和交流伺服电动机两大类。其中,交流伺服电动机又可分为异步伺服电动机和同步伺服电动机。异步伺服电动机通常为笼形转子两相伺服电动机和杯形转子两相伺服电动机。与普通电动机相比,伺服电动机具有以下特点:

(1) 调速范围宽。改变控制电压,伺服电动机的转速能在宽广的范围内连续可调。

(2) 转子的惯性小,即能实现迅速启动、停转。

(3) 控制功率小,过载能力强,可靠性好。

5.1.1　两相交流伺服电动机的结构特点和工作原理

1. 结构特点

交流伺服电动机的结构可分为定子和转子两大部分。定子用硅钢片叠成,在定子铁芯的内圆表面上嵌入两个相差 90°电角度的绕组,如图 5.1 所示。其中,WF 称为励磁绕组,WC 称为控制绕组。这两个绕组通常分别接在两个不同的交流电源(二者频率相同)上,这一点与单相电容式异步电动机不同。

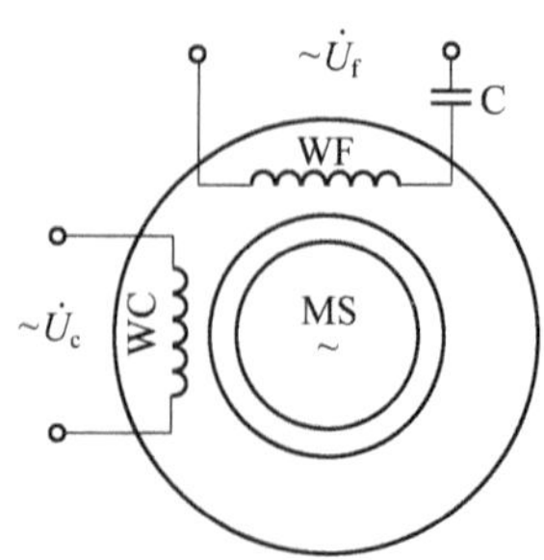

图 5.1　交流伺服电机的接线图

转子的结构常用的有鼠笼式转子和杯形转子。鼠笼式转子和三相鼠笼式电动机的转子结构相似，杯形转子伺服电动机的结构如图 5.2 所示。空心杯由非磁性材料铝或铜制成，它的杯壁极薄，一般为 0.3mm 左右。杯形转子套在内定子铁芯外，并通过转轴可以在内、外定子之间的气隙中自由转动，而内、外定子是不动的。

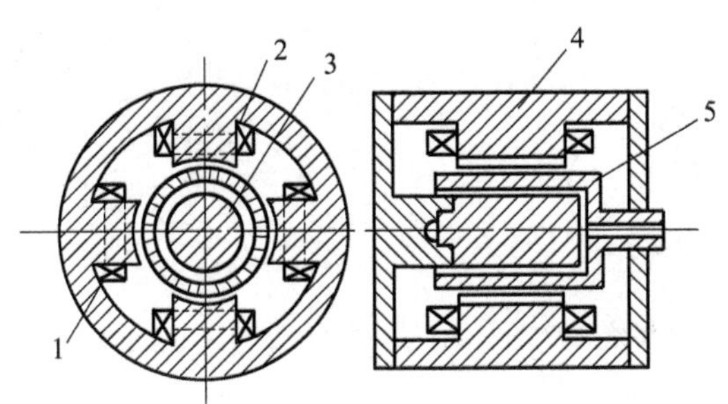

图 5.2 杯形转子伺服电动机的结构图

1—励磁绕组；2—控制绕组；3—内定子；4—外定子；5—转子。

与鼠笼式转子相比较，杯形转子转动惯量小，轴承摩擦阻转矩小。恒速旋转时，转子一般不会有抖动现象，运转平稳。其缺点是励磁电流较大，制作工艺复杂。因此目前广泛应用的是鼠笼式转子伺服电动机，只有在要求运转非常平稳的某些特殊场合下（如积分电路等），才采用非磁性杯形转子伺服电动机。

2. 工作原理

伺服电动机使用时，励磁绕组两端施加恒定的励磁电压（电压一定的交流电网），控制绕组两端施加控制电压 $\dot{U}_c$，当有控制信号输入时，两相绕组便产生旋转磁场。该磁场与转子中的感应电流相互作用产生转矩，使转子跟着旋转磁场以一定的转速转动起来。旋转磁场的转速常称为同步转速，以 n_0 表示：

$$n_0 = 60f/p$$

电动机转向与旋转磁场的方向相同，旋转磁场的转向是从超前相的绕组轴线（此绕组中流有相位上超前的电流）转到落后相的绕组轴线。因此把两相绕组中任意一相绕组上所加的电压反相（相位改变 180°），就可以改变旋转磁场，即伺服电动机的转向。

5.1.2 交流伺服电动机的特性及应用

1. 幅值控制特性

两相交流伺服电动机的控制方法有：幅值控制、相位控制、幅值—相位控制三种。生产中应用最多的是幅值控制，下面只讨论幅值控制。

励磁绕组加额定电压，并保持控制电压和励磁电压之间的相位差始终是 90°，改变控制电压的幅值来控制电动机的转速，使控制电压反相来改变转向，这种控制方式称为幅值控制。图 5.3 为幅值控制的一种接线图，从图看出，两相绕组接于同一单相电源，适当选择电容 C 使 $\dot{U}_f$ 与 $\dot{U}_c$ 相位相差 90°，改变 R 的大小，即改变控制电压 $\dot{U}_c$ 的大小，可以得到如图 5.4 所示的不同控制电压下的机械特性曲线族。由图可见，在一定负载转矩下，控制电压越高，转差率越小，电动机的转速就越高，不同的控制电压对应着不同的转速。

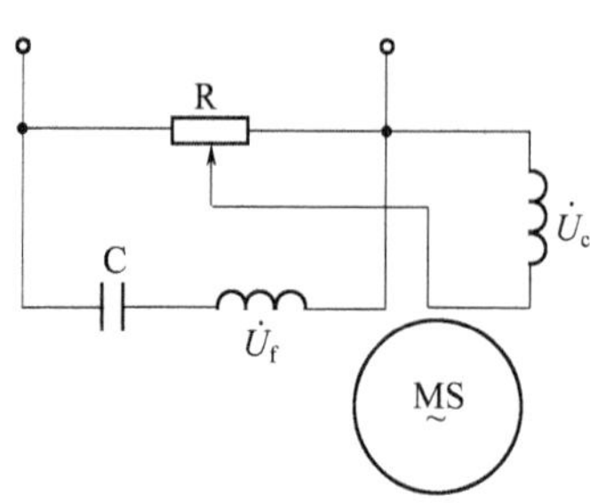

图 5.3 幅值控制接线图

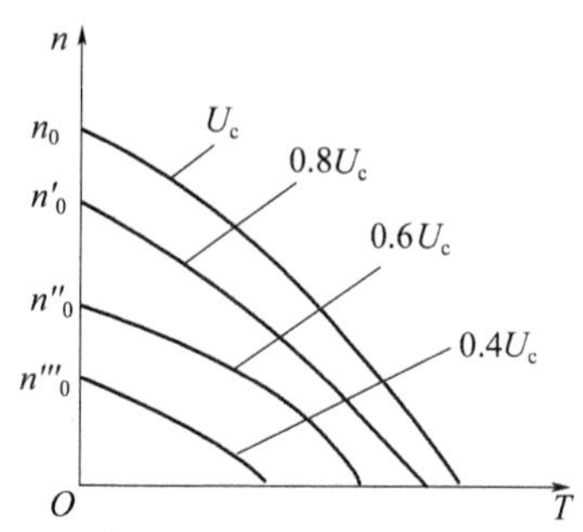

图 5.4 不同控制电压下的机械特性

2. 消除自转现象的措施

两相交流伺服电动机在取消控制电压后，即 $U_c=0$ 时，便成为单相异步电动机运行。系统对伺服电动机的要求是，控制电压一旦取消，电动机必须立即停转。但根据单相异步电动机的原理，电动机转子开始转动以后再取消控制电压，虽然仅剩励磁电压单相供电，但它仍将继续转动，即存在"自转"现象，这意味着失去控制作用，是不允许的。

增大转子电阻，能够防止出现"自转"现象。从三相异步电动机的机械特性可知，转子电阻对电动机的机械特性影响很大(图 5.5)。转子电阻增大到一定程度，例如，图中 r_{23} 时，最大转矩可出现在 $S=1$ 附近。为此目的，把伺服电动机的转子电阻 r_2 设计很大，使电动机在失去控制信号，即成单相运行时，正转矩和负转矩的最大值均出现在 $S_m>1$ 的地方，这样可以得出如图 5.6 所示的机械特性。

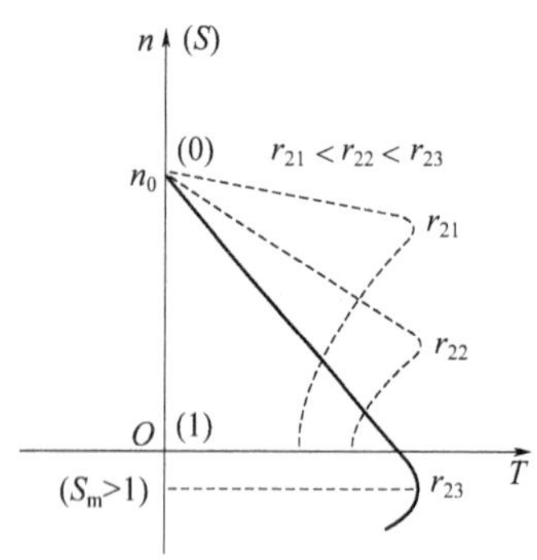

图 5.5 对应于不同转子电阻 r_2 的机械特性

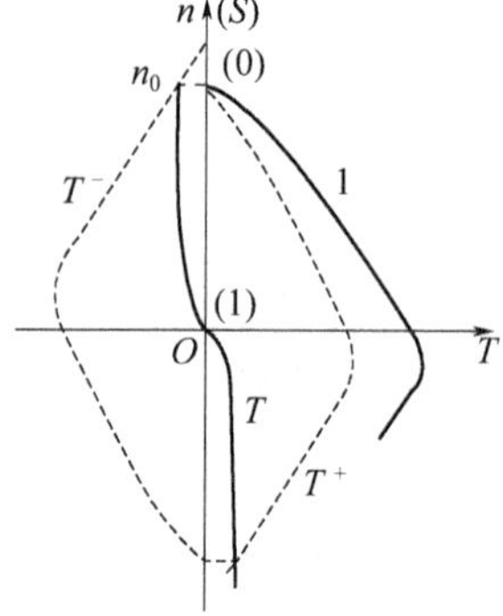

图 5.6 $U_c=0$ 时交流伺服电动机的机械特性

图 5.6 中的曲线 1 为有控制电压时伺服电动机的机械特性曲线，曲线 T^+ 和 T^- 为去掉控制电压后，脉动磁场分解为正、反两个旋转磁场对应产生的转矩曲线。曲线 T 为去掉控制电压后单相供电时的合成转矩曲线。从图看出，它与异步电动机的机械特性曲线不同，它是在第二和第四象限内。当速度 n 为正时，电磁转矩 T 为负，当 n 为负时，T 为正。也就是说，去掉控制电压后，单相供电时的电磁转矩的方向总是与转子转向相反，所以是一个制动转矩。制动转矩的存在，可使转子迅速停止转动，从而保证了不会存在"自转"现象。停转所需要的时间，比两相电压同时取消、单靠摩擦等制动方法所需的时间要少得多。这正是两相交流伺服电动机在工作时，励磁绕组始终接在电源上的原因。交流

伺服电动机之所以在失去控制电压之后能够快速停止，除转子电阻较大以外，还有一个原因，就是转子转动惯量很小。

3. 应用举例

交流伺服电动机可以方便地利用控制电压 U_c 的有、无来进行启动、停止控制，通过改变电压的幅值（或相位）大小来调节转速的高低，通过改变 U_c 的极性来改变转向。它通常作为随动系统、遥测和遥控系统及各种增量运动控制系统的主传动元件。

由伺服电动机构成的伺服驱动系统，按被控对象可分为：

（1）转矩控制方式，电动机的转矩是被控制的对象；

（2）速度控制方式，电动机的速度是被控制的对象；

（3）位置控制方式，电动机的位置角是被控制的对象；

（4）混合控制方式，此种控制系统是上述几种控制方式的结合，并能从一种控制方式切换到另一种控制方式。

在伺服系统中，使用较多的是速度控制和位置控制两种控制方式，图 5.7 为对应的原理性框图。图 5.7(a) 是速度伺服驱动系统，n^* 是速度给定，n 是通过测速装置输出的实际速度值，两者的偏差通过速度调节器补偿后作为转矩环的指令信号。图 5.7(b) 是位置伺服系统，相比于速度伺服驱动系统，是将外面的位置环加到速度环上，其中 θ^* 是位置给定信号，它与实际转子位置 θ 的差值通过位置调节器进行调节。

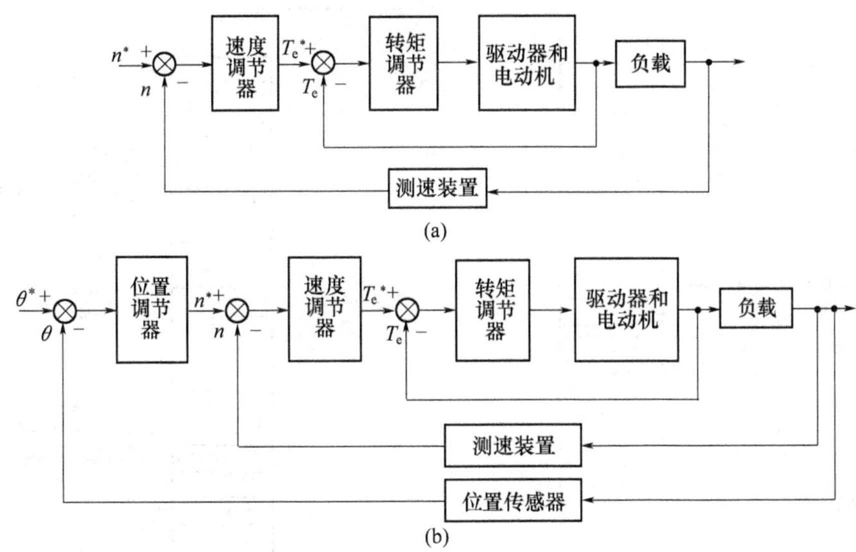

图 5.7 速度控制和位置控制原理图

(a) 速度控制方式；(b) 位置控制方式。

由此看出，伺服电动机的性能直接影响整个系统的性能。因此，系统对伺服电动机的静态特性、动态特性都有相应的要求，这是在选择电动机时应该注意的。

实用的交流伺服系统主要由交流伺服电动机、驱动器和旋转编码器、控制器等组成。图 5.8 为日本松下公司的一款交流伺服电动机驱动器的外形及接口图。它和配套的电动机（含旋转编码器）组成交流伺服系统，通过驱动器 X5 口的 I/O 端子不同的连接方式和简单的程序设置，能够完成位置控制、速度控制和转矩控制。其位置控制方式下 X5 口的典型的接线方式如图 5.9 所示。

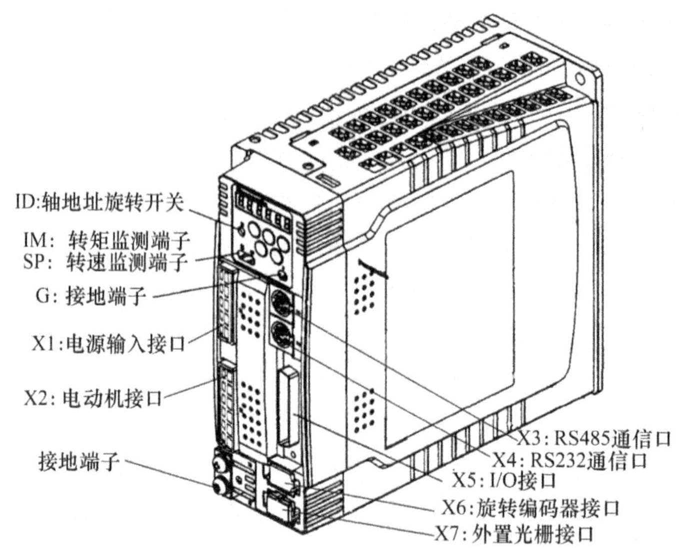

图 5.8 交流伺服驱动器外观与接口

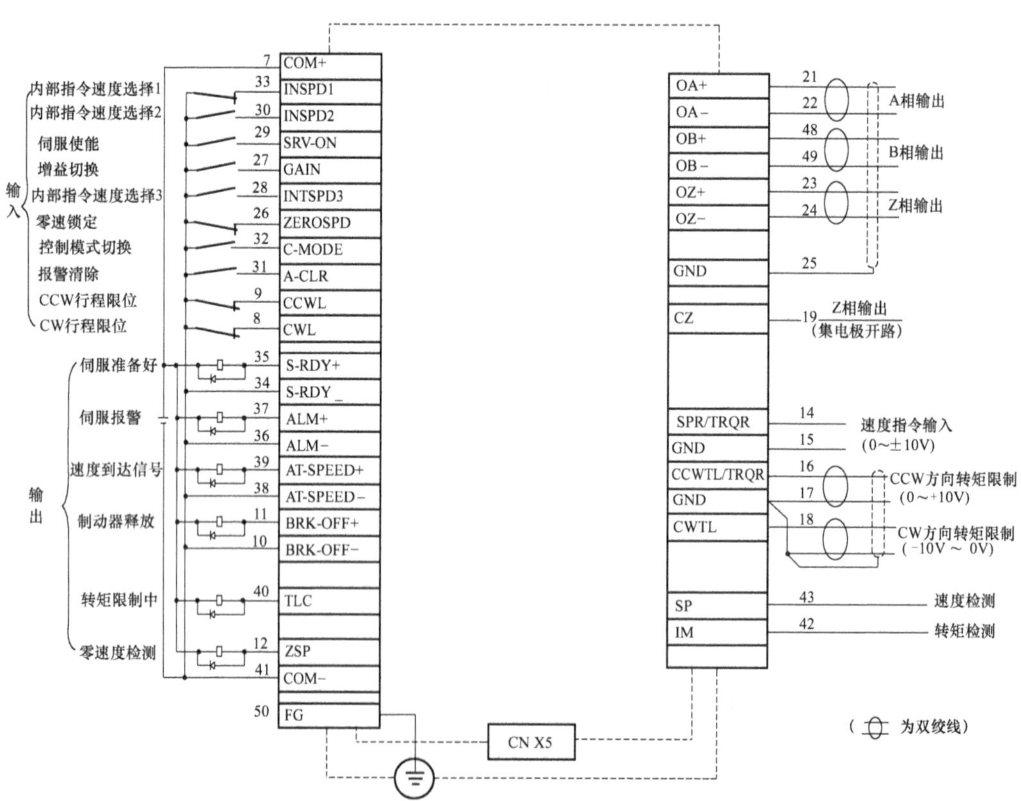

图 5.9 交流伺服驱动器位控模式 X5 口接线线图

5.2 步进电动机

步进电动机又称脉冲电动机，是数字控制系统中的一种执行元件。其功用是将脉冲电信号变换为相应的角位移或直线位移，即给一个脉冲电信号，电动机就转动一个角度或前进一步，如图 5.10 所示。

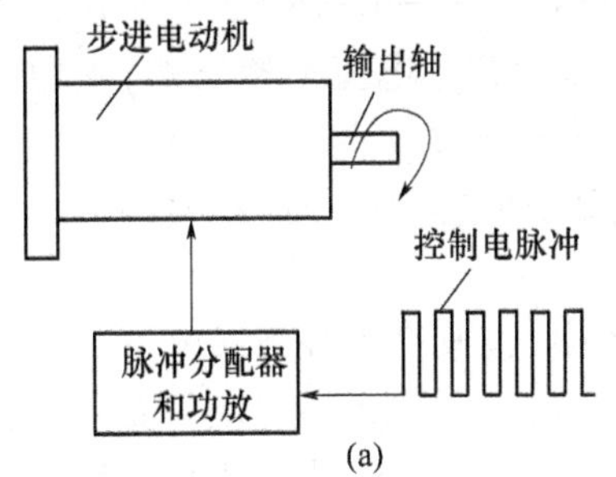

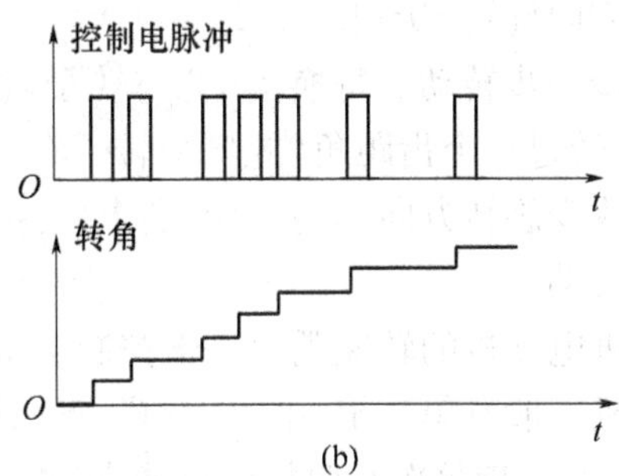

图 5.10 步进电动机的功用

(a) 步进电机控制系统构成；(b) 控制脉冲与转角位移关系

步进电动机的角位移量 θ 或线位移量 s 与脉冲数 k 成正比；它的转速 n 或线速度 v 与脉冲频率 f 成正比。在负载能力范围内这些关系不因电源电压、负载大小、环境条件的波动而变化。因而可用于开环系统中作执行元件，使控制系统大为简化。步进电动机可以在很宽的范围内通过改变脉冲频率来调速；能够快速启动、反转和制动。它不需要变换就可以直接将数字脉冲信号转换为角位移，很适合采用微型计算机控制。

5.2.1 反应式步进电动机的典型结构和工作原理

1. 结构特点

步进电动机和一般旋转电动机一样，分为定子和转子两大部分。定子由硅钢片叠成，装上一定相数的控制绕组，由环形分配器送来的电脉冲对多相定子绕组轮流进行励磁；转子用硅钢片叠成或用软磁材料做成凸极结构，转子本身没有励磁绕组叫做“反应式步进电动机”，用永久磁铁做转子的叫做“永磁式步进电动机”。步进电动机的结构形式虽然繁多，但工作原理都是相同的，下面仅以三相反应式步进电动机为例加以说明。

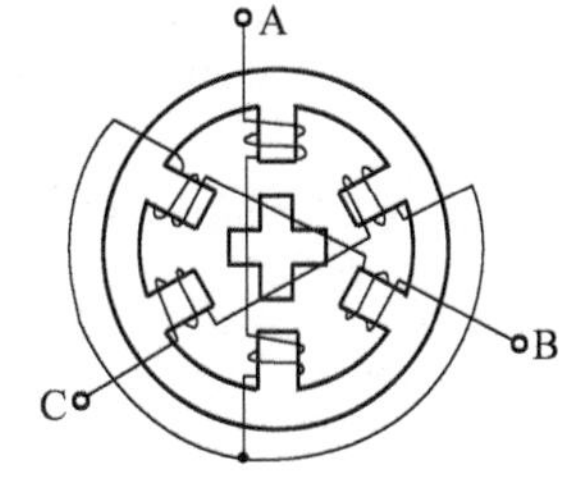

图 5.11 三相反应式步进电动机的结构示意图

图 5.11 为三相反应式步进电动机的结构示意图。定子有 6 个磁极，每两个相对的磁极上绕有一相控制绕组。转子上装有 4 个凸齿。

2. 工作原理

步进电动机的工作原理，其实就是电磁铁的工作原理。如图 5.12 所示，由环形分配器送来的脉冲信号，对三相定子绕组轮流通以单极性励磁电流，电流波形如图 5.13 所示。

设 A 相绕组先通电，B 相和 C 相都不通电。由于磁通具有力图沿磁阻最小路径通过的特点，图 5.12(a)中转子齿 1、齿 3 的轴线与定子 A 极轴线对齐，即在电磁吸力作用下，将转子齿 1、齿 3 吸引到 A 极下。此时，因转子只受径向力而无切向力，故转矩为零，转子被自锁在这个位置上，B、C 两相的定子齿则和转子齿在不同方向各错开 30°。随后，如果 A 相断电，B 相控制绕组通电，则转子齿 2、4 就和 B 相定子齿对齐，转子顺时针方向旋转 30°(图 5.12(b))。然后 B 相断电，C 相通电，同理转子齿 1、3 就和 C 相定子齿对齐，转子又顺时针方向旋转 30°(图 5.12(c))。可见，通电顺序为 A—B—C—A 时，转子便按顺时针方向一步一步转动。每换接一次，转子就转过一个步距角。电流换接三次，磁场旋转一周，转子转过一个齿距角(此例中转子有 4 个齿，齿距角为 90°)。

欲改变旋转方向，只要改变通电顺序即可。例如，通电顺序改为 A—C—B—A，转子就反向转动。

步进电动机的转速既取决于控制绕组通电的频率，也取决于绕组通电方式。三相步进电动机一般有单三拍、单双六拍及双三拍等通电方式。“单”是指每次只有一相绕组通电，“双”就是指每次有两相绕组通电，而从一种通电状态转换到另一种通电状态就叫做一“拍”。以三相步进电动机为例，“三相单三拍”的通电顺序为 A—B—C—A，每次只有一相绕组通电，共 3 种通电状态。“三相双三拍”的通电顺序为 AB—BC—CA—AB，每次有两相绕组同时通电，共 3 种通电状态。“三相单双六拍”的通电顺序为 A—AB—B—BC—C—CA—A，单、双相绕组轮流通电，共有 6 种通电状态。

上面的这种最简单的三相反应式步进电动机的最大缺点是电动机每一步所转过的角度太大(30°)，常常不符合要求。实用中采用小步距角步进电动机。

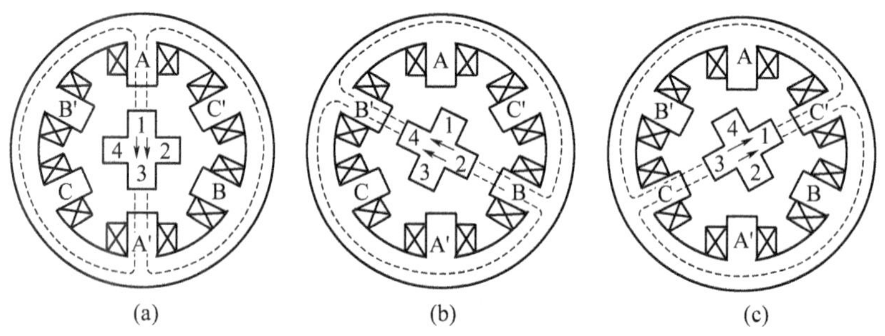

图 5.12 三相单三拍通电方式时转子的位置

(a) A 相通电；(b) B 相通电；(c) C 相通电。

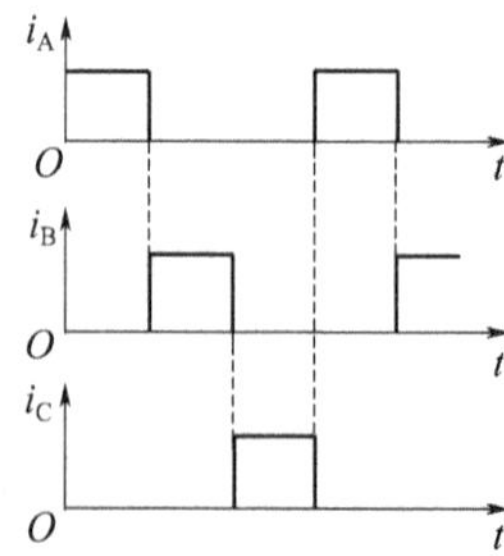

图 5.13 三相单三拍通电方式相电流波形

图5.14是最常见的一种小步距角的三相反应式步进电动机。定子每个极面上有5个齿，转子上均匀分布40个齿，定子和转子的齿宽和齿距都相同。当A相控制绕组通电时，转子受到反应转矩的作用，使转子齿的轴线和定子A、A′极下齿的轴线对齐。因转子上共有40个齿，其齿距角为360°/40 = 9°，定子每个极距所占的齿数为$\frac{40}{6}=6\frac{2}{3}$，不是整数，如图5.15所示。因此，当定子A相极下定子和转子齿对齐时，定子B相极和C相极下的定子齿和转子齿依次有$\frac{1}{3}$齿距的错位，即3°；同样，当A相断电，B相控制绕组通电时，在反应转矩的作用下，转子按逆时针方向转过3°，使转子齿的轴线和定子B相极下齿的轴线对齐。这时，定子C相极和A相极下的齿和转子齿又依次错开$\frac{1}{3}$齿距。依此类推，若继续按单三拍的顺序通电，转子就按逆时针方向一步一步地转动，步距角为3°。

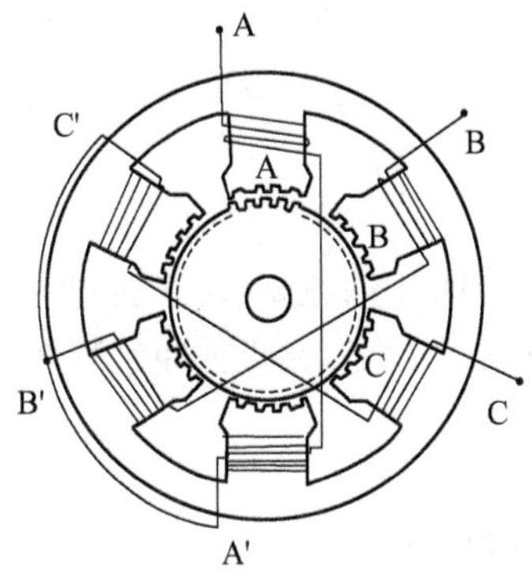

图5.14　三相反应式小步距角步进电动机的结构示意图

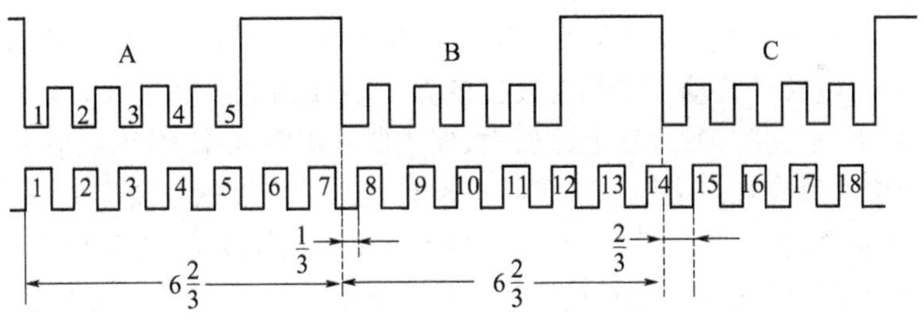

图5.15　定子、转子展开图（A相绕组通电）

由以上分析可知，在不同相的磁极下，定子和转子相对位置应依次错开1/m齿（m为相数），这样才能在连续改变通电状态下获得连续不断的运动。

设转子的齿数为Z_r，则齿角θ_t为

$$\theta_t = 360°/Z_r \tag{5.1}$$

步进电动机每改变一次通电状态，转子转过相应的一个角位移，这个角位移称为步距角，记为θ_b。每个通电周期共N拍，走N步，转过一个齿距角θ_t，故步距角为

$$\theta_b = \frac{\theta_t}{N} = \frac{360°}{Z_r N} = \frac{360°}{KmZ_r} \tag{5.2}$$

式中　K——状态系数（单三拍、双三拍时，$K=1$；单双六拍时，$K=2$）。

设步进电动机的 $Z_r=40$，若按三相单三拍运行，则步距角为

$$\theta_b = \frac{360°}{3 \times 40} = 3°$$

若按三相单双六拍运行，则步距角为

$$\theta_b = \frac{360°}{2 \times 3 \times 40} = 1.5°$$

由此可见，增加拍数和转子的齿数可以减小步距角，有利于提高控制精度。增加电动机的相数可以增加拍数，也可以减小步距角。但相数越多，电源及电动机的结构越复杂，造价也越高。

当通电脉冲的频率为 f 时，由于转子每经过 NZ_r 个脉冲旋转一周，故步进电动机每分钟的转速为

$$n = \frac{60f}{NZ_r} \tag{5.3}$$

式中　f——频率（Hz）。

可见，反应式步进电动机的转速与拍数 N、转子齿数 Z_r 及脉冲的频率有关。当转子齿数一定，转速与输入脉冲的频率成正比，改变脉冲的频率可以改变电动机的转速。

5.2.2　步进电动机的分类

1. 按步进电动机的工作原理分类

（1）激磁式（电磁式）步进电动机。激磁式步进电动机的定子和转子均有绕组，靠电磁力矩使转子转动，它在实际中很少用。

（2）反应式（磁阻式）步进电动机。反应式步进电动机的转子无绕组，定子绕组励磁后产生反应力矩，使转子转动。它具有较好的技术性能指标。其主要特点：气隙小，定位精度高；步距角小，控制准确；励磁电流较大，要求驱动电源功率大；断电后无定位转矩，使用中需自锁定位。反应式步进电动机是步进电动机早期发展的主要类型，我国已于20世纪70年代形成完整的系列，生产量较大，典型的是BF系列，并已制定了国家标准。

（3）永磁式步进电动机。永磁式步进电动机的转子或定子的一方具有永久磁钢，另一方是由软磁材料制成的。绕组轮流通电，建立的磁场与永久磁钢的恒定磁场相互作用产生转矩。永磁式步进电动机的结构与永磁同步电动机一样，其主要特点：步距角大，控制精度不高；控制功率小，效率高；断电后具有一定的定位转矩。

（4）混合式（永磁感应子式）步进电动机。混合式步进电动机是反应式和永磁式的结合。因为它的转子上有永久磁钢，所以，产生同样大小的转矩所需要的励磁电流大大减小。它的励磁绕组只需要单一电源供电，不像反应式步进电动机那样需要高、低压电源。同时，它还具有步距角小、效率高、过载能力强、控制精度高、启动和运行频率较高、不通电时有定位转矩等优点。它代表着步进电动机的最新发展，现在已在数控机床、计算机外围设备等领域得到广泛的应用。

2. 按步进电动机输出转矩大小分类

（1）快速步进电动机。快速步进电动机连续工作频率高，而输出转矩小，一般为

0.07N·m～4 N·m,可控制小型精密机床,如线切割机床的工作台。

(2) 功率步进电动机。功率步进电动机的输出转矩比较大,一般为5N·m～40 N·m,可直接驱动机床移动部件。它多为多段轴向式,轴向式的转动惯量小,快速性和稳定性好。

3. 按步进电动机电流的极性分类

按步进电动机定子绕组励磁电流的极性,可分为单极性和双极性两种。

5.2.3 反应式步进电动机的静态特性

1. 矩角特性

步进电动机的一相或几相控制绕组通入直流电流,且不改变它的通电状态,这时转子将固定于某一平衡位置上保持不动,称为静止状态(简称静态)。在空载情况下,转子的平衡位置称为初始稳定平衡位置。静态时的反应转矩叫做静转矩,在理想空载时静转矩为零。当有扰动作用时,转子偏离初始稳定平衡位置,偏离的电角度 θ_e 称为失调角。静转矩与转子失调角的关系,即 $T=f(\theta_e)$,称为矩角特性。

可以证明,矩角特性曲线可近似地用一条正弦曲线表示,如图5.16所示。

2. 最大静转矩

从图5.16看出,θ_e 达到 $\pm\dfrac{\pi}{2}$,即在定子齿与转子齿错开 $\dfrac{1}{4}$ 个齿距时,转矩 T 达到最大值,称为最大静转矩 T_{max}。最大静转矩与绕组电流 I 的关系曲线如图5.17所示。当电流很小时,T_{max} 与 I 的平方成正比;当电流稍大时,受磁路饱和的影响,T_{max} 上升缓慢,T_{max} 近似地与 I 成线性关系;当电流大时,即使电流增加很多,最大静转矩却增加很少。

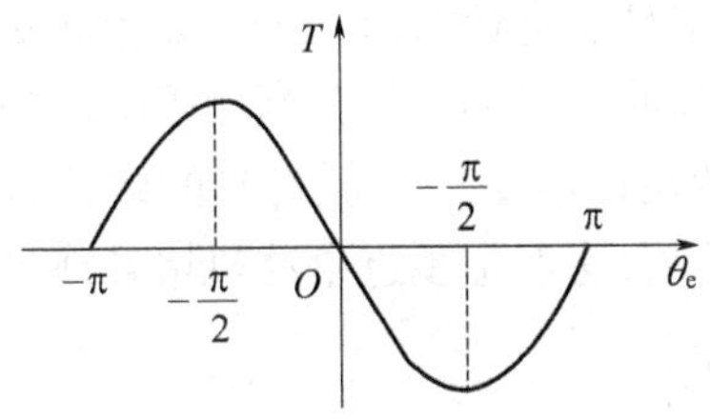

图5.16 步进电动机的矩角特性

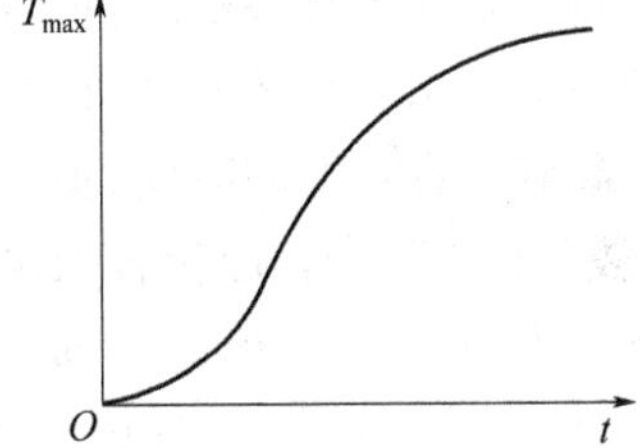

图5.17 最大静转矩与电流的关系

步进电动机的负载转矩必须小于最大静转矩,否则根本带不动负载。为了能稳定运行,负载转矩一般只能是最大静转矩的30%～50%。因此,这一特性反映了步进电动机带负载的能力,通常在技术数据中都有说明,它是步进电动机最主要的性能指标之一。

5.2.4 反应式步进电动机的动态特性

步进电动机运动的步数与输入电脉冲不相等,称为失步。失步包括丢步和越步。

步进电动机的工作频率是指电动机按照指令的要求进行正常工作时的最高控制频率。通常分为启动频率、制动频率及运行频率,其中运行频率又称为连续工作频率。对同样的负载来说,正、反向的启动频率和制动频率都是一样的,而运行频率却要高得多。所以一般步进电动机的技术数据中只给出启动频率和运行频率。

1. 启动惯频特性

在负载转矩 $T_L=0$ 的条件下，步进电动机由静止状态突然启动、不失步地进入正常运行状态所允许的最高启动频率，称为启动频率或突跳频率。启动频率与机电传动系统的转动惯量有关。转动惯量越小，在相同的电磁力矩作用下加速度就越大，极限启动频率也就越高。图 5.18 为启动频率与负载转动惯量之间的关系。随着负载转动惯量的增加，启动频率下降。若同时存在负载转矩 T_L，则启动频率将进一步降低。在实际应用中，由于 T_L 的存在，可采用的启动频率要比启动惯频特性中标出的数值还要低。步进电动机拍数越多，步距角越小，极限启动频率就越高；最大静转矩越大，电磁力矩越大，转子加速度就越大，步进电动机的启动频率也就越高。这反映了步进电动机的启动频率特性。

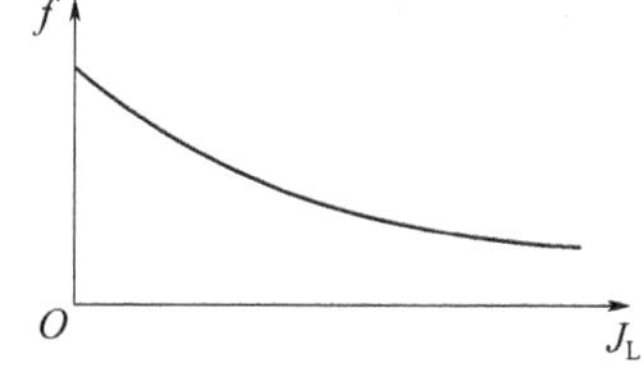

图 5.18 启动惯频特性

2. 运行频率特性

步进电动机启动后，当控制脉冲频率连续上升时能不失步运行的最高脉冲重复频率称为连续运行频率。转动惯量主要影响运行频率连续升降的速度，而步进电动机的绕组电感和驱动电源的电压对运行频率的上限影响很大。在实际应用中，启动频率比运行频率低得多。通常采用自动升降频的方式，即步进电动机先在低频下启动，然后逐渐升至运行频率。当需要步进电动机停转时，先将脉冲信号的频率逐渐降低至启动频率以下，再停止输入脉冲，步进电动机才能不失步地准确停止。步进电动机随运行频率增高，负载能力变差，这反映了步进电动机的运行频率特性。

3. 矩频特性

矩频特性描述了步进电动机在负载转动惯量一定且稳态运行时的最大输出转矩与脉冲重复频率的关系。步进电动机的最大输出转矩随脉冲重复频率的升高而下降。当驱动脉冲频率高到一定程度的时候，步进电动机的输出转矩已不足以克服自身的摩擦转矩和负载转矩，其转子就会在原位置振荡而不能做旋转运动，这就是步进电动机堵转或失步。

如图 5.19 所示，矩频特性曲线的形状与电动机驱动电源的参数（如电压 U 等）有密切关系。在低频区，矩频曲线比较平坦，步进电动机保持额定转矩；在高频区，矩频曲线急剧下降，这表明步进电动机的高频特性差。因此，步进电动机作为进给运动控制，从静止状态到高速旋转需要有一个加速过程。同样，步进电动机从高速旋转状态到静止也要有一个减速过程。没有加速过程或者加、减速不当，步进电动机都会出现失步现象。

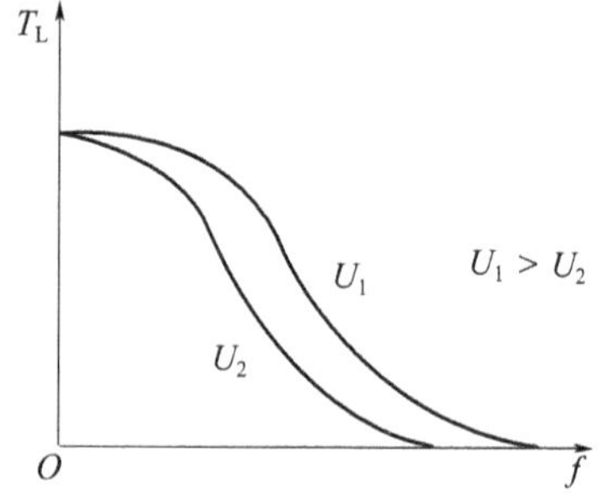

图 5.19 连续运行矩频特性

5.2.5 驱动电源

步进电动机传动控制系统由步进电动机、驱动电源和控制器组成，如图 5.20 所示。

驱动电源和步进电动机构成一个有机的整体,步进电动机的运行性能是电动机及其驱动电源二者配合所反映的综合效果。

1. 驱动电源的组成

步进电动机的驱动电源由脉冲分配器和脉冲放大器二部分组成,如图 5.20 所示。

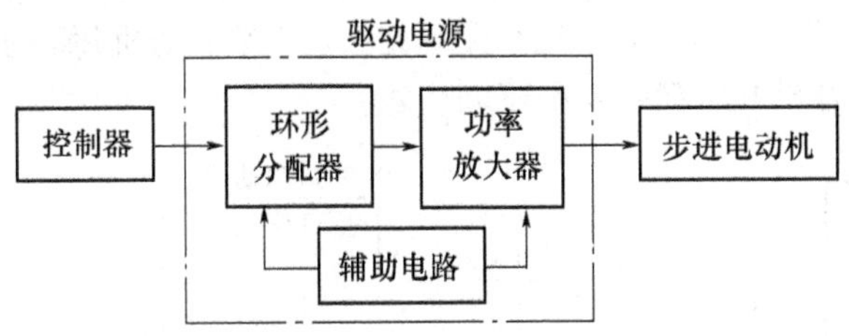

图 5.20　步进电动机传动控制系统框图

脉冲分配器(也称环形分配器)是一个数字逻辑单元,它接收一个单相的脉冲信号,根据运行指令把脉冲信号按一定的逻辑关系分配到每一相脉冲放大器上,使步进电动机按选定的运行方式工作。它可以由双稳态触发器和门电路组成,也可用可编程逻辑器件组成。目前,已有专用的集成电路,如三、四相步进电动机脉冲分配器 PMM8713 就是其中的一种。

脉冲放大器的作用是对脉冲进行功率放大。因为从脉冲分配器能够输出的电流很小(毫安级),而步进电动机工作时需要的电流较大(一般几安到几十安)。因此,需要进行功率放大。功率放大电路的种类很多,它们对电动机性能的影响各不相同。脉冲放大器是每相绕组一套。典型的驱动方式有单电压驱动、高低电压驱动(双电压驱动方式)、定电流斩波驱动、调频调压驱动、细分驱动等。

细分驱动电路的特点是:在每次输入脉冲对绕组进行切换时,并不是将绕组额定电流全部加入或完全切除,而每次改变的电流数值只是额定电流数值的一部分。以二相电动机为例,假如电动机的额定相电流为 3A,如果使用常规驱动器(如常用的恒流斩波方式)驱动该电动机,电动机每运行一步,其绕组内的电流将从 0 突变为 3A 或从 3A 突变到 0,相电流的巨大变化,必然会引起电动机运行的振动和噪音。如果使用细分驱动器,在 10 细分的状态下驱动该电动机,电动机每运行一微步,其绕组内的电流变化只有 0.3A 而不是 3A,且电流是以正弦曲线规律变化,这样就大大的改善了电动机的振动和噪音。因此,一个脉冲所对应的电动机的步距角要比其他功放电路小得多。这种电路可以将一个步距角细分成若干步,故称为细分功放。

2. 模块化的步进电动机驱动器

随着步进电动机在各方面的广泛应用,步进电动机的驱动装置也从分立元件电路发展到集成元件电路,目前已发展到系列化、模块化的步进电动机驱动器。这些对步进电动机控制系统的设计,提供了模块化的选择,简化了设计过程,提高了效率与系统运行的可靠性。

不同生产厂家的步进电动机驱动器虽然标准不统一,但其接口定义基本相同。下面具体介绍百拉格 WD3－008 系列混合式步进电动机驱动器应用。

图 5.21 为 WD3－008 步进电动机驱动器典型接线图。如果方向信号是低电平,则电

动机按顺时针旋转;如果方向信号是高电平,则电动机按逆时针方向旋转;要改变电动机的转动方向可以通过互换电动机的两相接线来实现。用“门/使能”开关和使能信号可以对步进电动机进行复位。在设为门功能且使能位有输入时,驱动器为工作状态。在设为门功能且使能位无输入时,驱动器封闭任何输入脉冲,电动机复位而且无保持扭矩。

WD3-008 驱动器还可以通过 STEP 拨码开关(设置电动机每转步数)和细分拨码开关的组合设置,得到表 5.1 所列的 8 种不同步数。

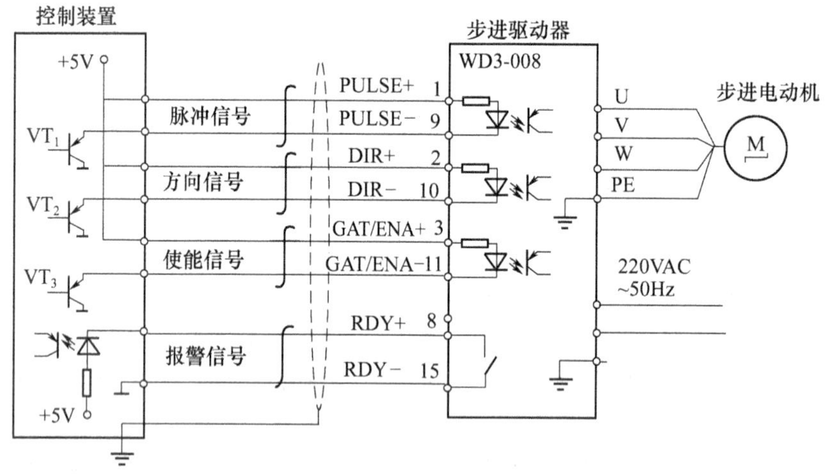

图 5.21 混合式步进电动机驱动器典型接线图

表 5.1 步进电动机每转步数的设置

STEP1 开关	ON	ON	OFF	OFF	ON	ON	OFF	OFF
STEP2 开关	OFF	ON	ON	OFF	OFF	ON	ON	OFF
细分开关	OFF	OFF	OFF	OFF	ON	ON	ON	ON
电动机每转步数	200	400	500	1000	2000	4000	5000	10000

WD3-008 驱动器具有半流功能,即驱动器在 100ms 内无输入脉冲时,自动减少输出相电流为额定值的 60%,该功能既可以节省能源,减少电动机的发热,又能延长驱动器的工作寿命。此功能可以通过拨码开关“CURR-RED”来设定。

对于不同的电动机,可以设定输出的相电流。设定值必须小于或等于电动机铭牌上给出的额定相电流,表 5.2 列出了设置开关与输出相电流设定值的对应关系。

表 5.2 驱动器输出相电流的设定值

开关位置	1	2	3	4	5	6	7	8	9	A	B	C	D	E	F
输出相电流/A	2.0	2.4	2.7	3.1	3.4	3.7	4.1	4.4	4.8	5.1	5.4	5.8	6.1	6.5	6.8

5.3 力矩电动机

在某些自动控制系统中,被控制对象的转速很低,所以二者之间常常必须用减速机构连接。采用减速器一方面使系统装置变得复杂，另一方面它是使闭环控制系统产生自激振荡的重要原因之一，影响了系统性能的提高。因此希望有一种低转速、大转矩的伺服电动机。力矩电动机就是一种能和负载直接连接产生较大转矩、能带动负载在堵转或大大低于空载转速下运转的电动机。

力矩电动机分交流和直流两大类。交流力矩电动机可分为异步型和同步型两种。异步型交流力矩电动机的工作原理与交流伺服电动机相同，但为了产生低转速和大转矩，电动机做成径向尺寸大、轴向尺寸小的多极扁平形，它虽然结构简单、工作可靠，但在低速性能方面还有待进一步完善。同步型交流力矩电动机见5.4.2节。直流力矩电动机具有良好的低速平稳性和线性的机械特性及调节特性，在生产中应用最为广泛。

5.3.1 永磁式直流力矩电动机的结构特点

直流力矩电动机的工作原理和传统型直流伺服电动机相同，只是在结构和外形尺寸上有所不同。一般直流伺服电动机为了减小其转动惯量，大部分做成细长圆柱形，而直流力矩电动机为了能在相同体积和电枢电压的前提下，产生比较大的转矩及较低的转速，一般都做成扁平状，其结构如图5.22所示。

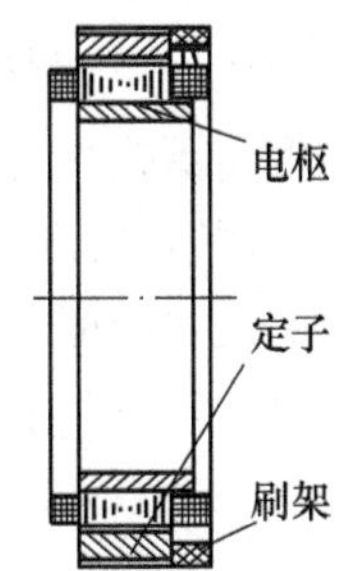

图5.22 永磁式直流力矩电动机结构

5.3.2 直流力矩电动机转矩大、转速低的原因

1. 转矩大的原因

从直流电动机基本工作原理可知，设直流电动机每个磁极下磁感应强度平均值为 B，电枢绕组导体上的电流为 I_a，导体的有效长度（电枢铁芯厚度）为 l，则每根导体所受的电磁力为

$$F = BI_a l$$

电磁转矩为

$$T = NFD/2 = NBI_a lD/2 = D(BI_a Nl/2) \tag{5.4}$$

式中 N——电枢绕组总的导体数；

D——电枢铁芯直径。

在式(5.4)中，B 和 I_a 不变，Nl 不变（若电枢体积相同，即 $\pi D^2 l$ 不变，则 D 增大时，l 减小。但由于绕组的线径不变，用铜量不变，则绕组的总长度不变，那么 N 增大。所以 Nl 可以保持不变），所以，$BI_a Nl/2$ 近似为常数，转矩 T 与直径 D 近似成正比例关系。

由此说明：直流力矩电动机由于直径大，故转矩很大。

2. 转速低的原因

在理想空载条件下，电动机转速为 n_0，则电枢绕组导体切割磁力线的速度为

$$v = \pi D n_0/60$$

假定一对电刷之间并联支路数为2，则电枢绕组中的感应电动势为

$$E = \frac{N}{2}Blv = \frac{N}{2}Bl\left(\frac{\pi D n_0}{60}\right) = \pi NBlDn_0/120$$

在理想空载条件下，外加电压 U 应与感应电动势 E 相平衡，即

$$U = E = \pi NBlDn_0/120$$

由此可得理想空载转速为

$$n_0 = 120U_a/(\pi BNl)(1/D) \tag{5.5}$$

由式(5.5)可以看出,在 Nl 不变的条件下,理想空载转速 n_0 与电枢铁芯直径 D 近似成反比,电枢直径 D 越大,电动机理想空载转速 n_0 就越低。

由以上分析可知,在其他条件相同的情况下,增大电动机转子直径,减小轴向长度,有利于增加电动机的转矩和降低空载转速,故力矩电动机都做成扁平圆盘状结构。

5.3.3 直流力矩电动机的特点和应用

由于在设计、制造上保证了电动机能在低速或堵转下运行,在堵转情况下能产生足够大的力矩而不损坏,加上它有精度高、反应速度快、线性度好等优点,因此,它常用在低速、需要转矩调节和需要一定张力的随动系统中作为执行元件。例如,数控机床、雷达天线、人造卫星天线的驱动,X-Y 记录仪及电焊枪的焊条传动等。将它与测速发电机等检测元件配合,可组成高精度的宽调速伺服系统,调速范围可达 0.00017r/min ~ 25r/min(即 0.25r/d ~ 36000r/d),故常称为宽调速直流力矩电动机。

5.4 小功率同步电动机

在有些控制设备和自动装置(如驱动仪器仪表中的走纸/打印记录机构、自动记录仪、电子钟、电唱机、录音机、录像机、磁带机、电影摄像机、放映机、无线电传真机等)中,往往要求速度恒定不变。在这些装置中小功率同步电动机得到了广泛的应用。

目前,功率从零点几瓦到数百瓦的小功率同步电动机,在需要恒速传动的装置中常用作传动电动机,在自动控制系统中也可用作执行元件。这里所指的小功率同步电动机为连续运转的同步电动机,以区别于步进电动机。

连续运转同步电动机是交流电动机,在结构上也是由定子和转子两部分组成。各种同步电动机的定子和异步电动机定子并无本质区别。定子铁芯由带齿、槽的冲片叠成,槽内嵌入三相(图 5.23(a))或单相(图 5.23(b))分布绕组,当功率非常小时,有时定子也采用罩极结构。转子上无绕组,不需要电刷和滑环,因此结构简单,运行可靠,维护方便。根据转子机械结构或转子材料,连续运转同步电动机可分为永磁式、磁阻式和磁滞式等。下面介绍永磁式同步电动机(高速)和磁阻式电磁减速同步电动机(低速)。

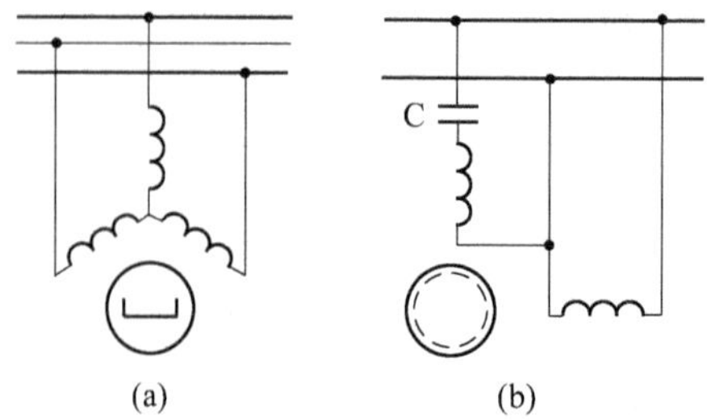

图 5.23 小功率同步电动机的原理接线图
(a)三相永磁式;(b)单相磁滞式。

5.4.1 永磁式同步电动机

1. 结构特点与基本工作原理

永磁式同步电动机转子主要由两部分构成，用来产生转子磁通的永久磁铁和置于转子铁芯槽中的鼠笼绕组，如图 5.24 所示。

永磁式同步电动机的工作原理与同步电动机的工作原理是相似的，只是其转子磁通是永久磁铁产生的，如图 5.25 所示。

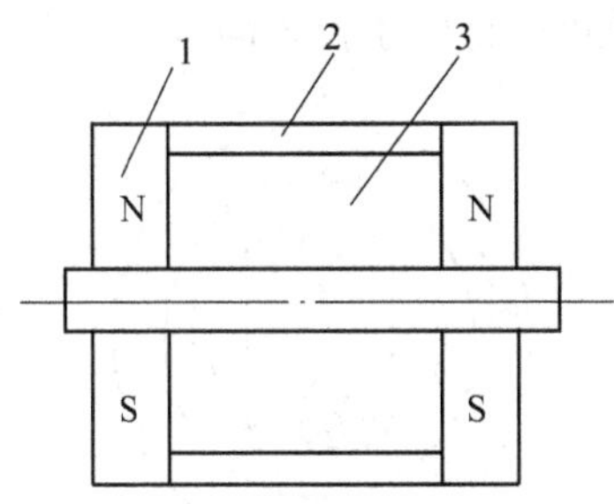

图 5.24 永磁式同步电动机转子示意图
1—永久磁铁；2—鼠笼式绕组；3—转子铁芯。

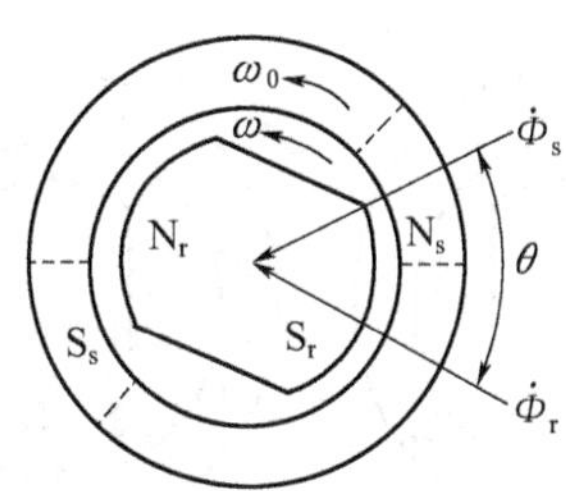

图 5.25 永磁式同步电动机工作原理

当同步电动机的定子绕组通以三相或两相（包括单相电源经电容分相）交流电流时，产生旋转磁场（以 N_s、S_s 表示），以同步角速度 ω_0 逆时针方向旋转。根据两异性磁铁互相吸引的原理，定子磁铁的 N_s（或 S_s）极吸住转子永久磁铁的 S_r（或 N_r）极，以同步角速度在空间旋转，即转子和定子磁场同步旋转。维持转子旋转的电磁转矩是定子旋转磁场和转子永久磁铁磁场相互作用而产生的。

和转子励磁的大功率同步电动机一样，当轴上负载增大或减小时，定子、转子磁极轴线间的夹角 θ 也相应地增大或减小，但只要负载不超过一定限度，转子始终和定子磁场同步运转。此时转子速度仅取决于电源频率和电动机的极对数，而与负载的大小无关。当负载超过一定限度时（这个限度以最大同步转矩来衡量）电动机就可能会“失步”，即不再按同步速度运行。

2. 启动方法

永磁式同步电动机启动比较困难。刚启动时，虽然合上电源，其定子产生了旋转磁场，但转子具有惯性，跟不上旋转磁场的转动，定子旋转磁场时而吸引转子，时而又推斥转子（图 5.26），因此，作用在转子上的平均转矩为零，转子也就转不起来了。

为了使永磁式同步电动机能自行启动，在转子上一般都装有启动用的鼠笼绕组，如图 5.24 和图 5.27 所示。

定子旋转磁场以 ω_0 的速度逆时针方向旋转时，在转子鼠笼绕组中会产生感应电动势 e_r，并产生电流 i_r，该电流与定子旋转磁场相互作用，产生异步转矩 T_i，使永磁式同步电动机像异步电动机那样启动起来，这跟转子励磁的大功率同步电动机完全相同。值得注意的是，转子励磁的大功率同步电动机在异步启动过程中，只要转子速度没有达到同步速度的 95% 以上，转子励磁绕组是不加直流励磁的。而小功率永磁式同步电动机异步启动后，定子绕组切割转子磁场（以永久磁铁的 N_r、S_r 表示），并在其中感应电动势和电流，如

图6.27 中 e_s 和 i_s 所示(e_s 的方向由右手定则决定)。这个电流再与转子磁通相互作用产生转矩 T_d,T_d 的方向由左手定则决定,且也是逆时针方向,力图使定子逆时针方向旋转,但定子是固定不动的,于是,转子便受到数值相等但为顺时针方向的转矩 T_d 作用。T_d 的方向由于与转子方向相反,所以是制动转矩。T_d 的存在对永磁式同步电动机的启动是不利的。如果电动机轴上总的负载转矩很大,合成转矩($T_i - T_d$)不能使转子达到同步速度的 95% 以上,转子就不能拉入同步;但如果轴上负载转矩很小,合成转矩使永磁式同步电动机的转子在异步启动阶段可接近同步角速度 ω_0(约为 $0.95\omega_0$),则当转子速度接近同步速度时,定子旋转磁场和转子永久磁铁相互作用,就可以把转子拉入同步。

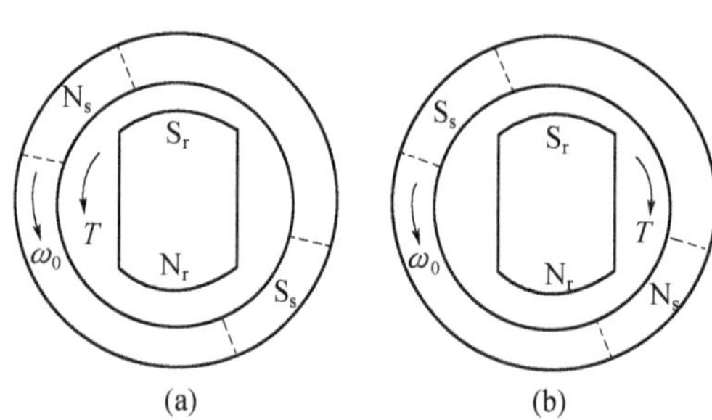

图 5.26 启动困难的原因

(a) 磁场与转子互吸;(b) 磁场与转子互斥。

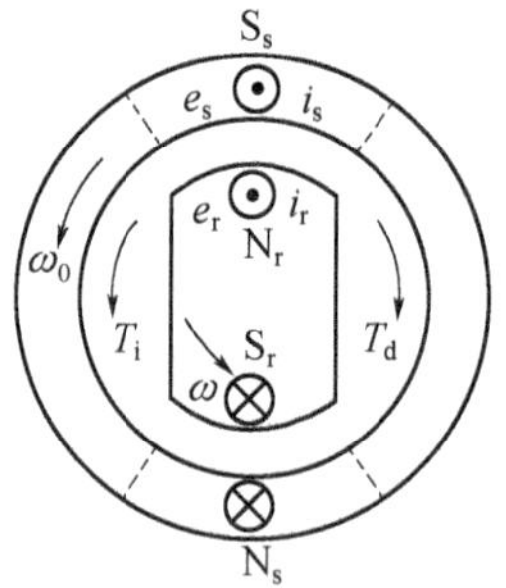

图 5.27 永磁式同步电动机的异步启动

5.4.2 磁阻式电磁减速同步电动机

1. 结构特点

电动机的定子和转子由电工硅钢片叠装而成,定子做成圆环形式,其内表面有开口槽,转子做成圆盘形式,其外表也有开口槽。定子、转子齿数是不相等的,一般转子齿数大于定子齿数,即 $Z_r > Z_s$。定子槽中装有三相或单相电源供电的定子绕组,定子绕组接通电源便产生旋转磁通 Φ_s,转子槽内不嵌绕组,如图 5.28所示。

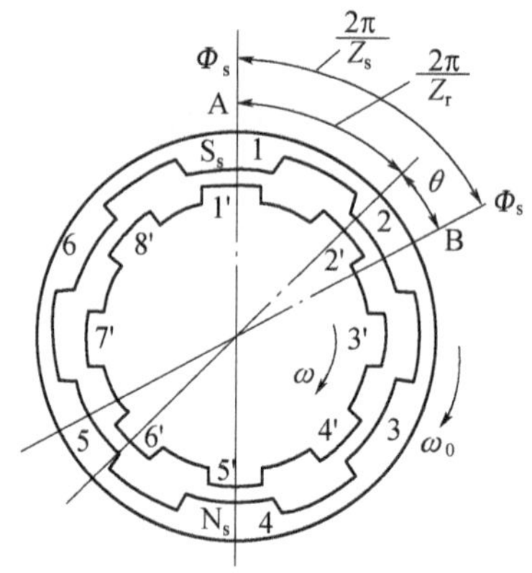

图 5.28 磁阻式电磁减速同步电动机

2. 工作原理

假设电动机只有一对磁极,定子齿数 $Z_s = 6$,转子齿数 $Z_r = 8$。在图 5.28 所示瞬间位置 A,定子绕组产生的二极旋转磁通 Φ_s,其轴线正好和定子齿 1 和齿 4 的中心线重合。由于磁力线总是力图使自己经过的磁路磁阻最小,或者说,磁阻转矩力图使转子朝着磁导最大的方向转动,所以这时转子齿 1′和齿 5′处于与定子齿 1 和齿 4 对齐的位置。当旋转磁通转过一个定子齿距$\dfrac{2\pi}{Z_s}$到图中位置 B 时,由于磁力线要继续保持自己磁路的磁阻为最小,因此,就力图使转子齿 2′和齿 6′转到与定子齿 2 和齿 5 相对齐的位置上。转子转过的角

度为

$$\theta = \frac{2\pi}{Z_s} - \frac{2\pi}{Z_r} \tag{5.6}$$

因此,可求出定子旋转磁场的角速度 ω_0 和转子旋转角速度 ω 之比,即

$$K_R = \frac{\omega_0}{\omega} = \frac{2\pi}{Z_s} \Big/ \left(\frac{2\pi}{Z_s} - \frac{2\pi}{Z_r}\right) = \frac{Z_r}{Z_r - Z_s} \tag{5.7}$$

式中　K_R——电磁减速系数。

由式(5.7)可知,电动机旋转角速度为

$$\omega = \frac{Z_r - Z_s}{Z_r}\omega_0 = \frac{Z_r - Z_s}{Z_r}\frac{2\pi f}{p} \tag{5.8}$$

式中　p——定子磁场的极对数。

对于图 5.28 所示的同步电动机,有

$$\omega = \frac{8-6}{8}\omega_0 = \frac{1}{4}\omega_0$$

如果选取 $Z_r = 100$,$Z_s = 98$,则

$$\omega = \frac{100-98}{100}\omega_0 = \frac{1}{50}\omega_0$$

为获得较大的磁阻转矩,一般取 $Z_r - Z_s = 2p$,故由式(5.8)可以看出,Z_r 越大,Z_r 和 Z_s 越接近,转子速度就越低。

一般磁阻式同步电动机转子上也加装鼠笼启动绕组,采用异步启动法,当转子速度接近同步转速时,磁阻转矩将转子拉入同步。

而磁阻式减速同步电动机无需加启动绕组,它的结构简单,制造方便,成本较低。它的转速一般为每分钟几十转到上百转。它是一种常用的低速电动机。

5.5　直流无刷电动机

直流电动机的优点是机械特性和调节特性的线性度好,转矩大,控制方法简单;其缺点是有换向器和电刷,运行中有火花与摩擦。近年发展起来的无刷直流电动机就是为了克服换向器和电刷的滑动接触而发展起来的新型直流电动机。

5.5.1　无刷直流电动机的基本结构

无刷直流电动机结构如图 5.29 所示,电枢绕组放在定子上,永磁磁极放在转子上,与永磁同步电动机相同。这种安排可使转动部分结构简单,并可明显减小转动惯量。另外,电动机内部附有检测主磁极空间位置的位置传感器。这种电动机既具有交流电动机结构简单、运行可靠、维护工作量小的特点,又具有与直流电动机同样优良的控制性能,是一种超出了传统电动机模式的机电一体化产品。与一般同步电动机不同,无刷直流电动机按反装式直流电动机的运行方式工作。

从功能上看,无刷直流电动机系统由电动机本体、位置传感器和电子控制与开关电路

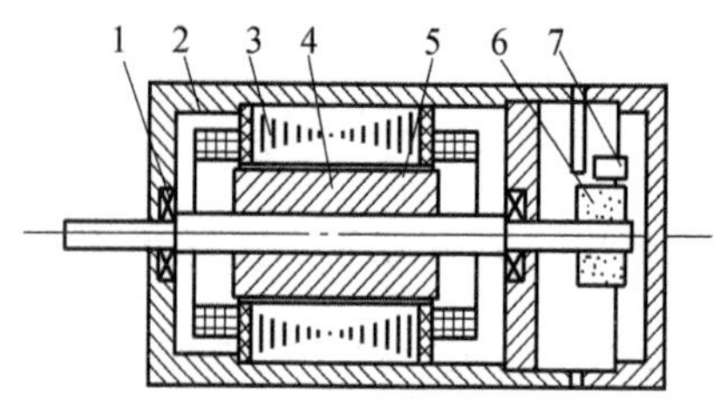

图 5.29　无刷直流电动机结构示意图

1—轴承;2—机壳;3—定子;4—永磁转子;
5—气隙;6—位置传感器转子;7—位置传感器附件。

三部分组成,如图 5.30 所示。

转子由永磁磁极和软磁磁轭组成。电枢绕组是多相绕组,常用的是三相对称绕组。绕组可接成 Y 形或△形。电动机本体与永磁同步电动机相似,但转子上没有启动绕组。电枢的各相绕组与开关电路中的功率开关元件连接,图 5.31 是其中的一种连接形式。位置传感器测量转子的位置,使各晶体管在转子的适当位置导通和截止,从而控制各绕组的电流随着转子位置的改变按一定的顺序换流,保证每个磁极下电流方向不变,实现了没有电刷的无接触式换向。

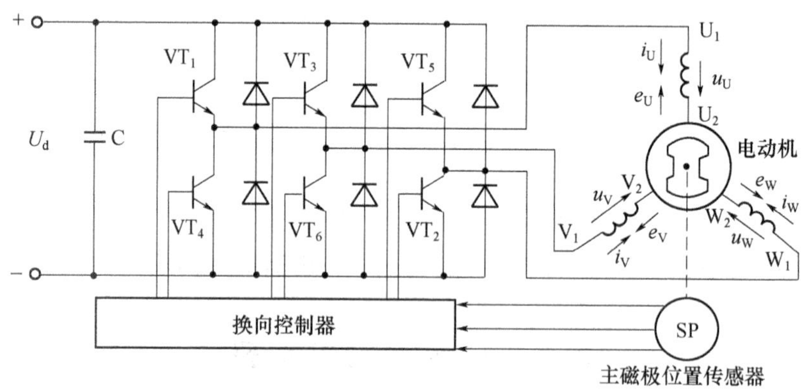

图 5.30　无刷直流电动机调速系统组成原理图

5.5.2　无刷直流电动机的工作原理

现以图 5.31 为例说明无刷直流电动机的工作原理。图中,主磁极对数 $p=1$,三相定子绕组元件边各占 60°定子内圆圆周,称为相带,分别以 U_1—U_2、V_1—V_2、W_1—W_2 表示。图 5.30 为主电路原理图,箭头所示方向为各相定子绕组电压、电流和感应电动势的假定正方向,逆变器采用六拍式 120°导电型工作方式。图 5.31 为六个开关元件按 VT_6—VT_1、VT_1—VT_2、VT_2—VT_3、VT_3—VT_4、VT_4—VT_5、VT_5—VT_6 导通顺序切换一周时,各切换瞬间主磁极位置与各相带内电流空间分布状态间的关系,其中 $\boldsymbol{f}_U$、$\boldsymbol{f}_V$、$\boldsymbol{f}_W$ 为各相绕组的磁通势矢量,$\boldsymbol{F}_a$ 是它们的合成矢量。无刷直流电动机正、反转时电枢绕组电流方向和功率晶体管导通的顺序对应关系如表 5.3 所列。由于逆变器按六拍式运行,故 $\boldsymbol{F}_a$ 以 60°步距角步进式旋转,平均角速度为 Ω_0。只要主磁极所覆盖的空间足够宽,且两相绕组电流的换向选择在主磁极中性线与此瞬间不参与换向的第三相绕组轴线正交时进行，则任何时刻 N、S 极所覆盖的元件边中电流方向均相同且固定，所受电磁力在转子上产生的反作用转矩大小、方向也固定不变。在此电磁转矩的推动下，电动机转子也将以同步角速度 Ω_0 跟随旋转磁通势 $\boldsymbol{F}_a$ 同步旋转，从而构成了一台完备的反装式无电刷无换向器的直流电动机。从结构和运行特征上看，此种电动机与同步电动机无异，但由于逆变器中开关元件的换向受转子空间位置的控制，因而逆变器输出电压即电动机定子绕组供电电压的频率受转子旋转角速度 Ω_0 的控制，故又称为自控变频调速同步电动机。也就是说，磁极每转动 60° 电角度，电流从一相转移到另一相，则电枢磁场就在空间上跃进 60° 电角度，所以在无刷直流电动机中的磁场是一种步进式旋转磁场。由此可见，无刷直流电动机结构上虽然是一台同步电动机，但其运行特性则与直流电动机完全一致，因而可以像直流电动机一样方便地实现对其电磁转矩的有效控制，此即这类电动机最主要的优点。

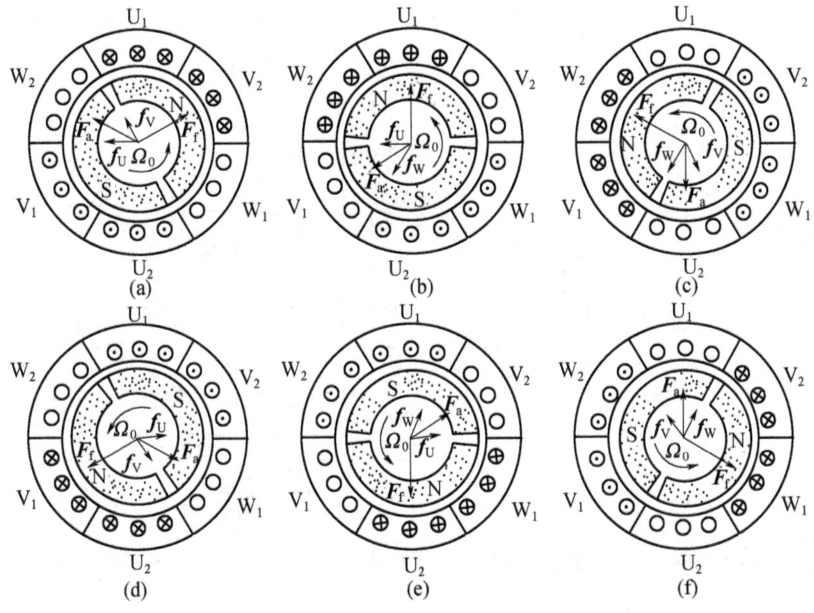

图 5.31　无刷直流电动机工作原理示意图

(a) 切换至 VT_6、VT_1 瞬间；(b) 切换至 VT_1、VT_2 瞬间；(c) 切换至 VT_2、VT_3 瞬间；(d) 切换至 VT_3、VT_4 瞬间；(e) 切换至 VT_4、VT_5 瞬间；(f) 切换至 VT_5、VT_4 瞬间。

表 5.3　正、反转时电枢电流方向和功率晶体管导通的顺序

转子磁场位置(或电角度)		0° ~60°	60° ~120°	120° ~180°	180° ~240°	240° ~300°	300° ~360°
逆时针方向（正转）	电枢绕组电流方向	U→V	U→W	V→W	V→U	W→U	W→V
	(+)侧导通晶体管	VT_1		VT_3		VT_5	
	(−)侧导通晶体管	VT_6	VT_2		VT_4		VT_6
顺时针方向（反转）	电枢绕组电流方向	U→V	W→V	W→U	V→U	V→W	U→W
	(+)侧导通晶体管	VT_1	VT_5		VT_3		VT_1
	(−)侧导通晶体管	VT_6		VT_4		VT_2	

5.5.3 无刷直流电动机调速系统

图 5.32 是一种无刷直流电动机调速系统的原理框图。这种调速系统的主回路的任务是在 PWM 作用下产生需要的三相互差 120°电角度的方波电流。控制回路与直流双闭环调速系统类似，也是一个速度外环、电流内环的结构；不同点是无刷直流电动机用电子开关代替机械换向装置。为此，在系统中有多路乘法器环节、三个通道的电流调节器、比较器和基极驱动电路等。

多路乘法器的功能是综合速度调节器的输出信号，将转子磁极位置信号通过逻辑判断分配给相应通道的电流调节器，并确定各通道切换的速度快慢。电流调节器输出的信号为参考信号，三角波产生回路产生载波（三角波），二者比较后产生 PWM 波，经基极驱动电路后控制晶体管桥中的主功率管通断，产生 PWM 波供电给三相永磁电动机。PWM 波的脉宽由电流调节器的幅值给定信号（速度调节器（ASR）的输出）确定，而 PWM 波的频率则由电流调节器的相位给定值（转子磁极位置信号）确定。

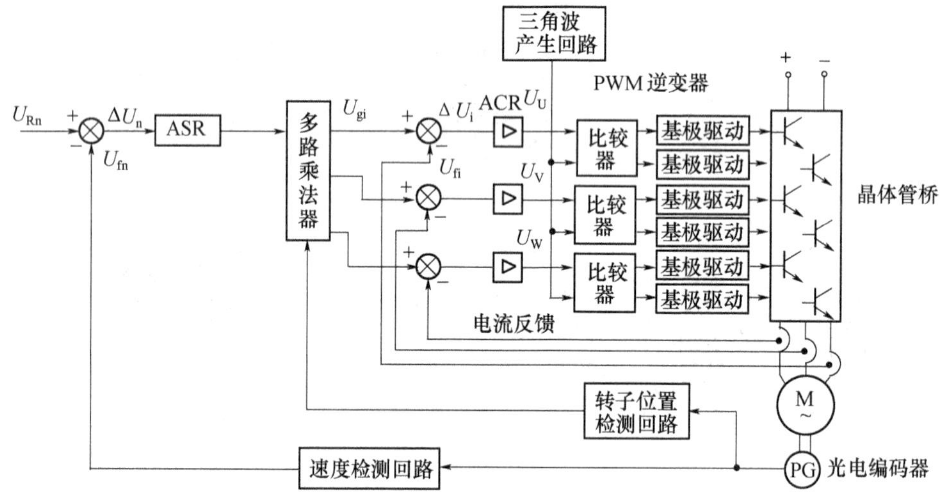

图 5.32 无刷直流电动机调速系统原理图

无刷直流电动机及其调速系统具有以下特点：

（1）稀土永磁方波同步电动机通入逆变器供给的、与电动势同相的 120°方波电流，就组成了无刷直流电动机。它比正弦波电动机出力大，且理论上无电磁转矩脉动现象。

（2）无刷直流电动机调速原理和一般直流电动机相同，组成的调速系统类似，并且可以借鉴传统的直流伺服系统的设计经验，因此，容易被人们接受和普及，更适合我国的国情。

（3）无刷直流电动机比正弦波永磁同步电动机控制简单，逆变器产生方波比正弦波容易，转子只需要带有 A、B、C 三个敏感元件的磁极位置检测器即可，因此大大降低了其控制系统的成本。

（4）实验证明，由无刷直流电动机组成的伺服系统，具有转矩平滑、响应快、控制精度高的特点，故适用于数控机床及机器人等伺服驱动，以及对动、静态性能要求较高的电力拖动领域。

5.6 直线电动机

直线电动机是一种能直接将电能转换为直线运动的伺服驱动元件。在交通运输、机械工业和仪器工业中,直线电动机已得到推广和应用。它为实现精度高、响应快和稳定性好的机电传动和控制开辟了新的领域。

每一种旋转电动机原则上都有其相应的直线电动机,故它的种类很多。一般按工作原理可分为直线异步电动机、直线直流电动机和直线同步电动机三种。由于直线电动机与旋转电动机在原理上基本相同,故下面只简单介绍直线异步电动机,使读者对这类电动机有个基本的了解。

5.6.1 直线异步电动机的结构

直线异步电动机与鼠笼式异步电动机工作原理完全相同,二者只是在结构形式上有所差别。图5.33(b)是直线异步电动机的结构,它相当于把旋转异步电动机(图5.33(a))沿径向剖开,并将定子、转子圆周展开成平面。直线异步电动机的定子一般是初级,而它的转子(动子)则是次级。在实际应用中初级和次级不能做成完全相等的长度,而应该做成初、次级长短不等的结构,如图5.34(a)、(b)所示。

由于短初级结构比较简单,故一般常采用短初级。下面以短初级直线异步电动机为例来说明它的工作原理。

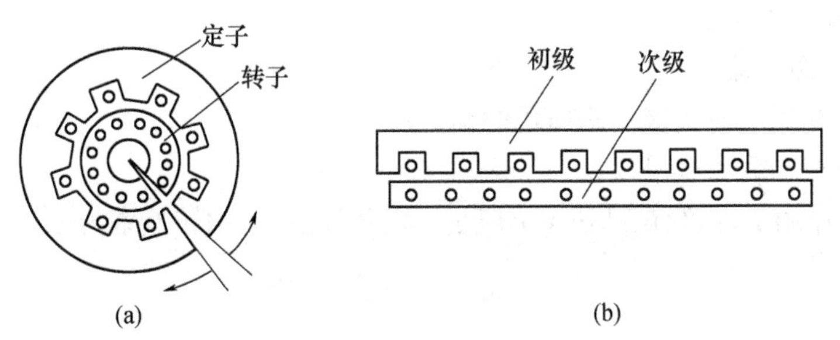

图5.33 异步电动机的结构
(a) 旋转式;(b) 直线式。

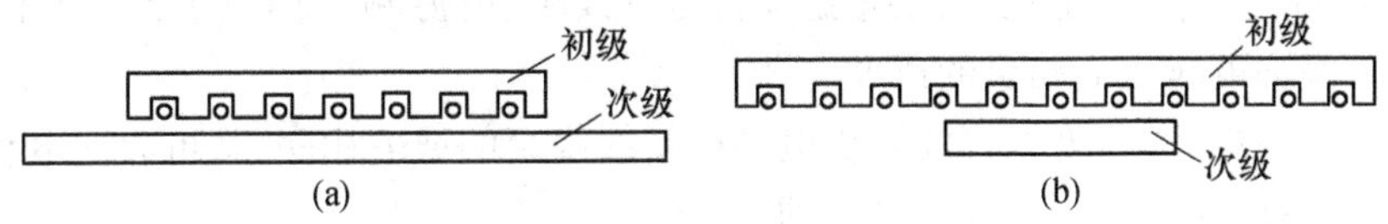

图5.34 平板型直线异步电动机
(a) 短初级;(b)短次级。

5.6.2 直线异步电动机的工作原理

直线电动机是由旋转电动机演变而来的,因而当初级的多相绕组通入多相电流后,也会产生一个气隙磁场，这个磁场的磁感应强度 B_δ 按通电的相序作直线移动(图 5.35)，该磁场称为行波磁场。显然行波的移动速度与旋转磁场在定子内圆表面的线速度是一样的，这个速度称为同步线速，用 v_s 表示，且

$$v_s = 2f\tau \tag{5.9}$$

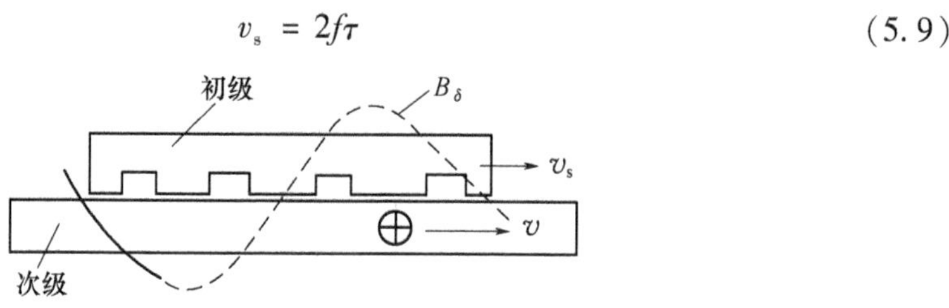

图 5.35　直线异步电动机的工作原理

式中　τ——极距(cm)；

f——电源频率(Hz)。

在行波磁场切割下，次级导条将产生感应电动势和电流，所有导条的电流和气隙磁场相互作用，产生切向电磁力 F。如果初级是固定不动的，那么次级就顺着行波磁场运动的方向作直线运动。

直线异步电动机的推力公式与三相异步电动机转矩公式相类似，即

$$F = KpI_2\Phi_m\cos\varphi_2 \tag{5.10}$$

式中　K——电动机结构常数；

p——初级磁极对数；

I_2——次级电流；

Φ_m——初级一对次级的磁通量的幅值；

$\cos\varphi_2$——次级功率因数。

在推力 F 作用下，次级运动速度 v 应小于同步速度 v_s，则转差率为

$$S = \frac{v_s - v}{v_s}$$

故次级移动速度为

$$v = (1 - S)v_s = 2f\tau(1 - S) \tag{5.11}$$

式(5.11)表明，直线异步电动机的速度与电动机极距、电源频率均成正比，因此，改变极距或电源频率都可改变电动机的速度。

与旋转电动机一样，改变直线异步电动机初级绕组的通电相序，就可改变电动机运动的方向，从而可使直线电动机作往复运动。

直线异步电动机的机械特性、调速特性等都与交流伺服电动机相似，因此，直线异步电动机的启动和调速以及制动方法与旋转电动机也相同。

5.6.3　直线电动机应用举例

直线电动机能直接产生直线运动，它不但省去了旋转电动机与直线工作机构之间的机械传动装置，而且可因地制宜地将直线电动机某一侧安放在适当的位置直接作为机械

运动的一部分，使整个装置紧凑合理、降低成本和提高效率。尤其在一些特殊的场合，是旋转电动机所不能替代的。因此，它在很多技术领域中得到了广泛的应用。

1. 高速列车

交通运输是国民经济的重要基础，随着社会与经济的不断发展，对交通运输也提出了新的要求。利用直线电动机驱动的高速列车——磁悬浮列车就是其中的典型一例，它的时速可达400km/h以上。所谓的磁悬浮列车，就是采用磁力悬浮车体，应用直线电动机驱动技术，使列车在轨道上浮起滑行。这在交通技术的发展上是一个重大突破，被誉为21世纪一种最先进的地面交通工具。它的突出优点是速度快、舒适、安全、节能等。

磁悬浮列车按其机理可分为两类：

1）常导吸浮型

用一般的导电线圈，以异性磁极相吸的原理，使列车悬浮在轨道上。通常由感应或同步直线电动机驱动，图5.36为常导吸浮型直线电动机的组成，时速可根据需要设计为每小时几百公里，磁悬浮的高度一般在10mm左右。可见，它是将直线感应电动机的短一次侧安装在车辆上，由磁铁材料制成的轨道为长二次侧。同时在车上还装有悬浮电磁铁，产生电磁吸力将车辆从下面拉向轨道，并保持一定的垂直距离。它是以车上的磁体与铁磁轨道之间产生的吸引力为基础，通过闭环控制系统调节电压和频率来控制车速，通过控制磁场作用力来改变推力的方向，使磁悬浮列车实现非接触的制动功能。此外，还有导向线圈组成的导向装置。

2）超导斥浮型

用低温超导线圈，以同性磁极相斥的原理，使列车悬浮在轨道上。通常由感应或同步直线电动机驱动，图5.37为超导斥浮型直线电动机的组成。在车上装有直线感应电动机的一次侧超导磁体和超导电磁铁，直线感应电动机的二次侧和悬浮线圈都装在地面轨道内，它是以装在车上的磁体与轨道之间产生的推斥力为基础的。电动机只有在速度不为零时工作，推斥力随车速的增加而增加。另外，在高速运行中，除了上述推进和悬浮的特点外，当然也有导向装置。

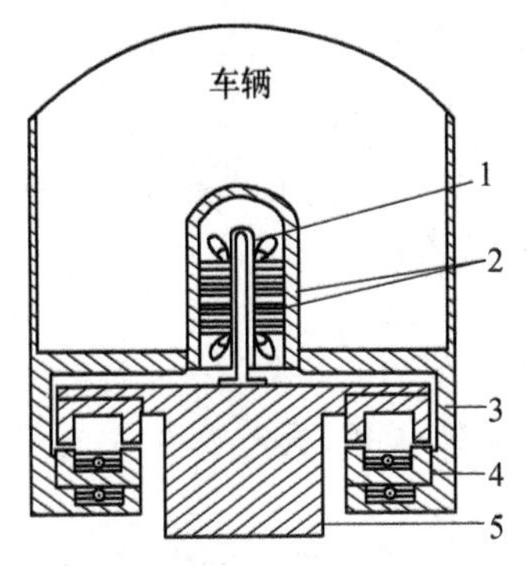

图5.36 常导吸浮型直线电动机
1—二次侧；2—一次侧；3—电磁铁二次侧；4—电磁铁一次侧；5—轨道底座。

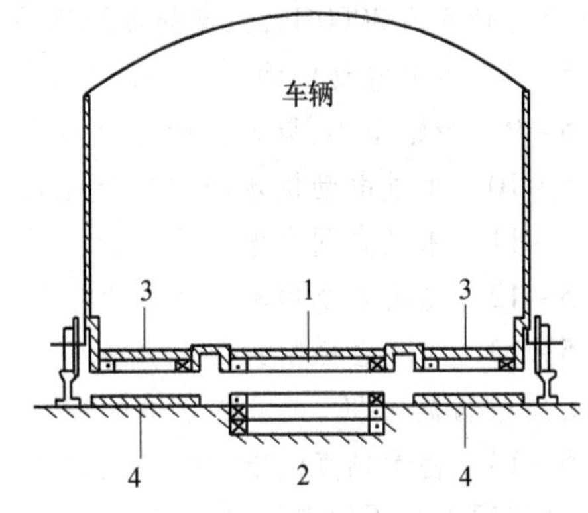

图5.37 超导斥浮型直线电动机
1—一次侧；2—二次侧；3—超导电磁铁；4—悬浮线圈。

2. 自动绘图机

自动绘图机由绘图台和控制器两部分组成。由平面步进电动机组成绘图台,电动机的动子直接在平面运动,带动绘图笔(或刻刀、光源等)作平面运动,实现高速度、高精度、高可靠性及耐久性的平面运动及定位。

图5.38为自动绘图机结构示意图。图中笔架直接固定在电动机的动子上,动子沿定子平板运动,并带动绘图笔在固定于平台上面的绘图介质上绘制图形。

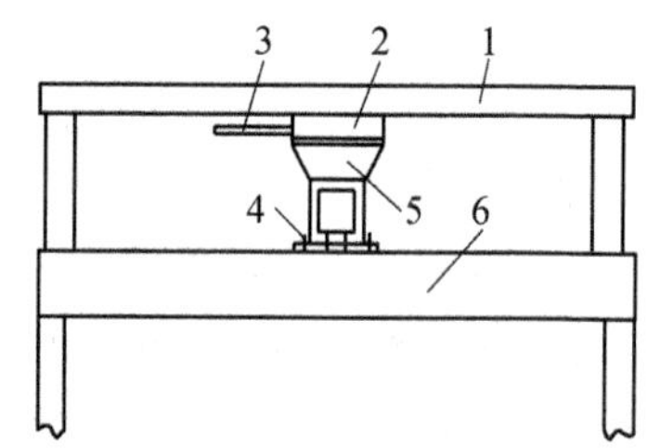

图5.38 平面型步进电动机绘图机示意图
1—定子平板;2—动子;3—引线;
4—绘图笔;5—笔架;6—平台。

习题与思考题

5-1 有一台交流伺服电动机,若加上额定电压,电源频率为50Hz,极对数 $p=1$,它的理想空载转速是多少?

5-2 改变交流伺服电动机转向的方法有哪些?为什么能改变?

5-3 何谓"自转现象"?交流伺服电动机怎样克服这一现象,使其当控制信号消失时能迅速停止?

5-4 如何控制步进电动机输出的角位移或线位移量,转速或线速度?步进电动机有哪些可贵的特性?

5-5 实用的步进电动机为什么要采用小步距角?

5-6 步进电动机步距角的含义是什么?一台步进电动机可以有两个步距角,如3°/1.5°,这时什么意思?什么是单三拍、单双六拍和双三拍?

5-7 一台五相反应式步进电动机,采用五相十拍运行方式时,步距角为1.5°,若脉冲电源的频率为3000Hz,试问转速是多少?

5-8 步进电动机的运行特性与输入脉冲频率有什么关系?

5-9 步距角小、最大静转矩大的步进电动机,为什么启动频率和运行频率高?

5-10 步进电动机步距角细分控制的基本原理是什么?

5-11 永磁式同步电动机为什么要采用异步启动?

5-12 磁阻式电磁减速同步电动机有什么突出的优点?

5-13 有一台磁阻式电磁减速同步电动机,定子齿数为46,极对数为2,电源频率为50Hz,转子齿数为50,试求电动机转速。

5-14 将无刷直流电动机与永磁式同步电动机及直流电动机作比较,分析它们之间有哪些相同点和不同点。

5-15 无刷直流电动机中的位置传感器的作用如何?

5-16 试述直线感应电动机的工作原理,如何改变运动的速度和方向?它有哪几种主要形式?各有什么特点?

5-17 直线电动机较之旋转电动机有哪些优、缺点?

第6章　机电传动控制系统中电动机的选择

6.1　电动机容量选择的原则

在机电传动系统中选择一台合适的电动机是极为重要的。电动机的选择主要是容量的选择,如果电动机的容量选小了,一方面不能充分发挥机械设备的能力,使生产效率降低,另一方面电动机经常在过载下运行,会使它过早损坏,同时还可能出现启动困难、经受不起冲击负载等故障。如果电动机的容量选大了,则不仅使设备投资费用增加,而且由于电动机经常在轻载下运行,运行效率和功率因数(对异步电动机而言)都会下降。

选择电动机容量应根据以下三项基本原则进行:

1. 发热

电动机在运行时,必须保证电动机的实际最高工作温度 θ_{max} 等于或略小于电动机绝缘的允许最高工作温度 θ_a,即 $\theta_{max} \leq \theta_a$。

电动机在将电能转化为机械能的过程中必然有能量损耗,这些损耗包括铜耗、铁耗和机械损耗。其中铜耗与电流的平方成正比地变化,而铁耗与机械损耗则几乎是不变的。这些损耗都变成了热能而使电动机发热、温度升高。

其发热的过程:刚开始工作时,电动机机体的温度 θ_M 与环境温度 θ_0(规定 $\theta_0 = 40℃$)差异较小(温度梯度小),所以这时只有少量的热量被散失到空气中,大部分热量都被电动机吸收,因而电动机自身温升较快。随着电动机温度的逐渐升高,它和周围介质的温差也相应地加大,发散出去的热量逐渐增加,而被电动机吸收的热量则逐渐减少,电动机自身温度升高逐渐变慢,但继续上升。温升 $\tau = \theta_M - \theta_0$ 是按指数规律上升的,如图6.1中曲线1所示,T_h 为发热时间常数。当温度升高到一定数值后,发热与散热达到平衡,温度不再上升。

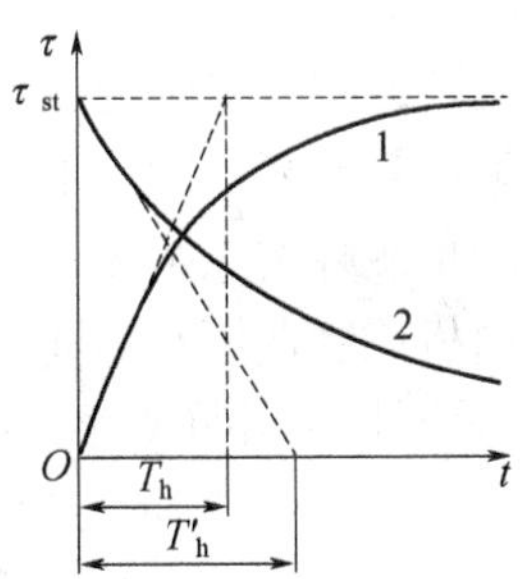

图6.1　电动机的温升、温降曲线

值得指出的是,热惯性比电动机本身的电磁惯性、机械惯性要大得多,一个小容量的电动机也要运行2h~3h,温升才趋于稳定;温度上升的快慢还与散热条件有关。

在切断电源或负载减小时,电动机温度要下降而逐渐冷却,在冷却过程中,其温度降低也是按指数规律变化的,如图6.1中曲线2所示,T'_h 为散热时间常数。对风扇冷却式电动机而言,停车后因风扇不转,散热条件变差,故冷却过程进行得很慢。

电动机温度升高到一定数值后,首先损坏的是电动机绕组的绝缘,因为电动机中的绝缘材料是耐热能力最弱的部分,因此,电动机的最高工作温度及电机的额定容量是按绝缘材料的允许温度(由绝缘等级决定)来规定的。$\theta_{max} \leqslant \theta_a$ 是保证电动机长期安全运行的必要条件,也是按发热条件选择电动机功率的最基本的依据。

2. 过载能力

电动机运行时,必须具有一定的过载能力。由于电动机的热惯性很大,短期内过载仍可保证 $\theta_{max} \leqslant \theta_a$,在这种情况下,决定电动机容量的主要因素不是发热而是电动机的过载能力。所选电动机的最大转矩 T_{max}(对于异步电动机)或最大允许电流 I_{max}(对于直流电动机)必须大于运行过程中可能出现的最大负载转矩 T_{Lmax} 和最大负载电流 I_{Lmax},即

$$T_{Lmax} \leqslant T_{max} = \lambda_m' T_N \quad (对于异步电动机)$$

$$I_{Lmax} \leqslant I_{max} = \lambda_i' I_N \quad (对于直流电动机)$$

考虑到电网电压波动的影响,式中,λ_m' 一般取 $0.8T_{max}/T_N$(T_{max}/T_N 为产品目录上规定的 λ_m)。

3. 启动能力

由于鼠笼式异步电动机的启动转矩较小,所以,为了使电动机可靠启动,必须保证

$$T_L < \lambda_{st} T_N$$

式中 λ_{st}——电动机的启动能力系数,$\lambda_{st} = T_{st}/T_N$。

6.2 电动机容量的选择方法

6.2.1 选择电动机容量的方法

选择电动机容量的方法一般有计算法、统计分析法和类比法。

根据负载图按发热的理论计算选择电动机的方法,其理论根据是可靠的,但要得到精确的结果计算是复杂的。下面介绍的各种计算方法是在一些假设条件下而得到的,且生产机械的负载种类又很多,不易作出典型的负载图,因此所得结果也只是近似的。

我国机床制造厂对不同类型机床主拖动电动机容量的选择,常采用统计法。所谓统计法,就是对国内外同类型先进机床的主拖动电动机进行统计和分析,结合我国的生产实际情况,找出电动机容量与机床主要参数之间的关系,并用数学式加以表达,作为设计新机床时选择电动机容量的主要依据。具体介绍如下(公式中 P 均为主拖动电动机容量,单位为 kW):

卧式车床,$P = 36.5D^{1.54}$,D 为工件的最大直径(m);

立式车床,$P = 20D^{0.88}$,D 为工件的最大直径(m);

摇臂钻床,$P = 0.0646D^{1.19}$,D 为最大钻孔直径(mm);

卧式镗床,$P = 0.004D^{1.7}$,D 为镗杆直径(mm);

龙门铣床,$P = \dfrac{B^{1.15}}{166}$,$B$ 为工作台宽度(mm)。

例如,我国 C660 型车床,其加工工件的最大直径 $D = 1.25$m,按统计法计算主拖动电动机的容量 $P = 36.5 \times 1.25^{1.54} = 51.4$kW,而实际选用了 60kW 的电动机,二者相当接近。统计法虽然简单,但确有实用价值,不过这种方法不可能考虑到各种机床的实际工作特点与当前先进的技术条件,所以用这种方法初选的电动机,最好再通过试验的方法加以校

验。

另一实用的方法为类比法,其过程是:对经过长期运行考验的同类型生产机械的电动机容量进行调查研究,并对其主要参数和工作条件进行对比,从而确定新设计生产机械所需电动机的容量。

6.2.2 不同工作制下电动机容量的选择

由于电动机的温升和冷却都有一个过程,其温升不仅取决于负载的大小,而且也和负载的持续时间(运行方式)有关。因此,按上述的发热原则选择电动机的容量,还应该考虑电动机运行方式。为了使用方便,我国将电动机的运行方式(也称工作制)按发热情况分为三类,即连续工作制、短时工作制和重复短时(断续)工作制,并分别按上述原则规定出电动机的额定功率和额定电流。下面介绍不同工作制下电动机容量的选择。

1. 连续工作制电动机容量的选择

1) 带恒定负载时电动机容量的选择

对于负载功率 P_L 恒定不变的生产机械(如通风机、泵、重型车床、立式车床、齿轮铣床的主传动等),拖动这类机械的电动机在连续运行时的负载图及温升曲线如图 6.2 所示。为这类工作机械选择电动机时,只需按设计手册中的计算公式算出负载所需功率 P_L,再选一台额定功率为

$$P_N \geqslant P_L \tag{6.1}$$

的电动机即可。

由于这类电动机的启动转矩和最大转矩一般大于额定转矩,故一般不校核启动能力和过载能力。但在要求重载启动时,应该校核启动能力。

2) 带变动负载时电动机容量的选择

在多数生产机械中,电动机所带的负载大小是变动的。例如,小型车床、自动车床的主轴电动机一直在转动,但因加工工序多,每个工序的加工时间较短,加工结束后要退刀,更换工件后又进刀加工,加工时电动机带负载运行,而更换工件时电动机处于空载运行。其他如皮带运输机、轧钢机等也属于此类负载。有的负载是连续的,但其大小是变动的,例如,图 6.3 为变动负载连续工作的负载图和温升曲线。

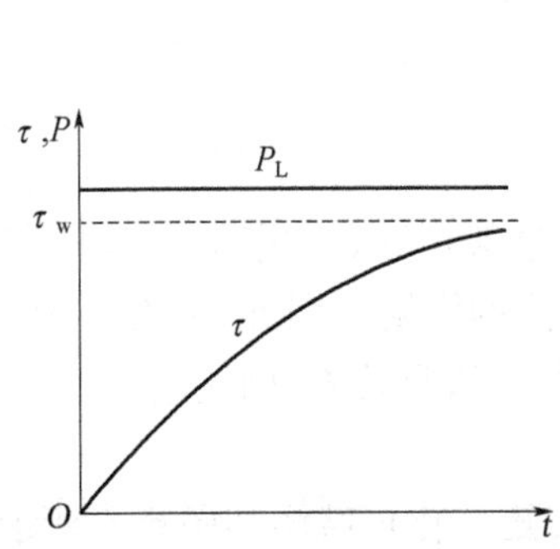

图 6.2 恒定负载长期连续工作的负载图及温升曲线

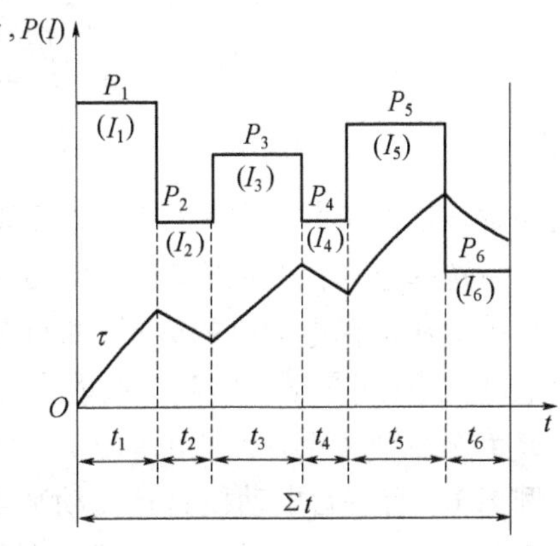

图 6.3 变动负载连续工作的负载图及温升曲线

在这种情况下，如果按生产机械的最大负载来选择电动机的容量，则电动机不能充分利用；如果按最小负载来选择，则容量又不够。为了解决该问题，一般采用“等值法”来计算电动机的功率，即把实际的变化负载折算成一恒定负载，而两者的温升相同，这样就可根据得到的等效恒定负载来确定电动机的功率。负载的大小可用电流、转矩或功率来代表。

电动机的温升取决于它发出的热量，而电动机发出的热量是由损耗产生的，损耗有两部分：一部分是不随负载变化的不变损耗 ΔP（包括铁耗与机械损耗），另一部分是与负载电流的平方成正比的可变损耗 I^2R（铜耗）。例如，图 6.3 所示的负载，对应于工作时间 t_1、t_2…的负载电流为 I_1、I_2…则电动机在各种不同负载时的总损耗为

$$(\Delta P + I_1^2R)t_1 + (\Delta P + I_2^2R)t_2 + \cdots + (\Delta P + I_n^2R)t_n$$

在等值的恒定负载下，在同一工作时间内，电动机的总损耗为

$$(\Delta P + I_d^2R)\sum_{i=1}^{n} t_i$$

若两者的损耗相同，则其等值电流为

$$I_d = \sqrt{\frac{I_1^2t_1 + I_2^2t_2 + \cdots + I_n^2t_n}{\sum_{i=1}^{n} t_i}} \tag{6.2}$$

对于直流电动机（他励或并励），或工作在接近于同步转速状态下的异步电动机 $T = K_m\Phi I$，由于磁通 Φ 不变，则 $T\propto I$，故式(6.2)可化成转矩来计算，即

$$T_d = \sqrt{\frac{T_1^2t_1 + T_2^2t_2 + \cdots + T_n^2t_n}{\sum_{i=1}^{n} t_i}} \tag{6.3}$$

然后选择电动机的额定转矩 T_N，使 $T_N \geqslant T_d$ 即可。这就是等效转矩法，对生产机械来说，作出机械转矩负载图是不难的，因而等效转矩法应用较广。

当电动机具有较硬的机械特性，转速在整个工作过程中变化很小时，可近似地认为功率 $P_d \propto T_d$，于是，式(6.3)可化成等效功率来计算，即

$$P_d = \sqrt{\frac{P_1^2t_1 + P_2^2t_2 + \cdots + P_n^2t_n}{\sum_{i=1}^{n} t_i}} \tag{6.4}$$

因用功率表示的负载图更易作出，故等效功率法应用更广。

然后选择电动机的额定功率 P_N，使 $P_N \geqslant P_d$ 即可，这就是等效功率法。不管采用上述哪一种等效法选择电动机的容量，都只考虑了发热方面的问题。因此，在按“等值法”初选出电动机后，还必须校验其过载能力和启动转矩。如不满足要求，则应适当加大电动机容量或重选启动转矩较大的电动机。

例 6.1 有一台电动机直接拖动某生产机械，其转矩变化负载图如图 6.4 所示，试选择一交流异步电动机。生产机械要求转速 $n = 1450\text{r/min}$。

解 用等效转矩法。由式(6.3)求得等效转矩为

$$T_d = \sqrt{\frac{T_1^2 t_1 + T_2^2 t_2 + \cdots + T_5^2 t_5}{\sum_{i=1}^{5} t_i}}$$

$$= \sqrt{\frac{24^2 \times 20 + 29^2 \times 40 + 34^2 \times 30 + 27^2 \times 30 + 45^2 \times 40}{20 + 40 + 30 + 30 + 40}} = 33.8(\text{N} \cdot \text{m})$$

其等效功率为

$$P_L = T_d n/9550 = 33.8 \times 1450/9550 = 5.13(\text{kW})$$

可从产品目录中选取 $P_N \geqslant P_d$ 的电机，型号为 Y132S－4，其 $P_N = 5.5\text{kW}$，$n_N = 1440\text{r/min}$，$T_{st}/T_N = 1.8$，$T_{max}/T_N = 2$，$U_N = 380\text{V}$，△接法。

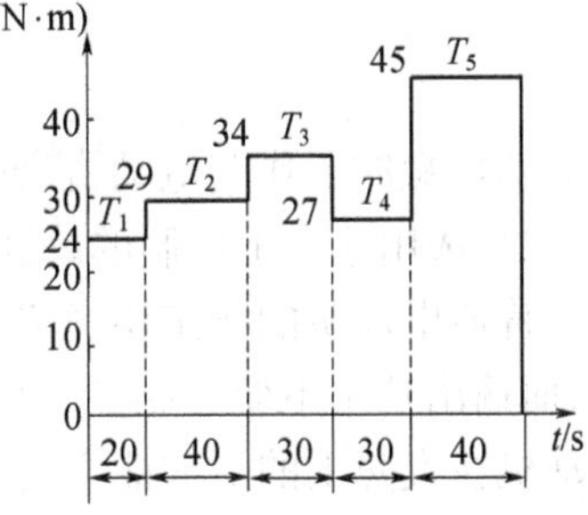

图 6.4　例 6.1 的负载图

检验其过载能力。从负载图可知，负载的最大转矩 $T_{Lmax} = 45\text{N} \cdot \text{m}$。

所选电动机的额定转矩为

$$T_N = 9550 \frac{P_N}{n_N} = 9550 \times \frac{5.5}{1440} = 36.5(\text{N} \cdot \text{m})$$

故电动机的最大转矩为

$$T_{max} = 2T_N = 2 \times 36.5 = 73(\text{N} \cdot \text{m}) > 45\ \text{N} \cdot \text{m}$$

符合要求，且启动能力也满足要求。

2. 短时工作制电动机容量的选择

有些生产机械工作时间较短，而停车时间却很长，例如，闸门开闭机、升降机、刀架的快移、立式车床与龙门刨床上的夹紧装置等，都属于短时工作制的机械。拖动这类机械的电动机的工作特点：工作时温升达不到稳定值 τ_S，而停车时足可完全冷却到周围环境温度，如图 6.5(a)所示。由于发热情况与长期连续工作方式的电动机不同，所以，电动机的选择也不一样，既可选择专用短时工作制的电动机，也可选择连续工作制的普通电动机。

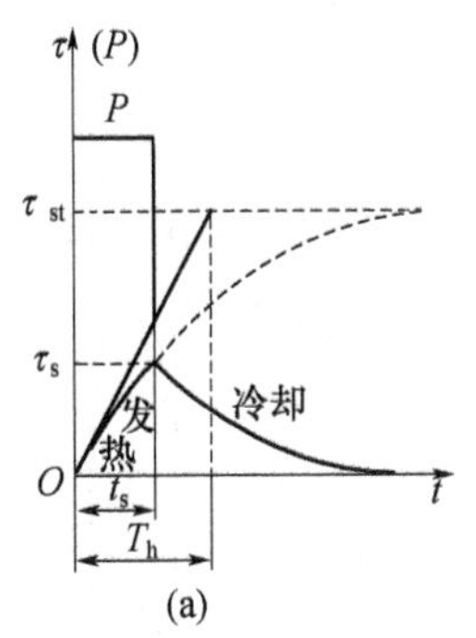

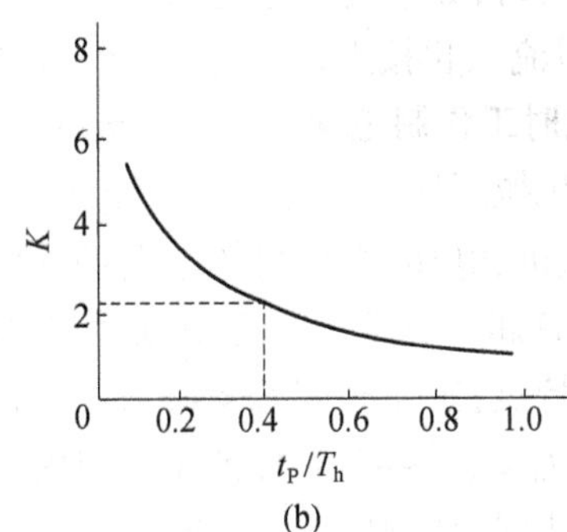

图 6.5　短时工作制电动机的性能

(a) 短时工作电动机的负载与温升的关系；

(b) 短时工作过载倍数与工作时间的关系。

1）选用短时工作制的电动机

我国生产的专供短时工作制的电动机，规定的标准短时运行时间是10min、30min、60min及90min四种。这类电动机铭牌上所标的额定功率P_N是和一定的标准持续运行时间t_S相对应的。例如，$P_N = 20kW$、$t_S = 30min$的电动机，在输出功率为20kW时，只能连续运行30min，否则将超过允许的温升。所以，要按实际工作时间选择与上述标准持续时间相接近的电动机。如果实际工作时间t_P与t_S不同时，就应先将t_P下的功率P_P（生产机械短时工作的实际功率）换算成t_S下的功率P_S，这可根据等效功率法加以换算，即

$$P_S^2 t_S = P_P^2 t_P$$

$$P_S = P_P \sqrt{t_P / t_S} \tag{6.5}$$

然后选择短时工作制电动机，使其$P_N \geq P_S$，再进行过载能力与启动能力的校验。

2）选用连续工作制的普通电动机

普通电动机的额定功率P_N是按长期运行而标定的。如果把这种电动机用作短时工作，而输出功率不变，则电动机运行时将达不到允许温升，未能充分利用。为了充分利用电动机在发热上的潜在能力，在短时工作状态下，可以使它过载运行，而其过载倍数$K = P_P/P_N$与t_P/T_h有关（图6.5）。故选

$$P_N \geq P_P / K$$

式中 P_P——短时实际负载功率；

P_N——连续工作制电动机的额定功率；

t_P——短时实际工作的时间；

T_h——电动机的发热时间常数。

从以上分析可知，实际工作时间越短，电动机实际允许的输出功率越大。但当工作时间小于一定限度时，虽然从发热的观点看电动机还可以拖动更大的负载，但电动机的最大转矩可能低于实际的负载转矩，这时，过载能力就成了选择电动机功率的主要依据。一般说来，只要实际工作时间$t_P < (0.3 \sim 0.4)\ T_h$，就可直接根据过载能力和启动能力来选择电动机的容量，而不必考虑电动机的发热问题。

在短时运行时，如果负载是变动的，则可用前面已介绍过的“等值法”先算出其等效功率（转矩或电流），再按上述两种方法选择电动机。

3. 重复短时工作制电动机容量的选择

有些生产机械工作一段时间后即停歇一段时间，工作、停歇交替进行，且时间都比较短，如桥式起重机、电梯、组合机床与自动线中的主传动电动机等就属于这类。拖动这类生产机械的电动机的工作特点：工作时间$t_P < (3 \sim 4)\ T_h$，停车（或空载）时间$t_0 < (3 \sim 4)\ T_h'$，工作时间内电动机的温升不可能达到稳定温升，停车时间内温升还没有下降到零时，下一个周期又已开始。其典型负载图与温升曲线如图6.6所示。重复性与短时性就是重复短时工作制的两个特点。通常用暂载率（或持续率）ε来表征重复短时工作制的工作情况，即

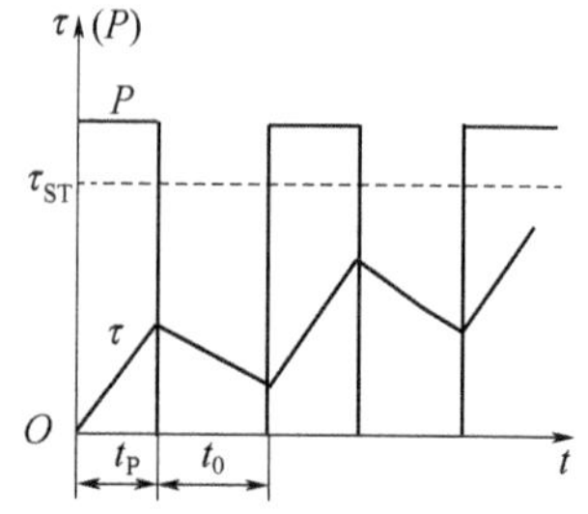

图6.6 重复短时工作制下电动机的典型负载图与温升曲线

$$\varepsilon = \frac{t_P}{t_P + t_0} \times 100\% \tag{6.6}$$

重复短时工作制下电动机的选择也有两种方法。

1）选用重复短时工作制的电动机

我国生产的专供重复短时工作制的电动机，规定的标准暂载率 ε_S 为15%、25%、40%和60%四种。并以25%为额定负载暂载率 ε_{SN}，同时规定一个周期的总时间 $t_P + t_0$ 不超过10min，常用的型号有YZ(JZ)系列鼠笼式异步电动机、YZR(JZR)系列线绕式异步电动机、ZZ系列和ZZJ系列直流电动机。每一个电动机在不同的 ε_S 值下，都有不同的额定功率 P_{SN}。以JZR－11－6型为例，其额定功率如表6.1所列。可见，电动机一周期内的工作时间越长，即 ε_S 越大，电动机所允许输出的功率（额定功率）便越小。

表6.1 不同 ε_S 之下的 P_{SN} 值

$\varepsilon_S/\%$	15	25	40	60
P_{SN}/kW	2.7	2.2	1.8	1.5

重复短时工作制电动机容量选择的步骤：首先根据生产机械的负载图算出电动机的实际暂载率 ε，如果计算出的 ε 值与电动机的额定负载暂载率 ε_{SN}（25%）相等，即可从产品目录中查得额定功率 P_{SN}，所选电动机的 P_{SN} 应等于或略大于生产机械所需功率 P。如果计算出的 ε 值不等于 ε_{SN}，则可按式

$$P_S = P\sqrt{\varepsilon/0.25} \tag{6.7}$$

进行换算，再由 ε_{SN} 从产品目录中查得 P_{SN}，选取 P_{SN} 等于或略大于 P_S 的电动机即可。

2）选用连续工作制的普通电动机

如果没有现成的重复短时工作制电动机，也可以选用连续工作制的电动机，此时可看成 $\varepsilon_S = 100\%$，再按上述方法选择电动机。

例6.2 有一起重机，其工作负载图如图6.6所示，其中 $P = 10\text{kW}$，工作时间 $t_P = 0.91\text{min}$，停车时间 $t_0 = 2.34\text{min}$，要求采用线绕式异步电动机，转速约为1000r/min，试选用一台合适的电动机。

解
$$\varepsilon = \frac{t_P}{t_P + t_0} \times 100\% = \frac{0.91}{0.91 + 2.34} \times 100\% = 28\%$$

换算到相近的额定负载暂载率 $\varepsilon_{SN} = 25\%$ 时，其所需相对应的等效负载功率为

$$P_S = P\sqrt{\varepsilon/0.25} = 10\sqrt{\frac{28\%}{0.25}} = 10.58(\text{kW})$$

若按重复短时工作制电动机选型，查产品目录，可选YZR31－6型线绕式异步电动机，其额定数据：$\varepsilon_{SN} = 25\%$ 时，$P_{SN} = 11\text{kW}$，$n_N = 953\text{r/min}$。

若按连续工作制电动机选型，先将28%暂载率换算成100%暂载率对应的等效功率，即

$$P_S = P\sqrt{\varepsilon/100\%} = 10\sqrt{28\%} = 5.3(\text{kW})$$

查产品目录，可选YR61－6型线绕式异步电动机，其 $P_N = 7\text{kW}$，$n_N = 940\text{r/min}$。

在重复短时工作制的情况下，如果负载是变动的，则仍可用前面已介绍过的“等值法”先算出其等效功率 P，再按上述方法选取电动机。选好电动机的容量后，也要进行过载能力的校验。

当负载暂载率 $\varepsilon<10\%$ 时，可按短时工作制选择电动机；当 $\varepsilon>70\%$ 时，则可按连续工作制选择电动机。

重复周期很短($(t_{P}+t_{0})<2$min)，启动/制动或正转/反转十分频繁的情况下，必须考虑启动/制动电流的影响，因而在选择电动机的容量时要适当大些。

以上对不同工作制电动机容量的选择方法是基于一些假设条件进行的，如一般来说电动机的负载图与生产机械的负载图是不相同的，因而所介绍的计算方法仅是近似的，在实际应用时根据具体情况要给予适当考虑和修正。

另外，电动机铭牌上的额定功率是在一定的工况下电动机允许的最大输出功率，如果工况变了，也应做适当的调整。如常年环境温度偏离 40℃ 较多时，电动机容量可做相应修正；风扇冷式电动机长期处于低速下运行时，散热条件恶化，电动机的功率必须降低使用；海拔高于 1000m 的高原地区，空气稀薄，散热条件差，电动机的功率也应降低使用。

6.3 电动机的种类、电压、转速和结构形式的选择

除了正确选择电动机的容量外，还需要根据生产机械的要求、技术经济指标和工作环境等条件，来正确选择电动机的种类、电压、转速和电动机的结构形式。

6.3.1 类型的选择

为了正确选择电动机的类型，一方面需要掌握生产机械的工艺特点，以提出对电动机在机械特性、启动性能、调速性能、制动方法以及过载能力等方面的要求；另一方面需要掌握各类电动机的性能特点、价格高低以及维护成本等，以资比较。

根据前述各章的内容，现将电动机的主要种类和特点总结于表 6.2 中。电动机型号的第一部分是用字母表示的类型代号，表 6.3 列出了部分国产电动机的类型代号，供读者参考。

表 6.2 电动机的主要种类和特点

种类		主要特点
直流电动机	他励、并励	机械特性硬，启动转矩大，调速性能好，可靠性较低，价格和维护成本均高
	串励	机械特性软，启动转矩大，调速方便，价格和维护成本均高
	复励	机械特性的硬度(介于并励和串励之间)，启动转矩大，调速方便，价格和维护成本均高
三相异步电动机	鼠笼式	机械特性硬，启动转矩较小，不同调速方法的性能相差较大，价格低，维护简便
	线绕式	机械特性硬，启动转矩大，不同调速方法的性能相差较大，价格较低，维护简便
	多速	可提供 2 种 ~4 种转速
	高启动转矩	启动电流小，启动转矩大
单相异步电动机		机械特性硬，功率小，功率因数和效率较低
三相同步电动机		转速恒定(机械特性为绝对硬特性)，功率因数可调，只能采用变频调速
单相同步电动机		转速恒定，功率小

表 6.3 电动机的类型代号

符号	意 义	符号	意 义
Y	鼠笼式异步电动机	YBR	隔爆型线绕式异步电动机
YR	线绕式异步电动机	YD	多速异步电动机
YQ	高启动转矩异步电动机	Y-F	化工防腐用异步电动机
YH	高转差率异步电动机	T	同步电动机
YB	隔爆型异步电动机	Z	直流电动机

(1) 对调速、启动性能无过高要求,应优先考虑使用一般鼠笼式异步电动机(如 Y 系列等)。若要求启动转矩较大,可选用高启动转矩的鼠笼式异步电动机(如 YQ 系列等)。

(2) 对于启停频繁、负载转矩较大,又有一定调速要求的生产机械,应考虑选用线绕式异步电动机(如 YR 系列等);对于周期性波动负载的生产机械,为了削平尖峰负载,一般都采用电动机带飞轮工作,这种情况下也应选用线绕式异步电动机。

(3) 对于只需要几种速度而不要求无级调速的生产机械,为了简化变速机构,可选用多速异步电动机(如 YD 系列等)。

(4) 对于要求恒速稳定运行的生产机械,且需要补偿电网功率因数的场合,应优先选用同步电动机(如 T 系列等)。

(5) 对于需要大启动转矩又要求恒功率调速的生产机械,常选用直流串励或复励电动机。

(6) 对于要求大范围无级调速且要求经常启动、制动、正/反转的生产机械,可选用带调速装置的直流电动机或鼠笼式异步电动机、同步电动机。对于调速范围要求很宽时,最好将机械变速和电器调速二者结合起来考虑。

由于直流电动机优越的调速性能,在过去相当长的时期内,调速系统的驱动电动机均选用直流电动机。目前随着交流变频调速技术的发展,交流电动机的调速性能已能与直流电动机相媲美,因此,除特殊负载需要外,一般不宜选用直流电动机。

6.3.2 电压等级的选择

电动机的电压等级、相数、频率都要与电动机运行场所供电电网相一致。我国生产的电动机额定电压与额定功率的等级如表 6.4 所列。实际应用时要根据电动机的额定功率和供电电压情况选择电动机的额定电压。一般当电动机的功率在 200 kW 以内时,选择 380V 的低压电动机;当电动机的功率在 200 kW 及以上时,宜选用 6kV 或 10kV 的高压电动机。鼠笼式异步电动机的额定电压有两种:220V/380V,△/Y 接法;380V,△接法。若采用 Y-△降压启动,就必须选用 380V、△接法的电动机。

表 6.4 电动机电压等级与功率范围

交流电动机				直流电动机	
电压/V	额定功率 /kW			电压/V	额定功率/kW
	鼠笼式异步电动机	线绕式异步电动机	同步电动机	110	0.25~110
380	0.6~320	0.37~320	3~320	220	0.25~320
6×10^3	200~500	200~5000	250~10000	440	1.0~500
10×10^3			1000~10900	600~870	500~4600

直流电动机一般由单独电源供电，选择电动机额定电压时只需考虑供电电源电压配合恰当即可。直流电动机额定电压一般为 110V、220V 和 440V。

6.3.3 电动机额定转速的选择

结构形式、功率和电压相同的电动机，额定转速有几种，选择哪一种更好呢？在同样功率下，转速较高的电动机转矩较小，而转矩取决于电流和磁通，电流和磁通又大体上决定了电动机所用导线和导磁材料的重量，所以转速高的电动机体积小、价格便宜，而且效率也高；转速较高的异步电动机还具有较高的功率因数，因此，选用高速电动机比较合适。但是如果生产机械的运行速度很低，而电动机转速很高，就要增加一套庞大而昂贵的减速传动装置，机械效率也会降低。所以，选择电动机额定转速时要全面进行考虑：

(1) 对于不需要调速的高转速与中转速的机械，如泵、鼓风机、压缩机等，一般应选相应额定转速的异步电动机或同步电动机，直接与机械相连接，而不需要减速装置。

(2) 对于不需要调速的低速运转的机械，如球磨机、破碎机、某些化工机械等，一般是选用适当转速的电动机通过减速装置来传动，但电动机额定转速也不宜太高，否则减速装置会很庞大。

(3) 对于需要调速的机械，电动机的最高转速应与生产机械的最高转速相适应，采用直接传动或通过减速装置来传动，并采取合适的调速方式。

(4) 对于经常启动、制动和反转的生产机械，要着重考虑缩短过渡过程，减少启动、制动时间，提高生产率，而决定启动、制动时间的主要因素是电动机的飞轮转矩和额定转速。所以，欲使生产机械的生产率最高，则应根据最小 $GD^2 \cdot n^2$ 的数值来选择电动机的额定转速。

6.3.4 结构形式的选择

电动机的外形结构有开启式、防护式、封闭式、密封式和防爆式 5 种。应根据电动机的使用环境选择电动机的外形结构。

(1) 开启式。开启式电动机的定子两侧和端盖上开有很大的通风口，如图 6.7(a)所示。此类电动机散热好、价格便宜，但灰尘、水滴和铁屑等异物容易进入电动机内，只能在清洁、干燥的环境中使用。

(2) 防护式。防护式电动机的通风口在机壳下部，如图 6.7(b)所示。此类电动机散热较好，可防水滴、铁屑等杂物从垂直方向或小于 45°角的方向落入电动机内部，但不防灰、防潮，目前工业应用最广。适用于比较干燥、灰尘不多、无腐蚀性和爆炸性气体的场合。

(3) 封闭式。封闭式电动机的机座和端盖上均无通风孔，完全是封闭的，如图 6.7(c)所示。此类电动机能够防潮和防尘，适用于多粉尘、潮湿(易受风雨)、有腐蚀性气体、易引起火灾等恶劣的环境中。

(4) 密封式。密封式电动机的封闭程度高于封闭式电动机，外部的潮气及粉尘不能进入电动机内。此类电动机可以浸在液体中使用。图 6.7(d)是一种密封式的潜水泵电动机。

图 6.7　电动机的结构形式

(a) 开启式；(b) 防护式；(c) 封闭式；(d) 密封式；(e) 防爆式。

(5) 防爆式。防爆式电动机不仅有严密的闭式结构，而且机壳有足够的机械强度，如图 6.7(e) 所示。当有少量爆炸性气体浸入电动机内部而发生爆炸时，电动机的机壳能够承受爆炸时的压力，火花不会窜到外部引起环境气体再爆炸。防爆式电动机适用于矿井、油库、煤气站等有易燃、易爆气体的场所。

6.3.5　安装形式的选择

电动机有卧式和立式两种安装形式。卧式电动机的转轴在水平位置，立式电动机的转轴垂直于地面。两种类型电动机使用的轴承不同，立式价格稍高。我国生产的卧式电动机的安装形式有 IM B3 ~ IM B35 共 14 种，立式电动机的安装形式有 IM V1 ~ IM V36 共 17 种，表 6.5 列出了电动机部分安装形式的示意图和结构特点。

表 6.5　电动机的安装形式

形式代号	示意图	结构特点	形式代号	示意图	结构特点
IM B3		卧式，机座有底脚，端盖上无凸缘，底脚在下，借底脚安装	IM V1		立式，机座无底脚，传动端端盖上有凸缘，借端盖凸缘面安装，传动端向下
IM B5		卧式，机座无底脚，端盖有凸缘，借传动端端盖凸缘面安装			

（续）

形式代号	示 意 图	结构特点	形式代号	示 意 图	结构特点
IM B5		卧式，机座有底脚，底脚在下，端盖上有凸缘，借底脚安装，用传动端凸缘面作附加安装	IM V2		立式，机座无底脚，端盖上有凸缘，借非传动端端盖凸缘面安装，传动端向上

伸出到端盖外面与负载连接的转轴部分称为轴伸。每种安装形式的电动机又分为单轴伸与双轴伸两种。表6.5中只列出了单轴伸形式的电动机。

实际应用时，要根据电动机在生产机械中的安装方式选择电动机的安装形式，大多数情况是选用卧式单轴伸的电动机。

习题与思考题

6－1　电动机的温升与哪些因素有关？电动机铭牌上的温升值其含义是什么？电动机的温升、温度以及环境温度三者之间有什么关系？

6－2　电动机在运行中，其电压、电流、功率、温升能否超过额定值？是何原因？

6－3　电动机的选择包括哪些具体内容？

6－4　选择电动机的容量时主要应考虑哪些因素？

6－5　电动机有哪几种工作方式？当电动机的实际工作方式与铭牌上标注的工作方式不一致时，应注意哪些问题？

6－6　一台室外工作的电动机，在春、夏、秋、冬四季其实际允许的使用容量是否相同？为什么？

6－7　电动机的三种工作制是如何划分的？简述各种工作制电动机的发热特点及其温升的变化规律。

6－8　电动机的允许输出功率等于额定功率有什么条件？

6－9　有一生产机械的实际负载转矩曲线如题6－9图所示，生产机械要求的转速 $n_N = 1450\text{r/min}$，试选一台容量合适的交流电动机来拖动此生产机械。

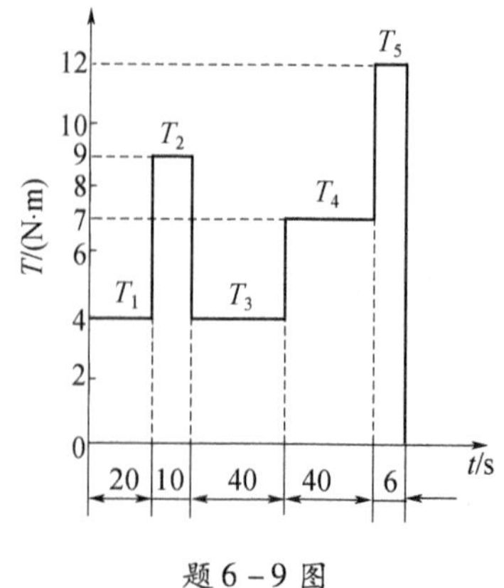

题6－9图

6-10　一生产机械需要直流电动机拖动，负载曲线如题6-10图所示，试选择电动机的容量。

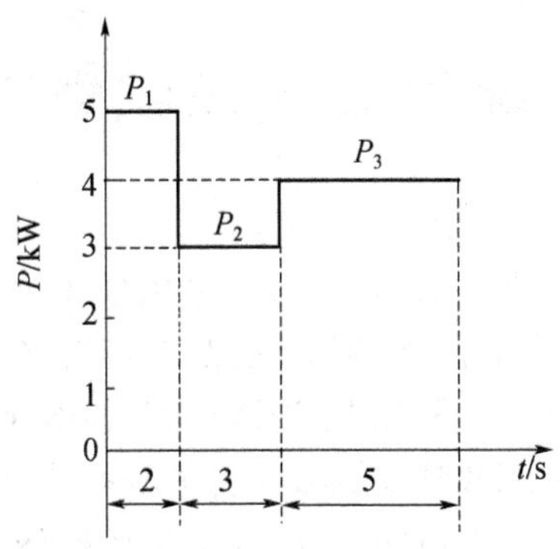

题6-10图

6-11　有一台功率为35kW、工作时间为30min的短时工作电动机，欲用一台 T_h = 90min的长期工作制电动机代替。若不考虑其他问题（如过载能力等），试问：长期工作制电动机的容量应选多大？

6-12　暂载率 ε 表示什么？当 $\varepsilon = 15\%$ 时，能否让电动机工作15min、休息85min？为什么？试比较 $\varepsilon = 15\%$、30kW和 $\varepsilon = 40\%$，20kW两个重复短时工作制的电动机，哪一台容量大些？

6-13　有一生产机械的功率为10kW，其工作时间 $t_P = 0.72$min，停车时间 $t_0 =$ 2.28min，试选择所用电动机的容量。

第7章 继电器—接触器控制系统

在一般工业生产及人们日常生活中,大多数采用低压供电。低压电力的使用是将电能转换为其他能量,这一过程中的控制、调节和保护,需要各类接触器和继电器等低压电器来完成。尽管机电传动控制已向无触点、连续控制、弱电化、微机控制方向发展,但继电器—接触器控制系统仍然是机床和其他机械设备最基本的电气控制形式之一。继电器—接触器控制系统,由于结构简单、价格便宜、能满足生产机械的一般生产要求而在工业生产中广泛应用。

本章主要介绍常用低压控制电器的工作原理、作用和应用场所,介绍继电器—接触器控制线路中基本控制环节、基本线路的工作原理以及典型应用。

7.1 常用低压电器

机电控制系统中常用的电器大多属低压电器。按国家标准规定,低压电器是用于电压为500V以下的、在电路内起一定作用的电器。无论是低压供电系统还是控制生产过程的机电传动控制系统,都使用了刀开关、组合开关、按钮、中间继电器、交流接触器等各种类型的低压电器。这类电器在电路中用来接通或断开线路,起到控制、调节和保护用电设备的作用。

低压电器种类繁多,用途广泛,工作原理各异,因而分类方法较多。按动作性质可分为非自动切换电器和自动切换电器。非自动切换电器是指无动力机构,依靠人力或其他外力来接通或断开电路,如刀开关、行程开关、转换开关等。自动切换电器一般由感受部分和执行部分构成,其动作原理是感受部分接受外界指令、信号或某个物理量的变化,通过判断做出反应,使执行部分动作,从而将工作电路接通或断开,如接触器、继电器、自动开关等。

按用途分类可以分为以下几种:

(1) 控制电器　用来控制电动机的启动、反转、调速、制动等动作,如接触器、继电器等。

(2) 保护电器　用来保护电动机以及生产机械,使其不受损坏,安全运行,如熔断器、热继电器等。

(3) 执行电器　用来操纵、带动生产机械,支撑与保持机械装置在固定位置上的一种执行元件,如电磁铁、电磁离合器等。

有些电器既可作控制电器,也可作保护电器,它们之间没有明显的界线。

7.1.1 熔断器

熔断器是一种广泛应用于机电传动控制系统中的保护电器。熔断器接入电路时,熔体串接在被保护的电路中,负载电流流经熔体。当电路发生短路或严重过载时,电流超过熔体允许的正常电流,熔体温度急剧上升、迅速熔断,从而切断电路,有效保护导线和电气设备不致损坏。

1. 结构原理

熔断器主要由熔体、熔断管及导电部件等部分构成。从结构上看,有插入式、螺旋式和密封管式,其结构如图 7.1 所示。熔体是熔断器的核心,它既是感测元件,又是执行元件。熔体一般由熔点低、易于熔断、导电性能好的合金材料制成。螺旋式熔断器使用时必须注意,电源线应接到底座的下接线端,用电器的连接线应接到金属螺旋壳的上接线端。这样,更换熔体时金属螺旋壳上不会带电。熔断器的图形符号如图 7.1(d) 所示。

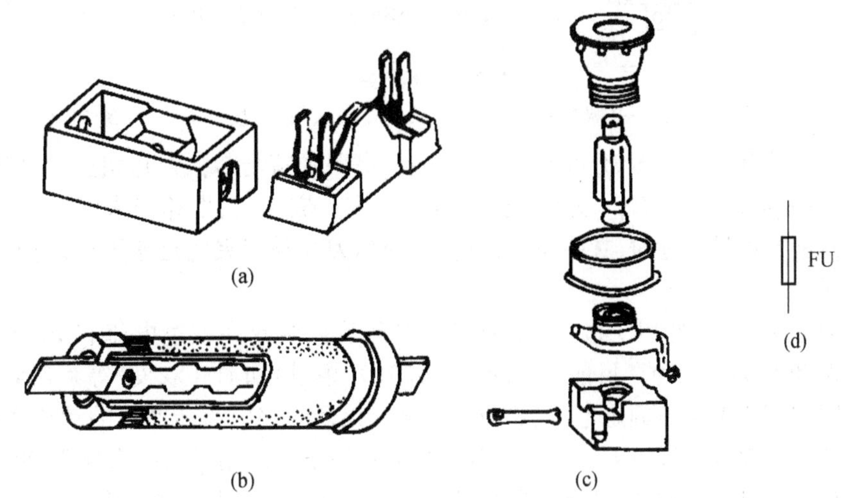

图 7.1 熔断器

(a) 插入式; (b) 密封式; (c) 螺旋式; (d) 熔断器的图形符号。

2. 主要参数及选用

熔断器的熔断时间与通过熔体的电流有关。熔断器的主要参数一般是根据电路的工作电压和额定电流来选择的;对一般照明电路、直流电动机和绕线式电动机的保护来说,熔断器熔体额定电流是按负载的额定电流选择的。对于有冲击电流的鼠笼式感应电动机负载,为达到短路保护目的,又保证电动机正常启动,其熔断器熔体的额定电流,按鼠笼式感应电动机额定电流的 K 倍($K=1.5\sim2.5$)来选择。轻载启动、启动时间短的,K 选 1.5 左右;重载启动、启动时间较长时,K 选 2.5。

熔断器结构简单、价格低廉,但动作准确性较差,熔体断了后需重新更换,而且若只断了一相还会造成电动机的缺相运行,所以它只适用于自动化程度和其动作准确性要求不高的系统中。

7.1.2 低压开关和低压断路器

1. 刀开关

刀开关又称为闸刀开关,主要用于隔离电源、不频繁地接通和断开电路(≤500V)。刀开关、熔断器可组成熔断式开关。刀开关的技术参数有额定电压、额定电流、极数、通断能力、电寿命和机械寿命。

一般不用刀开关来直接接通、断开电动机的工作电流。

刀开关由闸刀(动触点)、静插座(静触点)、手柄和绝缘底板等组成。

刀开关基本结构及图形符号如图 7.2 所示。向上转动手柄后,刀极与刀夹座相接,从而接通电路。

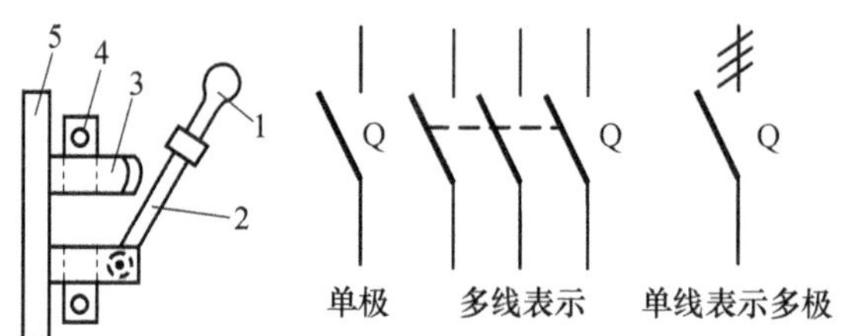

图 7.2　刀开关

1—刀极支架和手柄; 2—刀极(动触头); 3—刀夹座(静触头); 4—接线端子; 5—绝缘底板。

图 7.3 为带有快速断弧刀片的刀开关。主刀极用弹簧与断弧刀片相连,在切断电路时,主刀极首先从刀夹座脱出,这时断弧刀片仍留在刀夹座内,电路尚未断开,无电弧产生。当主刀极拉到足够远时,在弹簧的作用下,断弧刀片与刀夹座迅速脱离,使电弧很快拉长而熄灭。

刀开关分单极、双极和三极,常用的三极刀开关长期允许通过电流有 100A、200A、400A、600A 和 1000A 五种。目前生产的产品有 HD(单投)和 HS(双投)等系列型号。刀开关的选用主要考虑电路额定电压、长期工作电流以及短路电流所产生的动热稳定性等因素。刀开关的额定电流应大于其所控制的最大负荷电流。用于直接启停 3 kW 及以下的三相异步电动机时,刀开关的额定电流必须大于电动机额定电流的 3 倍。

开关安装时要注意,刀开关须垂直安装,如图 7.4 所示。安装时,电源线应接在静触点上,负荷线接在与闸刀相连的端子上。对有熔断丝的刀开关,负荷线应接在闸刀下侧熔断丝的另一端,以确保刀开关切断电源后闸刀和熔断丝不带电。在垂直安装时,手柄向上合为接通电源,向下拉为断开电源,不能反装。

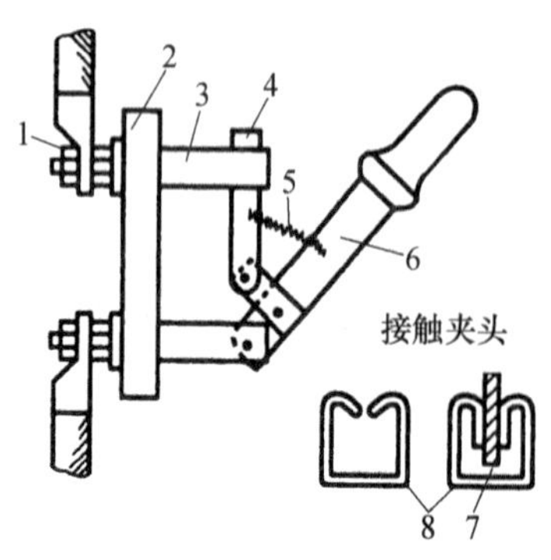

图 7.3　具有断弧刀片的刀开关

1—接线端子; 2—底座; 3,8—刀夹座;
4—断弧刀片; 5—快断刀极弹簧; 6,7—主刀极。

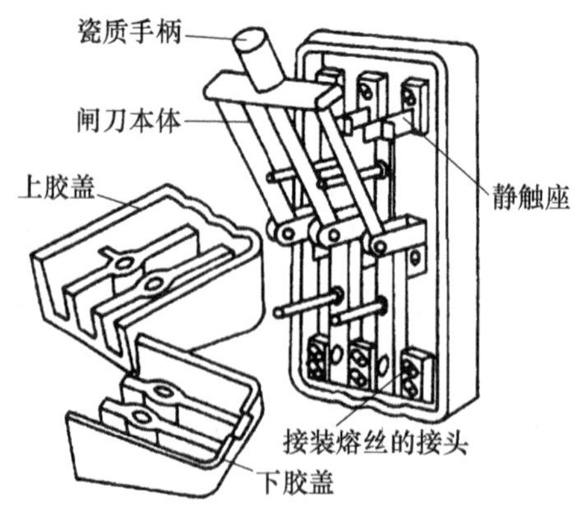

图 7.4　塑壳刀开关结构图

2. 转换开关

转换开关既起断路器的作用,又起转换器的作用。转换开关主要作为电气控制线路的转换、电气测量仪表的转换以及配电设备的遥控开关用,也可用于不频繁启动的(每小时关合次数不超过20次)、小容量的(7.5kW以下)三相鼠笼式感应电动机的控制。用来控制电动机正、反转的转换开关也称倒顺开关。

转换开关是具有多挡位、多触头的手动控制电器,由接触元件、操作元件、转轴、定位机构等主要部件组成。图7.5是一种盒式转换开关结构示意图及其图形符号,它有许多对动触片,中间以绝缘材料隔开,装在胶木盒里,故称盒式转换开关。接触元件由一个或数个单线旋转开关叠加而成,用公共轴的转动控制静、动触片的通、断。转换开关可制成单极或多极。多极转换开关的特点:当轴转动时,一部分动触片插入相应的静触片中,使对应的线路接通,而另一部分断开,从而能控制各自的回路(也可使全部动、静触片同时接通或断开);在转换开关上部有定位机构,可以使动触片快速定位到准确挡位。

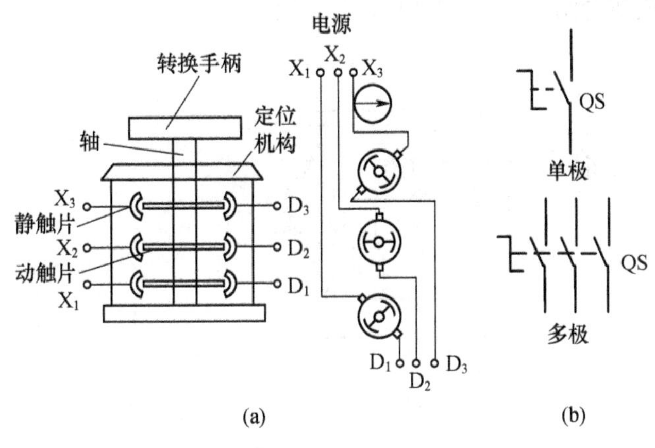

图7.5 转换开关

(a)盒式转换开关结构示意图;(b)图形符号。

HZ10系列普通型开关适用于交流50Hz、电压380V及以下、直流220V及以下的电路。该系列开关的类型有同时通断型、交替通断型、两位/三位/四位转换型、换接电阻接法型、控制电动机正/反转型、Y-△启动型。HZ10系列转换开关额定电流有10A、25A、60A、100A等,额定电压为220V AC、380V AC。

3. 自动空气断路器

自动空气断路器又称低压断路器,简称断路器。从功能上看,这种电器相当于刀开关、熔断器、热继电器、过电流继电器以及欠电压继电器的组合。它既具有手动开关作用又能自动进行欠压、失压、过载和短路保护。

断路器的种类较多,按用途分,有保护配电线路、保护电动机、保护照明线路、漏电保护等专用类型;按极数分,有单极、双极、三极和四极断路器。在结构上都具有主触头及灭弧装置、各种脱扣器、自由脱扣机构和操作机构。在自动化程度和工作特性要求高的系统中,它是一种很好的保护电器。

断路器的结构原理简图和图形符号如图7.6所示。图中是一个三极断路器。将操作手柄扳到合闸位置时,主触头闭合,触头的连杆被锁钩锁住,使主触头保持闭合状态。同时由凸轮将失压脱扣器衔铁闭合，并经辅助触头进行自锁，使失压脱扣器顶杆吸下。当电路失压或电压过低时，在反力弹簧作用下，顶杆将锁钩顶开，主触头在释放弹簧的拉力下释放。当电源恢复正常时，必须重新合闸后才能工作，实现了失压保护。过流脱扣器有双金属片式（热脱扣）和电磁式脱扣，一般有瞬动要求的用电磁式脱扣（如需延时脱扣，则用热脱扣或电磁式脱扣加延时装置）。当电路的电流正常时，过流脱扣器衔铁未吸合，脱扣器顶杆被反力弹簧拉下，所以锁钩保持锁住状态。当电路发生短路或严重过载时，过流脱扣器衔铁被吸下，使顶杆向上顶开锁钩，在释放弹簧7.6(a)的拉力下，触头迅速断开切断电路。

脱扣器都可以对脱扣电流进行整定，这时只要改变热脱扣器所需要的弯曲程度和电磁脱扣器铁芯机构的气隙大小就可以了。热脱扣器和电磁脱扣器互相配合，热脱扣器担负主电路的过载保护，电磁脱扣器担负短路故障保护。过流脱扣器的动作电流值可以通过调节过流脱扣器的反力弹簧来进行整定。当低压断路器由于过载而断开后，应等待2min～3min才能重新合闸，以使热脱扣器回复原位。

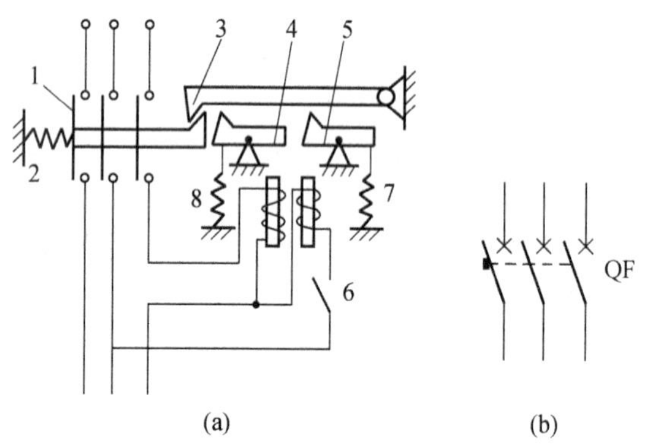

图7.6　自动空气断路器

(a) 原理图；(b) 图形符号。

1—主触头；2—弹簧；3—锁钩；4—过流脱扣器；5—失压脱扣器；6—辅助触头；7,8—弹簧。

低压断路器的主要触点由耐压电弧合金（如银钨合金）制成，采用灭弧栅片加陶瓷罩来熄灭电弧。

自动空气开关的主要参数有额定电压、额定电流、极数、脱扣器类型及其额定电流、整定范围、电磁脱扣器整定范围、主触头的分断能力等。

7.1.3　主令电器

主令电器主要用来切换控制线路。实际上，操作人员操作了主令电器，就接通或断开控制回路，从而达到对机电传动系统的控制。机床上最常见的主令电器是按钮开关，也称控制按钮，简称按钮；此外，还有万能转换开关、主令控制器，有些主令电器可由机床的运动部件带动（操纵），如常见的行程开关。

1. 按钮开关

按钮是一种专门发号施令的电器，结构简单、应用广泛，用于接通或断开控制回路中的电流。一般用来远距离手动控制接触器、继电器等，也可用来转换各种信号电路和电器联锁电路等。

控制按钮一般由按钮帽(头)、复位弹簧、触头和外壳等部分组成。如图7.7分别是按钮开关的结构示意图与图形符号。按下按钮帽,动合触头闭合而动断触头断开,从而同时控制了两条电路;松开按钮帽,则在复位弹簧的作用下使触头恢复原位。

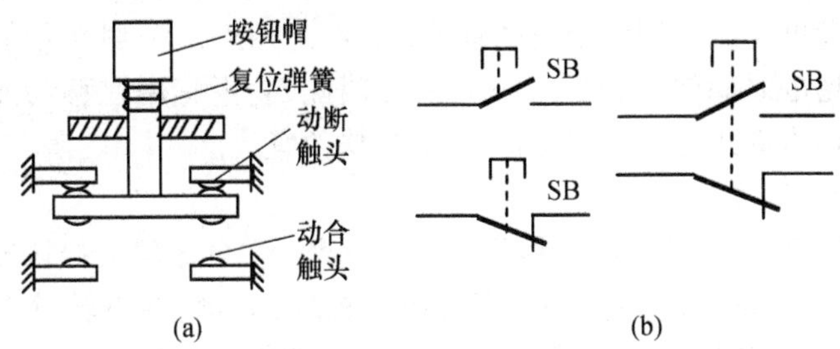

图7.7 按钮开关

(a) 结构示意图;(b) 图形符号。

按钮中的触头形式和数量可根据需要装配成1NO/1NC(一对动合触头/一对动断触头)~6NO/6NC等形式。

为避免误按按钮,按钮帽一般都低于外壳。但是为了在发生故障时方便工作人员操作,“停止”按钮有的则凸出于外壳。典型的如称为“急停开关”的按钮,做成特殊形状(如蘑菇头形),并涂以醒目的红色。按钮开关按防护形式分开启式、保护式、防水式。按结构形式分有嵌压式、紧急式、钥匙式、旋钮式和带信号灯式五种。按钮的颜色有红、绿、黑、黄、白等,可根据使用场合和具体用途来选用。

按钮的主要技术参数有结构形式、触头数量、颜色和尺寸规格。

常用的按钮有LAl8,LA19,LA20、LAY3等型号。

2. 行程开关

行程开关又称限位开关或位置开关,它是一种根据运动部件的行程位置,发出命令切换电路工作状态,达到控制生产机械运动方向和行程距离的主令电器。

行程开关种类很多。从工作原理上分有机械式和电子式两种。机械式行程开关按结构又可分为直动式(LX1、JLXK1系列)、滚轮式(LX2、JLXK2系列)和微动开关(LXW-11、JLXK1-11系列)等。电子式的接近开关是无触点行程开关。

行程开关结构及图形符号如图7.8所示。

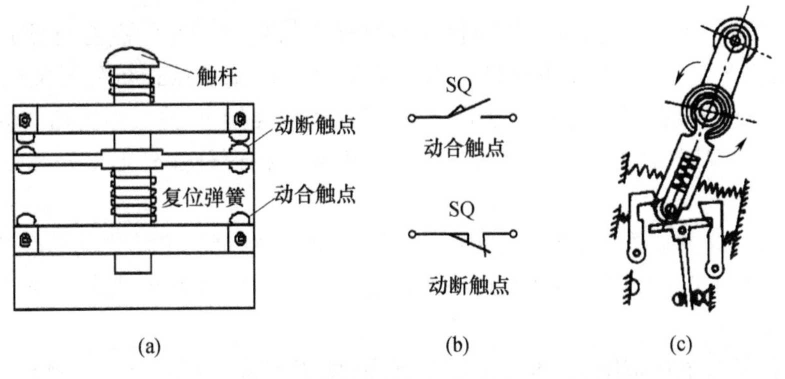

图7.8 行程开关

(a) 直动式行程开关;(b)图形符号;(c) 滚轮式行程开关。

1）直动式行程开关

图7.8(a)所示的直动式行程开关动作原理与按钮相同，但它不是由手动完成触头通断变化，而是由运动部件上的挡块移动到位后，发生碰撞引起触头通断变化。直动式行程开关的触头分合速度与挡块的移动速度有关，若移动速度太慢，触头不能瞬时切换电路，电弧在触头上停留的时间较长，易于烧坏触头，因此，它不宜用在移动速度小于4m/min的运动部件上。但直动式行程开关结构简单，价格便宜。

2）滚轮式行程开关

图7.8(c)是一种快速动作的行程开关。当行程开关的滚轮受挡块碰撞后，上转臂向左转动，由于盘形弹簧的作用，同时带动下转臂(杠杆)转动，在下转臂未推开爪钩时，横板不能转动，因此钢球压缩了下转臂中的弹簧，使此弹簧积储能量，直至下转臂转过中点推开爪钩后，横板受弹簧的作用，迅速转动，使触点断开或闭合电路。因此，触点分合速度不受部件速度的影响，故常用于低速度的机床工作部件上。

此类行程开关有自动复位和非自动复位两种。自动复位时依靠复位弹簧复原，非自动复位的则没有复位弹簧，但装有两个滚轮，当反向运动时，挡块碰撞另一滚轮时将其复位。

3）微动开关

要求行程控制的准确度较高时，可采用微动开关。它具有体积小、重量轻、工作灵敏等特点，且能瞬时动作。微动开关还用作其他电器(如空气式时间继电器、压力继电器等)的触头。其外形与图形符号如图7.9所示。

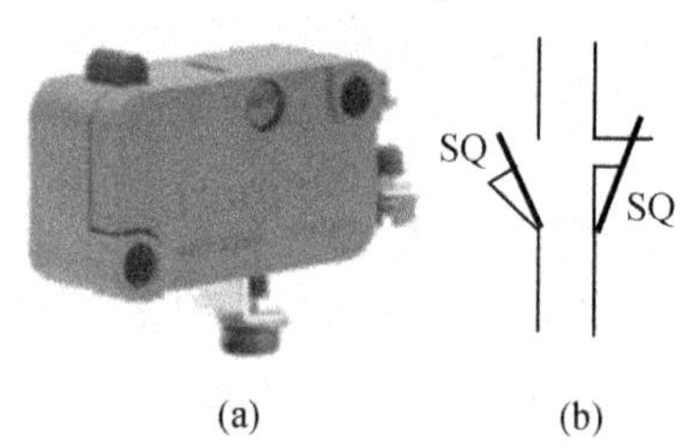

图7.9　微动开关

(a) 外形图；(b) 图形符号。

4）接近开关

行程开关与微动开关工作时，均由挡块与直杆机械碰撞引起触点的机械分合。当动作频繁时，易于产生故障，工作可靠性较低。为了克服机械触点式行程开关的使用寿命短、操作频率低的缺点，可采用无触点的行程开关即电子接近开关。当运动的金属物体与之接近到一定距离时，便发出接近信号从而切换电路。接近开关外形结构和原理图如图7.10所示。

接近开关有高频振荡型、电容型、感应电桥型、永久磁铁型、霍耳效应型等多种，其中，以高频振荡型最为常用，它是由装在运动部件上的一个金属片移近或离开振荡线圈来实现控制的。

接近开关具有电压范围宽、重复定位精度高，便于安装，使用寿命长、操作频率高、动作迅速可靠等特点，它的用途已超出一般行程控制和限位保护，在检测、计数、液位控制等方面，得到了广泛应用。它也可以作为传感器，给可编程控制器提供输入信号。

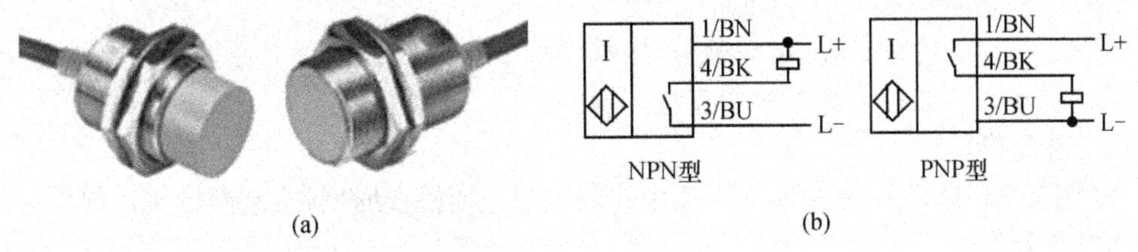

图 7.10　接近开关

(a) 外形结构；(b) 原理接线图。

接近开关特有的技术参数是动作距离、重复精度、操作频率和复位行程等。

3. 万能转换开关

万能转换开关是由多组相同结构的触点组件叠装而成的、多挡多回路控制电器，也可用于小型电动机的启动和调速。它由操作机构、定位机构和触点等三部分组成，触点的通断由凸轮控制。手柄操作有自复位式和定位式两种。万能转换开关外形如图 7.11 所示。

由于其触点的分合状态与操作手柄的位置有关，为此，在电路图中除画出触点的图形和图形符号之外，还应标出操作手柄位置与触点的分合状态。在电路图中的表示方法有两种：一种是在电路图中画虚线和画点的方法，如图 7.12(a)所示。图中虚线表示操作手柄的位置，图 7.12(a)所示万能转换开关的手柄共有 5 个位置(位置Ⅰ~位置Ⅴ)；图中实线表示实际连线，图 7.12(a)中共 6 对连接线(SL-1 到 SL-6)。“·”表示当操作手柄在该虚线位置时，此对连接线上的触点应闭合，无“·”则表示此对连接线上的触点应断开。如手柄在Ⅰ位时，SL-1、SL-2 和 SL-3 连接线上的触点闭合，而 SL-4、SL-5 和 SL-6 连接线上的触点断开。

另一种在电路图中的表达方法是用触点合断表，如图 7.12(b)所示。在合断表中既标出触点编号 SL-1~SL-6，同时也标出操作手柄档位编号Ⅰ~Ⅴ。表中“×”表示操作手柄在此位置时该对触点处于闭合状态，否则为断开状态。

图 7.11　万能转换开关

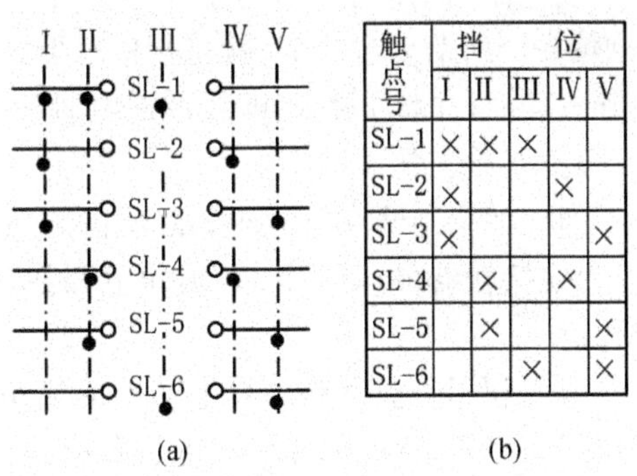

触点号	挡位				
	Ⅰ	Ⅱ	Ⅲ	Ⅳ	Ⅴ
SL-1	×	×	×		
SL-2	×			×	
SL-3	×				×
SL-4		×		×	
SL-5		×			×
SL-6			×		×

图 7.12　万能转换开关电路图表示

(a) 图形符号；(b) 触点合断表。

7.1.4　接触器

接触器是一种可以在外界输入信号的控制下，利用电磁力自动地接通或断开带有负载的主电路(如电动机)的自动控制电器。它适用于频繁操作(高达每小时 1500 次)，远距离控制强电流电路，并具有低压释放的保护性能、工作可靠、寿命长(机械寿命达 2000

万次,电寿命达 200 万次)和体积小等优点。

根据主触头所接回路的电流种类,接触器分为两类。主触头上通过交流电称为交流接触器,主触头上通过直流电称为直流接触器。

1. 交流接触器

如图 7.13 所示,交流接触器主要由线圈、铁芯、衔铁、动合触头动断触头等组成。

1) 主触头

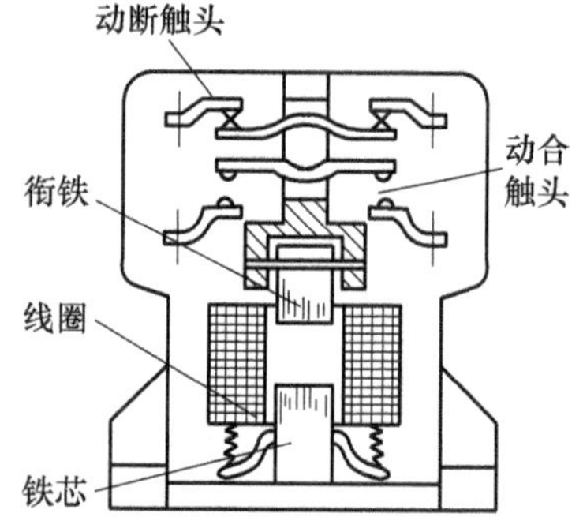

图 7.13 交流接触器的结构图

主触头是完成接通或断开交流电路这一主要任务的。对主触头的要求:接通时导电性能良好、不跳(不振动)、噪声小、抗灼烧,断开时能可靠地消除规定容量下的电弧。为使触头接触时导电性能好、接触电阻小,主触头材料常用铜、银及银合金制成。

触点材料的电阻系数越小,接触电阻也越小。在金属中银的电阻系数最小,但价格高,实际中常在铜基触点上镀银或嵌银,以减少接触电阻。

使用时应注意触点表面状况。触点温度升高会加速金属表面的氧化速度,由于一般金属氧化物的电阻系数比金属本身大很多,因此一旦接触表面生成氧化物之后,会使接触电阻增大,严重的氧化将使接触点之间形成绝缘而导致电路断路。但银的氧化物电阻系数比纯银稍大一些,因此,在小容量电器中可采用银或镀银触点。在大容量电器中,可采用具有滑动作用的指式触点。这样,在每次闭合过程中都可以磨去氧化膜,从而保持金属表面清洁,以增强触点的导电性。此外,触点的尘埃也会影响其导电性,当触点聚集了尘埃后,应用无水乙醇擦拭干净,如果触点表面被电弧烧灼而出现烟熏状,也需要这样处理。

2) 辅助触头

接触器的辅助触头用于控制线路中,与衔铁同时动作,分动合(常开)触头和动断(常闭)触头。所谓动合触头,就是当接触器线圈内通有电流时触头闭合,而线圈断电时触头断开。动断(常闭)触头,即线圈通电时触头断开,而线圈断电时触头闭合。

3) 灭弧装置

当主触头断开大电流时,在动、静触头间产生强烈电弧,会烧坏触头,并使切断时间拉长,为使接触器可靠工作,必须使电弧迅速熄灭,故要采用灭弧装置。灭弧方法有以下几种:

(1) 利用触头回路本身电动力的简单灭弧。如图 7.14(a)所示,电弧受到电动力 F 的作用而拉长,且电弧在移动的过程中迅速冷却,从而使电弧熄灭。

(2) 多断口灭弧法。图 7.14(b)是双断口即桥式触头的灭弧结构,它将整个电弧分成两段,并利用了上述电动力吹弧,因而效果较好。

有时在触头上加个石棉水泥或陶瓷材质的罩,用来隔弧,防止电弧在极间飞跃而造成短路。使用时应注意不要将灭弧罩取下。

(3) 磁吹灭弧。磁吹灭弧装置如图 7.15 所示。在触头回路(主电路)中串接吹弧线圈(较粗的几匝导线),其间穿以铁芯增加导磁性,通电流后产生较大的磁通。触头分开的瞬间所产生的电弧就是载流体,它在磁通的作用下产生电磁力 F,把电弧拉长与冷却而实现灭弧。电弧电流越大,吹弧的能力也越大。磁吹灭弧法在直流接触器中得到广泛应用。

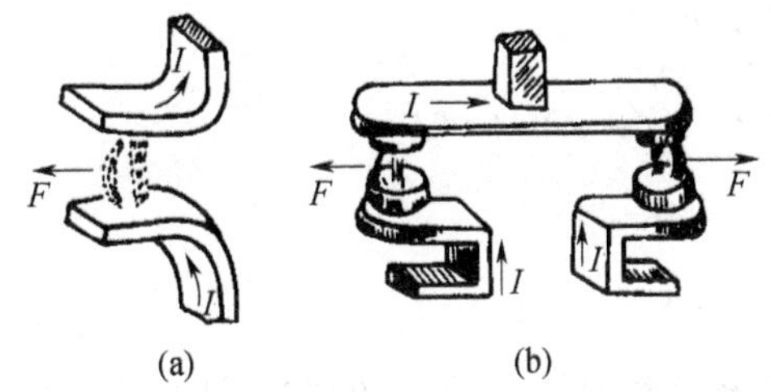

图 7.14 利用电动力灭弧

(a) 简单灭弧法;(b) 多断口灭弧法。

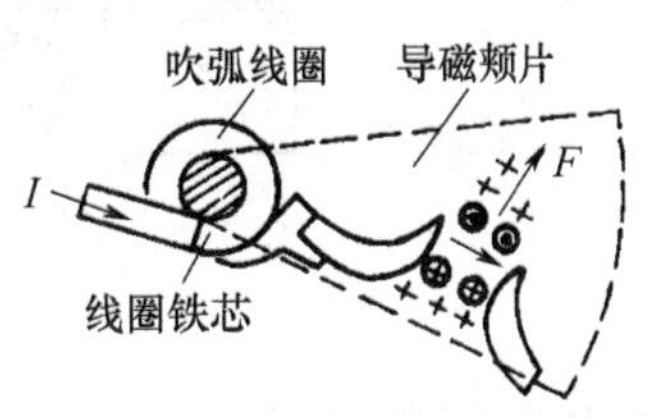

图 7.15 吹弧线圈

(4) 纵缝灭弧。图 7.16 是这类灭弧装置中的一种,灭弧罩内只有一个纵缝,缝的下部宽些以便安放触头,缝的上部较窄以便电弧压缩并和灭弧室壁有很好的接触,当触头断开时,电弧被外界磁场或电动力横吹而穿入缝内,将电弧的热量传递给室壁而迅速冷却,去游离的效应大增,促使电弧熄灭。

(5) 栅片灭弧。灭弧栅如图 7.17 所示,在灭弧罩内触头的上方装有一些导磁性能良好的灭弧栅片(铁片表面镀铜),当触头断开时产生电弧,电弧(电流)磁通 Φ 力图向磁导率高的铁片偏移而产生作用力 F,电弧穿入栅片被栅片分成许多短弧,每个栅片就成为短电弧的电极,一方面使每个栅片间的电弧电压不足以达到燃弧电压,另一方面栅片将电弧的热量传出而使电弧迅速冷却,促使电弧熄灭。灭弧栅广泛地应用在交流接触器中。

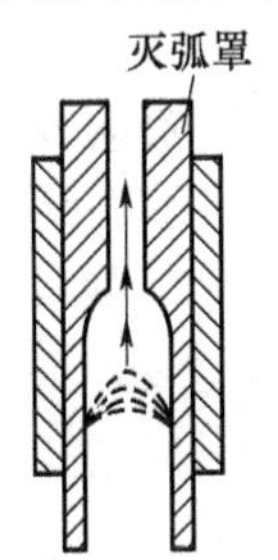

图 7.16 纵(窄)缝减弧装置

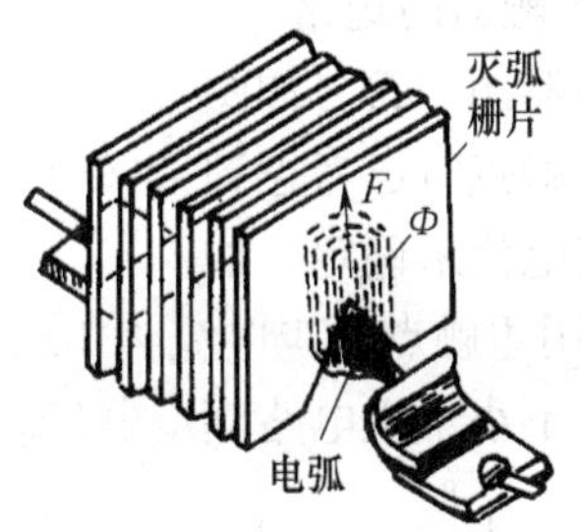

图 7.17 灭弧栅熄弧装置

实际上,这些灭弧装置往往是综合应用的,如磁吹和纵缝组合,灭弧栅和纵缝组合等。

4) 电磁机构

电磁机构由线圈、铁芯、衔铁等组成。线圈的作用是将电能转化为磁能,即产生磁通,衔铁在电磁吸引力的作用下产生机械位移使铁芯吸合,从而带动触头。

交流接触器的吸引线圈(工作线圈)一般做成有架式,形状较扁,以避免与铁芯直接接触,改善线圈的散热情况。由于交流线圈的匝数较少,纯电阻小,所以使用时应特别注意,不能把交流接触器的线圈接在直流电源上,否则将因电阻小而流过很大的电流使线圈烧坏。

为了减少涡流损耗,交流接触器的铁芯都用硅钢片叠铆而成,并在铁芯的端面上装有分磁环(短路环),如图 7.18(a)所示。

在线圈中通有交变电流时,在铁芯中产生的磁通也是交变的。当磁通过零时,它所产

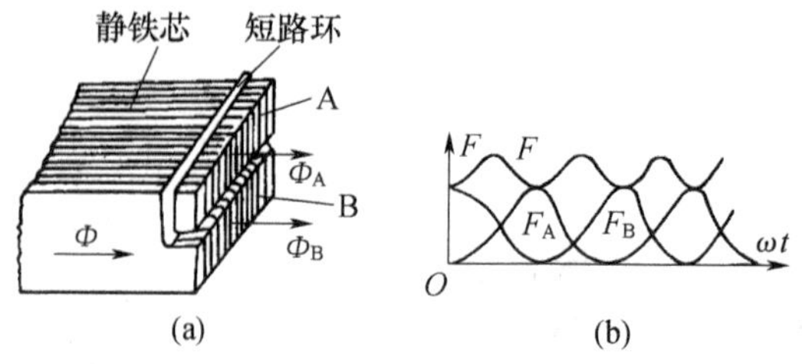

图 7.18 铁芯吸力的变化

生的吸力也为零，衔铁有离开趋势，但未及离开，磁通又很快上升，动铁芯又被吸回，结果造成振动，产生噪声。在图 7.18(a)中，短路环将铁芯端部分为两部分，铁芯面 A 不被短路环所包，通过这部分的磁通 Φ_A 产生吸力 F_A；被短路环所包的铁芯面 B 在短路环内产生感应电势和电流，这电流所产生的磁通将企图阻止 B 面中磁通的变化，致使穿过 B 面的实际磁通 Φ_B 滞后于 Φ_A 一个角度，它所产生的吸力 F_B 也将滞后于 F_A，使总的合力 F 不经过零点(图 7.18(b))，从而消除了振动和噪声。

2. 直流接触器

直流接触器主要用以控制直流电路。它的组成部分和工作原理同交流接触器一样，原理结构图如图 7.19 所示。

直流接触器常用磁吹和纵缝灭弧装置来灭弧。

直流接触器的铁芯没有涡流，一般用软钢或工程纯铁制成圆形。

由于直流接触器的吸引线圈通以直流，所以没有冲击的启动电流。

3. 接触器的选用

接触器图形符号如图 7.20 所示。接触器是机电传动中最主要的控制电器之一。在设计它的触点时已考虑到接通负荷时的启动电流问题，因此，选用接触器时主要应根据负荷的额定电流来确定。如一台 Y112M－4 三相异步电动机，额定功率 4kW、额定电流为 8.8A，选用主触点额定电流为 10A 的交流接触器即可。除电流之外，还应满足接触器的额定电压不小于主电路额定电压。

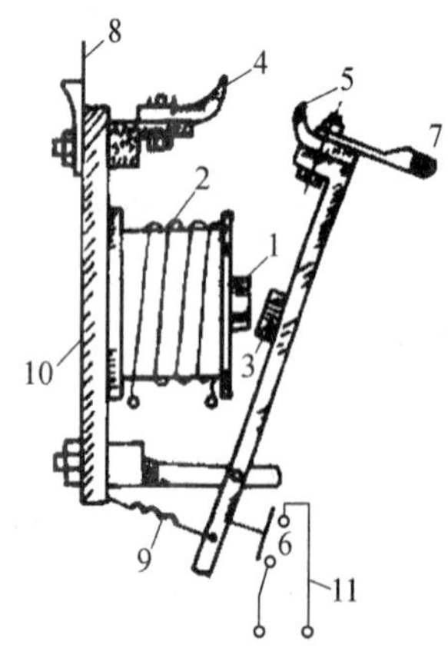

图 7.19 直流接触器的原理结构图

1—铁芯；2—线圈；3—衔铁；4—静触头；5—动触头；6—辅助触头；7,8,11—连接线端；9—反作用弹簧；10—底板。

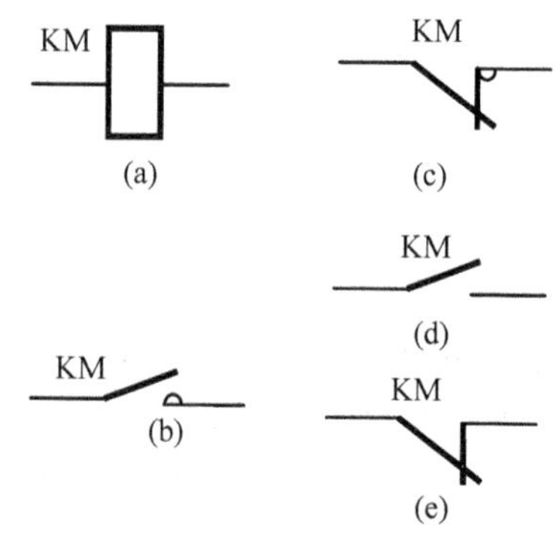

图 7.20 接触器图形符号

(a) 线圈；(b) 动合主触头；(c) 动断主触头；(d) 动合辅助触头；(e) 动断辅助触头。

目前,常用的交流接触器型号有 CJ10、CJ12、CJ12B、CJ20、CJXl 等系列。例如,CJl0-40A,其主触头的额定工作电流为 40A,可以控制额定电压为 380V、额定功率为 20kW 的三相异步电动机。

目前常用的直流接触器是 CZ0 系列。

7.1.5 继电器

继电器实质上是一种传递信号的电器。当输入信号的变化量达到规定要求时,它的触点就发生阶跃变化(通—断),从而实现控制电路的状态变化。

继电器的种类很多,按它反映信号的种类,可分为电流型、电压型、速度型、压力型等;按动作时间,分为瞬时动作型和延时动作型(后者常称为时间继电器);按作用原理,分为电磁式、感应式、电动式、电子式和机械式等。

电磁式继电器有直流和交流之分,它们又可分为电流、电压、时间继电器等,有些同一型号(如直流继电器 JT3)中含有几种类型的继电器。

电磁式继电器的主要结构和工作原理与电磁式接触器基本相同。电磁式继电器的线圈和触点均连接在控制回路中,即其触点不能用来接通或断开负载电路,没有主触头和辅助触头之分,这点是与接触器的最大区别。

1. 电流继电器

电流继电器是根据线圈中的电流大小而动作的,使用时线圈与负载串联。电流继电器线圈的特点是匝数少、线径较粗、能通过较大电流。按吸合电流大小,又可分为过电流继电器和欠电流继电器两种。

过电流继电器在正常工作时,线圈中有负载电流,但不产生吸合动作。当线圈中的电流大于吸合电流时,触点动作。也就是说,过电流继电器正常工作时,衔铁不吸合。

欠电流继电器在正常工作时,由于线圈电流大于吸合电流,衔铁处于吸合状态。如果由于某种原因,使负载电流减小,当电流减小到释放电流时,则衔铁释放。也就是说,欠电流继电器正常工作时处于吸合状态。

2. 电压继电器

电压继电器是根据电压大小而动作的,使用时线圈与负载并联。其线圈特点是匝数多、线径较细。它有交流和直流之分,按动作电压大小又可分为过电压继电器和欠电压继电器两种。

(1) 过电压继电器。过电压继电器无直流产品。正常工作时,线圈两端所加的电压没有超过吸合电压,所以衔铁不产生吸合动作。如果由于某种原因使线圈两端所加的电压超过吸合电压时,衔铁吸合,触点动作。也就是说,过电压继电器正常工作时不吸合。

(2) 欠电压继电器。正常工作时,由于线圈两端所加的电压大于吸合电压,衔铁处于吸合状态。如果由于某种原因,使线圈两端所加的电压减小,当电压减小到释放电压时,则衔铁释放。也就是说,欠电压继电器正常工作时处于吸合状态。

3. 中间继电器

中间继电器本质上是电压继电器,但还具有触头多(多达六对或更多)、触头能承受的电流较大(额定电流 5A~10A)、动作灵敏(动作时间小于 0.05s)等特点。中间继电器通常用来传递信号和同时控制多个电路,也可用来直接控制小容量电动机或其他电气执行元件。中间继电器的结构和工作原理与交流接触器基本相同,与交流接触器的主要区别是触点数目多,且触点容量小。

它的用途有两个:

(1) 用作中间传递信号。当某些控制电器的输出端信号与所要控制的电器输入端信号不匹配时,可以用中间继电器作为信号转换。

(2) 用作同时控制多条线路。

选用中间继电器时,主要根据控制线路所需触头的多少和电源电压等级。

4. 热继电器

热继电器是利用电流通过发热元件时产生的热量,使检测元件受热弯曲变形而推动机构动作,实现触点的动作,主要用于保护电动机的过载。因为电动机短时过载是允许的,但长时间过载时电动机就要发热,因此,必须采用热继电器进行保护。

图 7.21 是热继电器的原理结构示意图。发热元件与双金属片是为了反映温度信号而设置的感应部分;触点是为了实现控制目的而设置的执行部分。

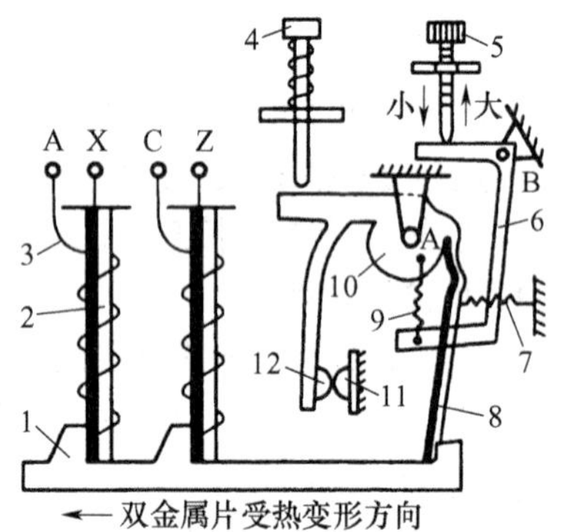

图 7.21 JR14 - 20/2 型热继电器的原理结构示意图

1—绝缘杆(胶纸板); 2—双金属片; 3—发热元件; 4—手动复位按钮; 5—调节旋钮; 6—杠杆(绕支点 B 转动); 7—弹簧(加压于 8 上,使 1 与 8 扣住); 8—感温元件(双金属片);9—弹簧; 10 —凸轮支件(绕支点 A 转动); 11—常闭静触头; 12—常闭动触头。

工作原理如下:

发热元件用镍铬合金丝等材料做成,直接串联在被保护的电动机主电路内,它随电流大小和时间的长短而发出不同的热量,这些热量加热双金属片。双金属片是由两种膨胀系数不同的金属片碾压而成,一侧采用高膨胀系数的材料,如铜或铜镍合金,另一侧采用低膨胀系数的材料,如因瓦钢。双金属片的一端是固定的,另一端为自由端,过度发热会使其向左弯曲。

当电动机正常工作时,热元件产生的热量虽能使双金属片弯曲,但还不足以使继电器动作;当电动机较长时间过载时,热元件产生的热量增大,使双金属片弯曲逐渐增大,双金属片的自由端便向左弯曲推动绝缘杆,绝缘杆带动感温元件向左转而使感温元件脱开绝缘杆,凸轮支件在弹簧的拉动下绕支点 A 顺时针方向旋转,从而将常闭触点断开。常闭触点是接在电动机的控制电路中的,控制电路断开便使接触器的线圈断电,从而断开电动机的主电路。

当热继电器动作后,可在 2min 之内按下手动复位按钮进行复位,或者在 5min 之后热继电器触头自行复位。

使用热继电器时要注意以下几个问题:

(1) 为了正确地反映电动机的发热,在选择热继电器时应采用适当的热元件,热元件的额定电流与电动机的额定电流相等时,继电器便准确地反映电动机的发热。

(2) 注意热继电器所处的周围环境温度,应保证它与电动机有相同的散热条件,特别是有温度补偿装置的热继电器。

(3) 由于热继电器有热惯性，大电流出现时它不能立即动作，故热继电器不能用作短路保护。

从结构上看，热继电器分为二极型和三极型。其中三极型又分为带断相保护和不带断相保护两种。用热继电器保护三相异步电动机时，至少要用有两个热元件的热继电器，即二极型。当电源三相不平衡、容易缺相时，最好采用有三个热元件带断相保护的热继电器。

三相电动机的一根接线松开或一相熔丝熔断，是造成三相异步电动机烧坏的主要原因之一。如果热继电器所保护的电动机是 Y 形接法，当线路发生一相断电时，另外两相电流便增大很多，由于线电流等于相电流，流过电动机绕组的电流和流过热继电器的电流增加比例相同，因此普通的二极型和三极型热继电器可以对此作出保护。如果电动机是△形接法，发生断相时，由于电动机的相电流与线电流不等，流过电动机绕组的电流和流过热继电器的电流增加比例不相同，而热元件又串联在电动机的电源进线中，按电动机的额定电流即线电流来整定，整定值较大。当故障线电流达到额定电流时，在电动机绕组内部，电流较大的那一相绕组的故障电流将超过额定相电流，便有过热烧毁的危险。所以△接法必须采用带断相保护的热继电器。

5. 继电器图形符号

中间继电器、电压继电器、电流继电器和热继电器的线圈、触点的图形文字符号如图 7.22 所示。

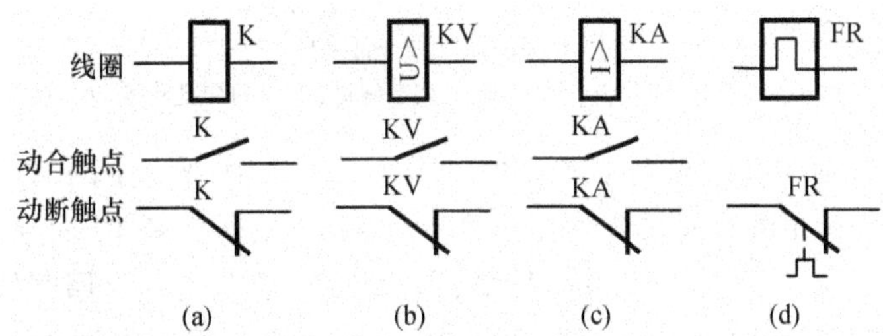

图 7.22 继电器图形符号

(a) 中间继电器；(b) 电压继电器；(c) 电流继电器；(d) 热继电器。

6. 时间继电器

从得到输入信号(线圈通电或断电)开始，经过一定的延时后才输出信号(触点闭合或断开)的继电器，称为时间继电器。

时间继电器的延时方式有两种：通电延时，接收输入信号后延迟一定的时间，输出信号才发生变化。断电延时，接收输入信号后，瞬时产生相应的输出信号；当输入信号消失后，延迟一定的时间，输出才恢复。

时间继电器的输出方式有两种，即瞬时触头(动合触头和动断触头)和延时触头(动合触头和动断触头)。

时间继电器的种类很多，常用的有空气阻尼式时间继电器、电磁式时间继电器、电动式时间继电器、晶体管式时间继电器、单片机控制时间继电器等。

1) 空气阻尼式时间继电器

空气阻尼式时间继电器是利用空气阻尼作用而达到延时的目的。它由电磁机构、延时机构和触点组成。

空气阻尼式时间继电器的电磁机构有交流、直流两种。延时方式有通电延时型和断电延时型(改变电磁机构位置,将电磁铁翻转180°安装)。当动铁芯(衔铁)位于静铁芯和延时机构之间位置时为通电延时型;当静铁芯位于动铁芯和延时机构之间位置时为断电延时型。JS7－A 系列时间继电器如图 7.23 所示。

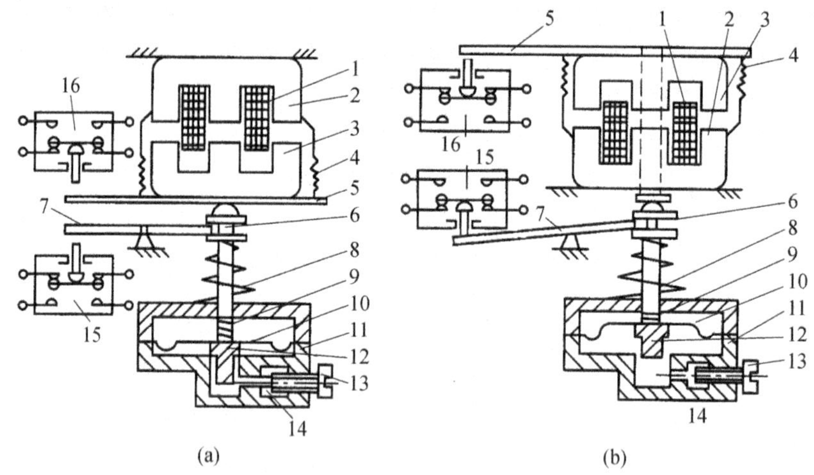

图 7.23　JS7－A 系列时间继电器

(a) 通电延时型;(b)断电延时型。

1—线圈;2—铁芯;3—衔铁;4—反力弹簧;5—推板;6—活塞杆;7—杠杆;8—塔形弹簧;9—弱弹簧;10—橡皮膜;11—空气室壁;12—活塞;13—调节螺钉;14—进气孔;15,16—微动开关。

现以通电延时型为例说明其工作原理。图 7.23(a)中,当线圈 1 得电后衔铁(动铁芯)3 吸合,活塞杆 6 在塔形弹簧 8 作用下带动活塞 12 及橡皮膜 10 向上移动,橡皮膜下方造成稀薄的空气层,空气室空气变得稀薄,形成负压,活塞受其上层气体的压力而只能缓慢移动,其移动速度由进气孔气隙大小来决定。室外空气经由进气孔、调节螺钉逐渐进入气室,活塞逐渐上移,移动至最后位置时,活塞杆通过杠杆 7 压动微动开关 15,使其延时触点动作输出信号。自电磁铁线圈通电时刻起至微动开关触点动作时为止的时长,即为通电延时时间。延时时间可以通过调节螺钉 13 调节进气孔气隙大小来改变。

当线圈断电时,衔铁释放,橡皮膜下方空气室内的空气通过活塞肩部所形成的单向阀迅速地排出,反力弹簧 4 使活塞杆 6 迅速向下复位,杠杆 7、微动开关 15 和 16 也迅速复位。线圈断电时,微动开关触点与线圈时间一致,同时复位。

断电延时型的结构、工作原理与通电延时型相似,只是电磁铁安装方向不同,即当衔铁吸合时推动活塞复位,排出空气,如图 7.23(b)所示。当线圈得电时,微动开关 15 动作时间与线圈一致,立即动作。当衔铁释放时活塞杆在弹簧作用下使活塞杆向上移动。由于橡皮膜气室作用,活塞杆的上移只能缓慢完成,实现断电延时。

在线圈通电和断电时,微动开关 16 在推板 5 的作用下都能瞬时动作,其触点为时间继电器的瞬动触点。

2) 电磁式时间继电器

电磁式时间继电器的结构与一般电磁继电器(如电压继电器)相似,如图 7.24 所示,它由铁芯、线圈与触点三部分组成,所不同的仅在于为了获得延时,在铁芯上插入短路铜套,当线圈断电时,磁通开始衰减,在铜套内产生电势和电流,此电流所产生的磁通反对磁通的减少,从而导致衔铁的延时释放。调节弹簧的松紧或改变铁芯与衔铁间非磁性垫片的厚度,可调节延时的长短。

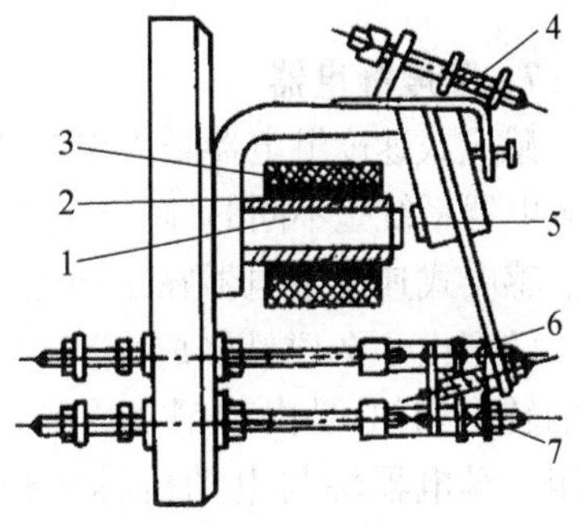

图 7.24　电磁式时间继电器结构图

1—铁芯; 2—铜套; 3—线圈; 4—调整弹簧; 5—垫片; 6—动合触点; 7—动断触点。

3) 电动式时间继电器

电动式时间继电器是利用电动机(常用微型同步电动机)的转动来产生延时。

4) 晶体管式时间继电器

晶体管时间继电器也称半导体时间继电器,它具有延时范围广、精度高、体积小、重量轻、耐振动、调节方便以及寿命长等优点,所以发展很快,在自动控制系统中获得了广泛的应用。它是用晶体管或场效应管等配合电阻、电容等组成,虽然所用元件各不相同,但它们的延时原理都是利用 RC 电路中电容器的充、放电原理来获得延时的。

晶体管时间继电器的输出形式有有触点式和无触点式两种,前者是用晶体管驱动小型电磁式继电器,后者是采用晶体管或晶闸管输出。

5) 单片机控制时间继电器

随着微电子技术的发展,采用集成电路、功率电路和单片机等电子元件构成的新型时间继电器大量面市,如 DHC6 多制式单片机控制时间继电器,J5S17、J3320、JSZl3 等系列大规模集成电路数字时间继电器,J5145 等系列电子式数显时间继电器,J5G1 等系列固态时间继电器等。多种制式时间继电器可供用户根据需要选择,达到以往需要较复杂接线才能达到的控制功能。使用简便,节省中间控制环节,可靠性极高。

时间继电器的图形符号表示如表 7.1 所列,文字符号为 KT。

表 7.1　时间继电器的图形符号

延时方式	线 圈	延 时 触 点	
		动 合 触 头	动 断 触 头
通电延时			
断电延时			

常用时间继电器的性能比较列于表 7.2 中。

表 7.2　常用时间继电器的性能比较

形式	线圈的电流种类	延时范围	延时的准确度	触点延时的种类
空气式	交流	0.4s ~ 180s	±(8% ~ 15%)	得电延时/失电延时
电磁式	直流	0.3s ~ 16s	±10%	失电延时
电动式	交流	0.5s 至几十小时	准确,±1%	得电延时/失电延时
晶体管式	直流	0.1s ~ 1h	准确,±3%	得电延时/失电延时
新型	交直流	0.01s ~ 9999h	准确	得电延时/失电延时

7. 速度继电器

感应式速度继电器是依靠电磁感应原理实现触点动作的，因此，它的电磁系统与一般电磁式电器系统是不同的，而与交流电动机的电磁系统相似，即由定子和转子组成其电磁系统。感应式速度继电器在结构上主要由定子、转子和触点三部分组成，如图 7.25 所示。

转子由永久磁铁制成，定子的结构与鼠笼式电动机的转子相似，是由硅钢片叠制而成，并装有鼠笼式绕组。继电器轴与电动机轴相连接，当电动机转动时，继电器的转子随着一起转动，这样，永久磁铁的静止磁场就成了旋转磁场。当定子内的鼠笼式导体因切割磁场而感生电势和产生电流时，导体与旋转磁场相互作用产生电磁转矩，于是定子随着转子做相应偏转。转子转速越高，定子导体内产生的电流越大，电磁转矩也就越大。当定子偏转到一定角度时，在杠杆的作用下使动断触点断开而动合触点闭合。在杠杆推动触点的同时，也压缩相应的反力弹簧，其反作用力阻止了定子继续偏转。当电动机转速下降时，继电器的转子转速也随之下降，定子导体内产生的电流也相应地减少，因而使电磁转矩也相应减小。当继电器转子的转速下降到一定数值时，电磁转矩小于反力弹簧的反作用力矩，定子便返回到原来位置，使对应的触点恢复到原来状态。调节螺钉的松紧，可以调节反力弹簧的反作用力，从而可以调节触点动作所需的转子转速。

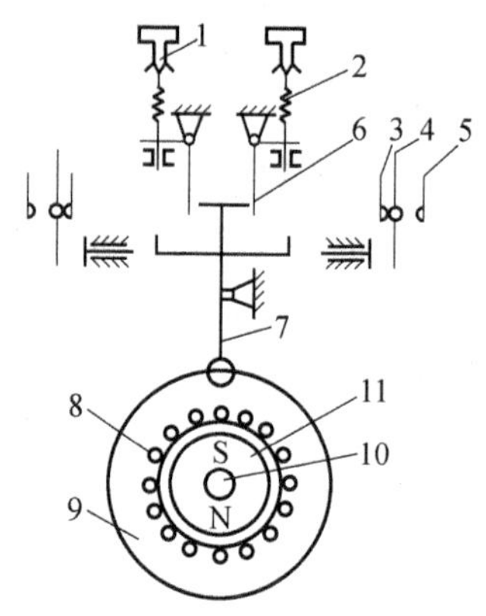

图 7.25 感应式速度继电器结构示意图

1—调节螺钉；2—反力弹簧；3—动断触点；4—动触点；5—动合触点；6—返回杠杆；7—杠杆；8—定子导体；9—定子；10—转轴；11—转子。

常用的感应式速度继电器有 JY1 和 JFZO 系列。JY1 系列能在 3000r/min 以下可靠地工作；JFZO－1 型适用于 300r/min～1000r/min，JFZO－2 型适用于 1000r/min～3600r/min；JFZO 系列有两对动断触点和动合触点。一般感应式速度继电器转轴在 120r/min 左右时触点即能正常工作。

速度继电器的图形符号及文字符号如图 7.26 所示。

8. 固态继电器

固态继电器（SSR）是采用固体半导体元件组装成的一种新型的无触点开关。SSR 通常为封装结构，采用绝缘防水材料浇注，外形如图 7.27 所示。固态继电器按切换负载的性质分为直流和交流两种，现以 ACC－SSR 固态继电器为例介绍。

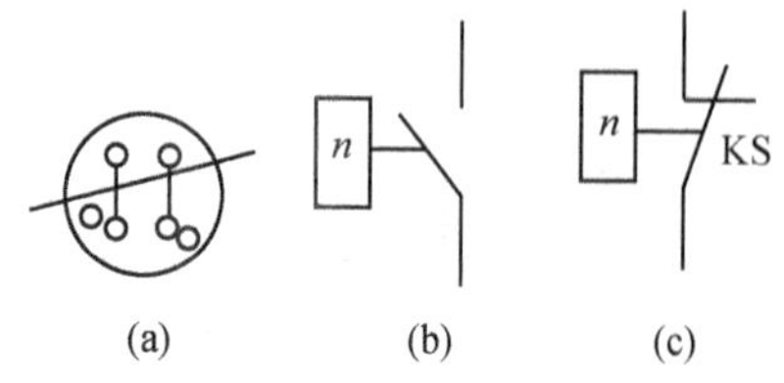

图 7.26 速度继电器图形符号和文字符号

（a）转子；（b）动合触点；（c）动断触点。

图 7.27 固态继电器

优点：

(1) 输入功率小。在最大输入电压下的最大输入电流为12mA～20mA，能被TTL或CMOS逻辑集成电路直接驱动。输入电压大多在3V～32V，可靠接通电压大于6V，可靠关断电压小于0.8V。

(2) 驱动能力强。可在工频电压下驱动上百安的负载，具有很大的功率放大作用。

(3) 动作快。比电磁式继电器的速度提高近千倍。

(4) 抗干扰能力强。对系统的干扰小，同时自身的抗干扰能力强。此外，输入和输出之间采用光电隔离。

缺点：

(1) 关断后有漏电流。

(2) 在过载方面不如电磁接触器。

7.2 继电器—接触器控制的常用基本电路

继电器—接触器自动控制电路是把各种有触点的接触器、继电器、按钮、行程开关等电器元件，用导线按一定方式连接起来组成的控制电路。其作用：实现对机电传动系统的启动、调速、正/反转和制动等运行性能的控制，实现对机电传动系统的保护，满足生产工艺要求，实现生产过程自动化。电气控制电路在工矿企业的各种生产机械的电气控制领域中，有着广泛的应用。

典型的控制环节有点动控制、单向自锁运行控制、正/反转控制、行程控制、时间控制等。电动机在使用过程中由于各种原因可能会出现一些异常情况，如电源电压过低，电动机电流过大，电动机定子绕组相间短路或电动机绕组与外壳短路等，如不及时切断电源则可能会对设备或人身带来危险，因此必须采取保护措施。常用的保护环节有短路保护、过载保护、零压保护和欠压保护等。

7.2.1 继电器—接触器自动控制电路的构成

图7.28是用接触器控制鼠笼式异步电动机的工作原理图，该图形象地表示了控制电路中电器安装情况以及相互间的连线，这种图对初看电路图的读者甚为适合，但它不易绘制。

工程上电气线路都用一些规定的图形符号来表示，这就使绘图工作大为简化，电路图也得到统一。将图7.28所示电路采用符号绘出时得到如图7.29所示电路图(此图已在图7.28的基础上增加了一些功能)，这种图称为安装电路图，是电气施工(安装)时最重要的资料之一。随着生产的发展，控制系统日趋复杂，使用的电器元件越来越多，使安装图中相交的线很多，阅读起来很不方便，为了满足分析电路或设计电路的需要，又产生了根据工作原理与便于阅读而绘制的电路图，这种图就称为原理电路图(简称原理图)，如图7.30所示。原理电路图是机电设备设计的基本和重要的技术资料，如机床的生产效率和机床在运行中的可靠性在很大程度上与原理电路图的设计质量有关。

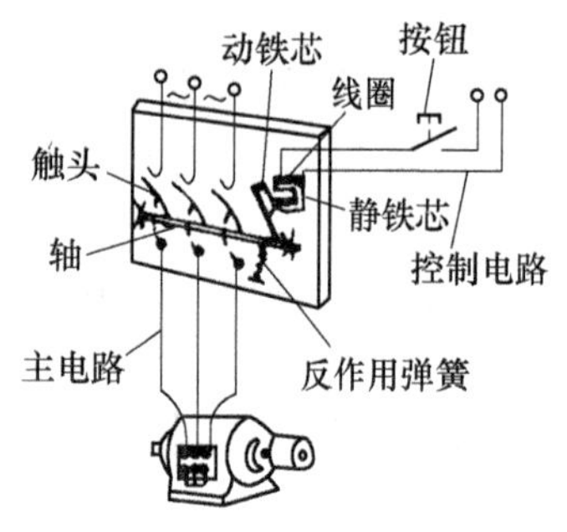

图 7.28　接触器控制电路的工作原理

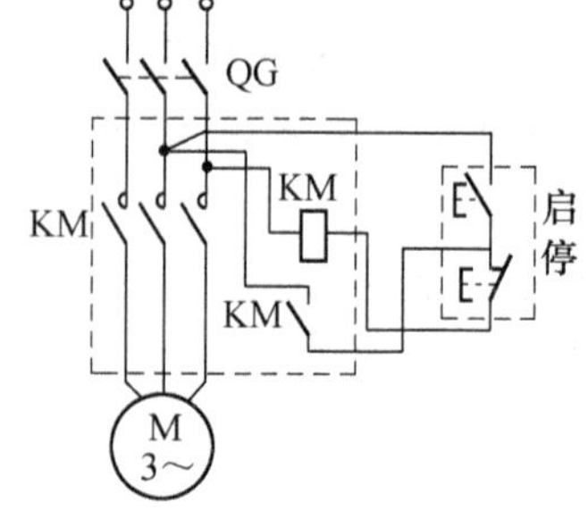

图 7.29　安装电路图

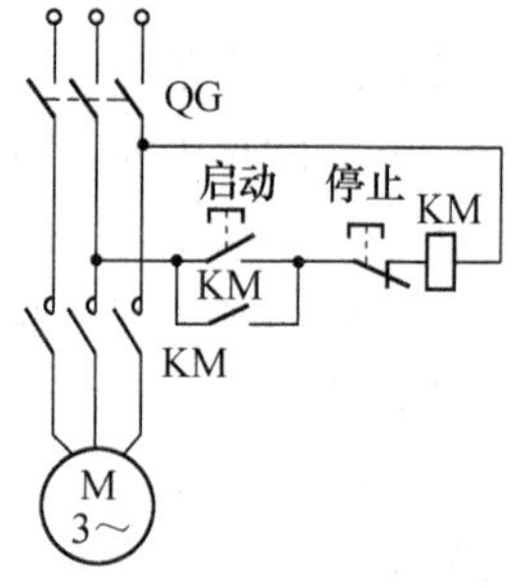

图 7.30　原理电路图

为了便于读者有规律地阅读原理图或者拟定简单的原理图，下面以图 7.31 所示原理图为例，说明绘制原理图的基本规则。

（1）电气原理图中的图形符号、文字必须符合 GB/T 4728《电气图用图形符号》、GB/T 6988《电气制图》及 GB 7159《电气技术中的文字符号制定通则》。

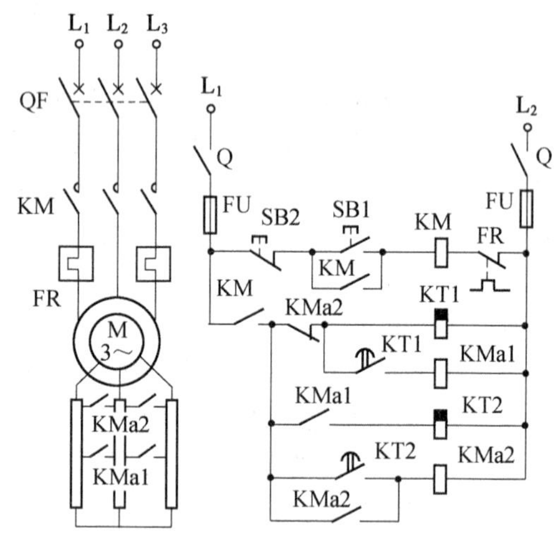

图 7.31　原理电路图示例

（2）为了区别主电路与控制电路，在绘制原理电路图时主电路（电动机、电器及连接线等），用粗线表示，而控制电路（电器及连接线等）用细线表示。电路图应按主电路、控制电路、照明电路、信号电路分开绘制。通常习惯将主电路放在原理电路图的左边（或上部），而将控制电路放在右边（或下部）。直流和单相电源电路用水平线画出，一般画在图纸上方（直流电源的正极）；多相电源电路，集中水平画在图纸上方，相序自上而下排列，中性线（N）和接地保护线（PE）放在相线之下。

（3）原理电路图在布局上采用功能布局法，同一功能的电气相关件应画在一起。电路应按动作顺序和信号流自上而下、从左而右的原则绘制。在原理电路图中，控制电路中的电源线分列两边，各控制回路基本上按照各电器元件的动作顺序由上而下平行绘制（如图中 KM 动作后，KT1 再动作……），或者按动作顺序由左至右平行绘制。

（4）在原理电路图中，各个电器并不按照它实际的布置情况绘在电路上，而是采用同一电器的各部件分别绘在它们完成作用的地方（如图中 KM 的线圈和触头分得很散，三个主触头用来接通电动机，一个辅助触头用于自锁，另一个用于接通其他的控制电路）。

（5）为区别控制电路中各电器的类型和作用，每个电器及它们的部件用一定的图形符号表示，且给每个电器有一个文字符号，属于同一个电器的各个部件（如接触器的线圈和触头）用同一个文字符号表示。而作用相同的电器用一定的数字序号区分（如图中 KMa1 和 KMa2 都是接触器）。

(6) 原理电路中各元器件触头图形符号:当图形垂直放置时以“左开右闭”绘制,即垂线左侧的触点为动合触点,垂线右侧的触点为动断触点;当图形水平放置时以“上开下闭”绘制,即垂线上方的触点为动合触点,垂线下方的触点为动断触点。

(7) 因为各个电器在不同的工作阶段分别做不同的动作,触点时闭时开,而在原理电路图内只能表示一种情况,因此,规定所有电器的触点均表示初始位置,即各种电器在线圈没有通电或机械尚未动作时的位置。如对于接触器和电磁式继电器为电磁铁未吸上的位置,对于行程开关、按钮等则为未压合的位置。

(8) 为查线方便,在原理电路图中两条以上导线的电气连接处要打一圆点,且每个接点要标一个编号。以平行绘制的控制回路为例,编号原则:靠近左边电源线的用单数标注,靠近右边电源线的用双数标注,通常都是以电器的线圈或电阻作为单、双数的分界线,故电器的线圈或电阻应尽量放在各行的一侧——左边或右边。

(9) 对具有循环运动的机构,应给出工作循环图,万能转换开关和行程开关应绘出动作程序和动作位置。

一般来说,电气原理图的绘制要求层次分明,各电器元件以及它们的触点的安排要合理,并应保证电气控制电路运行可靠,节省连接导线,以及施工、维修方便。

7.2.2 继电器—接触器控制的基本电路

下面以交流异步电动机为控制对象来介绍它的启动、正/反转、点动、联锁控制等基本典型电路。

1. 启动控制电路及保护装置

图7.30是鼠笼式异步电动机单向全压直接启动、停止的控制电路,但缺乏短路保护和过载保护。图7.32是加了这些保护后的电路图,图中熔断器FU和热继电器FR分别起短路保护和过载保护作用。这就是生产机械中常用的单方向运行的鼠笼式异步电动机控制电路。

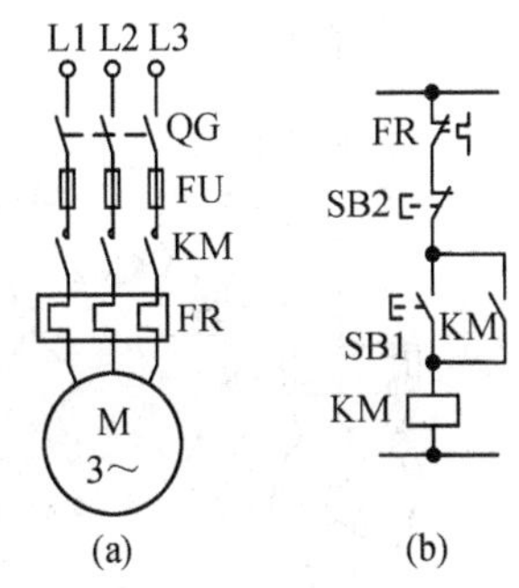

图7.32 鼠笼式异步电动机直接启动控制线路

(a) 主电路;(b) 控制线路。

图7.32中,QG是刀开关;接触器的三个动合主触头接在主电路中,而接触器的线圈和一个动合辅助触头接在控制电路中。热继电器FR的发热元件串接在电动机的主回路中,而其触点则串在控制电路接触器线圈的回路中。

其操作过程如下:

启动时,先合上开关QG(做启动准备),再按下SB1按钮,接触器KM的线圈得电,衔铁吸合,其主触头闭合,电动机便转起来,与此同时,KM的动合辅助触头也闭合,将启动按钮SB1短接,这样当松开SB1按钮时接触器线圈仍旧有电(像这样利用电器自己的触头保持自己的线圈得电,从而保证长期工作的电路环节称为自锁或自保环节),完成电动机的启动。

停止时,按下动断按钮SB2,KM的线圈断电,其主触头打开,电动机便停转,同时KM的辅助触头也打开,故松开SB2后,虽然SB2仍闭合,但KM的线圈不能继续得电,从而保证了电动机断电停转。若使电动机再次工作,可再按 SB1。

图 7.32 所示的控制电路还可实现短路保护、过载保护和零压保护。

起短路保护作用的是串接在主电路中的熔断器 FU。一旦电路发生短路故障,熔体立即熔断,电动机立即停转。

起过载保护作用的是热继电器 FR。当过载时,热继电器的发热元件发热,将其动断触点断开,使接触器 KM 线圈断电,串联在电动机回路中的 KM 的主触点断开,电动机停转。同时 KM 辅助触头也断开,解除自锁。故障排除后若要重新启动,需按下 FR 的复位按钮,使 FR 的动断触头复位(闭合)即可。

起零压(或欠压)保护作用的是接触器 KM 本身。当电源暂时断电或电压严重下降时,接触器 KM 线圈的电磁吸力不足,衔铁自行释放,使主、辅触点自行复位,切断电源,电动机停转,同时解除自锁。

2. 正、反转控制电路

许多生产机械运动部件,需要电动机能正、反转运行。由异步电动机的工作原理可知,将电动机供电电源的任意两相调换,就可以控制异步电动机做反向运动。为了更换相序,需要使用两个接触器来完成。图 7.33(a)为异步电动机正反转控制的主电路。正转接触器 KM1 接通正向工作电路;反转接触器 KM2 接通反向工作电路,KM2 接通时电动机定子端的相序恰与 KM1 接通时相反。

图 7.33(b)所示的控制电路简单可行,但具有致命缺点。即同时按下正向按钮 SB1 和反向按钮 SB2,接触器 KM1,KM2 同时接通,主电路上会造成电源短路事故。

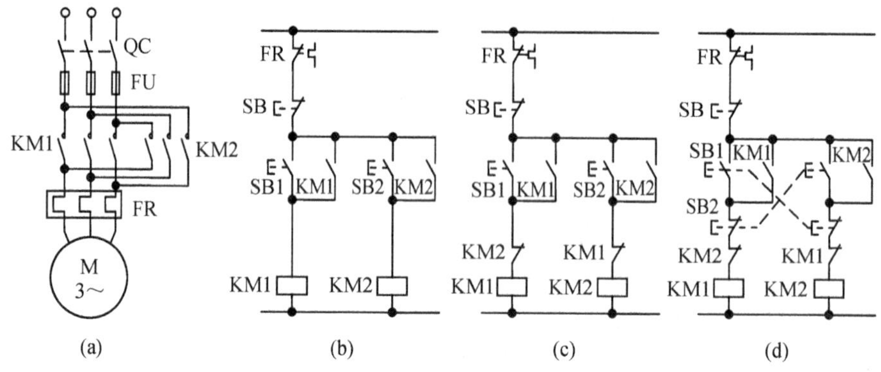

图 7.33 异步电动机正反转控制电路

(a) 主电路;(b) 简单控制;(c) 互锁控制;(d) 实用控制电路。

图 7.33(c)所示的带互锁功能的控制电路,可以避免产生上述事故。其特点:将接触器 KM1 的动断辅助触点串入 KM2 的线圈回路中,从而保证在 KM1 线圈通电时 KM2 线圈回路总是断开的;将接触器 KM2 的动断辅助触点串入 KM1 的线圈回路中,从而保证在 KM2 线圈通电时 KM1 线圈回路总是断开的。这样接触器的动断辅助触点 KM1 和 KM2 保证了两个接触器线圈不能同时通电,这种控制方式称为联锁或者互锁,这两个动断辅助触点称为联锁触点或互锁触点。但此电路在电动机在正转时,若需要反向则必须先按停止按钮 SB,而不能直接按反向按钮 SB2,这给操作带来极大不便。

图 7.33(d)所示的电路,采用复合按钮即可解决操作不便的问题。采用复合按钮,将 SB1 按钮的动断触点串接在 KM2 的线圈电路中,将 SB2 的动断触点串接在 KM1 的线圈电

路中；这样，无论何时，只要按下反转启动按钮，在 KM2 线圈通电之前就首先使 KM1 断电，从而保证 KM1 和 KM2 不同时通电。从反转到正转的情况也是一样。这种由机械按钮实现的联锁也叫机械联锁或按钮联锁，所以，此电路是一个较完整的正、反转自动控制电路，生产机械中应用广泛。

3. 点动控制电路

"点动"或"点车"，是指按下按钮电动机转动，松开按钮电动机停止。

图 7.34(a)所示是实现点动的最简单的控制电路，该电路不能实现连续工作。

图 7.34(b)、(c)、(d)所示电路皆能同时实现点动和连续工作两个要求。

图 7.34 (b)中选择开关 SA 用来在点动、连续工作模式之间切换，SA 打开时为点动工作模式，SA 闭合时为连续工作模式。这就要求在操作前，必须先扳动 SA 开关选择工作模式。当点动、连续互换频繁时，操作很不方便。

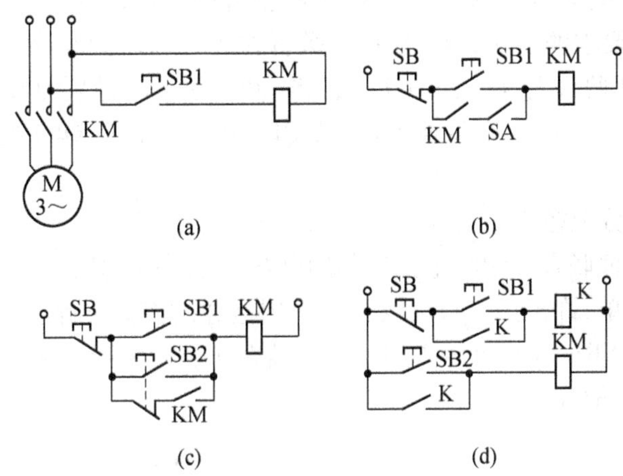

图 7.34 点动自动控制电路

(a) 点动控制；(b) 点动和连续控制；(c) 点动和连续分别控制；(d) 实用电路。

图 7.34 (c)中采用两个按钮分别控制点动、连续工作。当按下按钮 SB1 时，连续工作；当按下按钮 SB2 时，依靠其动断触点将自锁回路断开，使 KM 不能自锁而实现点动工作。但这个电路的工作不完全可靠，如果 KM 的释放动作缓慢，将因 SB2 的动断触点过早闭合，使 KM 继续自锁得电而使电动机连续工作。

图 7.34 (d)所示电路采用中间继电器 K 进行联锁控制，消除了上述缺点。按 SB1 时，通过 K 接通 KM，且 K 自锁，使电动机连续工作；若按 SB2 时，由于没有接通 K，所以不能将 KM 自锁，仅能点动工作，且当电动机已经启动连续工作后，再按点动按钮 SB2，SB2 不能起作用。如国产立车 C534J1 的工作台就采用此控制电路。

4. 多电动机的联锁控制电路

1) 两台电动机的互锁

例如，铣床不仅要求主轴旋转后才允许进给装置工作，而且须满足只有在进给装置停止后，才允许主轴旋转停止。这样的互锁采用图 7.35 所示的自动控制电路即可满足。图中，M1 为主轴电动机，M2 为进给装置电动机。

2) 联合控制与分别控制

多电动机拖动的生产机械工作中常需要联合动作，而在调整时又需单独动作，如机床

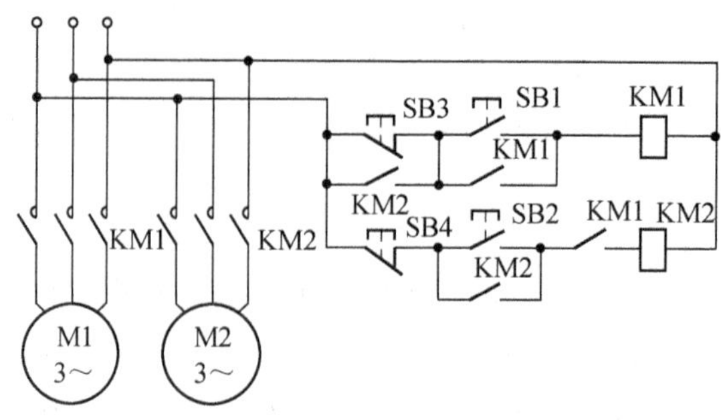

图 7.35　两台电动机工作、停车都互锁的电路

的主运动和进给运动之间就有这种要求,称为联合控制和分别控制。

图 7.36 为两台电动机的联合控制和分别控制的电路,其中,采用了两个转换开关 QB1 和 QB2 来选择要求的动作,两个转换开关皆在Ⅰ位置时为联合动作,即按 SB1,KM1 和 KM2 同时得电,使两台电动机同时工作。若 QB1 在Ⅱ位置且 QB2 在Ⅰ位置,则只有 KM2 可以得电,即第二台电动机单独工作;若 QB1 在Ⅰ位置且 QB2 在Ⅱ位置,则第一台电动机单独工作。

3)集中控制与分散控制

图 7.37 为另一种联合控制与单独控制的电路,电路的特点是各拖动电动机的操作独立性更好,操作也简单,许多生产自动线上都采用这样的控制电路。图中,SB5 和 SB6 装在集中控制台上,而 SB1、SB3 和 SB2、SB4 分别装在每一台生产设备的控制台上,因此,就得到了集中控制与分散控制。

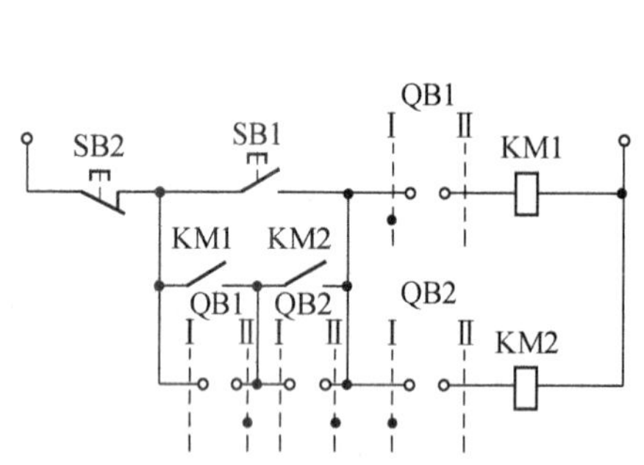

图 7.36　联合控制与分别控制电路

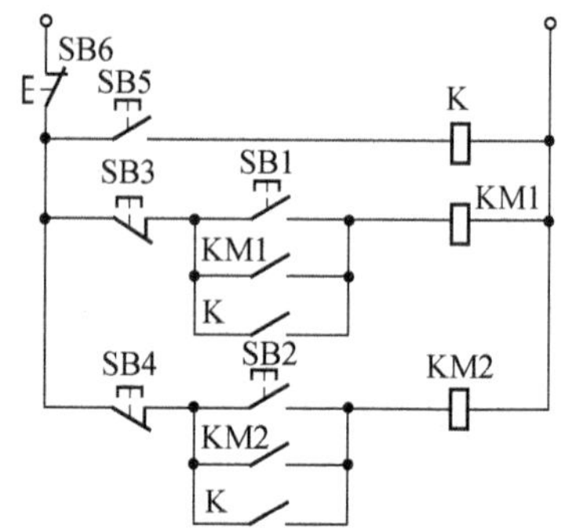

图 7.37　集中控制与分散控制电路

如果将集中控制台放在离生产设备较远的地方,通过较长的连线将按钮与其他的电器连接,则可得到的远距离控制。

5. 多点控制电路

对于大型的生产机械,为了工作人员操作方便,常常要求在两个或两个以上的地点都能进行操作。为了实现这种要求,可以在各操作地点各安装一套按钮,其接线的组成原则是各启动按钮的动合触点并联,而各停止按钮的动断触点串联。

6. 顺序(程序)控制电路

在自动化的生产中,根据加工工艺的要求,加工需按一定的程序进行,即工步要依次转换，一个工步完成后，能自动转换到下一个工步。

如图 7.38 所示，按下启动按钮 SB2 后，继电器 K1 得电并自锁，进行第一个程序，且 K1 的另一动合触点闭合，为 K2 得电做好了准备。当第一个程序工作结束后，行程开关 SQ1 被压合，K2 得电并自锁，进行第二个程序。同时由于 K2 的一个动断触点打开，使 K1 断电。其他程序的转换则依次类推。

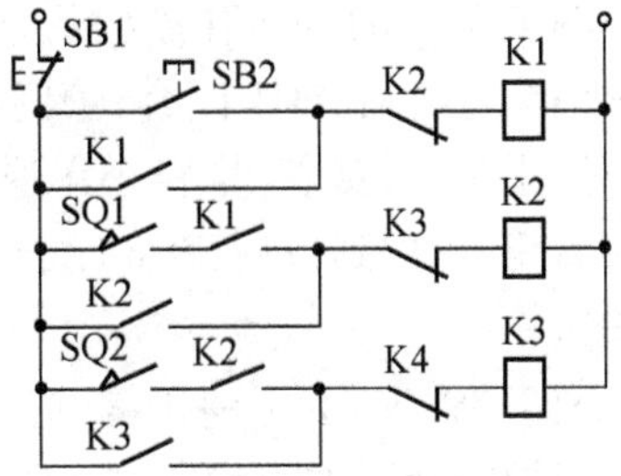

图 7.38　顺序控制电路

7.2.3　常用自动控制方法

自动控制电路的设计常采用的是分析设计法。

根据生产设备的工艺要求与工作过程，充分运用典型控制环节，加以补充修善，综合成所需的自动控制电路。当无典型环节借鉴时，可采取边分析、边设计修改的方法进行，通常依据行程、时间、顺序等原则初步设计，反复推敲后选择最佳方案。有条件时还要进行模拟试验，检查电器元件之间的相互配合，防止竞争现象。下面通过实例介绍一些生产机械中常用的自动控制基本方法。

1. 按行程的自动控制

图 7.39(a)为加热炉的上料机构，推料小车和炉门的运动各由一个电动机带动，SQ2 和 SQ3 分别为推料小车退回到位和前进到位的检测开关，SQ1 和 SQ4 分别为炉门提升到位和下放到位的检测开关，SQ1 ~ SQ4 开关皆为到位时动合触头闭合。

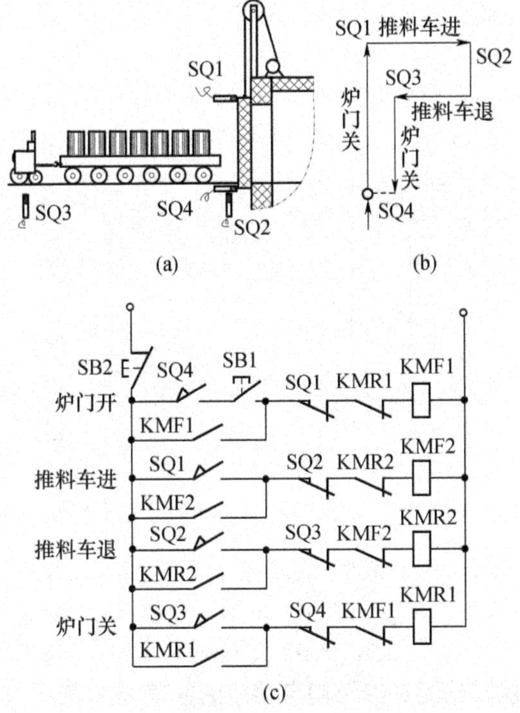

图 7.39　加热炉自动上料机构与控制

(a) 自动上料机构结构；(b) 工作流程示意图；(c) 控制电路。

图 7.39 (b)为工作流程示意图,炉门关闭时 SQ4 闭合,按启动按钮 SB1,炉门开启;当炉门全打开后,SQ1 闭合,炉门停止开启;同时,推料小车前进;小车到位后,SQ2 闭合,小车停止前进;接着,推料小车退回;小车退到原位,SQ3 闭合,小车停止退回;同时,炉门开时关闭;炉门到位后,SQ4 闭合,炉门停止关闭,一个自动过程结束。下次工作时再按启动按钮。

图 7.39 (c)为上料机构的控制电路图,它可以满足上述要求,具体分析如下:

当炉门处于关闭状态时,SQ4 动合触头闭合;按启动按钮 SB1,使炉门开启的接触器 KMF1 接通,炉门上升;当炉门全打开后,SQ1 动断触头将 KMF1 切断,炉门停;同时,SQ1 动合触头闭合,推料小车前进接触器 KMF2 接通,推料小车前进,将料推入炉内;推料到位,SQ2 动作,切断 KMF2,小车前进停止;同时,SQ2 接通 KMR2,小车退回,退到原位时,SQ3 动作,KMR2 失电,小车停止;同时,使炉门关闭的接触器 KMR1 接通,关炉门,当炉门关闭后,SQ4 动作,使 KMR1 失电,这一循环结束。SQ4 动合触头闭合为下次循环做好准备。

2. 按时间的自动控制

鼠笼式异步电动机 Y-△转换的启动,可采用按时间原则设计的控制线路自动实现。

所谓 Y-△启动,就是在启动时先把电动机定子绕组接成星形再接入电源进行降压启动,等到电动机达到一定的转速时,再把定子绕组转接成三角形加上全电压运行。

图 7.40 所示是为实现上述要求的按时间原则设计的一种自动控制电路。按下启动按钮 SBl,时间继电器 KT 得电,KT 的延时断开的动合触点瞬时闭合,使 KM1 线圈得电,KM1 的两个动合主触点闭合,使定子绕组接成星形;同时, KM1 的动合辅助触点使 KM3 线圈得电, KM3 的动合主触点闭合,把电动机接上电源进行降压启动,并且 KM3 的动合辅助触点自锁,动断辅助触点使 KT 失电。经过一段延时后,电动机已接近正常运行转速,此时 KT 的延时断开的动合触点断开,使 KM1 失电,接着 KM2 得电,使电动机定子绕组由星形换接到三角形连接而加上全电压正常运行。

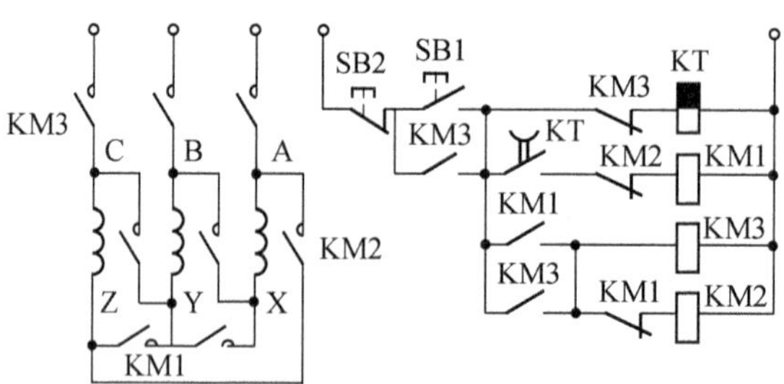

图 7.40　鼠笼式异步电动机的 Y-△启动

与 KT 线圈串联的 KM3 的动断辅助触点的作用:当电动机正常运行时,该动断触点断开,切断了 KT 的通路,即使误按 SB1,KT 也不会通电,以免影响电路正常运行。若要停车,则按下停止按钮 SB2,接触器 KMl、KM3 同时断电释放,电动机脱离电源停止转动。

3. 按时间和行程控制的无进刀切削自动控制线路

如图 7.41(a) 所示,电动机通过丝杠带动车床的刀架左右移动实现自动走刀。在实现无进刀切削时,刀具需要在切削终了位置停留一段时间。即启动后,刀具从 SQ1 处向左运动进行切削,当刀具运动至 SQ2 处时,停留一段时间,然后开始返回,至 SQ1 处自动停止。

图 7.41(b)所示电路为实现此要求的控制电路。当按下 SB1 时,KM1 得电,使电动机带动刀架向左移动,移动至挡块压下 SQ2 时,SQ2 的动断触点断开,使 KM1 失电,电动机停转,刀架停止移动,同时 SQ2 的动合触点使 KT 得电,经一定延时后才将其延时闭合的动合触点闭合,使 KM2 得电,电动机反转,刀架返回,直至压下 SQ1 时,电动机停转,刀架停止移动而停在原位。

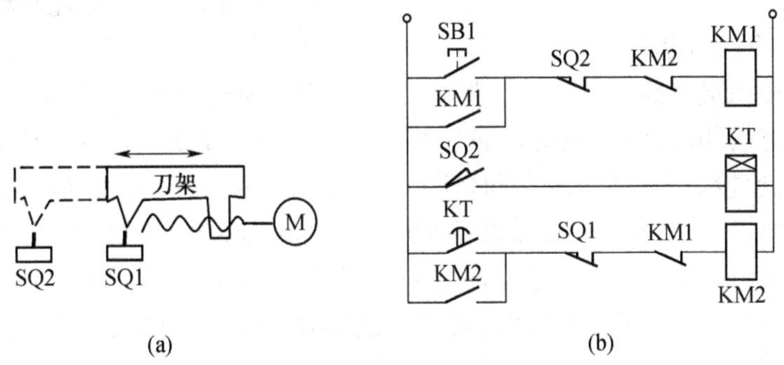

图 7.41　按时间和行程控制无进刀切削

4. 按电流的自动控制

在机床电气控制系统中,除按测量其位移、速度、时间等进行自动控制外,还可以测量电动机的电流来进行控制,如电动机的启动过程可以根据电流的大小进行控制,以逐步切除启动电阻,进行启动。有时根据生产需要,还要求测量出负载的机械力大小进行控制,例如,机床的进刀传动,当主轴负载过大时,要求减小其进刀量。又如,各种机床的夹紧机构,当夹紧力达到一定时,要求给出信号使电动机停止。机床的负载与机械力,在交流异步电动机或直流他励电动机中,往往与电流成正比,因此,测量电流值即能反映负载或机械力大小,电流值可以采用电流继电器、电流互感器等元件来测量。下面分析图 7.42 所示的龙门刨床工作台机电传动系统(G－M 组)的电动机定子串接电阻启动的自动控制电路。

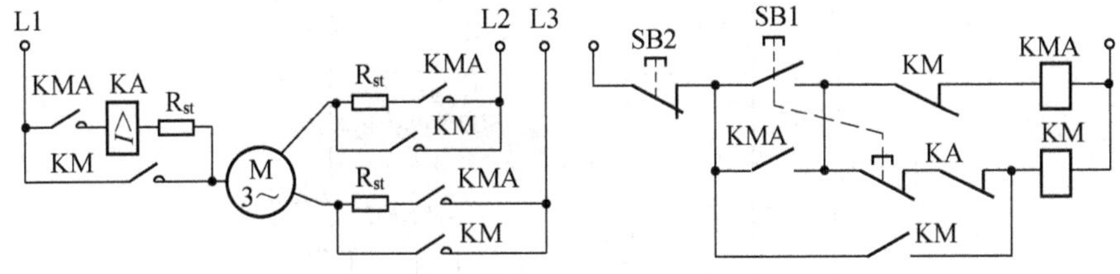

图 7.42　按电流控制的鼠笼式异步电动机定子串接电阻启动的控制电路

按下 SB1,加速接触器 KMA 得电并自锁(此时 KM 不可能得电,因复合按钮 SB1 将其电路断开了),使得电动机定子绕组串入电阻 R_{ST},接上电源进行降压启动。在刚接通瞬间,启动电流较大,电流继电器 KA 得电动作,其动断触点是打开的,KM 在 SB1 复位后也不能得电动作。只有当电动机达到相当高的转速时,定子电流下降到使 KA 释放,其动断触点闭合,KM 才得电并自锁,KM 的动合触点把 R_{ST} 短接,使电动机加上额定电压正常运行。

7.2.4 电气制动的基本控制电路

由于机械惯性,电动机自由停车时转子需经一段时间才停止旋转,这往往不能满足生产机械要求迅速停车的要求,也影响生产率的提高。为此,工程上有时需要对电动机采取有效的制动措施。一般采用的制动方法有机械制动与电气制动。所谓机械制动,是利用外加的机械力使电动机转子迅速停止的方法。电气制动是将电动机的电磁转矩变为制动转矩(与电动机旋转方向相反)而进行制动。电气制动有反接制动、能耗制动等。

1. 反接制动控制电路

停车制动使用最多的是电源反接制动,即改变电动机电源相序,使电动机定子旋转磁场与转子旋转方向相反,电动机的电磁转矩成为一个制动转矩,从而电动机转速迅速下降,当电动机转速接近于零时,应立即切断三相交流电源,否则电动机将反向启动旋转。电源反接制动时,转子转速与定子旋转磁场的相对速度接近于2倍的电动机同步转速,以致反接制动电流将为电动机全压启动时启动电流的2倍,于是产生过大的制动转矩,并使电动机绕组过分发热。为此,电动机电源反接制动时,应在电动机定子电路中串入反接制动电阻,并限制其每小时反接制动次数。

由以上分析可知,电动机电源反接制动关键在于:

(1)三相感应电动机电源相序要反接。

(2)当电动机转速接近零时,应迅速切断三相感应电动机三相电源,否则将出现反向起动。

(3)进行电源反接制动时,电动机定子电路应串入反接制动电阻,以减小反接制动电流,减小制动冲击。

电源反接制动的电气控制应满足上述基本要求。

图7.43为电动机单向运行反接制动控制电路。图中KM1为电动机单向运行接触器,KM2为反接制动接触器,KS为速度继电器,R为反接制动电阻。

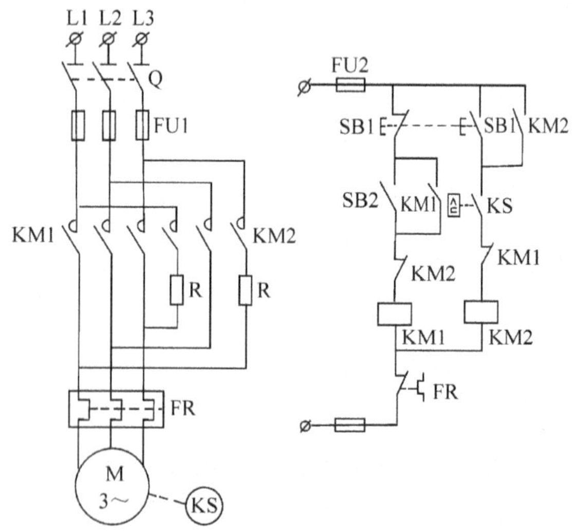

图7.43 电动机单向运行反接制动电路

电路制动过程分析:电动机已处于单向旋转时,KM1 通电并自保,与其有机械联系的速度继电器相应触头 KS 闭合,为反接制动做好了准备。需停车制动时,按下停止按钮 SB1,KM1 线圈断电释放,其三对主触头断开,切除三相交流电源,电动机以惯性旋转。同时,SB1 动合触头闭合,使 KM2 线圈通电并自保,电动机定子串入不对称电阻接入反相序三相电源进行反接制动,电动机转速迅速下降。当电动机转速低于 100r/min 时,速度继电器 KS 复原,其常开触头复位,使 KM2 线圈断电释放,电动机断开反相序电源,自然停车至零转速。

2. 能耗制动控制电路

能耗制动是三相感应电动机脱离三相交流电源后,迅速在定子绕组上加一直流电源,产生恒定磁场。当电动机转子以惯性旋转,切割定子恒定磁场而在转子中产生感应电动势,流过感应电流,转子感应电流与恒定磁场相互作用产生的电磁转矩是一个制动转矩,使电动机转速迅速下降至零。能耗制动必须在转速为零时及时切除直流电源,以防烧坏定子绕组。能耗制动按接入直流电源的控制方法,有速度原则控制和时间原则控制,相应的控制元件为速度继电器与时间继电器。

1) 按时间原则控制的单向运行能耗制动电路

图 7.44 为按时间原则控制电动机单向运行能耗制动电路。图中,KM1 为单向运行接触器,KM2 为能耗制动接触器,KT 为时间继电器,T 为整流变压器,VC 为桥式整流电路。

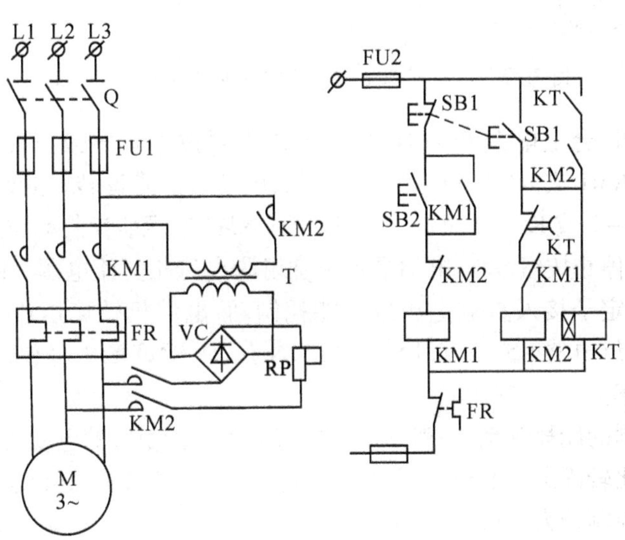

图 7.44 按时间原则控制电动机能耗制动电路

电路制动过程分析:电动机原已单向运行,所以 KM1 通电并自保。若要使电动机停转,按下停止按钮 SB1,KM1 线圈断电,电动机定子脱离三相交流电源;同时,KM2、KT 线圈同时通电并自保。KM2 主触头将电动机二相定子绕组接入直流电源进行能耗制动,使电动机转速迅速降低,当时间继电器 KT 延时时间到(按预计,此时转速也接近零),其延时断开的动断触头动作,使 KM2、KT 线圈相继断电,制动过程结束。

该电路中,将 KT 瞬动动合触头与 KM2 自保触头串接,是考虑一旦时间继电器线圈断线或其他故障,致使 KT 的动断触头不能打开而导致 KM2 线圈长期通电,造成电动机定子长时间通入直流电源。引入 KT 瞬动动合触头后,则避免了上述故障的发生。

2）按速度原则控制的可逆运行能耗制动电路

图 7.45 是按速度原则控制的可逆运行能耗制动电路。图中,KM1、KM2 为电动机正、反转接触器,KM3 为能耗制动接触器,KS 为速度继电器。

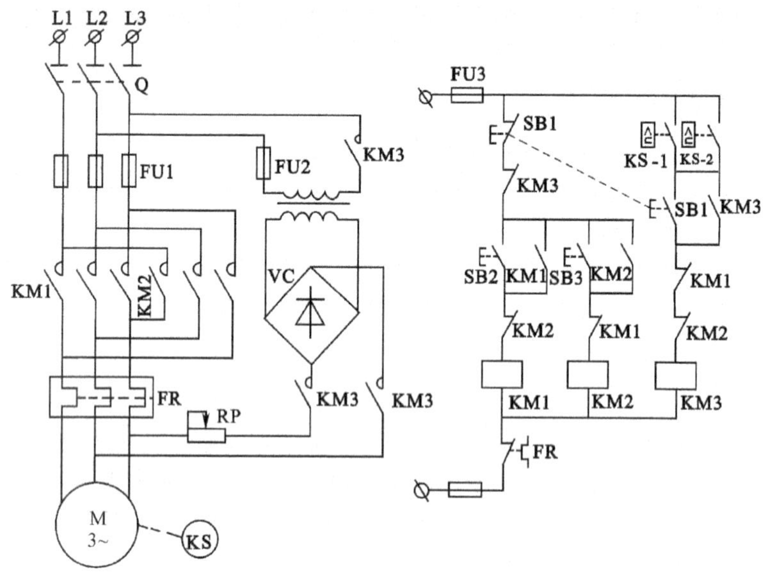

图 7.45　按速度原则控制的可逆运行能耗制动电路

制动过程分析:合上电源开关 Q,根据工作需要按下正转或反转起动按钮 SB2 或 SB3,相应接触器 KM1 或 KM2 通电吸合并自保,电动机正常运转。此时速度继电器的正转或反转触头 KS－1 或 KS－2 闭合,为停车接通 KM3 实现能耗制动做准备。

停车时,按下停止按钮 SB1,电动机定子绕组脱离三相交流电源。同时,KM3 线圈通电并自保,电动机定子接入直流电源进行能耗制动,电动机转速迅速下降,当转速降至 100r/min 时,速度继电器 KS－1 或 KS－2 触头断开,使 KM3 断电释放,能耗制动结束,以后电动机自然停车。

时间原则控制的能耗制动,一般适用于负载转矩较为稳定的电动机,这时对时间继电器的延时整定值比较固定。而对于那些能够通过传动系统来实现负载转速变换的生产机械采用速度原则控制较为合适。

7.3　典型生产机械的继电器—接触器控制电路分析

在介绍常用低压电器与继电器—接触器控制电路基本环节的基础上,下面将对常用生产设备的电气控制电路进行分析和研究。本节从常用设备的电气控制入手,对机械、电气及液压之间的紧密配合进行阐述。首先了解控制对象,明确控制目的,然后分析其电气控制电路,从而达到学会阅读、分析实际控制电路的方法,同时加深对典型控制环节的了解。

7.3.1 KH－Z3040B 摇臂钻床电气控制电路分析

1. KH－Z3040B 摇臂钻床主要结构和运动形式及特点

1) 主要结构和运动形式

KH－Z3040B 摇臂钻床的外形如图 7.46 所示。摇臂钻床主要由底座、内立柱、外立柱、摇臂、主轴箱及工作台等部分组成，内立柱固定在底座的一端，在它的外面套着外立柱。外立柱可绕内立柱回转 360°。摇臂的一端为套筒，它套在外立柱上，借助丝杠的正、反转可以使摇臂沿外立柱上下移动。由于该丝杠与外立柱连为一体，而升降螺母固定在摇臂上，所以摇臂只能与外立柱一起可绕内立柱回转。主轴箱是一个复合部件，它由主传动电动机、主轴、主轴传动机构和变速机构以及机床的操作机构等部分组成。主轴箱安装在摇臂的水平导轨上，可以通过手轮操作使其在水平导轨上沿摇臂移动。

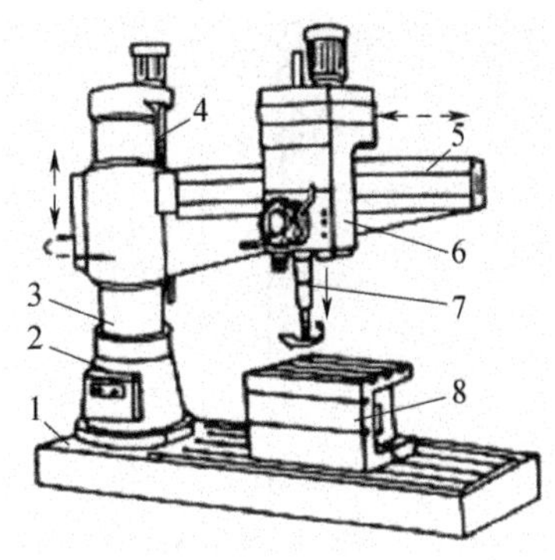

图 7.46 KH－Z3040B 摇臂钻床
1—底座；2—内立柱；3—外立柱；4—升降丝杠；5—摇臂；6—主轴箱；7—主轴；8—工作台。

钻削加工时，主轴旋转为主运动，主轴的纵向进给为进给运动。此时，主轴箱由夹紧装置将其紧固在摇臂水平导轨上，外立柱紧固在内立柱上，摇臂紧固在外立柱上，然后进行钻削加工。辅助运动有摇臂沿外立柱的垂直移动、主轴箱沿摇臂长度方向的水平移动和摇臂与外立柱一起绕内立柱的回转运动。

摇臂钻床除主运动与进给运动外，还有外立柱、摇臂和主轴箱的辅助运动，它们都有夹紧装置和固定位置。摇臂的升降及夹紧放松由一台异步电动机拖动，摇臂的回转和主轴箱的径向移动采用手动，立柱的夹紧松开由一台电动机拖动一台齿轮泵来供给夹紧装置所用的压力油来实现，同时通过电气联锁来实现主轴箱的夹紧与放松。

摇臂钻床的主轴旋转和摇臂升降不允许同时进行，以保证安全生产。

2）机电传动特点及控制要求

(1) 由于摇臂钻床的运动部件较多，为简化传动装置，使用多电动机拖动，主电动机承担主钻削及进给任务，摇臂升降及其夹紧放松、立柱夹紧放松和冷却泵各用一台电动机拖动。

(2) 为了适应多种加工方式的要求，主轴及进给应在较大范围内调速。但这些调速都是机械调速，用手柄操作变速箱调速，对电动机无任何调速要求。从结构上看，主轴变速机构与进给变速机构应该放在一个变速箱内，而且两种运动由一台电动机拖动是合理的。

(3) 加工螺纹时要求主轴能正、反转。摇臂钻床的正、反转一般用机械方法实现，电动机只需单方向旋转。

(4) 摇臂向上、向下移动严格按照摇臂松开→向上(下)移动→摇臂夹紧的程序进行。摇臂的夹紧放松与摇臂的升降按自动控制进行。

2. 电气控制电路分析

KH－Z3040B 摇臂钻床的电气控制电路如图 7.47 所示。

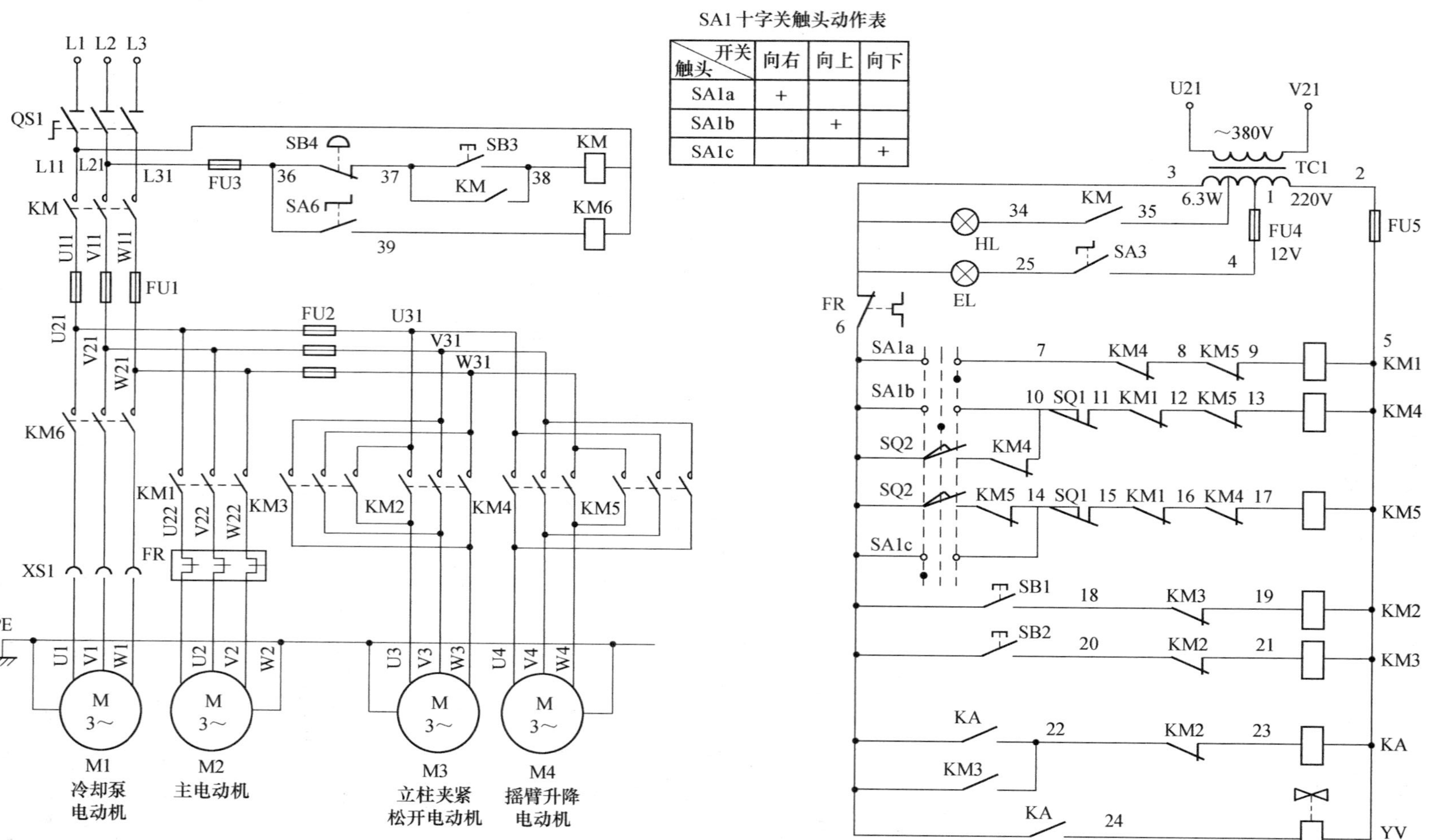

SA1十字关触头动作表

触头＼开关	向右	向上	向下
SA1a	+		
SA1b		+	
SA1c			+

图 7.47　KH-Z3040B摇臂钻床电气控制电路原理图

1）主电路分析

摇臂钻床的电源开关采用接触器 KM。这是由于摇臂钻床的主轴旋转和摇臂升降不用按钮操作,而采用了非自动复位的开关操作。用按钮和接触器来代替一般的电源开关,就可以具有零压保护和欠电压保护作用。

主电动机 M2 和冷却泵电动机 M1 都只需单方向旋转,所以用接触器 KM1 和 KM6 分别控制。立柱夹紧松开电动机 M3 和摇臂升降电动机 M4 都需要正、反转,所以各用两只接触器控制。KM2 和 KM3 控制立柱的夹紧和松开;KM4 和 KM5 控制摇臂的升降。KH－Z3040B 摇臂钻床的四台电动机只用了两套熔断器作短路保护。只有主轴电动机具有过载保护。因立柱夹紧松开电动机 M3 和摇臂升降电动机 M4 都是短时工作,因此不需要用热继电器作过载保护。冷却泵电动机 M1 因容量很小,也没有应用保护器件。

在安装实际的机床电气设备时,应当注意三相交流电源的相序。如果三相电源的相序接错了,电动机的旋转方向就会与规定的方向不符,在开动机床时容易发生事故。KH－Z3040B摇臂钻床三相电源的相序可以用立柱的夹紧机构来检查。KH－Z3040B 摇臂钻床立柱的夹紧和放松动作有指示标牌指示。接通机床电源,使接触器 KM 动作,将电源引入机床。然后按压立柱夹紧或放松按钮 SB1 和 SB2。如果夹紧和松开动作与标牌的指示相符合,就表示三相电源的相序是正确的。如果夹紧与松开动作与标牌的指示相反,三相电源的相序一定是接错了。这时就应当关断总电源,把三相电源线中的任意两根电线对调位置接好,就可以保证相序正确。

2）控制电路分析

（1）电源接触器和冷却泵的控制。按下按钮 SB3,电源接触器 KM 吸合并自锁,把机床的三相电源接通。按 SB4,KM 断电释放,机床电源即被断开。KM 吸合后,转动 SA6,使其接通,KM6 则通电吸合,冷却泵电动机即旋转。

（2）主轴电动机和摇臂升降电动机控制。采用十字开关操作,控制线路中的 SA1a、SA1b 和 SA1c 是十字开关的三个触头。十字开头的手柄有五个位置。当手柄处在中间位置,所有的触头都不通,手柄向右,触头 SA1a 闭合,接通主轴电动机接触器 KM1;手柄向上,触头 SA1b 闭合,接通摇臂上升接触器 KM4;手柄向下,触头 SA1c 闭合,接通摇臂下降接触器 KM5。手柄向左的位置,未加利用。十字开关的使用使操作形象化,不容易误操作。十字开关操作时,一次只能占有一个位置,KM1、KM4、KM5 三个接触器就不会同时通电,这就有利于防止主轴电动机和摇臂升降电动机同时启动运行,也减少了接触器 KM4 与 KM5 的主触头同时闭合而造成短路事故的机会。但是单靠十字开关还不能完全防止 KM1、KM4 和 KM5 三个接触器的主触头同时闭合的事故。因为接触器的主触头由于通电发热和火花的影响,有时会焊住而不能释放。特别是在运作很频繁的情况下,更容易发生这种事故。这样,就可能在开关手柄改变位置的时候,一个接触器未释放,而另一个接触器又吸合,从而发生事故。所以,在控制电路上,KM1、KM4、KM5 三个接触器之间都有动断触头进行联锁,使电路的动作更为安全可靠。

（3）摇臂升降和夹紧工作的自动循环。摇臂钻床正常工作时,摇臂应夹紧在立柱上。因此,在摇臂上升或下降之时,必须先松开夹紧装置。当摇臂上升或下降到指定位置时,夹紧装置又须将摇臂夹紧。本机床摇臂的松开、上升(或下降)、夹紧这个过程能够自动完成。将十字开关扳到上升位置(即向上),触头 SA1b 闭合,接触器 KM4 吸合,摇臂升降电动机启动正转。这时,摇臂还不会移动,电动机通过传动机构,先使一个辅助螺母在丝杆上旋转上升,辅助螺母带动夹紧装置使之松开。当夹紧装置松开时,带动行程开关SQ2,其触头SQ2(6-14)闭合,为接通接触器KM5作好准备。摇臂松开后,辅助螺母继续上升,带动一个主螺母沿着丝杆上升,主螺母则推动摇臂上升。摇臂升到预定高度,将十字开关扳到中间位置,触头SA1b断开,接触器KM4断电释放。电动机停转,摇臂停止上升。由于行程开关SQ2(6-14)仍然闭合,所以在KM4释放后,接触器KM5即通电吸合,摇臂升降电动机即反转,这时电动机只是通过辅助螺母使夹紧装置将摇臂夹紧,摇臂并不下降。当摇臂完全夹紧时,行程开关SQ2(6-14)即断开,接触器KM5就断电释放,电动机M4停转。

摇臂下降的过程与上述情况相同。

SQ1是组合行程开关,它的两对动断触点分别作为摇臂升降的极限位置控制,起终端保护作用。当摇臂上升或下降到极限位置时,由撞块将SQ1(10-11)或SQ1(14-15)断开,切断接触器KM4和KM5的通路,使电动机停转,从而起到了保护作用。

SQ1为自动复位的组合行程开关,SQ2为不能自动复位的组合行程开关。

摇臂升降机构除了电气限位保护以外,还有机械极限保护装置,在电气保护装置失灵时,机械极限保护装置可以起保护作用。

(4)立柱和主轴箱的夹紧控制。本机床的立柱分内外两层,外立柱可以围绕内立柱作360°的旋转。内外立柱之间有夹紧装置。立柱的夹紧和放松由液压装置进行,电动机拖动一台齿轮泵。电动机正转时,齿轮泵送出压力油使立柱夹紧;电动机反转时,齿轮泵送出压力油使立柱放松。

立柱夹紧电动机用按钮SB1和SB2及接触器KM2和KM3控制,其控制为点动控制。按下按钮SB1或SB2,KM2或KM3就通电吸合,使电动机正转或反转,将立柱夹紧或放松。松开按钮,KM2或KM3就断电释放,电动机即停止。

立柱的夹紧松开与主轴箱的夹紧松开有电气上的联锁。立柱松开,主轴箱也松开,立柱夹紧,主轴箱也夹紧。当按SB2接触器KM3吸合,立柱松开,KM3(6-22)闭合,中间继电器KA通电吸合并自保。KA的一个动合触头接通电磁阀YV,使液压装置将主轴箱松开。在立柱放松的整个时期内,中间继电器KA和电磁阀YV始终保持工作状态。按下按钮SB1,接触器KM2通电吸合,立柱被夹紧。KM2的动断辅助触头(22-23)断开,KA断电释放,电磁阀YV断电,液压装置将主轴箱夹紧。

在该控制电路中,不能用接触器KM2和KM3来直接控制电磁阀YV。因为电磁阀必须保持通电状态,主轴箱才能松开。一旦YV断电,液压装置立即将主轴箱夹紧。KM2和KM3均是点动工作方式,当按下SB2使立柱松开后放开按钮,KM3断电释放,立柱不会再夹紧,这样为了使放开SB2后,YV仍能始终通电就不能用KM3来直接控制YV,而必须用一只中间继电器KA,在KM3断电释放后,KA仍能保持吸合,使电磁阀YV始终通电,从而使主轴箱始终松开。只有当按下SB1,使KM2吸合,立柱夹紧,KA才会释放,YV才断电,主轴箱也被夹紧。

7.3.2 桥式起重机的电气控制

起重机是一种用来起吊、下放及空中搬运重物的起重运输机械,广泛应用于工矿企业、车站、港口、仓库、建筑等部门,是现代化生产不可缺少的机械设备。

起重机按其起吊重量不同分为三级:小型起重机(5t~10t)、中型起重机(10t~50t)和重型起重机(50t以上)。

起重机按其运动形式不同,分为桥式类起重机和臂架式旋转类起重机。桥式类起重机又分为通用桥式起重机、冶金专用桥式起重机、龙门起重机等。桥式起重机按其起吊装置不同,可分为吊钩桥式起重机、电磁盘桥式起重机和抓斗桥式起重机。

本节以常用的小型吊钩通用桥式起重机为例,对其电气控制电路进行分析。

1. 桥式起重机的基本结构及运动情况

1) 基本结构

桥式起重机主要由桥架(大车)、大车移行机构、装有提升和移行机构的小车等部分组成,如图7.48所示。

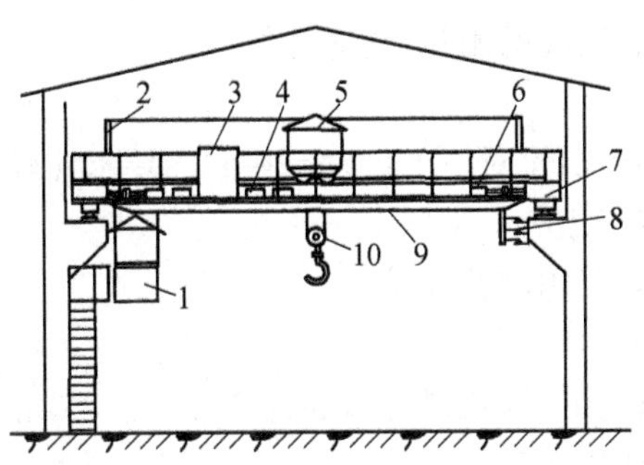

图7.48 桥式起重机结构示意图

1—驾驶室;2—辅助滑线架;3—交流磁力控制盘;4—电阻箱;5—小车;
6—大车拖动电动机与传动机构;7—端梁;8—主滑线;9—主梁;10—吊钩。

桥架(大车)是桥式起重机的基本构件,主要由主梁、端梁和走台等组成。主梁架在跨间上空,主梁上铺设有供小车移行的导轨,在主梁两边外侧装有走台。在驾驶室一侧的走台上装有大车移行机构,另一侧走台装有给小车供电的辅助滑线。在大车移行机构拖动下,桥架带动整个桥式起重机沿车间长度方向的导轨移动。大车移行机构由驱动电动机、减速器、传动轴、制动器、车轮等部件组成。其驱动方式有集中驱动和分别驱动两种,我国生产的桥式起重机大多采用分别驱动方式。分别驱动方式是采用两台驱动电动机分别驱动安装在桥架两端的车轮,而集中驱动方式大车的两个车轮只有一台驱动电动机驱动。

小车装在桥架的导轨上,主要由小车架及装在其上的小车移行机构和提升机构等组成。小车移行机构由小车电动机、制动器、减速器、车轮等组成。小车电动机经减速器驱动小车主动轮,拖动小车沿桥架上导轨在车间宽度方向上移动。提升机构由提升电动机、减速器、卷筒、制动器等组成,卷筒上缠绕着钢丝绳,钢丝绳的另一端装有吊钩,当卷筒转动时,吊钩就随钢丝绳在卷筒上缠绕或放开而上升或下降。对于15t及以上的起重机有两套(主钩与副钩)提升机构。

2) 运动情况

由以上分析可知,重物在吊钩上可随着卷筒的旋转实现上下运动,随着小车在车间的宽度方向上实现左右运动,随着大车在车间的长度方向上实现前后运动。所以桥式起重机可使重物实现垂直、横向、纵向三个方向上的运动，将重物移至车间的任一位置，完成起重运输任务。

2. 桥式起重机对机电传动与控制的要求

1）对起重用电动机的要求

（1）要满足重复短时工作制的要求。

（2）具有较大的启动转矩、较强的过载能力，以适应频繁的重载启动。

（3）具有一定的调速范围，普通起重用电动机的调速范围为 3:1，要求高的地方达 5:1 ~ 10:1。

（4）为适应频繁的启、制动，加快过渡过程，电动机的转动惯量要小，因此电动机在结构上具有细长的转子，即转子长度与直径的比值较大。

（5）采用封闭式结构，并具有坚固的机械结构，以适应恶劣环境和机械冲击。

（6）具有较大的气隙，较高的耐热、绝缘等级。

2）移行机构的要求

（1）大车和小车的移行机构对机电传动与控制的要求比较简单。

（2）启动转矩为额定转矩的一半以下。

（3）为实现准确停车，采用制动停车。

3）提升机构的要求

（1）具有较宽的调速范围，以获得合适的升降速度，空钩能实现快速升降，轻载的提升速度大于重载的提升速度。

（2）提升重物开始和下降重物接近预定位置时，应具有适当的低速区。

（3）提升的第一挡用以消除传动间隙、张紧钢丝绳，其转矩一般限制在额定转矩的一半以下。

（4）既要有机械制动，又要有电气制动，以保证安全可靠，同时减轻机械制动的负担。

（5）重物下降时，视其大小，提升电动机可工作于电动状态，也可工作于制动状态，以满足对不同下降速度的要求。

由于桥式起重机应用广泛，其电气设备均已系列化、标准化，可根据实际要求来选择。

3. 提升机构控制电路

磁力控制器由主令控制器和磁力控制盘组成，实现对绕线转子异步电动机的启动、调速、正/反转及制动的控制。

主令控制器是用来频繁切换复杂的多电路控制电路的主令电器，其结构及工作原理与凸轮控制器基本相同。而磁力控制盘就是将接触器、继电器、刀开关等电器元件按照控制要求接线而组成的控制盘。工作可靠、操作轻便，因此，在许多起重机的主钩提升机构采用磁力控制器控制。

图 7.49 为采用 LK1 - 12/90 主令控制器与 PQR10A 磁力控制盘组成的提升机构控制电路。图中，主令控制器 SA 有 12 对触点，上升与下降各有 6 个工作位置。KM1、KM2 为电动机正、反转接触器，KM3 为制动接触器，用于控制三相交流电磁制动器 YB；KM4、KM5 为反接制动接触器，KM6 ~ KM9 为启动接触器，用于控制电动机转子电阻；最后还有一段常串联电阻，用于软化机械特性。KA 为过电流继电器，用于电动机的过电流保护；KV 为电压继电器，与主令控制器 SA - 1 触点配合实现零位保护。限位开关 SQ1、SQ2 用于提升

机构的上升与下降的限位保护。

1）提升机构上升时电路工作情况

上升有 6 个工作位置。当 SA 手柄扳到“上 1”位置时，主令控制器触点 SA－3、SA－4、SA－6、SA－7 闭合，接触器 KM1、KM3、KM4 得电，电动机按正转上升的相序接通电源，制动器 YB 得电松开，短接一段转子电阻，电动机工作在图 7.50 所示的“上 1”机械特性上，启动转矩小，一般不吊重物，只作为张紧钢丝绳、消除提升传动系统齿轮间隙的预备启动级。当 SA 手柄依次扳到“上 2”～“上 6”位置时，主令控制器触点 SA－8～SA－12 依次闭合，接触器 KM5～KM9 相继得电，逐级短接转子电阻，电动机分别工作于图 7.50 中的“上 2”～“上 6”机械特性上，得到 5 种上升速度。由于在上升的各位置，SA－3 始终闭合，上限限位开关 SQ1 始终串联在上升电路中，实现上升的限位保护。

2）提升机构下降时电路工作情况

下降也有 6 个工作位置，其中“C”、“下 1”、“下 2”3 个位置为制动下降，“下 3”、“下 4”、“下 5”3 个位置为电动下降。

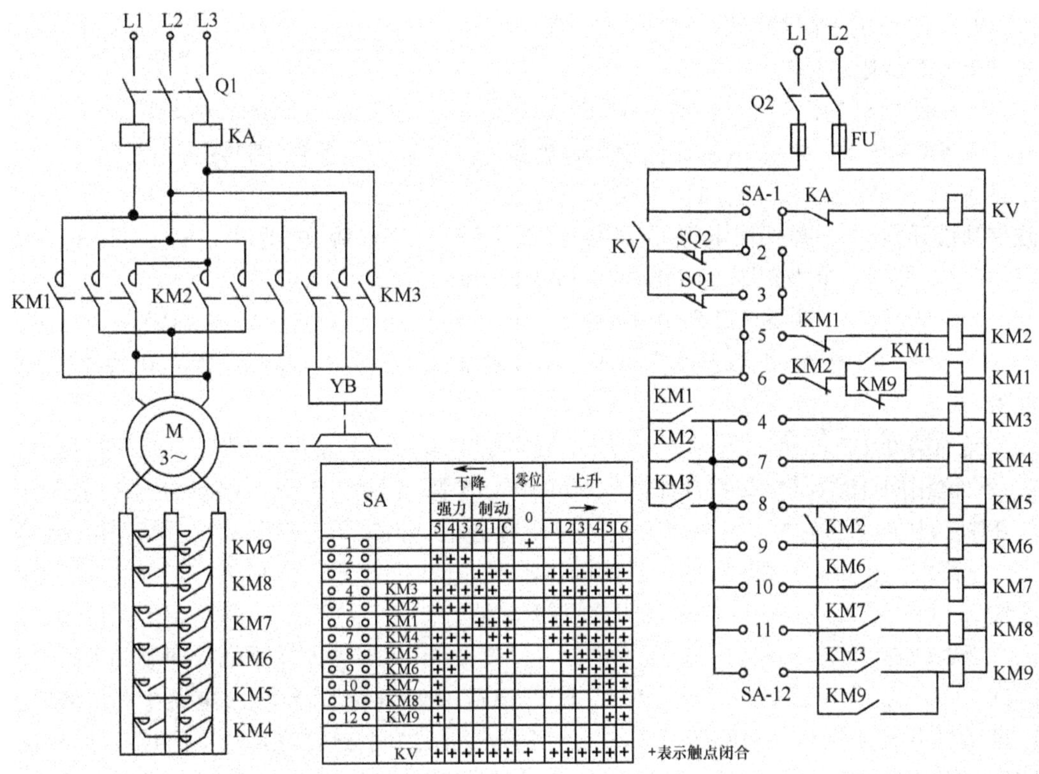

SA		下降 强力 5	4	3	制动 2	1	C	零位 0	上升 1	2	3	4	5	6
1								+						
2		+	+	+										
3					+	+	+		+	+	+	+	+	+
4	KM3	+	+	+	+	+			+	+	+	+	+	+
5	KM2	+	+	+										
6	KM1				+	+	+		+	+	+	+	+	+
7	KM4	+	+	+		+	+		+	+	+	+	+	+
8	KM5	+	+	+			+			+	+	+	+	+
9	KM6	+	+								+	+	+	+
10	KM7	+										+	+	+
11	KM8	+											+	+
12	KM9	+											+	+
	KV	+	+	+	+	+	+	+	+	+	+	+	+	+

图 7.49　提升机构磁力控制器控制电路

当手柄扳到“C”位置时，触点 SA－4 断开，KM3 失电，制动器 YB 断电，电动机抱闸制动。同时，触点 SA－3、SA－6、SA－7、SA－8 闭合，使 KM1、KM4、KM5 得电，此时，电动机定子接通正转（上升）相序电源，转子短接两段电阻，产生一个上升方向的电磁转矩，与下降方向的重力转矩相平衡，配合电磁抱闸将重物牢牢制动停止。因此，“C”位一般用于将重物稳定地停在空中或移行，以及下降重物时防止溜钩实现可靠停车。“C”位与“上 2”

位所串联的转子电阻相同，所以“C”特性为“上 2”特性在第四象限的延伸。

当手柄扳到“下 1”和“下 2”位时，触点 SA－4 闭合，KM3 得电，YB 得电，电磁抱闸松开；同时，触点 SA－8、SA－7 相继断开，KM5、KM4 相继失电，依次串联转子电阻，使电动机机械特性逐级变软，如图 7.50 中第四象限所示。此时电动机产生的电磁转矩逐级减小，工作在倒拉反接制动状态，得到两级下降速度。因此，“下 1”和“下 2”位一般用于重载下降，为了防止轻载或空载下降时，误将手柄扳在“下 1”或“下 2”位造成上升而造成事故，在“C”、“下 1”和“下 2”位时，触点 SA3 总是闭合，使上限限位开关 SQ1 的常闭触点串联在控制电路中，实现上升时的限位保护。

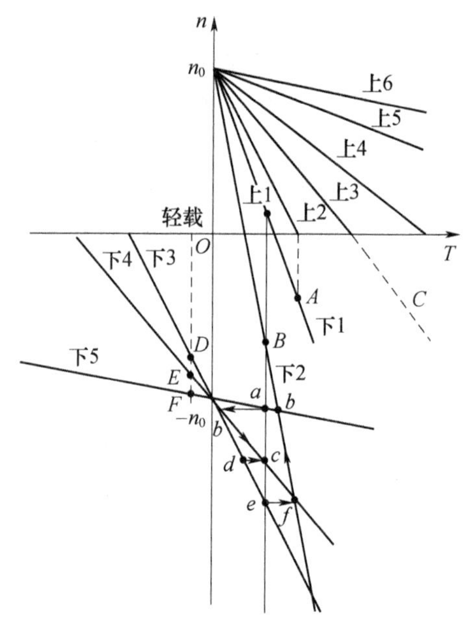

图 7.50 磁力控制器控制提升电动机机械特性

当手柄扳到“下 3”位置时，触点 SA－2、SA－4、SA－5、SA－7、SA－8 闭合，接触器 KM3、KM2、KM4、KM5 得电，此时 YB 得电，电磁抱闸松开，转子短接两段电阻，定子接反转（下降）相序电源，电动机工作在反转电动状态，其转矩方向与重力转矩方向相同，强迫货物下降。

当手柄扳到“下 4”和“下 5”位时，在“下 3”位的基础上，触点 SA－9 和触点 SA－10、SA－11、SA－12 相继闭合，接触器 KM6 和接触器 KM7、KM8、KM9 相继得电，短接转子电阻。

当手柄处于“下 3”、“下 4”、“下 5”位时转子电阻的串联情况分别与“上 2”、“上 3”、“上 6”位相同，所以其机械特性如图 7.50 的第三象限所示，且与第一象限的上 2、上 3、上 6 相对应，从而获得轻载或空载的三种电动下降速度。当“下 3”、“下 4”、“下 5”用于重载高速下降时，当下降速度超过电动机的同步转速，电动机处于反馈制动状态，此时的机械特性为“下 3”、“下 4”、“下 5”在第四象限的延伸。

当重载在“下 5”位时获得再生发电制动高速下降，此时若要将手柄扳回制动下降“下 1”或“下 2”位，为了避免经过“下 4”、“下 3”位造成更高的下降速度，电路中将 KM2 与 KM9 的常开辅助触点串联后接于 SA－8 与 KM9 线圈之间，这样在经过“下 4”、“下 3”时 KM9 一直保持得电，使电动机仍然工作于“下 5”机械特性上。

为了保证当手柄由“下 3”扳到“下 2”时加入反接电阻，避免由于 KM9 主触点因电流过大出现熔焊使触点不能分开而转子只剩下常串电阻，所以在电路中将 KM9 常闭触点串联于 KM1 线圈电路中，以保证 KM9 失电释放后，KM1 才能得电。

由于 KM1 与 KM2 采用了电气互锁，当手柄在“下 2”与“下 3”位之间切换的过程中有一瞬间 KM1 和 KM2 均不吸合，为此电路中引入 KM3 的自锁触点，以确保 KM3 始终得电，YB 始终通电将抱闸松开。

为实现短接转子电阻的顺序联锁关系，电路中将接触器 KM6、KM7、KM8 的常开触点分别串联于接触器 KM7、KM8、KM9 线圈电路中。

习题与思考题

7-1 在电动机控制电路中,已装有电源开关,为什么还要使用接触器?它们的作用有何不同?

7-2 电动机控制电路中,主电路中装有熔断器,为什么还要加装热继电器?能否互相代替?而在电热及照明电路中,为什么只装熔断器而不装热继电器?

7-3 交流接触器与直流接触器以什么来区分?

7-4 中间继电器与交流接触器有什么区别?什么情况下可用中间继电器代替交流接触器?

7-5 行程开关的触头动作方式有哪几种?各有什么特点?

7-6 为什么电动机控制应具有零电压保护、欠电压保护?

7-7 如何在控制电路中实现自锁、互锁?

7-8 试设计对一台电动机可以进行两处操作的长动和点动控制电路。

7-9 下面的图中有哪些缺点或问题?如何改正?

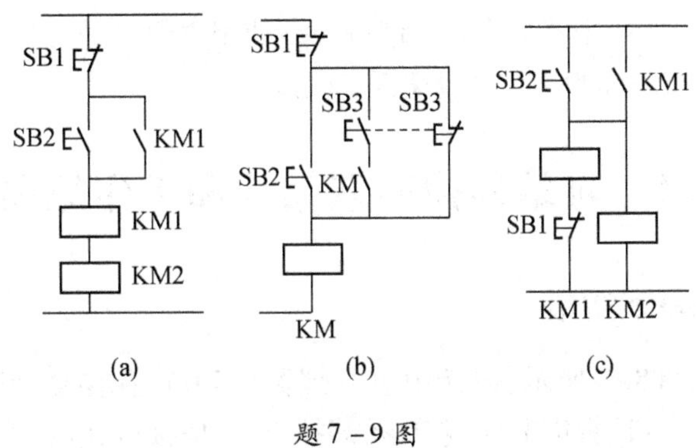

题 7-9 图

7-10 某机床主轴和润滑油泵各由一台电动机带动,试设计其控制电路,要求主轴必须在油泵开动后才能开动,主轴能正、反转并可单独停车,有短路、失压和过载保护。

7-11 设计一个控制电路,要求第一台电动机启动 10s 后,第二台电动机自动启动,运行 20s 后,两台电动机同时停转。

7-12 叙述 KH-Z3040B 摇臂钻床主轴箱松开、夹紧时的电路工作过程。

7-13 KH-Z3040B 摇臂钻床电路中行程开关 SQ1、SQ2 的作用是什么?结合电路加以说明。

7-14 在交流接触器铁芯上安装短路环为什么会减少振动和噪声?

7-15 过电流继电器与热继电器有何区别?各有什么用途?

7-16 在装有电器控制的机床上,电动机由于过载而自动停车后,若立即按钮则不能开车,这可能是什么原因?

第8章　可编程控制器

早期的工业电气控制普遍使用传统的继电器—接触器控制系统，它具有结构简单、价格低廉和对维护技术要求不高等优点，但随着控制系统的复杂，其系统的可靠性难以提高，检查维修相当困难。于是，在1969年，美国数字设备公司（DEC）研制出了第一台可编程控制器PDP－14。早期的PLC功能仅限于开关量的逻辑控制，一般称为可编程序逻辑控制器（Programmable Logic Controller，PLC），它由分立元件和中小规模集成电路组成。随着微电子技术和计算机技术的快速发展，微处理器被用到了PLC中，其功能大大增强。后来这种采用了微电子技术的PLC正式改名为可编程控制器（Programmable Controller PC，）。但它不同于个人计算机（Personal Computer，PC），为了加以区别，人们仍然习惯称其为PLC。

可编程控制器不仅具有数字量的输入/输出、逻辑和数学运算、定时和计数功能，还可以实现PID控制、运动控制和过程控制、PWM输出、A/D输入、D/A输出；可以组网、联网通信。它具有可靠性高、抗干扰能力强、编程简单、使用方便，功能完善、扩充方便等特点。本章主要介绍西门子S7－200 PLC的编程和应用。

8.1　可编程控制器结构和工作原理

8.1.1　PLC系统基本组成

PLC基本结构如图8.1所示，包括中央处理器（CPU）、存储器、数字量输入/输出接口、模拟量输入/输出接口、智能I/O接口、扩展接口、通信接口、电源等。各部分功能简单介绍如下：

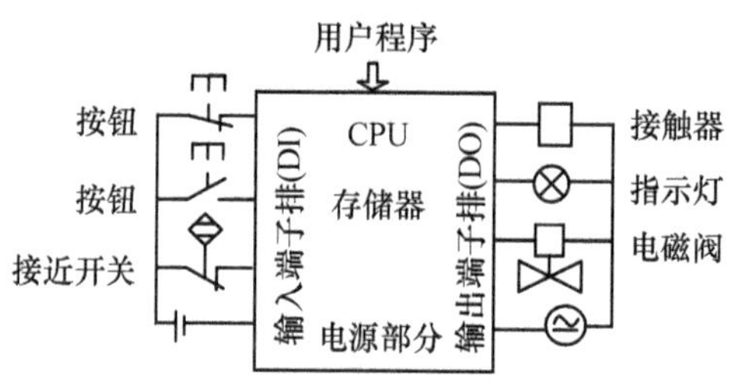

图8.1　PLC基本结构

（1）中央处理器　CPU是PLC的核心，它对用户程序和数据进行存储，并检查程序的语法错误和自诊断；采用扫描工作方式将输入信号输入到输入映像寄存器和数据存储器中，之后对用户程序逐条处理，最后，将运算结果输出到输出映像寄存器中。

（2）存储器　PLC 存储器中配有两种存储系统，即用于存放系统程序的系统程序存储器和存放用户程序的用户程序存储器。用户程序存储器分为两个区，即程序存储区和数据存储区。

（3）数字量输入接口　来自现场的数字量（开关量），通过接口电路，将开/关信息输入到输入映像寄存器，等待 CPU 处理。这些数字量可以是用户设备的各种控制信号，如限位开关、按钮、选择开关、行程开关、各种传感器、接触器触点等，可以是直流，也可以是交流。

以图 8.2 所示的直流数字量输入模块为例，其工作原理是，当输入开关 S 闭合时，经 R_1、输入指示灯（LED）、光耦合器（VLC）的发光二极管构成通路。LED 亮，表示该路输入的开关量状态为 ON。输入信号经 VLC 光隔离后，再经过滤波器滤波，转换成 5V 电平的直流输入信号，经输入选择器与 CPU 总线相连，将外部输入开关量的状态“ON”的代码“1”输入至 PLC 内部。当输入开关断开时，光耦合器的发光二极管不发光，这时光耦合器的晶体管截止，将外部输入开关量的状态“OFF”的代码“0”输入至 PLC 内部。

这种输入模块具有低通滤波作用，可以抑制高频干扰；还具有光电隔离作用，使得外部开关信号与内部电路隔离开，有效的保护了 PLC。

（4）数字量输出接口　由 PLC 产生的各种输出控制信号经输出接口电路去控制和驱动负载（如灯、接触器线圈等）。输出接口的负载可以是直流量，也可以是交流量。

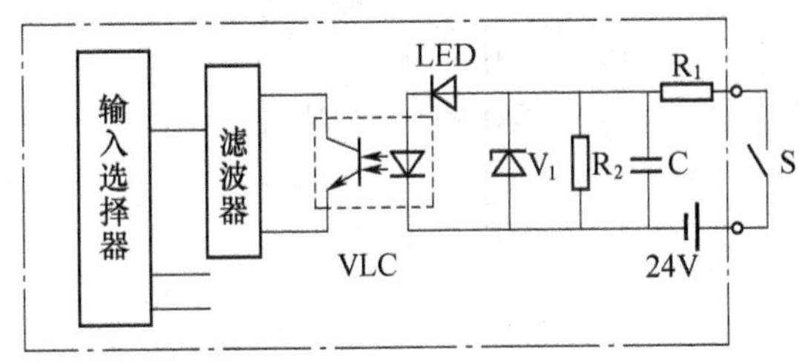

图 8.2　直流数字量输入模块原理图

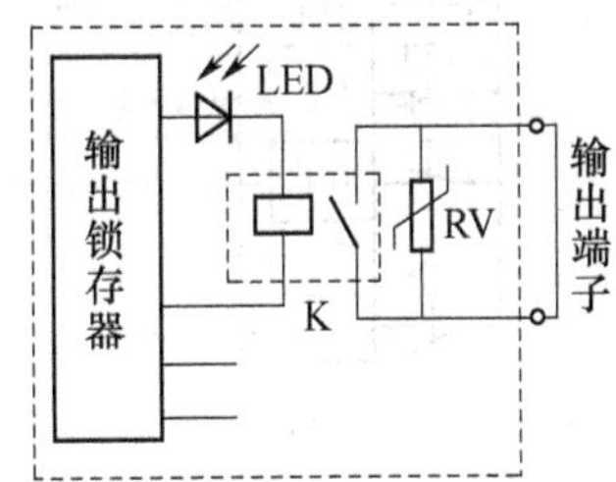

图 8.3　继电器输出模块原理图

对于数字量输出接口，其输出方式可以是晶体管输出型、双向晶闸管输出型和继电器输出型。晶体管输出型可以驱动直流负载或 TTL 电路，而双向晶闸管输出型适用于交流负载，继电器输出型（图 8.3）具有交直流两用的特点，但工作频率不高。PLC 直接带负载的能力有限，继电器输出型接口在 250VAC 以下电路，可驱动的负载能力为 2A/1 点；但公共端输出电流的总和为 6A/(3～4)点。

（5）模拟量输入/输出接口　模拟量输入接口模板把现场的被测模拟量信号经 A/D 转换变成数字量送给 CPU；模拟量输出接口模板将 CPU 送出的数字量经 D/A 转换变成模拟量信号，用以驱动执行机构。模拟量输入/输出信号可以是标准电压（0～5V，0～10V，1～5V，±50mV，±5V，±10V），也可以是标准电流信号（4mA～20mA，±20mA）。

（6）智能 I/O 接口　为了适应和满足更加复杂控制功能的需要，PLC 生产厂家均生产了各种不同功能的智能 I/O 接口，这些接口模块一般有独立的 CPU 和控制软件，可以独立工作，以减轻主 CPU 模块的工作量。常见的有位置闭环控制模块、快速 PID 调节闭环控制模块和高速计数器模块。

（7）扩展接口　当主 CPU 模块的数字或模拟 I/O 点数不能满足工程需要时，可以在主 CPU 模块上连接 I/O 扩展接口模块,来扩大 I/O 点数。

(8) 通信接口　是专门实现数据通信的一种智能模块,PLC 通过它可以和打印机、监视器、上位机、其他 PLC 等相连。

(9) 电源　PLC 的外部工作电源一般为单相 85V ~ 260V、50Hz/60Hz、AC 电源,或者是 24V ~ 26V、DC 电源。外部工作电源使用交流电时,PLC 往往能提供一个 24VDC 电源,供直流输入使用。

PLC 输出端子上的负载所需的工作电源,必须由用户提供。

8.1.2 PLC 工作原理

1. PLC 控制系统的等效工作电路

图 8.4 是 PLC 等效工作电路,它由输入部分、内部控制电路和输出部分三部分组成。

输入部分将外部控制信号,通过输入接线端子,去控制相应的输入继电器线圈得电或失电,从而带动其触点(这个过程类似于继电器控制电路),供内部电路使用。由于输入继电器的线圈、动合触点和动断触点是 PLC 内部存储器的某一位,所以其触点很多,可以在梯形图中任意使用,不受限制,但其线圈不能在梯形图中使用。

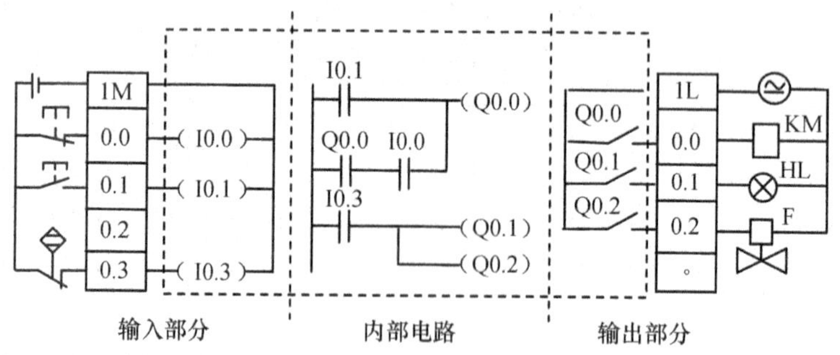

图 8.4　PLC 等效工作电路

内部控制电路实际上是由用户程序形成的类似于继电器控制系统的虚拟的逻辑控制电路。它对输入信号和输出信号的状态进行检测、判断、运算和处理,最后得到相应的运算结果,供输出电路使用。

输出部分根据 PLC 的运行结果,如某输出继电器的线圈得电或失电情况,使其对应的一对真实动合触点闭合或断开,并通过输出接线端子控制相应的外部控制或执行电器(这个过程类似于继电器控制电路)。由于输出继电器的线圈、动合触点和动断触点也是 PLC 内部存储器的某一位,所以其触点很多,可以在梯形图中任意使用,不受限制。

2. PLC 的工作过程

小型 PLC 的工作流程如图 8.5 所示,上电后,首先进行初始化操作,接着 PLC 进入反复周期扫描过程,包括公共处理扫描、输入采样扫描、执行用户程序扫描、输出刷新扫描等四个阶段。

公共处理包括 PLC 自检、执行来自外设命令、看门狗定时器清零等。

在输入采样扫描阶段,PLC 的 CPU 顺序读取全部输入端子的输入状态(ON 或 OFF),并写入到输入映像寄存器中。由于此过程很短,可以认为这些输入信息是同时输入的。

值得注意的是，在一个扫描周期内，小型 PLC 输入采样一旦完成，不管外部输入信号是否发生变化，将不再更新输入映像寄存器内容，直到下一个扫描周期重新采样，这称为集中采样处理。

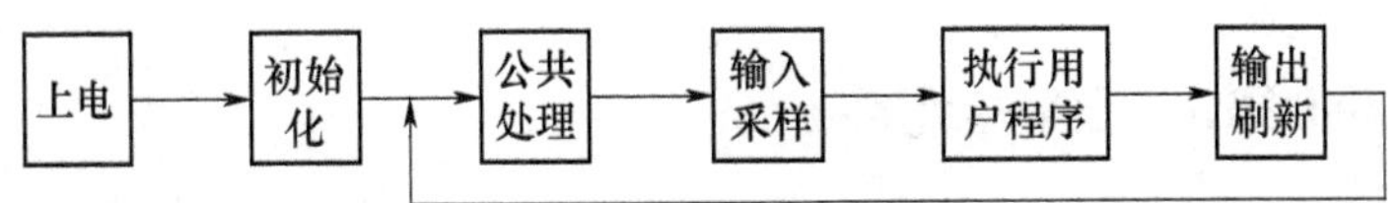

图 8.5 小型 PLC 的工作流程

在执行用户程序扫描阶段，CPU 对用户程序按顺序进行扫描，即对梯形图程序自上而下、自左而右的执行一次扫描处理。当命令中用到输入信息时，则从输入映像寄存器中读取。命令的运行结果马上写入到该元件的映像寄存器中，以便于随后的命令可以立即使用。对于输出继电器的运算结果，也是马上写入到输出映像寄存器中，但并不立即输出。

当所有用户程序扫描结束后，PLC 才将输出映像寄存器中各输出继电器的状态同时送到输出锁存器中，再由输出锁存器经输出端子去驱动各输出继电器所带的负载。这也是一个集中处理阶段。

3. S7－200 PLC 主要性能

S7－200 PLC 是整体式结构的小型可编程控制器，在组成系统时除主机单元外，还可包括数字量扩展单元、模拟量扩展单元、通信单元、网络设备、人机界面、编程器等。S7－200 PLC 主机单元有 5 个型号：CPU221、CPU222、CPU224、CPU224XP、CPU226，其主要技术性能指标见表 8.1 所列。全部型号都支持 MPI 和 PPI 通信协议，具有自由通信口。

表 8.1 S7－200 PLC 主要性能指标

性能指标		CPU221	CPU222	CPU224	CPU224XP	CPU226
程序存储区		2048 字		6144 字	8192 字	12288 字
数据存储区		1024 字		4096 字	5120 字	
掉电保持时间		50h		100h		
本机：数字 I/O 点数 模拟点数		6 入/4 出 －	8 入/6 出 －	14 入/10 出 －	14 入/10 出 2 入/1 出	24 入/16 出
可扩展模块数量		无	2	7		
高速计数器	总数量	4 个		6 个	6 个	6 个
	单相	4 个×30kHz		6 个×30kHz	4 个×30kHz 2 个×200kHz	6 个×30kHz
	双相	2 个×20kHz		4 个×20kHz	3 个×20kHz 1 个×100kHz	4 个×20kHz
脉冲输出(仅限 DC 输出)		2 路×20kHz			2 路×100kHz	2 路×20kHz
模拟电位器		1 个		2 个		
实时时钟		可选时钟卡		内置		
通信/编程口		1 个 RS485 接口			2 个 RS485 接口	
I/O 映像区		256(128 点入/ 128 点出)				
布尔指令执行速度		0.22μs/指令				

8.2 S7-200 PLC 的数据类型与编程方法

8.2.1 S7-200 PLC 的编程元件

1. 数据类型

S7-200 PLC 的基本数据类型及范围见表 8.2 所列。

表 8.2 S7-200 的基本数据类型及范围

基本数据类型	位数	说明
布尔型 BOOL	1	位 范围:0,1
字节型 BYTE	8	字节 范围:0~255
字 型 WORD	16	字 范围:0~65535
双字型 DWORD	32	双字 范围:0~($2^{32}-1$)
整 数 INT	16	整数 范围:-32768~+32768
双整数 DINT	32	双整数 范围:-2^{31}~($2^{31}-1$)
实数型 REAL	32	IEEE 浮点数

2. 编程元件

PLC 将一部分用户存储器划分成若干个区,将这些区赋予不同的功能,从而形成了各种虚拟的内部元(器)件。这些元件沿用传统继电器控制线路中继电器的名称,按其功能分别称为输入继电器、输出继电器、辅助继电器、变量继电器、定时器、计数器、数据寄存器等。这些虚拟的继电器实际上就是存储器中的某一位,8 个连续的同类继电器对应存储器中一个字节的 8 位,16 个继电器占用了 1 个字长的存储空间。使用这些元件,实际上就是对相应的存储内容以位、字节、字或双字的形式进行存取。

各厂家的 PLC 中元件的划分、多少、命名都不尽相同,S7-200 PLC 的主要编程元件如下:

(1) 输入继电器 I 就是 PLC 存储器中的输入映像寄存器。每次扫描开始,PLC 对输入点(端子)"通"或"断"的状态进行采样,以"1"或"0"的方式写入输入映像寄存器中。输入继电器是按位读取的,其编址方式为"字节.位",如 I0.1,也可按字节读取,如 IB0。

需要注意的是,输入继电器只能读取其状态,无限制的使用其触点,不能通过编程改变其状态。对于实际未使用的输入继电器,也不能挪作它用。

(2) 输出继电器 Q 就是 PLC 存储器中的输出映像寄存器。在每次扫描的最后,PLC 将输出映像寄存器的数值"1"或"0"输出到物理输出点(端子)上,使其"接通"或"关断"。输出继电器是按位读取的,其编址方式为"字节.位",如 Q0.1,也可按字节读取,如 QB0。输出继电器的状态完全由编程来改变,其触点可以无限制的使用,物理输出点(端子)仅仅是它的一个动合触点。

(3) 辅助继电器 M 功能相当于传统继电器控制线路中的中间继电器,它既有线圈又有无限的触点,但它与外部无任何联系,每个辅助继电器对应存储器的一位。辅助继电器一般以位为单位使用，如 M0.1 表示一个辅助继电器，也可按字节使用。S7 - 200 PLC 的辅助继电器共有 256 个(M0.0 - 31.7)。

(4) 变量寄存器 V　程序运行当中用到的变量用变量寄存器 V 来表示，可读可写。可按位、字节、字、双字使用，如 V0.0、VB0、VW0、VD0 等。

(5) 特殊继电器 SM　用于存储系统的状态信息及有关的控制参数和信息。一般按位或字节来使用，如 SM0.0、SMB28 等。特殊继电器其中一部分为只读型，也有一些可读可写。以下是特殊继电器 SM 的功能说明：

SM0.0　RUN 监控，PLC 在运行状态时，SM0.0 总为 ON。

SM0.1　初始脉冲，PLC 由 STOP 转为 RUN 时，SM0.1ON 一个扫描周期。

SM0.2　当 RAM 中保存的数据丢失时，SM0.2ON 一个扫描周期。

SM0.3　PLC 上电进入 RUN 状态时，SM0.3ON 一个扫描周期。

SM0.4　分钟脉冲，占空比为 50%，周期为 1min 的脉冲串。

SM0.5　秒钟脉冲，占空比为 50%，周期为 1s 的脉冲串。

SM0.6　扫描时钟，一个扫描周期为 ON，下一个扫描周期为 OFF，交替循环。

SM0.7　指示 CPU 上 MODE 开关的位置，0 = TERM，1 = RUN。

SMB1　用于潜在错误提示的 8 个状态位。

SMB2　用于自由口通信接收字符缓冲区，在自由口通信方式下，接收到的每个字符都放在这里，供梯形图取用。

SMB3　用于自由口通信的奇偶校验，奇偶校验错误时，SM3.0 置“1”。

SMB4　包含中断队列溢出位，中断是否允许标志位及发送空闲位。

SMB5　包含 I/O 系统里发现的错误状态位。

SMB6　为 CPU 识别寄存器

SMB7　保留。

SMB8 ~ SMB21　用于 I/O 扩展模块的类型识别及错误状态寄存器。

SMW22 ~ SMW26　提供扫描时间信息，以毫秒计的上次扫描时间、最短扫描时间、最长扫描时间。

SMB28 和 SMB29　模拟电位器 0 和 1 的当前值，数值范围为 0 ~ 255。

SMB30 和 SMB130　自由口 0 和 1 的通信控制寄存器。

SMB31 和 SMW32　永久存储器(EEPROM)写控制。

SMB34 和 SMB35　定时中断的时间间隔寄存器。

SMB36 ~ SMB65　用于监视和控制高速计数器 HSC0、HSC1 和 HSC2 的操作。

SMB66 ~ SMB85　用于监视和控制脉冲输出(PTO)和脉宽调制(PWM)功能。

SMB86 ~ SMB94 和 SMB186 ~ SMB194　用于控制和读出接收信息指令的状态。

SMB98 和 SMB99　用于表示有关扩展模块总线的错误。

SMB131 ~ SMB165　用于监视和控制高速计数器 HSC3、HSC4 和 HSC5 的操作。

SMB166 ~ SMB194　用来显示包络表的数量和包络表的地址和 V 存储器在表中的首地址。

SMB200 ~ SMB549　预留存储智能扩展模块信息。

(6) 计时器 T　作用与传统继电器控制电路中的时间继电器基本相似，编号

T0 ~ T255。

(7) 计数器 C　用于对输入脉冲的个数进行累计,编号 C0 ~ C255。

(8) 高速计数器 HSC　专门对比扫描频率高的高频脉冲进行计数,应用较为复杂。

(9) 累加器 AC　是一个可读写的数据寄存器。可按字节(8bit)、字(16bit)、双字(32bit)使用。一般以双字为单位使用,如 AC1、AC2、…。S7 - 200 PLC 提供了 4 个 32 位累加器。

(10) 状态继电器 S　也称顺序控制继电器,配合顺序控制专用指令使用,一般以位为单位使用,编号 S0.0 ~ S31.7。

(11) 局部变量存储器 L　用于存储局部变量。S7 - 200 PLC 为主程序、每级嵌套子程序、中断程序分别分配了 64 个局部变量存储器。

(12) 模拟输入寄存器 AIW　S7 - 200 PLC 将电压或电流模拟输入信号(如 0 ~ 20mA,或 0 ~ 50mV, ±10V 等)经 A/D 转换后,变成数字量存储在模拟量输入寄存器 AIW 中。AIW 是 16 位只读型,以偶数号编址,如 AIW0。

(13) 模拟输出寄存器 AQW　S7 - 200 PLC 将需要转换成模拟量输出的数字量,写入模拟量输出寄存器,经 D/A 转换后,变成电压或电流模拟量输出。AQW 是 16 位的,只能写入,不能读取,并以偶数号编址,如 AQW0。

3. 编程元件的编址形式

在 PLC 内部,并不存在物理的继电器,它们对应的是存储器单元,而每个单元都有一个唯一确定的地址,其编排规则如图 8.6 所示。PLC 使用编程元件时,需要指出这些编程元件的地址,也就是对应的存储单元的地址。

S7 - 200 PLC 规定,按位使用编程元件时,地址格式:编程元件名称 + 字节地址 +“ · ”+ 位号,如 I0.2、Q2.5、M1.1、SM0.1 等。按字节、字或双字使用编程元件时,地址格式:编程元件名称 + 数据类型 + 字节地址。其中字节、字和双字的数据类型分别为 B、W、D。如字节型元件 VB0、SMB2,字型元件 VW0、AIW2,双字型元件 VD0 等。有些编程元件既可按位操作,也可按字节,字或双字操作,这些类型之间的关系如图 8.6 所示。如 1 个字节元件 VB1 由 8 个连续的位元件 V1.0 ~ V1.7 构成,2 个连续的字节元件 VB0、VB1 构成 1 个字元件 VW0,2 个连续的字元件 VW0、VW2(4 个连续的字节元件 VB0 ~ VB3)构成 1 个双字元件 VD0。

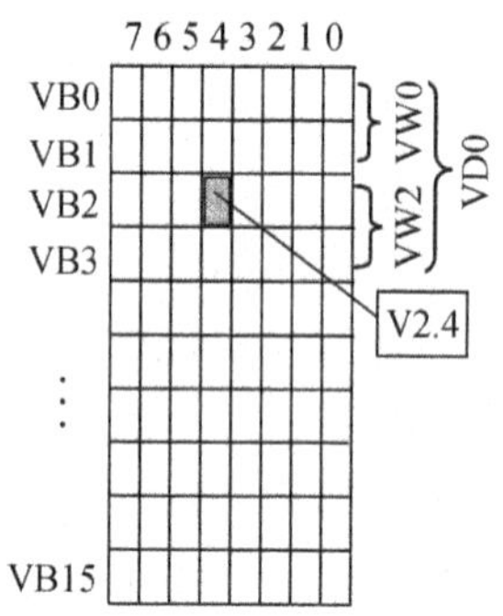

图 8.6　存储单元编址示例

4. 编程元件的寻址范围

S7 - 200 PLC 的编程元件的寻址范围见表 8.3。

表 8.3　S7 - 200 PLC 编程元件的寻址范围

编程元件	CPU221	CPU222	CPU224	CPU224XP	CPU226
输入继电器 I	I0.0 ~ I15.7				
输出继电器 Q	Q0.0 ~ Q15.7				
模拟输入寄存器		AIW0 ~ AIW30	AIW0 ~ AIW62		

（续）

编程元件	CPU221	CPU222	CPU224	CPU224XP	CPU226
模拟输出寄存器		AQW0 ~ AQW30	AQW0 ~ AQW62		
辅助继电器 M	M0.0 ~ M31.7				
变量寄存器 V	VB0 ~ VB2047		VB0 ~ VB8191	VB0 ~ VB10239	
特殊继电器 SM	SM0.0 ~ SM179.7	SM0.0 ~ SM299.7	SM0.0 ~ SM549.7		
计时器 T	T0 ~ T255(其中 1ms—4 个,10ms—16 个,100ms—236 个)				
计数器 C	C0 ~ C255				
高速计数器 HSC	HSC0,HSC3,HSC4,HSC5		HSC0 ~ HSC5		
累加器 AC	AC0 ~ AC3				
状态继电器 S	S0.0 ~ S31.7				
局部变量 L	LB0 ~ LB63				
跳转标号	0 ~ 255				
子程序标号	0 ~ 63				0 ~ 127
中断程序编号	0 ~ 127				
PID 回路数	0 ~ 7				
通信口	0			0,1	

8.2.2 编程语言

STEP 7 – Micro/WIN32 是基于 Windows 平台的应用软件,是西门子公司专为 S7 – 200 PLC 研制开发的编程软件,它可以使用通用的个人计算机作为图形编程器,用于在线(联机)或者离线(脱机)开发用户程序,并可在线实时监控用户程序的执行状态。

STEP 7 – Micro/WIN32 编辑软件可以实现以下功能:

(1) 在离线(脱机)方式下创建、编辑和修改用户程序。

(2) 在线(联机)方式下通过联机通信的方式上装和下装用户程序及组态数据,编辑和修改用户程序。

(3) 可对程序进行语法检查。

(4) 可对用户程序进行文档管理,加密处理等。

(5) 设置 PLC 的工作方式和运行参数,进行运行监控和强制操作等。

STEP 7 – Micro/WIN32 软件提供梯形图、指令表、功能图三种编程语言。

梯形图直接由传统的继电器控制系统演变而来,是一种易于掌握、广受欢迎的 PLC 高级语言。梯形图由逻辑母线、支流线、节点、线圈(或功能块)组成,如图 8.7 所示。

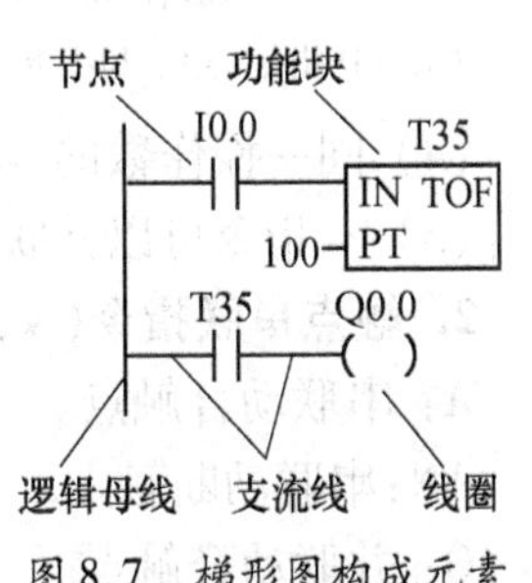

图 8.7 梯形图构成元素

(1) 逻辑母线 每个梯形图都由母线开始。

(2) 支流线 横线称为支流线,代表电流的方向。支流线还可再分出支流线。

(3) 节点 支流线上的常开、常闭触点称为节点,与传统继电器电路上的常开、常闭触点含义相同。闭合为 1(导通),

断开为0。支流线上可以串并多个节点,每个节点必须有元件名。

(4) 线圈(或功能模块) 位于支流线的末端,支流线导通,线圈得电,或功能块工作。线圈、功能模块也必须有元件名。

S7 - 200 PLC 的用户程序一般由用户程序、数据块和参数块组成。

一个完整的用户程序一般是由一个主程序、若干个子程序和若干个中断处理子程序组成。S7 - 200 PLC 中的数据块一般为 DB1,主要用来存放用户程序运行所需的数据。参数块中存放的是 CPU 组态数据,如果在编程软件或其他编程工具上未进行 CPU 的组态,则系统以默认值进行自动配置。

8.3 S7 - 200 PLC 的位操作指令

8.3.1 基本逻辑指令

1. 装载指令(LD、LDN)与线圈驱动指令(=)

LD: 将动合触点接在母线上。

LDN:将动断触点接在母线上。

= : 线圈输出。

编程格式:

LD	XXXX
LDN	XXXX
=	XXXX
指令	操作数

梯形图符号:如图 8.8 所示。

使用说明:

(1) LD、LDN 指令总是与母线相连(包括在分触点引出的母线)

(2) =指令不能用于输入继电器。

(3) 操作数(即可使用的编程元件)见表 8.4 所列。

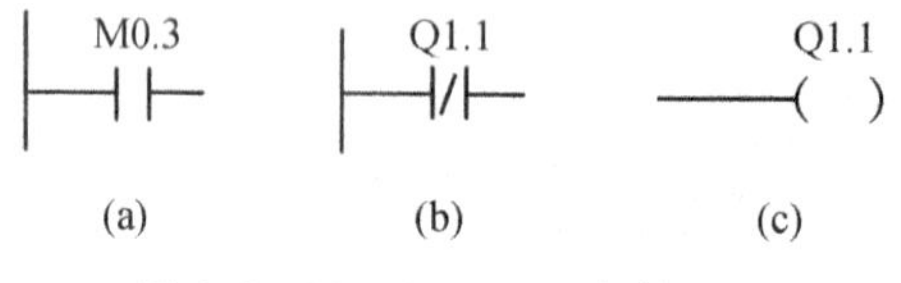

图 8.8 LD、LDN、=指令梯形图

(a) LD 指令; (b) LDN 指令; (c) =指令。

表 8.4 操作数

指令	操作数
LD	I,Q,M,SM,T,C,V,S
LDN	I,Q,M,SM,T,C,V,S
=	Q,M,SM,T,C,V,S

(4) 同一操作数的 = 指令不能重复使用,即不能在程序中多次出现" = Q0.0"指令。

(5) =指令可以并联输出。

2. 触点串联指令(A、AN)与并联指令(O、ON)

A: 串联动合触点。

AN:串联动断触点。

O: 并联动合触点。

ON:并联动断触点。

编程格式:A　　XXXX

　　　　AN　　XXXX

　　　　O　　XXXX

　　　　ON　　XXXX

　　　　指令　操作数

梯形图符号:触点串联指令 A、AN 的梯形图符号分别如图 8.9 中触点 M0.2、Q0.0 所示。

触点并联指令 O、ON 的梯形图符号分别如图 8.10 中触点 M0.3、Q1.1 所示。

图 8.9　A、AN 指令梯形图

图 8.10　O、ON 指令梯形图

使用说明:

(1) A、AN、O、ON 指令应用于紧接在 LD、LDN 之后,串、并联单个触点(常开或常闭),可以连续使用。

(2) 操作数(即可使用的编程元件)为 I、Q、M、SM、T、C、V、S。

例 8.1　点动控制,即按下按钮则灯亮,松开则灯灭。梯形图、指令表和接线图如图 8.11 所示。

梯形图程序必须和实际接线图结合起来分析。当按钮 SB1 没有按动时,输入端子 I0.0 为低电平,即输入继电器 I0.0 为 OFF,其常开触点仍然断开(常闭触点仍然闭合),则 Q0.0 为 OFF,即输出端子 Q0.0 为低电平,此路输出断路,灯 HL 不亮。当按钮 SB1 按下时,输入端子 I0.0 为高电平,即输入继电器 I0.0 为 ON,其常开触点闭合(常闭触点断开),则 Q0.0 为 ON,即输出端子 Q0.0 为高电平,此路输出接通,灯 HL 点亮。由此分析可知,程序可以实现点动控制要求。

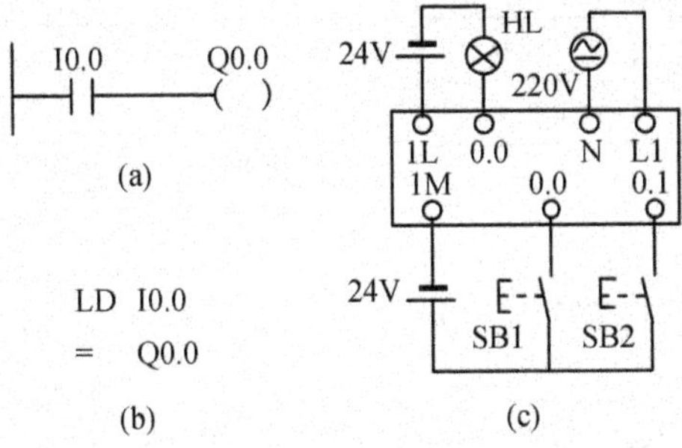

图 8.11　点动控制程序及接线图

(a) 梯形图;(b) 指令表;(c) 接线图。

注意:顺序控制的梯形图是由上到下,由左到右执行的。

例 8.2 设计一个单按钮启动/停止控制程序,接线图如图 8.11(c)所示。操作方法:按一下按钮,信号灯 HL 亮,再按一下按钮,信号灯 HL 熄灭,……。梯形图及时序图如图 8.12 所示。

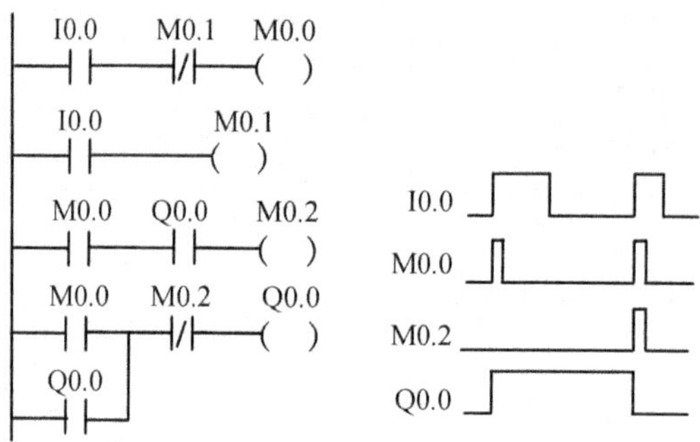

图 8.12 单按钮启动/停止控制程序 1 及时序图

当按钮 SB1 按下时,在当前扫描周期内,I0.0 使辅助继电器 M0.0、M0.1 为 ON,使 Q0.0 为 ON;到下一个扫描周期,辅助继电器 M0.1 动断触点为 OFF,使 M0.0 为 OFF,但由于 Q0.0 自锁触点的作用,Q0.0 仍然为 ON,Q0.0 的动合触点为 ON。第一次松开按钮后至第二次按下按钮前,I0.0 的状态为 OFF,M0.0、M0.1 仍然为 OFF,Q0.0 继续保持为 ON,Q0.0 的动合触点也保持为 ON。当第二次按下按钮 SB1 时,在当前扫描周期内,I0.0 使辅助继电器 M0.0、M0.1、M0.2 为 ON,M0.2 的动断触点为 OFF,使 Q0.0 由 ON 变为 OFF;到下一个扫描周期,M0.1 动断触点使 M0.0 为 OFF,使 M0.2 为 OFF,Q0.0 仍然为 OFF。

例 8.3 设计一个控制三相异步电动机正、反转的程序,地址分配见表 8.5。接线图如图 8.13 所示,梯形图、指令表如图 8.14 所示。

表 8.5 电动机正、反转控制地址分配

信号名称	符号	地址分配
正转按钮	SB1	I0.0
反转按钮	SB2	I0.1
停止按钮	SB3	I0.2
正转接触器	KM1	Q0.0
反转接触器	KM2	Q0.1

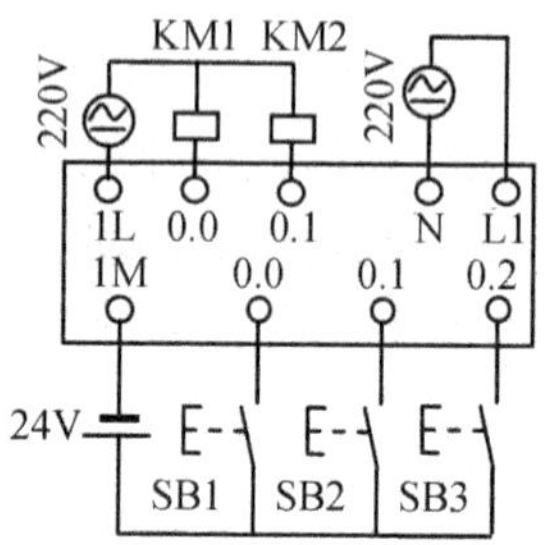

图 8.13 三相异步电动机正、反转控制接线图

```
LD  I0.0        LD  I0.1
O   Q0.0        O   Q0.1
AN  I0.1        AN  I0.0
AN  Q0.1        AN  Q0.0
AN  I0.2        AN  I0.2
=   Q0.0        =   Q0.1
```

图 8.14 三相异步电动机正、反转控制指令梯形图及指令表

若电动机处于停止状态，即 Q0.1 的动断触点为 ON，此时按下 SB1 时，I0.0 为 ON，I0.1、I0.2 的动断触点为 ON，则 Q0.0 置 ON，KM1 得电，电动机正转，同时自锁，保持正转；若电动机处于反转状态，即 Q0.1 为 ON，则按下 SB1，I0.0 的动断触点为 OFF，首先使 Q0.1 置 OFF，KM2 失电，电动机停止。然后，I0.0 为 ON，I0.1、I0.2、Q0.1 的动断触点为 ON，则 Q0.0 置 ON。SB2 的作用过程与 SB1 相同，不再赘述。

3. 置位/复位指令（S/R）

S：置位指令，将从操作数指定的位开始的连续几位（最多 255 位）置“1”，并保持。

R：复位指令，将从操作数指定的位开始的连续几位（最多 255 位）置“0”，并保持。

编程格式：S XXXX ，N

R XXXX ，N

指令 开始位，位数

梯形图及时序图、指令表如图 8.15 所示。

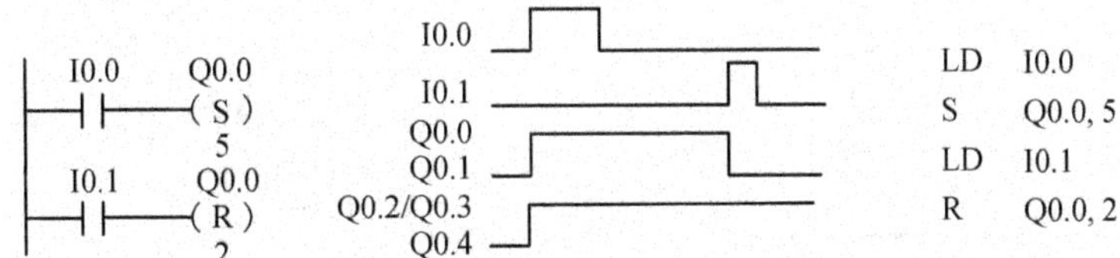

图 8.15 置位 S/复位 R 指令梯形图及时序图、指令表

R/S 指令使用说明：

（1）R/S 指令可以多次使用同一操作数。但对同一位多次执行该指令时，最后一次起作用。

（2）R/S（或 S/R）可构成置位优先触发器 SR（或复位优先触发器 RS），其应用示例梯形图如图 8.16 所示，真值表见表 8.6。

（3）操作数被置“1”后，必须通过 R 指令清“0”。

（4）开始位（bit）的操作数为 Q、M、SM、T、C、V、S。

连续位的位数（N）的操作数为 VB、IB、QB、MB、SMB、LB、SB、AC。

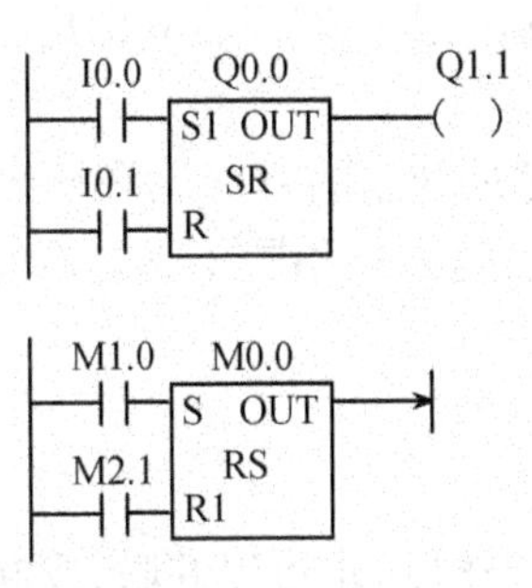

图 8.16 SR/RS 触发器指令梯形图

表 8.6 SR/RS 触发器指令真值表

指令	S1	R	OUT，Q0.0
置位优先触发器指令（SR）	0	0	保持前一状态
	0	1	0
	1	0	1
	1	1	1
指令	S	R1	OUT，M1.0
复位优先触发器指令（RS）	0	0	保持前一状态
	0	1	0
	1	0	1
	1	1	0

4. 上升沿/下降沿指令(EU/ED)

EU：上升沿指令，使其左端的逻辑运算结果的上升沿产生一个宽度为扫描周期的脉冲。

ED：下降沿指令，使其左端的逻辑运算结果的下降沿产生一个宽度为扫描周期的脉冲。

编程格式：EU/ED（无操作数）

梯形图及时序图、指令表如图 8.17 所示。

EU/ED 指令使用时应注意：EU/ED 指令后无操作数。

5. 取反指令(NOT)

NOT：取反指令，用于将 NOT 指令左端的逻辑运算结果取非。NOT 指令无操作数。梯形图及指令表如图 8.18 所示。

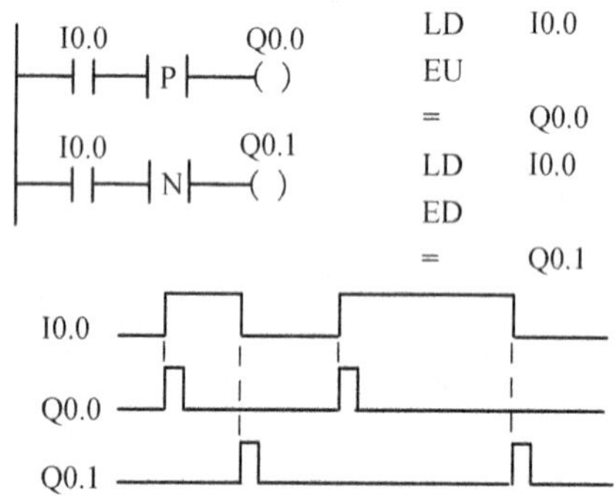

图 8.17　EU/ED 指令梯形图及时序图、指令表

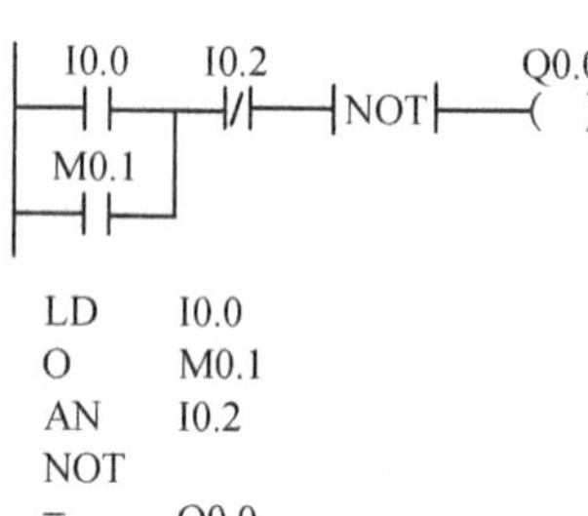

图 8.18　NOT 指令梯形图及指令表

6. 立即存取指令(LDI,LDNI,AI,ANI,OI,ONI,=I,SI,RI)

立即存取指令不依赖于 PLC 的扫描周期刷新，它会立即刷新。共有 4 种方式：

(1) 常开立即触点指令(LDI、AI 和 OI)与常闭立即触点指令(LDNI、ANI 和 ONI)。程序在执行这些指令时，立即读取物理输入点的值，但输入映像寄存器并不刷新。

(2) 立即输出指令(=I)。当指令执行时，立即输出指令(=I)将新值同时写到物理输出点和相应的输出映像寄存器中。

(3) 立即置位指令(SI)。立即置位指令将从指定地址开始的 N 个物理输出点(最多 128 个点)立即置 1，并且刷新相应的输出映象寄存器。这一点不同于非立即指令，只把新值写入输出映像寄存器。

(4) 立即复位指令(RI)。立即复位指令将从指定地址开始的 N 个物理输出点(最多 128 个点)立即清“0”，并且刷新相应的输出映像寄存器。这一点不同于非立即指令，只把新值写入输出映像寄存器。

立即指令梯形图、时序图及指令表如图 8.19 所示。

7. 触点块串联指令(ALD)与并联指令(OLD)

触点块由两个以上的触点构成，触点块中的触点可以串联，也可以并联，或混联。

触点块串、并联指令梯形图及指令表如图 8.20 所示。

例 8.4　设计一个单按钮启动/停止控制程序。要求同例 8.3。除例 8.3 所列方案外，图 8.21 为第二种方案的梯形图，图 8.22 为第三种方案的梯形图。

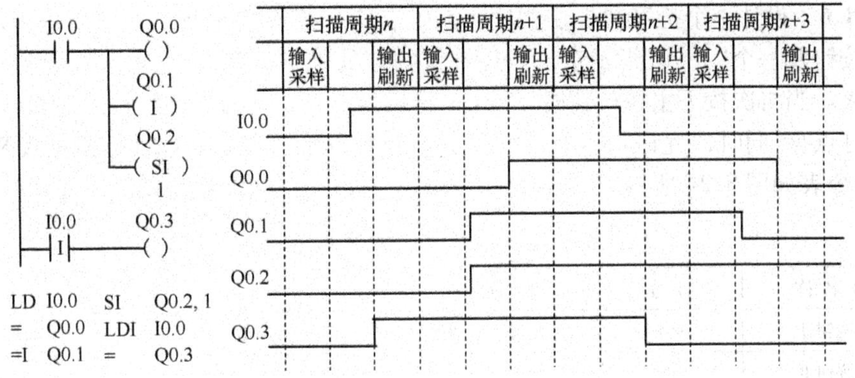

图 8.19 立即指令梯形图、时序图及指令表

```
LD   I0.0        LD   M0.0
LD   I3.0        O    I0.4
A    Q0.0        ALD
OLD              =    Q1.0
AN   V0.2
```

图 8.20 ALD/OLD 指令梯形图及指令表

图 8.21 单按钮启动/停止控制程序 2

图 8.22 单按钮启动/停止控制程序 3

例 8.5 设计一个停止优先的互控程序。要求三个电动机由各自的启动按钮启动，且每次只能有一个电机运转；有一个停止按钮；若同时按下几个按钮，则所有电动机停止，最后一个释放的启动按钮可以启动对应电动机。地址分配见表 8.7，梯形图如图 8.23 所示。

表 8.7 停止优先的互控地址分配

信号名称	符号	地址分配
启动按钮Ⅰ	SB1	I0.1
启动按钮Ⅱ	SB2	I0.2
启动按钮Ⅲ	SB3	I0.3
停止按钮	SB0	I0.0
接触器Ⅰ	KM1	Q0.1
接触器Ⅱ	KM2	Q0.2
接触器Ⅲ	KM3	Q0.3
停止指示灯	HL	Q0.0

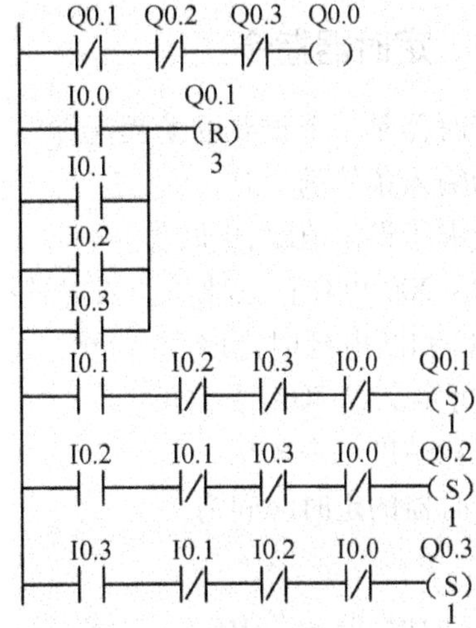

图 8.23 停止优先互控程序

例 8.6 设计一个抢答器控制程序。系统有三个抢答按钮及三个对应的指示灯，一个主控按钮及一个“允许”指示灯。当抢答者的灯处于点亮状态时，按下主控按钮，系统将灯熄灭。当再次按下主控按钮时，“允许”指示灯点亮。此时，抢答开始，先按下按钮者的指示灯点亮，同时，“允许”指示灯熄灭，其他两个抢答器失效。地址分配见表 8.8。梯形图、指令表如图 8.24 所示。

表 8.8 抢答器控制程序地址分配

信号名称	符号	地址分配	信号名称	符号	地址分配
抢答按钮Ⅰ	SB1	I0.1	1#抢答灯	HL1	Q0.1
抢答按钮Ⅱ	SB2	I0.2	2#抢答灯	HL2	Q0.2
抢答按钮Ⅲ	SB3	I0.3	3#抢答灯	HL3	Q0.3
主控按钮	SB0	I0.0	允许指示灯	HL0	Q0.0

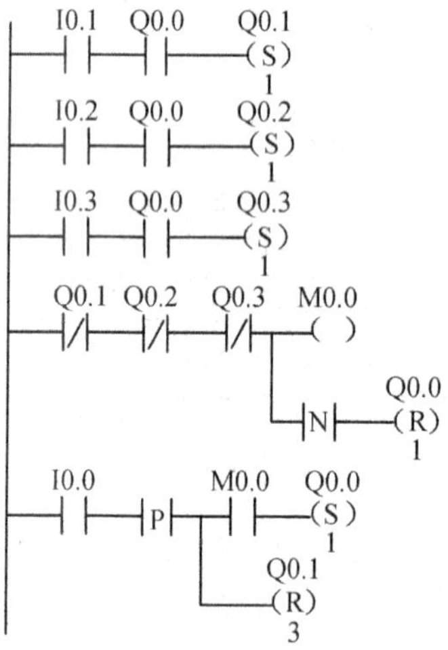

```
LD   I0.1
A    Q0.0
S    Q0.1, 1
LD   I0.2
A    Q0.0
S    Q0.2, 1
LD   I0.3
A    Q0.0
S    Q0.3, 1
LDN  Q0.1
AN   Q0.2
AN   Q0.3
=    M0.0
ED
R    Q0.0, 1
LD   I0.0
EU
LPS
A    M0.0
S    Q0.0, 1
LPP
R    Q0.1, 3
```

图 8.24 抢答器控制程序

8.3.2 定时器指令

定时器是一个重要的编程元件，可以在编程时输入时间设定值，在 PLC 运行后，当定时器的输入条件满足时，开始定时。定时器的当前值从 0 开始按一定的时间单位递增，当等于或大于设定值时，定时器被置位，其动合触点闭合，动断触点断开。

S7－200 PLC 有三种类型的定时器：通电延时定时器（TON）、保持型通电延时定时器（TONR）和断电延时定时器（TOF）、总共 256 个（T0～T255），其中 TONR 有 64 个，其余 192 个可定义成 TON 或 TOF。定时精度分为三个等级：1ms、10ms 和 100ms。有关定时器的编号和精度见表 8.9。

定时器的定时时间为

$$T = PT \times S$$

T——定时时间（ms）；PT——设定值（整数）；S——定时精度（ms）。

定时器指令需要三个操作数：编号、设定值和使能输入。

表 8.9 S7－200 PLC 定时器的精度和编号

定时器类型	定时精度/ms	最大的当前值/s	定 时 器 编 号
TON TOF	1	32.767	T32,T96
	10	327.67	T33～T36, T97～T100
	100	3276.7	T37～T63, T101～T255
TONR	1	32.767	T0,T64
	10	327.67	T1～T4, T65～T68
	100	3276.7	T5～T31,T69～T95

1. 通电延时定时器指令(TON)

在梯形图中,TON 指令以功能框的形式编程(图 8.25);在语句表中,指令格式:TON TXXX(定时器编号),PT(设定值)。

TON 指令的应用示例如图 8.25 所示,当定时器的输入端 IN 为 ON 时,定时器从 0 开始定时;当定时器的当前值大于或等于设定值时,定时器被置位,其动合触点闭合,动断触点断开,定时器继续计时,一直计时到最大值 32767。无论何时,只要 IN 为 OFF,TON 即被复位,当前值变为 0。

在程序中也可以使用复位指令 R 使定时器复位。

2. 保持型通电延时定时器指令(TONR)

在梯形图中,TONR 指令以功能框的形式编程(图 8.26);在语句表中,指令格式:TONR TXXX(定时器编号),PT(设定值)。

TONR 指令的应用示例如图 8.26 所示,当定时器的输入端 IN 为 ON 时,定时器从当前值开始定时;当定时器的当前值大于或等于设定值时,定时器被置位,其动合触点闭合,动断触点断开,定时器继续计时,一直计时到最大值 32767。当 IN 由 ON 变为 OFF 时,定时器保持当前值且状态位不变。当 IN 又变为 ON 时,定时器在当前值基础上继续计时。

TONR 型定时器必须使用复位指令 R 才能使其复位。这种计时器用于多个时间段的累计计时。

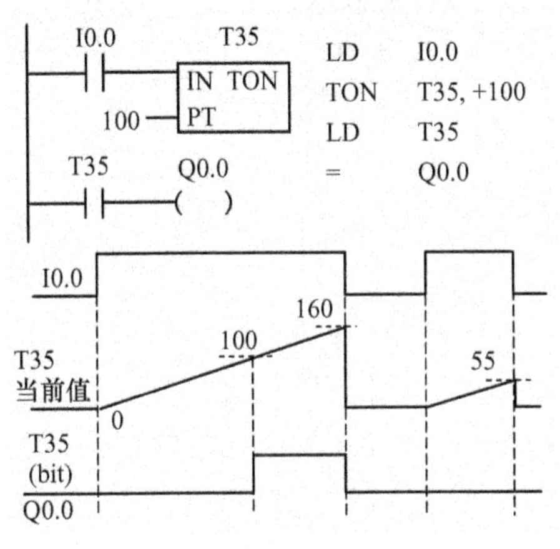

图 8.25 TON 定时器应用示例

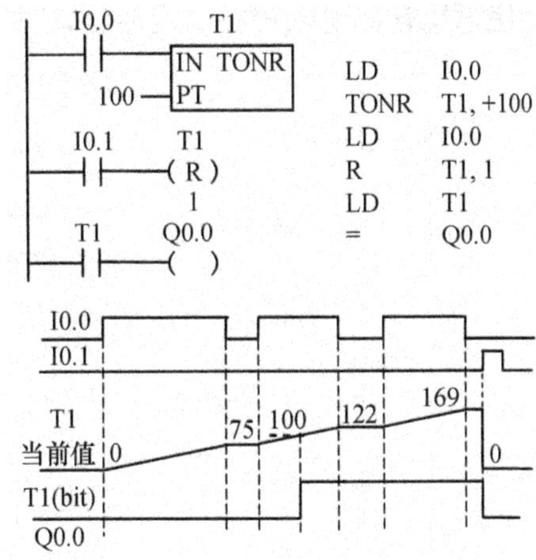

图 8.26 TONR 定时器应用示例

3. 断电延时定时器指令(TOF)

在梯形图中,TOF 指令以功能框的形式编程(图 8.27);在语句表中,指令格式:TOF TXXX(定时器编号),PT(设定值)。

TOF 指令的应用示例如图 8.27 所示，当定时器的输入端 IN 为 ON 时，TOF 的状态位为 ON，其动合触点闭合，动断触点断开，但定时器不计时，其当前值置 0。只有 IN 由 ON 变为 OFF 时，TOF 定时器才开始计时，当定时器的当前值达到设定值时，定时器被复位，其动合触点断开，动断触点闭合，定时器停止计时。若在定时器断电计时未到设定值，而 IN 又由 OFF 变为 ON，则 TOF 状态位始终为 ON，当前值置 0。

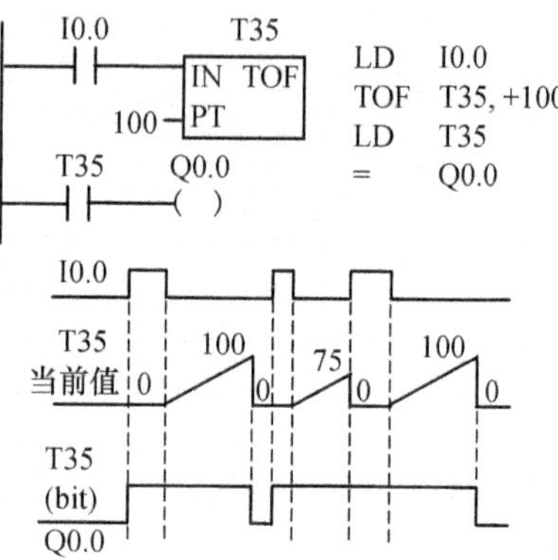

图 8.27 TOF 定时器应用示例

在程序中也可以使用复位指令 R 使定时器复位，复位后，TOF 状态位为 OFF，当前值为 0。

4. S7-200 PLC 定时器使用注意事项

（1）定时器的编号决定了定时器的计时精度。

（2）不同的 TON 与 TOF 不能共享相同的定时器编号。

（3）三种不同计时精度的定时器有三种不同的刷新方式：

① 1ms 定时器的刷新方式。1ms 定时器采用中断刷新方式，系统每隔 1ms 刷新一次，与扫描周期即程序处理无关。当扫描周期较长时，1ms 的定时器在一个扫描周期内将多次被刷新，其当前值在每个扫描周期内可能不一致。

② 10ms 定时器的刷新方式。10ms 定时器在每个扫描周期开始时自动刷新，在其余时间内，其状态位和当前值保持不变。

③ 100ms 定时器的刷新方式。100ms 定时器在该指令执行时被刷新。如果该定时器线圈被激励后，不能保证在每个扫描周期都能执行一次定时器指令，则该定时器由于不能及时刷新，将丢失时基脉冲而造成计时失准。反之，一个扫描周期内多次执行该定时器指令，计时器将会多次累计时基脉冲而失准。

使用具有自复位功能的定时器，必须考虑定时器的刷新方式。图 8.28 列出了 1ms、

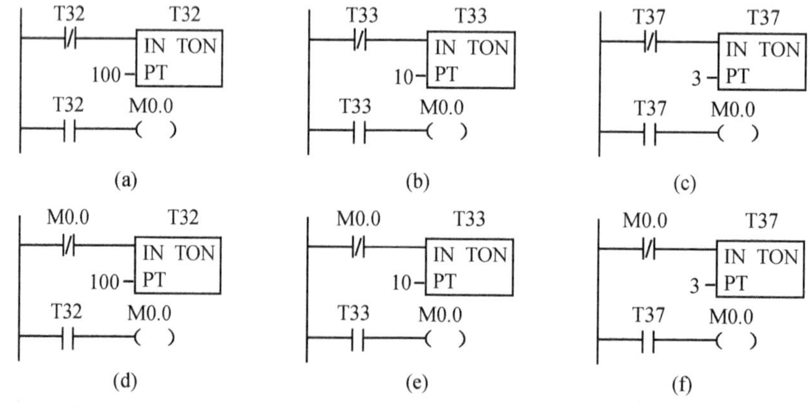

图 8.28 定时器的正确使用

（a）1ms 定时器错误用法；（b）10ms 定时器错误用法；（c）100ms 定时器错误用法；
（d）1ms 定时器正确用法；（e）10ms 定时器正确用法；（f）100ms 定时器正确用法。

10ms、100ms 三种不同刷新方式的具有自复位功能的定时器的错误使用方法和建议编程方案。

例 8.7 设计一个闪烁电路。梯形图、指令表、时序图如图 8.29 所示。

图 8.29 中两个定时器 T37、T38 组成一个振荡器。修改两个定时器的设定时间，即可修改振荡器的振荡周期和占空比。I0.0 的动合触点是一个启振开关。Q0.0 是振荡信号的输出。

例 8.8 设计一个由多个定时器接力式超常定时的控制程序。梯形图如图 8.30 所示。

本程序的特点是利用上一个定时器来启动下一个定时器，利用辅助继电器对定时器自锁，使定时器可靠定时。

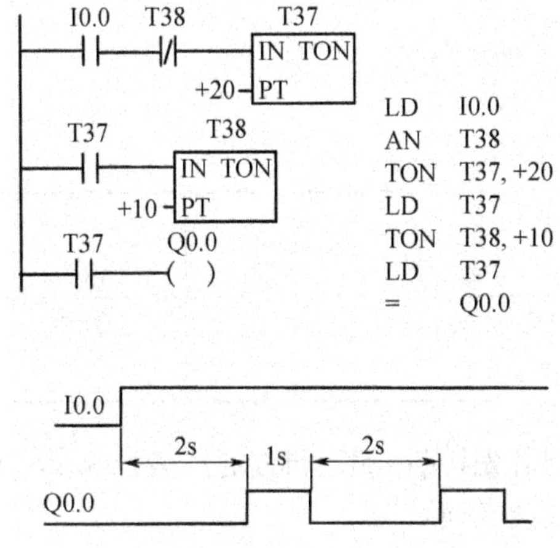

图 8.29 振荡器闪烁电路程序与时序图

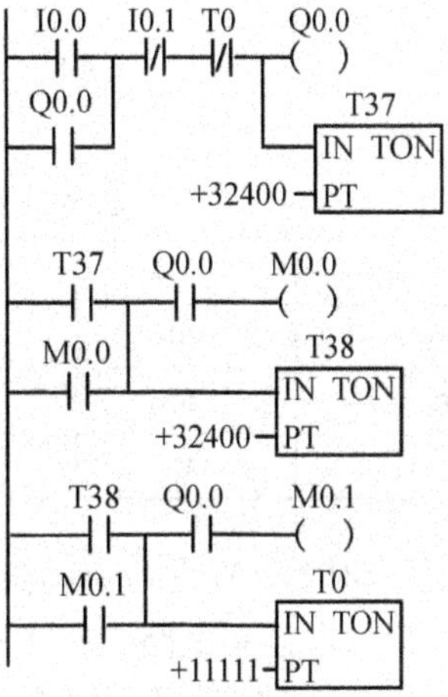

图 8.30 接力式超长定时器

例 8.9 设计一个交流三相异步电动机 Y－△启动控制程序。

电动机 Y－△启动主回路电路图及时序图如图 8.31 所示。输入/输出继电器地址分配见表 8.10。梯形图、指令表如图 8.32 所示。

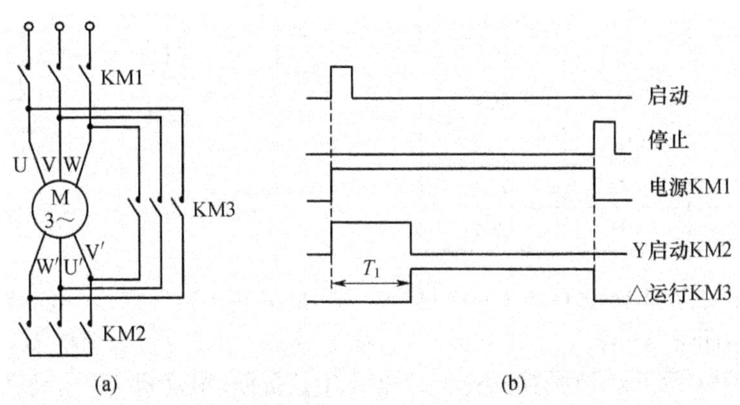

图 8.31 电动机 Y－△启动主电路及时序图

(a) 主回路电路图；(b) 时序图。

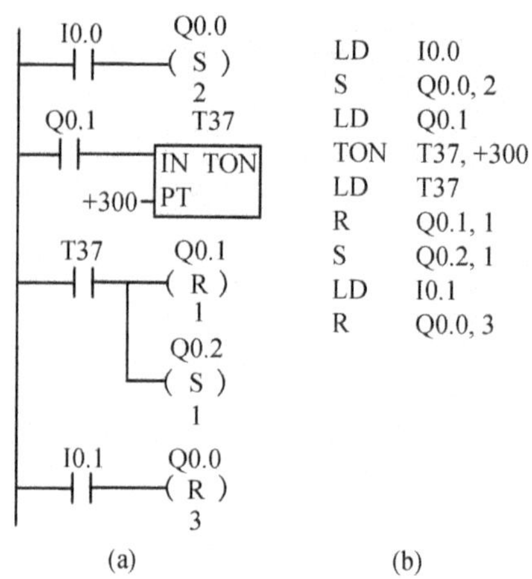

图 8.32 电动机 Y－△启动控制程序

(a) 梯形图；(b) 指令表。

表 8.10 Y－△启动控制地址分配

信号名称	符号	地址分配	信号名称	符号	地址分配
启动按钮	SB1	I0.0	Y 启动接触器	KM2	Q0.1
停止按钮	SB2	I0.1	△运行接触器	KM3	Q0.2
电源接触器	KM1	Q0.0			

本程序定时器 T37 是 Y 启动时间，当时间一到，先切断 KM2，再接通△运行 KM3（工程实践中，常常在控制电路中将 KM2 和 KM3 的线圈互锁）。

例 8.10 三台皮带机分别由电动机 M1、M2、M3 驱动，如图 8.33 所示。

控制要求：按启动按钮 SB1 后，M1、M2、M3 以 5s 的时间间隔依次顺序启动。按停止按钮 SB2 后，电动机 M3、M2、M1 以 2s 的时间间隔依次顺序停止。电动机 M1、M2、M3 分别通过接触器 KM1、KM2、KM3 控制，用 PLC 控制这些接触器的线圈。

输入、输出继电器的地址分配见表 8.11。梯形图如图 8.34 所示。

表 8.11 皮带运输机控制地址分配

信号名称	符号	地址分配
启动按钮	SB1	I0.0
停止按钮	SB2	I0.1
M1 接触器	KM1	Q0.0
M2 接触器	KM2	Q0.1
M3 接触器	KM3	Q0.2

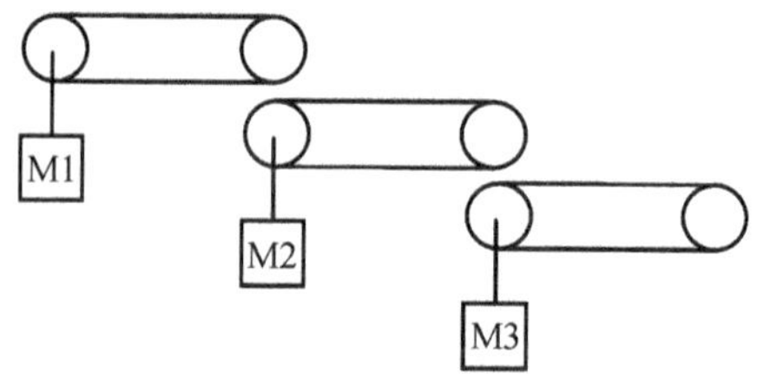

图 8.33 皮带输送机工作示意图

按下启动按钮 SB1（I0.0 产生一个脉冲），则 Q0.0 置 ON 且自锁（电动机 M1 启动），同时 T37 开始计时；5s 后，T37 位被置 ON，Q0.1 置 ON 且自锁（电动机 M2 启动），同时 T38 开始计时；5s 后，T38 位被置 ON，Q0.2 置 ON 且自锁（电动机 M3 启动），完成全部启动过程。

按下停止按钮 SB2（I0.1 产生一个脉冲），则 M0.0 置 ON 且自锁，Q0.2 置 OFF（M3

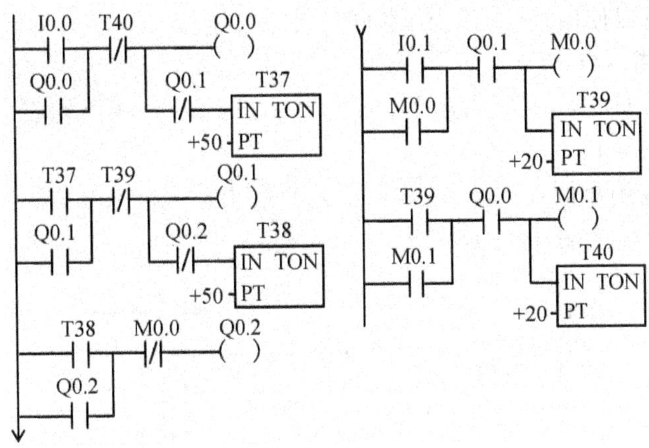

图 8.34　皮带输送机控制梯形图

停止)，同时 T39 开始计时；2s 后，T39 位被置 ON，M0.1 置 ON 且自锁，T 40 开始计时，Q0.1 置 OFF(M2 停止)，T39 与 M0.0 被复位；2s 后，T40 位被置 ON，Q0.0 置 OFF(M1 停止)，T40 与 M0.1 被复位，完成停机过程。

8.3.3 计数器指令

计数器用来累计输入脉冲的数量。S7－200 PLC 的普通计数器有三种类型：增计数器(CTU)，减计数器(CTD)和增减计数器(CTUD)，共计 256 个(C0～C255)，可根据需要对计数器的类型进行定义，但每个计数器的线圈编号只能使用一次。每个计数器有一个 16 位的当前值寄存器和一个状态位，最大计数值为 32767。计数器的设定值 PV 的数据类型为整数型 INT，可由 VW、IW、MW、SW、T、C、AC 和常数作为它的设定值。

1. 增计数器指令(CTU)

在梯形图中，CTU 指令以功能框的形式编程(图 8.35)；在语句表中，指令格式：CTU CXXX(计数器编号)，PV(设定值)。

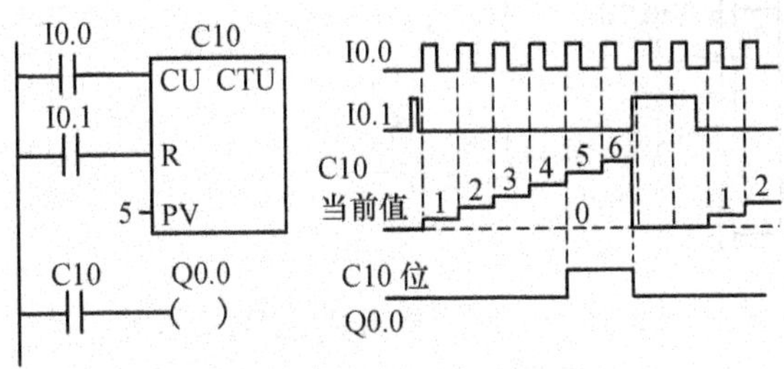

图 8.35　CTU 计数器时序图及梯形图

CTU 指令的应用示例如图 8.35 所示。它有三个输入端：CU、R 和 PV。PV 为设定值，CU 为计数脉冲输入端，R 为复位信号输入端。

在 CTU 计数器 R 端为 OFF 的情况下，当 CU 端每输入一个脉冲的上升沿时，计数器的当前值加 1，直至计数到最大值 32767。当计数器的当前值大于或等于设定值时，计数器被置位，其动合触点闭合，动断触点断开。当计数器 R 端为 ON 时，计数器复位，状态位复位，当前值被清零。

在程序中也可以使用复位指令 R 使 CTU 计数器复位。

2. 减计数器指令(CTD)

在梯形图中,CTD 指令以功能框的形式编程(图 8.36);在语句表中,指令格式:CTD CXXX(计数器编号),PV(设定值)。

CTD 指令的应用示例如图 8.36 所示。它有三个输入端:CD、LD 和 PV。PV 为设定值,CD 为计数脉冲输入端,LD 为复位信号输入端。

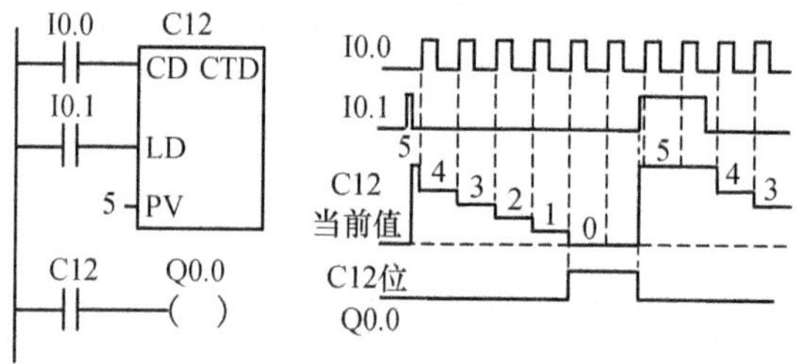

图 8.36 CTD 计数器时序图及梯形图

在 CTD 计数器 LD 端为 OFF 的情况下,当 CD 端每输入一个脉冲的上升沿时,计数器的当前值减 1,当 CTD 计数器的当前值减到 0 时,计数器被置位,其动合触点闭合,动断触点断开。当 CTD 计数器 LD 端为 ON 时,计数器复位,状态位复位,当前值被置设定值,也可以使用复位指令 R 使 CTD 计数器复位。

3. 增减计数器指令(CTUD)

在梯形图中,CTUD 指令以功能框的形式编程(图 8.37);在语句表中,指令格式:CTUD CXXX(计数器编号),PV(设定值)。

CTUD 指令的应用示例如图8.37 所示。它有四个输入端:CU、CD、R 和 PV。PV 为设定值。CU 为脉冲增计数输入端。CD 为脉冲减计数输入端。R 为复位信号输入端。

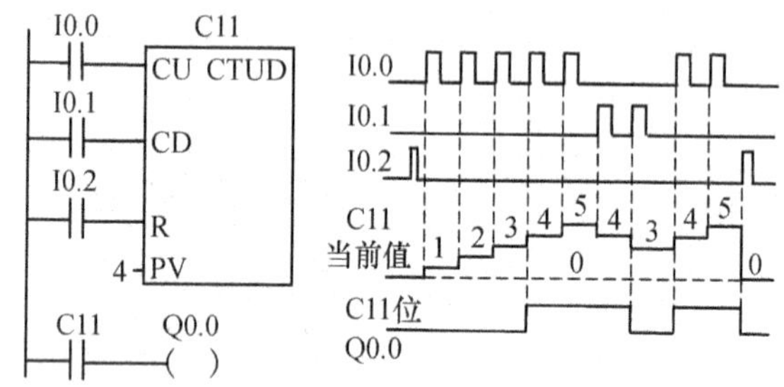

图 8.37 CTUD 计数器时序图及梯形图

在 CTUD 计数器 R 端为 OFF 的情况下,当 CU 端有上升沿时,计数器的当前值加 1,当 CD 端有上升沿时,当前值减 1,当 CTUD 计数器的当前值大于等于设定值时,计数器被置位,其动合触点闭合,动断触点断开。当 CTUD 计数器 R 端为 ON 时,计数器复位,状态位复位,当前值被清零。也可以使用复位指令 R 使 CTUD 计数器复位。

当 CTUD 计数器的当前值达到最大值 32767 时,CU 端的下一个上升沿将导致当前值变为最小值 -32768;当达到最小值 -32768 时,CD 端的下一个上升沿将导致当前值变为最大值 32767。

例 8.11 用计数器制作超长定时器。超长定时器除例 8.9 的方法外,还有三种方法。

第一种方法,利用定时器产生较长的时钟脉冲,用计数器来累计这些长时钟脉冲的个数,就可得到超长的定时器。梯形图如图 8.38 所示。

第二种方法,利用特殊继电器 SM0.4(分钟脉冲串:周期 1min,占空比 50%)产生时长 1min 的时钟脉冲,用计数器来累计这些时钟脉冲的个数,就可得到超长的定时器。梯形图如图 8.39 所示。

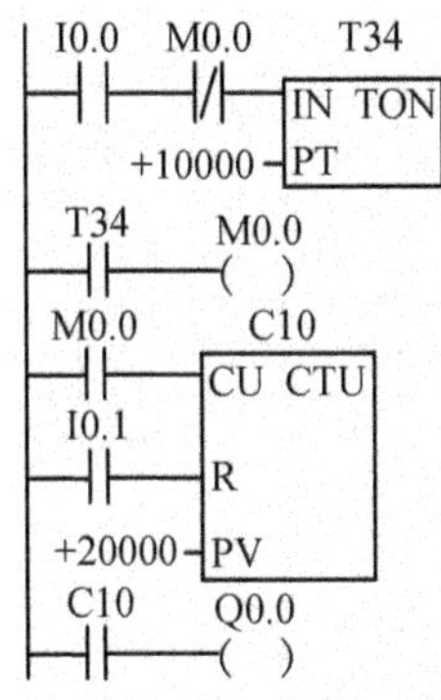

图 8.38 超长定时器 2 梯形图

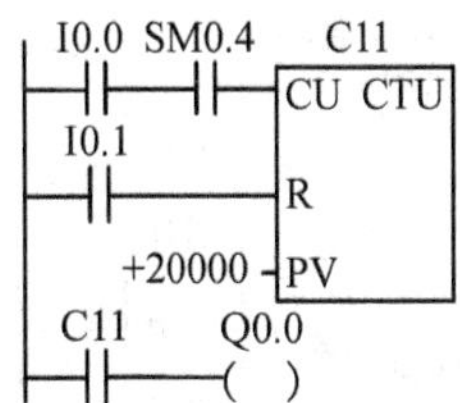

图 8.39 超长定时器 3 梯形图

第三种方法,利用特殊继电器 SM0.5(秒脉冲串:周期 1s,占空比 50%)产生时长 1s 的时钟脉冲,用计数器来累计这些时钟脉冲的个数,就可实现超长定时。

图 8.40 为利用超长定时器实现自动关机控制的梯形图。当点按 I0.0 后,Q0.0 输出 ON,C5 开始计秒,每 60s C5 接通 1 次,产生 1 个分钟脉冲; C6 对分钟脉冲计数,每 60min 产生 1 个时钟脉冲; C8 对时钟脉冲计数。当 C8 计满 24h,C8 状态位被置 ON,此时,Q0.0 被复位,实现了定时关机。需要重新计时或停止计时,先按 I0.1,则一切恢复到初始状态。

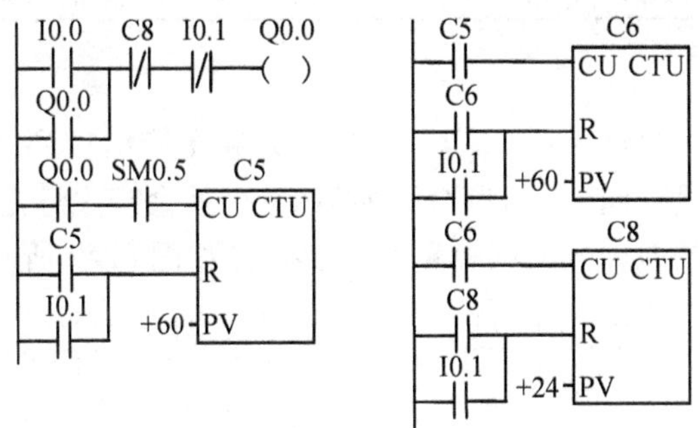

图 8.40 超长定时器 4 应用梯形图

8.3.4 比较指令

比较指令用于两个相同数据类型的有符号数或无符号数 IN1 和 IN2 的比较操作。比较运算符有 =(等于)、> =(大于等于)、< =(小于等于)、>(大于)、<(小于)、< >(不等于)。

在梯形图中，比较指令以动合触点形式编程，如图 8.41 所示。比较结果为真，该动合触点闭合。比较指令的类型有：字节型、整数型、双整型、实数型四种，如图 8.41 所示。操作数 IN1 和 IN2 的寻址范围见表 8.12 所列。字节比较的操作数是无符号数，其余为带符号数。

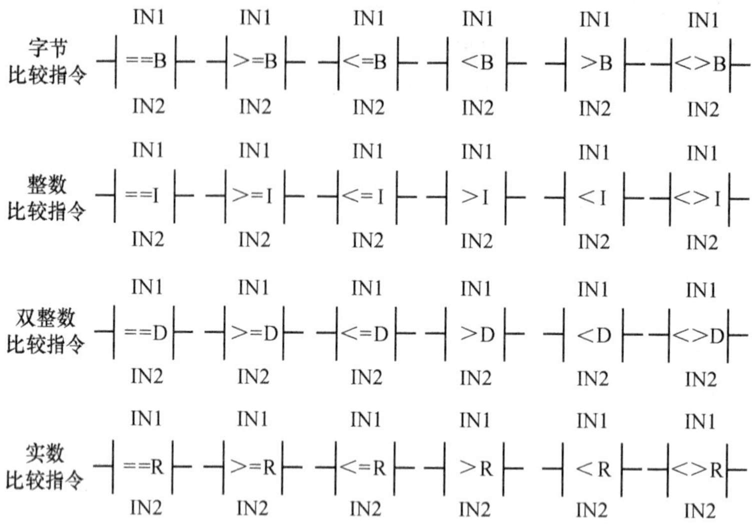

图 8.41 比较指令梯形图符号

表 8.12 比较指令的有效操作数

输入	数据类型	操 作 数
IN1 IN2	字节型	IB、QB、VB、MB、SMB、SB、LB、AC、* VD、* LD、* AC、常数
	整数型	IW、QW、VW、MW、SMW、SW、LW、T、C、AC、AIW、* VD、* LD、* AC、常数
	双整型	ID、QD、VD、MD、SMD、SD、LD、AC、HC、* VD、* LD、* AC、常数
	实数型	ID、QD、VD、MD、SMD、SD、LD、AC、* VD、* LD、* AC、常数
注：操作数前加 *，表示该操作数为一个指针。如 * VD 表示操作数地址为 VD 中的内容		

例 8.12 流水灯控制程序。

控制原理：如果有三组灯，按灯 1、灯 2、灯 3 的顺序依次排列，每组灯由一个开关控制，每组灯依次点亮一段时间（本例为 1s），然后熄灭，就会产生灯光流动的感觉。

输入、输出继电器的地址分配见表 8.13。梯形图如图 8.42 所示。

表 8.13 流水灯控制地址分配

信号名称	符号	地址分配
启动开关	SB1	I0.0
灯 1	HL1	Q0.0
灯 2	HL2	Q0.1
灯 3	HL3	Q0.2

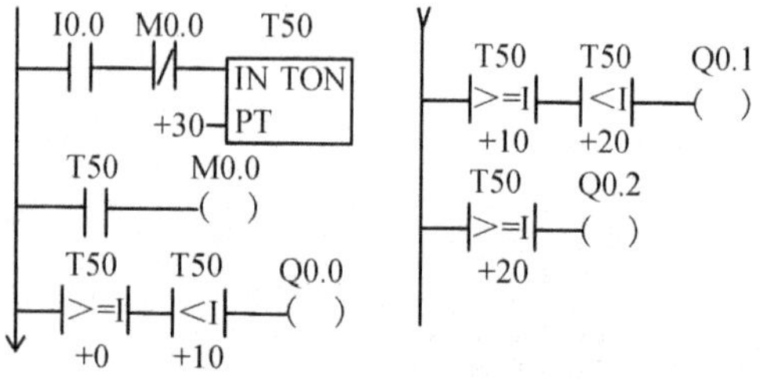

I0.0 M0.0 T50 IN TON +30 PT
T50 M0.0
T50 >=I +0 T50 <I +10 Q0.0
T50 >=I +10 T50 <I +20 Q0.1
T50 >=I +20 Q0.2

图 8.42 流水灯控制梯形图

闭合启动开关 SB1，则定时器 T50 由 0～30 反复计数，周期为 3s。利用比较指令，分别产生三个时间段：0～10（0s～1s）、10～20（1s～2s）、20～30（2s～3s），在每个时间段使相应的支流导通，而点亮对应的灯，其余支流不导通，从而达到控制目的。

例 8.13 交通信号灯控制程序。

十字路口南北、东西方向各有红、黄、绿灯各一个，工作时序如图 8.43 所示。

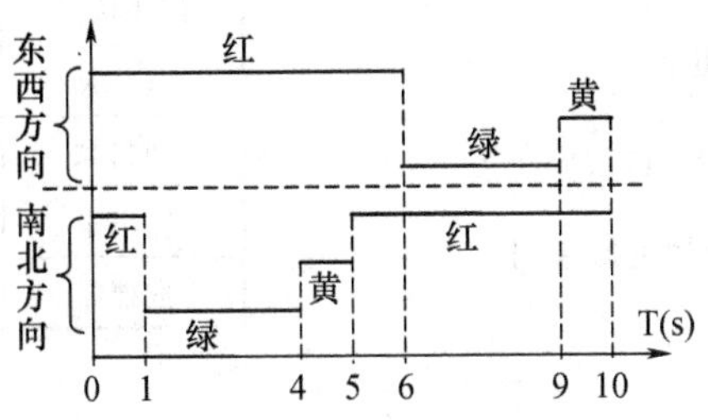

图 8.43 交通信号灯工作时序

输入、输出继电器的地址分配见表 8.14。梯形图如图 8.44 所示。

闭合启动开关 SB1，则定时器 T50 由 0～100 反复计数，周期为 10s。利用比较指令，将每个灯的工作时间段作为它导通的条件，分别驱动它的输出线圈，从而达到控制目的。

表 8.14 交通信号灯控制地址分配

信号名称	符号	地址分配
启动开关	SB1	I0.0
东西红灯	HL1	Q0.0
东西黄灯	HL2	Q0.1
东西绿灯	HL3	Q0.2
南北红灯	HL4	Q0.3
南北黄灯	HL5	Q0.4
南北绿灯	HL6	Q0.5

I0.0 M0.0 T50
IN TON
+100 PT
T50 M0.0
T50 >=I +0 T50 <I +60 Q0.0
T50 >=I +60 T50 <I +90 Q0.2
T50 >=I +90 Q0.1
T50 >=I +50 Q0.3
T50 <I +10
T50 >=I +10 T50 <I +40 Q0.5
T50 >=I +40 T50 <I +50 Q0.4

图 8.44 交通信号灯控制梯形图

例 8.14 设计一个循环定时步进控制程序。有一配料罐，控制时序如图 8.45 所示，要求如下：系统启动后，基料泵先启动加料，运行 10min 后停止；辅料泵在基料泵运行 1min 后启动，加料运行 8min；在基料泵停止 4min 后，启动输出泵，3min 完成出料。至此，完成一个配料循环，如此反复。系统工作期间搅拌器始终运转。系统设有停止按钮，当按下后只能在一个循环结束后方可使系统停止（所有电器全部停止）。

输入、输出继电器的地址分配见表 8.15。梯形图如图 8.46 所示。

说明：

（1）用置位/复位（R/S）指令完成按钮自锁功能；

（2）用辅助继电器 M0.0 的状态来记录停止按钮是否已按过。启动系统时使 M0.0 复位，按下停止按钮时使 M0.0 置位。但系统并不立即停止，而是当一个循环结束后（C5 置位时），Q0.3 的复位条件才能满足，系统才停止。

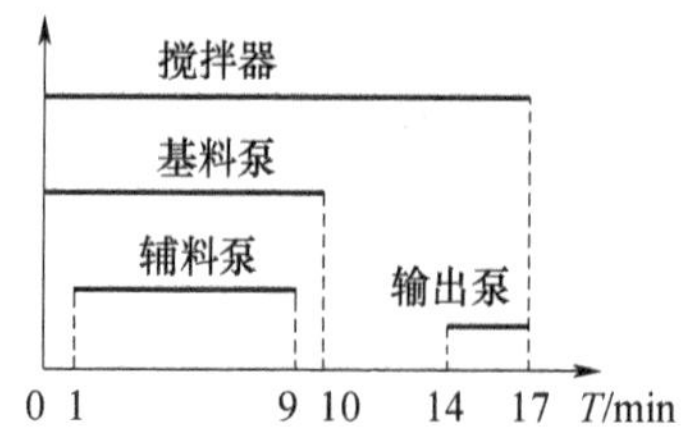

图 8.45　循环定时步进控制时序图

表 8.15　循环定时步进控制地址分配

信号名称	符号	地址分配
启动按钮	SB1	I0.0
停止按钮	SB2	I0.1
基料泵	KM1	Q0.0
辅料泵	KM2	Q0.1
输出泵	KM3	Q0.2
搅拌器	KM4	Q0.3

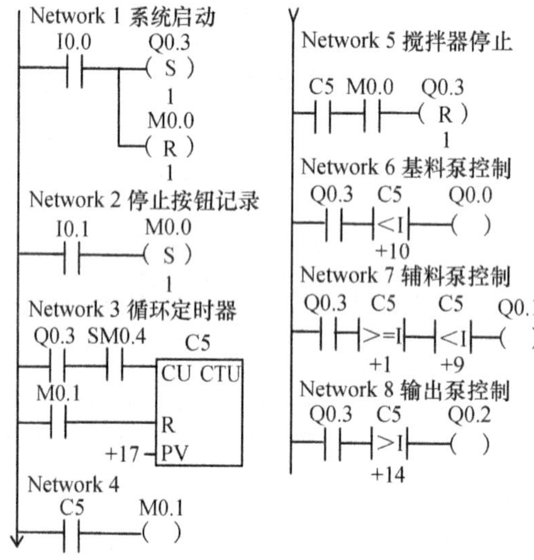

图 8.46　循环定时步进控制梯形图

8.4　数据运算指令与处理指令

早期的 PLC 主要功能是完成位逻辑操作，从而取代传统的继电器—接触器控制系统。但随着计算机技术的发展，许多 PLC 生产厂家都扩充了运算功能，使得 PLC 功能更加完善。

运算指令包括算术运算指令和逻辑运算指令。算术运算指令包括加法、减法、乘法、除法及一些常用数学函数。逻辑运算指令包括逻辑与、逻辑非、逻辑异或、取反等操作。

非数值类数据处理指令包括数据的传送、移位、交换、填充、类型转换指令。

8.4.1　算术运算指令

1. 四则运算指令

对两个有符号数进行加、减、乘、除，指令分为整数、双整数及实数三种运算。

(1) 整数运算的梯形图符号如图 8.47 所示。

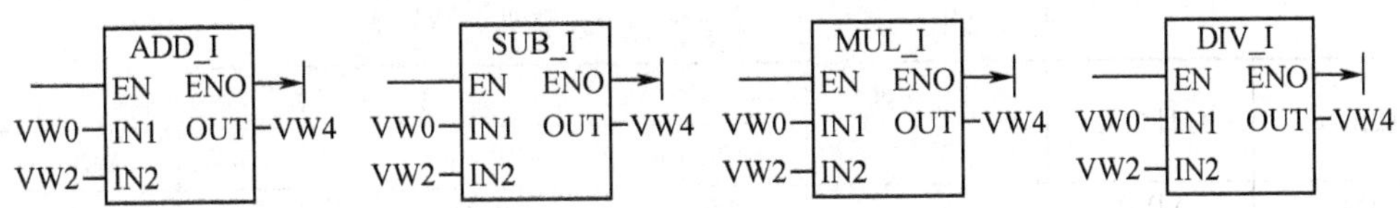

图 8.47 整数加、减、乘、除运算梯形图

功能:当 EN 端导通时,16 位带符号整数 IN1 与 IN2 进行加、减、乘、除运算,将运算结果(16 位带符号整数)存放在 OUT 中(除法存储商的整数部分)。运算举例见表 8.16。

表 8.16 整数加、减、乘、除运算指令举例

操作数	地址单元	单元长度/B	运算过程			
			加法 +I	减法 -I	乘法 ×I	除法/I
IN1	VW10	2	2000	200	200	-2000
IN2	VW20		-300	3000	-30	6
OUT	VW22		1700	-2800	-6 000	-333

(2) 双整数运算的梯形图符号如图 8.48 所示。

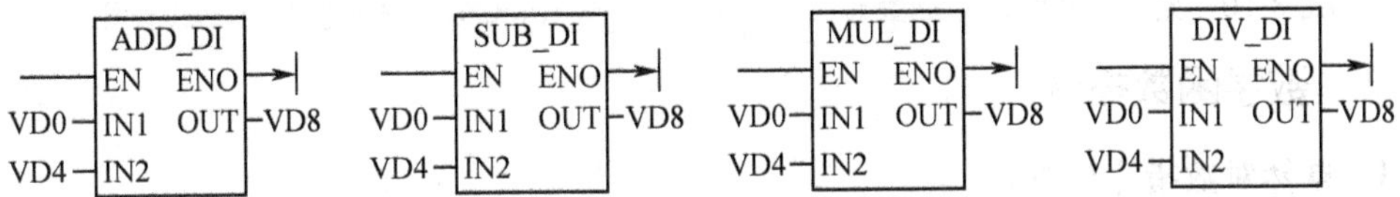

图 8.48 双整数加、减、乘、除运算梯形图

功能:当 EN 端导通时,32 位带符号双整数 IN1 与 IN2 进行加、减、乘、除运算,将运算结果(32 位带符号双整数)存放在 OUT 中(除法存储商的整数部分)。运算举例见表 8.17。

表 8.17 双整数加、减、乘、除运算指令举例

操作数	地址单元	单元长度/B	运算过程			
			加法 +D	减法 -D	乘法 ×D	除法/D
IN1	VD10	4	600 000	7 000	2000	20 000
IN2	VD20		30 000	-3 000	-300	-30
OUT	VD24		630 000	10 000	-600 000	-666

(3) 实数运算的梯形图符号如图 8.49 所示。

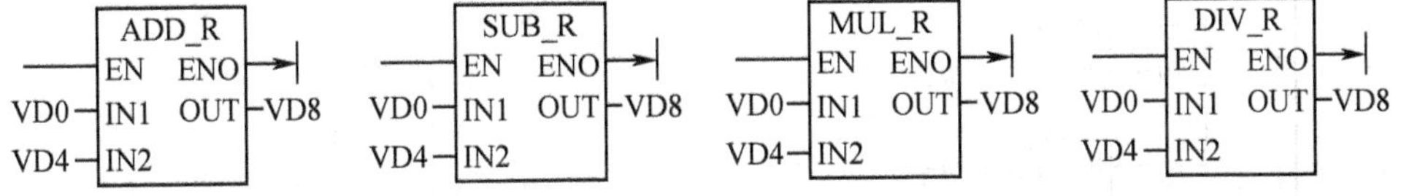

图 8.49 实数加、减、乘、除运算梯形图

功能:当 EN 端导通时,32 位带符号实数 IN1 与 IN2 进行加、减、乘、除运算,将运算结果(32 位带符号实数)存放在 OUT 中。运算举例见表 8.18。

表 8.18　实数加、减、乘、除运算指令举例

操作数	地址单元	单元长度/B	运算过程			
			加法 + R	减法 - R	乘法 × R	除法/R
IN1	VD10	4	200.25	200.25	20.2	4000.0
IN2	VD20		300.505	300.505	-0.5	41.0
OUT	VD24		500.755	-100.255	-10.1	97.5609

2. 完全整数乘法

功能:将两个16位带符号整数IN1和IN2相乘,产生一个32位的双整数结果OUT。梯形图表示符号如图8.50所示。

3. 完全整数除法

功能:将两个16位带符号整数IN1和IN2相除,产生一个32位的结果OUT,其中低16位存商,高16位存余数。梯形图表示符号如图8.51所示。

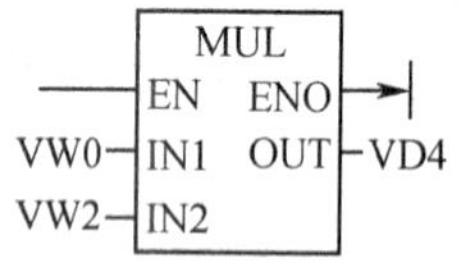

图 8.50　完全整数乘法梯形图

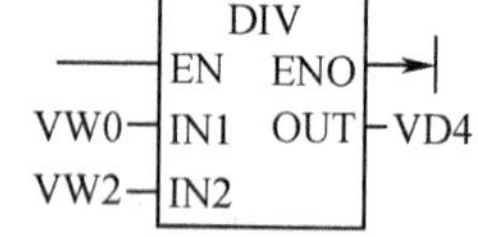

图 8.51　完全整数除法梯形图

8.4.2　数学函数指令

1. 自然对数指令(LN)

功能:对一个双字长(32位)实数IN求自然对数,得到32位的实数结果OUT。

梯形图符号如图8.52所示。当EN导通时,执行LN(IN) = OUT。

例: 求lg90的值。梯形图如图8.52所示,先分别利用自然对数指令求出ln90和ln10的值,再利用除法指令,求出lg90 = ln90/ln10的值即可。

2. 自然指数指令(EXP)

功能:对一个双字长(32位)实数IN求以e为底的指数,得到32位的实数结果OUT。

梯形图符号如图8.53所示。当EN导通时,执行EXP(IN) = OUT。

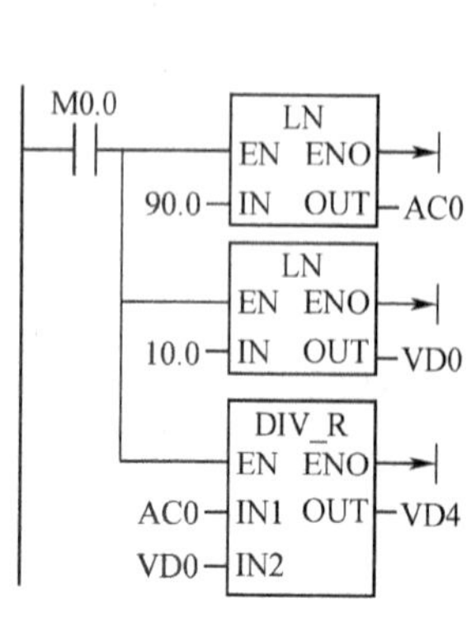

图 8.52　求常用对数梯形图

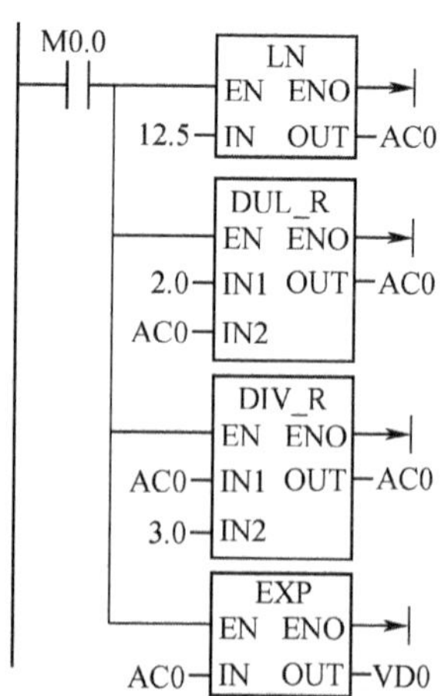

图 8.53　求指数函数梯形图

例:求 $12.5^{2/3}$ 的值。梯形图如图 8.53 所示,任意实数的任意实数次方皆可利用公式 $X^Y = \mathrm{EXP}(Y * LN(X))$ 求得。

3. 平方根指令(SQRT)

功能:计算实数 IN 的平方根,并将结果存放在 OUT 中。

梯形图符号如图 8.54 所示。当 EN 导通时,执行 SQRT(IN) = OUT。

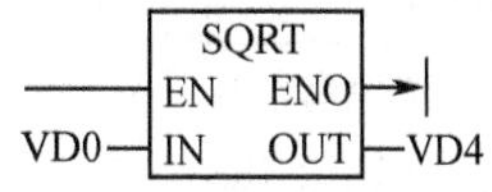

图 8.54 平方根指令梯形图

4. 正弦、余弦和正切指令 (SIN、COS 、TAN)

功能:求 32 位实数弧度值 IN 的三角函数值,得到 32 位实数结果 OUT。

梯形图符号如图 8.55 ~ 图 8.57 所示。当 EN 导通时,执行 SIN(IN) = OUT,COS(IN) = OUT,TAN(IN) = OUT。

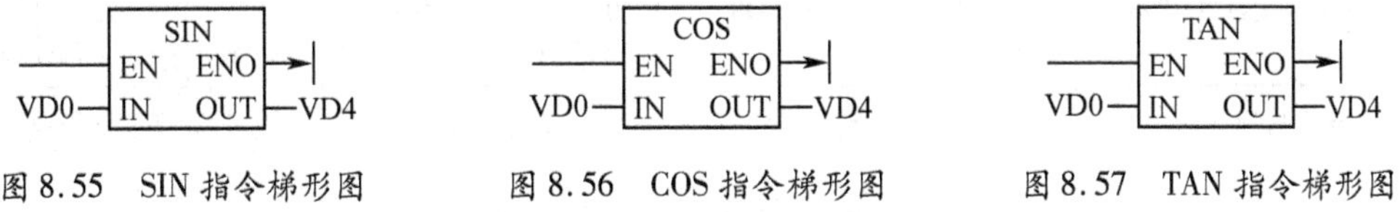

图 8.55 SIN 指令梯形图　　图 8.56 COS 指令梯形图　　图 8.57 TAN 指令梯形图

8.4.3 增减指令

功能:指令执行时操作数 IN 自动加 1 或自动减 1 后,存入操作数 OUT 中。

梯形图符号如图 8.58 ~ 图 8.60 所示。当 EN 导通时,执行 IN + 1 = OUT,或 IN - 1 = OUT。

字节递增(INCB)和字节递减(DECB)指令的操作数是 8 位无符号数。

字递增(INCW)和字递减(DECW) 指令的操作数是 16 位带符号数。

双字递增(INCD)和双字递减(DECD) 指令的操作数是 32 位带符号数。

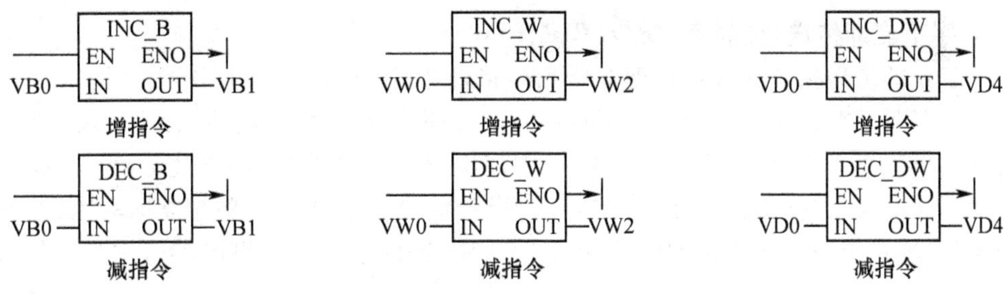

图 8.58 字节增减指令梯形图　　图 8.59 字增减指令梯形图　　图 8.60 双字增减指令梯形图

8.4.4 逻辑运算指令

逻辑与、逻辑或、逻辑异或指令:对两个逻辑数(无符号数)INl 和 IN2 的相应位做与、或、异或操作,并将结果存入 OUT 中。

取反指令:对逻辑数(无符号数)IN 按位取反后,将结果存入 OUT 中。

操作数可以是字节(8 位)、字(16 位)、双字(32 位)。梯形图符号如图 8.61、图 8.62 所示。当 EN 导通时,指令执行情况见表 8.19 所列。

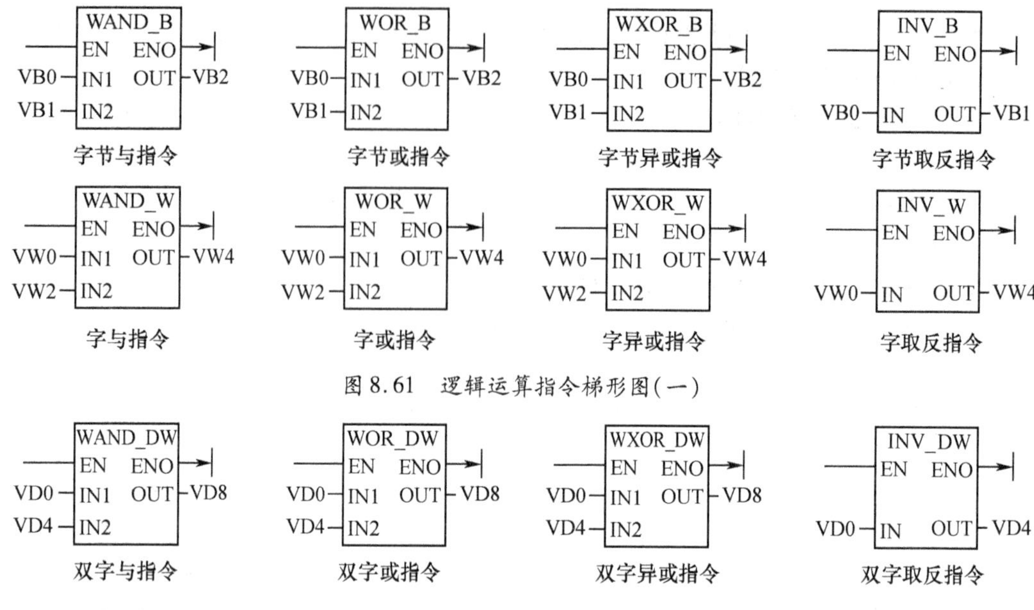

图 8.61 逻辑运算指令梯形图(一)

图 8.62 逻辑运算指令梯形图(二)

表 8.19 字逻辑运算指令举例

指令		字与指令	字或指令	字异或指令	字取反指令
执行前	VW0	0001 1111 0101 1010	0001 1111 0101 1010	0001 1111 0101 1010	0001 1111 0101 1010
	VW2	1101 1001 0001 0011	1101 1001 0001 0011	1101 1001 0001 0011	
执行后	VW4	0001 1001 0001 0010	1101 1111 0101 1011	1100 0110 0100 1001	1110 0000 1010 0101

8.4.5 传送类指令

1. 字节立即传送(读和写)指令(BIR、BIW)

字节立即传送指令允许在物理 I/O 和存储器之间立即传送一个字节数据。

字节立即读指令(BIR):当 EN 导通时,指令立即读取(与扫描周期无关)输入继电器区中由 IN 指定的字节的当前值,传送到 OUT 中,但输入继电器的过程映象寄存器并不刷新。

字节立即写指令(BIW):当 EN 导通时,指令将 IN 指定的字节数据立即写入(与扫描周期无关)输出继电器区中由 OUT 指定的字节中,同时刷新输出继电器区中相应的过程映像寄存器。

梯形图符号如图 8.63 所示。操作数类型见表 8.20 所列。

表 8.20 字节立即传送指令有效操作数

指令		数据类型	操作数
字节立即读指令 BIR	IN	BYTE	IB、* VD、* LD、* AC
	OUT	BYTE	IB、QB、VB、MB、SMB、SB、LB、AC、* VD、* LD、* AC
字节立即写指令 BIW	IN	BYTE	IB、QB、VB、MB、SMB、SB、LB、AC、* VD、* LD、* AC、常数
	OUT	BYTE	QB、* VD、* LD、* AC

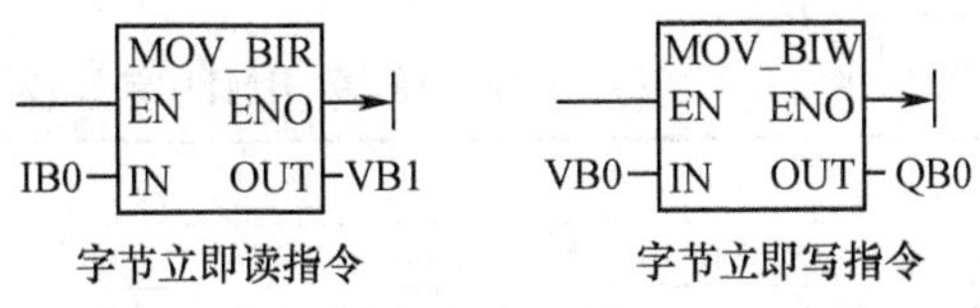

图 8.63　字节立即传送指令梯形图

2. 字节、字、双字及实数的传送指令(MOVB、MOVW、MOVD、MOVR)

功能:不改变原值地传送一个字节(无符号 8 位)、字(带符号 16 位整数)、双字(带符号 32 位整数)或者 32 位带符号实数数据到 OUT 中。

梯形图符号如图 8.64 所示。操作数类型见表 8.21 所列。

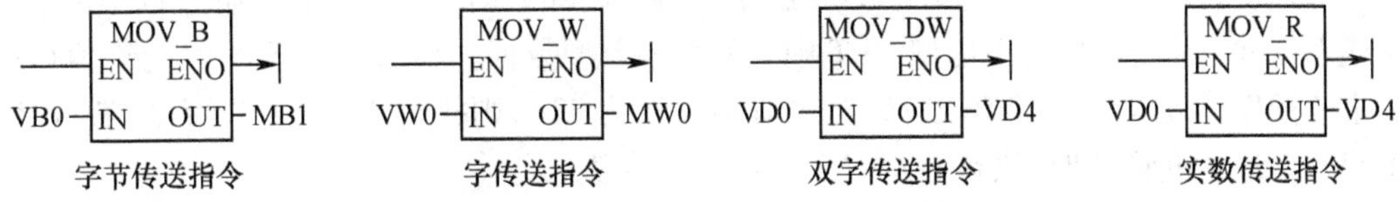

图 8.64　MOVB、MOVW、MOVD、MOVR 传送指令梯形图

表 8.21　传送指令 MOVB、MOVW、MOVD、MOVR 有效操作数

指令		数据类型	操　作　数
MOVB	IN	BYTE	IB、QB、VB、MB、SMB、SB、LB、AC、* VD、* LD、* AC、常数
	OUT	BYTE	IB、QB、VB、MB、SMB、SB、LB、AC、* VD、* LD、* AC
MOVW	IN	WORD	IW、QW、VW、MW、SMW、SW、T、C、LW、AC、AIW、* VD、* AC、* LD、常数
	OUT	WORD	IW、QW、VW、MW、SMW、SW、T、C、LW、AC、AQW、* VD、* LD、* AC
MOVD	IN	DWORD	ID、QD、VD、MD、SMD、SD、LD、AC、HC、&IB、&QB、&VB、&MB、&SB、&T、&C、* VD、* LD、* AC、常数
	OUT	DWORD	ID、QD、VD、MD、SMD、SD、LD、AC、* VD、* LD、* AC
MOVR	IN	REAL	ID、QD、VD、MD、SMD、SD、LD、AC、* VD、* LD、* AC、常数
	OUT	REAL	ID、QD、VD、MD、SMD、SD、LD、AC、* VD、* LD、* AC

3. 字节、字、双字的块传送指令(BMB、BMW、BMD)

梯形图符号如图 8.65 所示。当 EN 导通时,指令将起始地址为 IN,连续 N 个字节(或字,或双字)的数据传送到一个起始地址为 OUT 的新的存储区。N 的范围为 1 ~ 255。

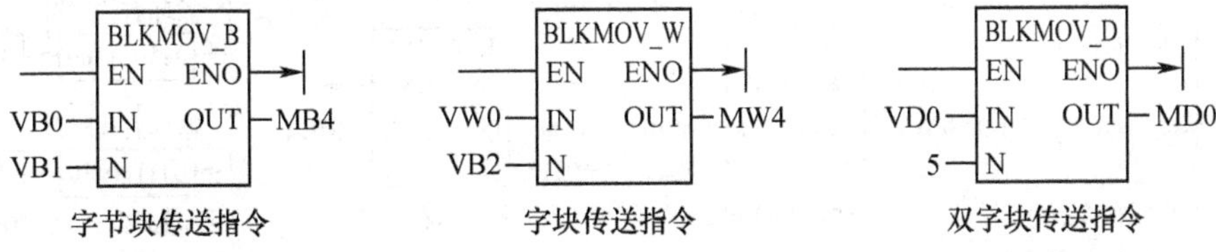

图 8.65　块传送指令梯形图

操作数类型见表 8.22 所列。

表 8.22 块传送指令 BMB、BMW、BMD 有效操作数

指令	操作数	数据类型	寻址范围
BMB	IN/OUT	BYTE	IB、QB、VB、MB、SMB、SB、LB、*VD、*LD、*AC
BMW	IN	WORD	IW,QW,VW,SMW,SW,T,C,LW,AIW, *VD、*LD、*AC
	OUT	WORD	IW,QW,VW,SMW,SW,T,C,LW,AQW, *VD、*LD、*AC 、MW
MMD	IN/OUT	DWORD	ID、QD、VD、MD、SMD、SD、LD、*VD、*LD、*AC
N		BYTE	IB、QB、VB、MB、SMB、SB、LB、AC、常数、*VD、*LD、*A

8.4.6 移位指令

1. 右移和左移指令

梯形图符号及举例示意如图 8.66 所示。当 EN 导通时,移位指令将输入数据 IN 右移或者左移 N 位,并将结果送到 OUT 中。N 为字节型数据。如果 N 小于最大允许值(对于字节操作为 8,对于字操作为 16,对于双字操作为 32),则执行 N 次移位;否则,若 N 大于或等于最大允许值时,执行移位次数为最大允许值。

移位指令对移出的位自动补零。

如果移位次数大于 0,溢出标志位(SMl.1)上就是最近移出的位值。如果移位操作的结果为 0,零存储器位(SMl.0)置位。

移位操作是无符号的。

2. 循环右移和循环左移指令

梯形图符号如图 8.66 所示。指令执行过程及规定与右移和左移指令基本相同,唯一

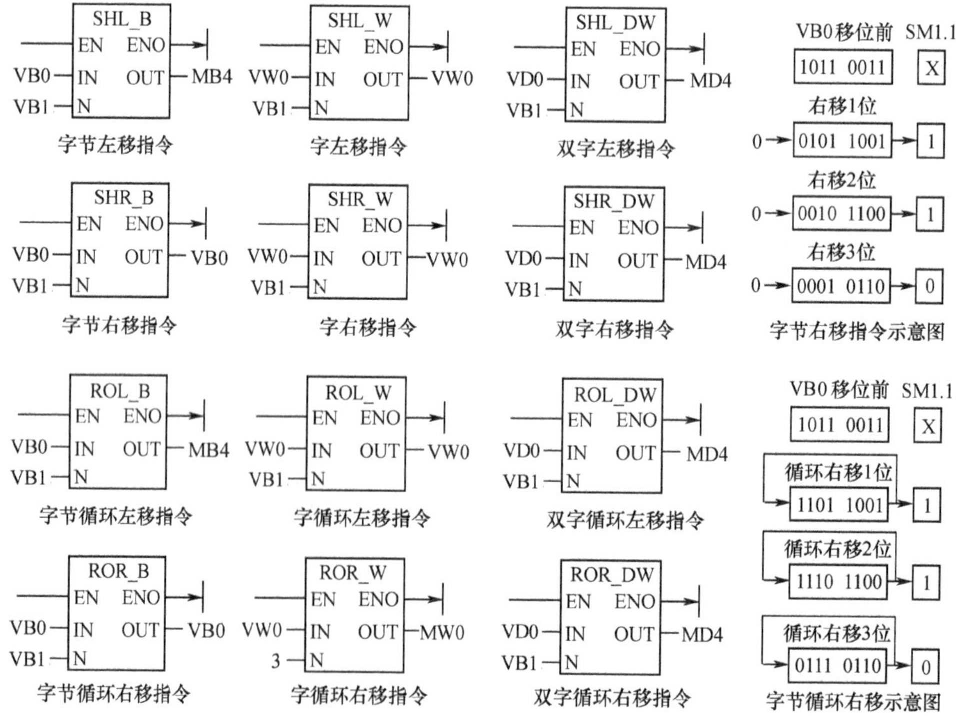

图 8.66 移位指令梯形图及举例

区别在于,移出位在被移到 SM1.1 的同时,也被移到存放被移位数据的编程元件的另一端(举例示意如图 8.66 所示),即所谓“循环移位”。

3. 字节交换指令(SWAP)

梯形图符号如图 8.67 所示。

功能:当 EN 导通时,将字型(16 位)数据 IN 的高位字节(8 位)与低位字节(8 位)内容交换。

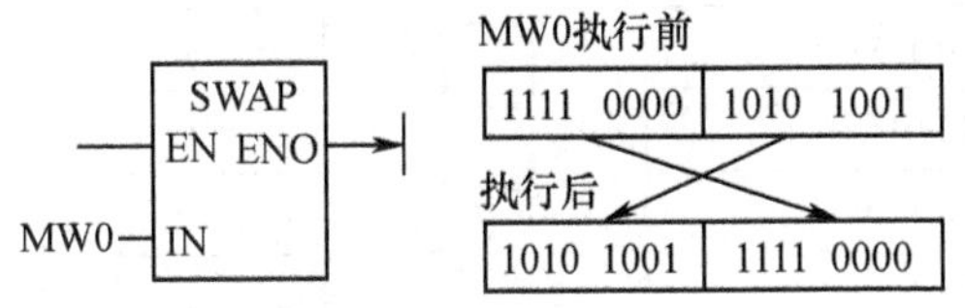

图 8.67 字节交换指令梯形图符号及图解

8.4.7 填充指令

填充指令(FILL)梯形图符号如图 8.68 所示。

功能:当 EN 导通时,用字型(16 位)数据 IN 的内容去填充从 OUT 开始的 N 个字存储单元。

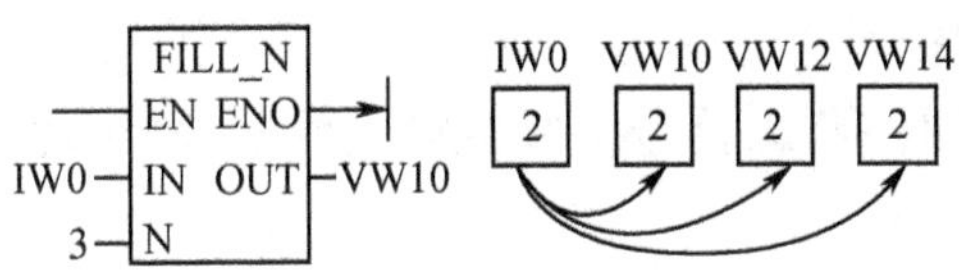

图 8.68 填充指令梯形图符号及图解

8.4.8 转换指令

1. 数据格式

字节:8 位无符号数,如 1000 0111。表示范围 0~255。

整数:16 位有符号整数,最高位为符号位。表示范围 -32768~+32767。

双整数:32 位有符号整数,最高位为符号位。表示范围 -2147483648~+2147483647。

实数:32 位有符号实数。

表示范围,正实数:+1.175495E-38~+3.402823E+38;

负实数:-1.175495E-38~-3.402823E+38。

ASCⅡ码字符:ASCⅡ码字符编码为 8 位。在转换指令中,有效的 ASCⅡ字符为十六进制的 30~39(对应字符 0~9)和 41~46(对应字符 A~F)。

BCD 码:用一个字长(16 位)表示的四位十进制数(每四位表示一个十进制数 0~9),其有效值为 0000 0000 0000 0000~1001 1001 1001 1001(对应的 0000~9999)。

七段显示码:将一个 0~F 之间的数显示在七段数码管上所需的编码,用一个字节表示。七段数码管的编码见表 8.23 所列。

表 8.23　七段数码管编码

数码管显示字符	数码管编码 - gfe dcba		数码管显示字符	数码管编码 - gfe dcba
0	0011 1111	字符显示段编号 a f g b e c d	8	0111 1111
1	0000 0110		9	0110 0111
2	0101 1011		A	0111 0111
3	0100 1111		b	0111 1100
4	0110 0110		C	0011 1001
5	0110 1101		d	0110 1110
6	0111 1101		E	0111 1001
7	0000 0111		F	0111 0001

2. 数据类型转换指令

数据类型转换指令包括字节与整数互相转换、字节转换为七段显示码、整数与双整数互相转换、整数与 BCD 互相转换、整数转换为 ASCⅡ码、整数与字符子串互相转换、双整数与实数互相转换、双整数转换为 ASCⅡ码、双整数与字符子串互相转换、实数转换为 ASCⅡ码、实数与字符串互相转换、ASCⅡ码与十六进制数互相转换、编码和译码。

1）字节与整数互相转换的指令（BTI、ITB）

字节转整数指令（BTI）：将无符号字节型输入数据 IN（8 位）转换成整数型数据（16 位），存入 OUT 中。

整数转字节指令（ITB）：将一个整数型数据（16 位）IN 转换成无符号字节型数据，存入 OUT 中。只有 0～255 之间的值被转换，其他值会产生溢出并且 OUT 的值不会改变。

2）字节转换为七段显示码的指令（SEG）

字节转七段码指令（SEG）：将字节型输入数据 IN 的低四位表达的一位十六进制数，转换成七段码存于 OUT 指定的字节单元中。例如，IN = 1010 1110，低四位的十六进制形式为 E，七段码/OUT = 0111 1001（若 OUT 指定的单元为 QB，则可直接驱动数码管，使其显示“E”）。

3）整数与双整数互相转换的指令（ITD、DTI）

整数转双整数指令（ITD）：将整数 IN（16 位）转换成双整数型数据（32 位），存入 OUT 中。符号位扩展到高字节中。

双整数转整数指令（DTI）：将双整数 IN（32 位）转换成整数值（16 位），存入 OUT 中。符号位扩展到高字节中。如果所转换的数值超过整数所能表示的范围，则产生溢出，并且输出不会改变。

4）整数与 BCD 码互相转换的指令（IBCD、BCDI）

整数转 BCD 码指令（IBCD）：将输入的整数值 IN 转换成 BCD 码，存入 OUT 指定的变量中。

BCD 码转整数指令（BCDI）：将一个 BCD 码 IN 转换成整数值，存入 OUT 指定的变量中。

两条指令中的 IN、OUT 指定的单元皆为 16 位变量；IN 的有效范围是 0～9999 的 BCD

码。如整数为 1001 0010 0000 0111 则对应的 BCD 码为 9207,可以互相转化。

5）整数转换为 ASCⅡ码的指令(ITA)

整数转 ASCll 码指令(ITA):将一个整数(16 位)IN 转换成 ASCⅡ码字符串,并按 FMT 指定的格式将转换结果放在从 OUT 开始的连续 8 个字节中(ASCll 码字符串始终是 8 个字节)。

FMT 定义如下:

MSB							LSB
7	6	5	4	3	2	1	0
0	0	0	0	C	n	n	n
注:高 4 位必须为 0,C=0 表示小数点为"·";C=1 为","。低 3 位的值表示输出结果中小数的位数,只能取 0~5							

FMT=0000 0011 时,转化后输出缓冲区 OUT 中的数如下:

IN	OUT	OUT+1	OUT+2	OUT+3	OUT+4	OUT+5	OUT+6	OUT+7
-45	" "	" "	"-"	"0"	"·"	"0"	"4"	"5"
123	" "	" "	" "	"0"	"·"	"1"	"2"	"3"
-32345	" "	"-"	"3"	"2"	"·"	"3"	"4"	"5"
注:①正数值写入输出缓冲区时没有符号位。 ② 负数值写入输出缓冲区时以负号(-)开头。 ③ 数值在输出缓冲区中是右对齐的								

6）整数与字符串互相转换的指令(ITS、STI)

整数转字符串指令(ITS):将一个整数(16 位)IN 转换成 ASCⅡ码字符串,并按 FMT 指定的格式将转换结果放在从 OUT 开始的连续 9 个字节中。ASCⅡ码字符串占用后 8 个字节,第 1 字节是"8"(字串长度),其他与 ITA 相同。

如 FMT=0000 0011,IN=-30124 时,转化后输出缓冲区 OUT 中的数如下:

OUT	OUT+1	OUT+2	OUT+3	OUT+4	OUT+5	OUT+6	OUT+7	OUT+8
8	" "	"-"	"3"	"0"	"·"	"1"	"2"	"4"

子字符串转整数指令(STI):将一个字符串 IN 中从第 INDX 个字符开始的数值型字符子串转化为整数,存于 OUT 中。举例如下:IN:VB0 INDX:7 OUT:VW100

字　符　串												整数
VB0	VB1	VB2	VB3	VB4	VB5	VB6	VB7	VB8	VB9	VB10	VB11	VW100
11	"T"	"e"	"m"	"p"	":"	" "	"9"	"8"	"·"	"5"	"F"	98
9	"1"	"e"	"-"	"3"	"3"	" "	"-"	"1"	"2"	" "	" "	-12
11	" "	" "	" "	" "	" "	" "	" "	"4"	"5"	"6"	"A"	456
11	" "	" "	" "	" "	" "	" "	"0"	"0"	"1"	"2"	"3"	123

7）双整数与实数互相转换的指令(DTR、ROUND/TRUNC)

双整数转实数指令(DTR):将 32 位带符号整数 IN 转换成 32 位实数,存入 OUT 中。

四舍五入取整指令(ROUND):将实数 IN 转换成双整数,存入 OUT 指定的变量中。小数部分四舍五入。

取整指令(TRUNC):将一个实数 IN 转换成双整数,存入 OUT 指定的变量中。转换时,小数部分舍去。

8) 双整数转换为 ASCⅡ码的指令(DTA)

双整数转 ASCⅡ码指令(DTA):将一个双整数(32 位)IN 转换成 ASCⅡ码字符串,并按 FMT 指定的格式将转换结果放在从 OUT 开始的连续 12 个字节中。如 FMT = 0000 0011,IN = -1234567890 时,转化后输出缓冲区 OUT 中的数如下:

OUT	OUT +1	OUT +2	OUT +3	OUT +4	OUT +5	OUT +6	OUT +7	OUT +8	OUT +9	OUT +10	OUT +11
“-”	“1”	“2”	“3”	“4”	“5”	“6”	“7”	“·”	“8”	“9”	“0”

9) 双整数与字符串互相转换的指令(DTS、STD)

双整数转字符串指令(DTS):将一个双整数(32 位)IN 转换成 ASCⅡ码字符串,并按 FMT 指定的格式将转换结果放在从 OUT 开始的连续 13 个字节中,首字节是“12”(字串长度)ASCⅡ码字符串占用后 12 个字节,其他规定与 DTA 相同。如 FMT = 0000 0011,IN = -1234567890 时,转化后输出缓冲区 OUT 中的数如下:

OUT	OUT +1	OUT +2	OUT +3	OUT +4	OUT +5	OUT +6	OUT +7	OUT +8	OUT +9	OUT +10	OUT +11	OUT +12
12	“-”	“1”	“2”	“3”	“4”	“5”	“6”	“7”	“·”	“8”	“9”	“0”

子字符串转双整数指令(STD):将一个字符串 IN 中从第 INDX 个字符开始的数值型字符子串转化为双整数,存于 OUT 中。举例如下:IN:VB0 INDX:7 OUT:VD100

VB0	VB1	VB2	VB3	VB4	VB5	VB6	VB7	VB8	VB9	VB10	VB11	VD100
11	“T”	“e”	“m”	“p”	“:”	“ ”	“9”	“8”	“·”	“5”	“F”	98
9	“1”	“e”	“-”	“3”	“3”	“ ”	“-”	“1”	“2”			-12
11	“ ”	“ ”	“ ”	“ ”	“ ”	“ ”	“ ”	“4”	“5”	“6”	“A”	456
11	“ ”	“ ”	“ ”	“ ”	“ ”	“ ”	“0”	“0”	“1”	“2”	“3”	123

10) 实数转换为 ASCⅡ码的指令(RTA)

实数转 ASCⅡ码指令(RTA):将一个实数(32 位)IN 转换成 ASCⅡ码字符串,并按 FMT 指定的格式将转换结果放在从 OUT 开始的连续 3 ~ 15 个字节中。

FMT 定义如下:

MSB LSB

7	6	5	4	3	2	1	0
s	s	s	s	C	n	n	n
注:ssss 表示输出缓冲区的大小,ssss≥nnn +3,ssss = 3 ~ 15。nnn 表示输出结果中小数的位数,只能取 0 ~ 5。C = 0 表示小数点为“·”;C = 1 为“,”							

FMT =0111 0010 时，转化后输出缓冲区 OUT 中的数如下：

IN	OUT	OUT +1	OUT +2	OUT +3	OUT +4	OUT +5	OUT +6
1234.5	“1”	2	“3”	“4”	“.”	“5”	“0”
-0.0004	“ ”	“ ”	“ ”	“0”	“.”	“0”	“0”
-3.67526	“ ”	“ ”	“-”	“3”	“.”	“6”	“8”
1.996	“ ”	“ ”	“ ”	“2”	“.”	“0”	“0”

11）实数与字符串互相转换的指令（RTS、STR）

略。

12）ASCⅡ码与十六进制数互相转换的指令（ATH、HTA）

ASCⅡ码转十六进制数指令（ATH）：将一个长度为 LEN 从 IN 开始的 ASCⅡ码字符串转换成从 OUT 开始的十六进制数。

十六进制数转 ASCⅡ码指令（HTA）：将从输入字节 IN 开始的十六进制数，转换成从 OUT 开始的 ASCⅡ码字符串。

被转换的十六进制数的位数由长度 LEN 给出。能够被转换的 ASCⅡ码字符串或者十六进制数的最大长度为 255。

13）编码和译码指令（ENCO、DECO）

编码指令（ENCO）：将字型数据（IN）的最低有效位（值为 1 的位）的位号（00 ~ 15），写入到字节型数据（OUT）的低四位（半个字节）。

译码指令（DECO）：根据字节型数据（IN）的低四位所表示的位号，置字型数据（OUT）的相应位为 1，其他位清 0。

举例见表 8.24。

表 8.24　编码指令与译码指令举例

编码指令（ENCO）			译码指令（DECO）		
IN	OUT	备注	IN	OUT	备注
0000 1001 0111 0110	0000 0001	位号为 1（0001）	0000 1111	1000 0000 0000 0000	位号为 15（1111）

8.5　程序控制指令

8.5.1　停止指令

停止指令（STOP）：使 CPU 的工作方式由 RUN 切换到 STOP 模式，从而立即终止程序的执行。

STOP 指令既可在主程序中使用，也可在子程序和中断程序中使用。如果 STOP 指令在中断程序中执行，那么该中断立即终止，并且忽略所有挂起的中断，继续扫描程序的剩余部分。在本次扫描的最后，完成 CPU 从 RUN 到 STOP 的转变。

8.5.2　跳转指令

跳转指令（JMP）可以使程序流程跳转到指定的标号 n 处。

标号指令(LBL)标记跳转目的地的位置 n。$n = 0 \sim 255$。

JMP 和 LBL 必须配合应用在同一程序段里,可以在主程序、子程序或者中断服务程序中。不能从主程序跳到子程序或中断程序,同样不能从子程序或中断程序跳出。

梯形图表示符号及用法如图 8.69 所示。

8.5.3 子程序指令

计算机结构化程序设计中常常采用子程序技术,在 PLC 中也如此。对那些需要经常执行的程序段,可以设计成子程序的形式。

子程序调用指令(CALL):将程序控制权交给子程序 SBR_n;调用子程序时可以带参数也可以不带参数;子程序执行完成后,控制权回到原调用程序中子程序调用指令的下一条指令。

无条件返回指令由 STEP 7 - Micro/WIN 为每个子程序自动加入,编程界面中不可见。

子程序条件返回指令(CRET)根据它前面的逻辑关系决定是否终止子程序。如条件满足则终止子程序,返回原调用处;否则,继续执行该子程序到最后一条指令,然后返回原调用处。

在主程序中,可以嵌套调用子程序(在子程序中调用子程序),最多嵌套 8 层。在中断服务程序中,不能嵌套调用子程序。

1. 无参数的子程序调用

举例见图 8.70。

Network 8 跳转指令
M0.0
5
(JMP)
Network 96 跳转入口5
5
LBL

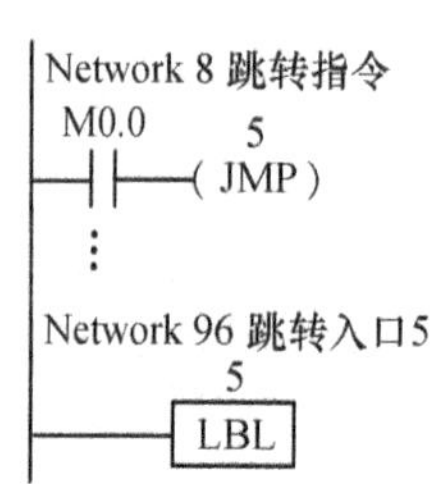

图 8.69 跳转指令梯形图编程

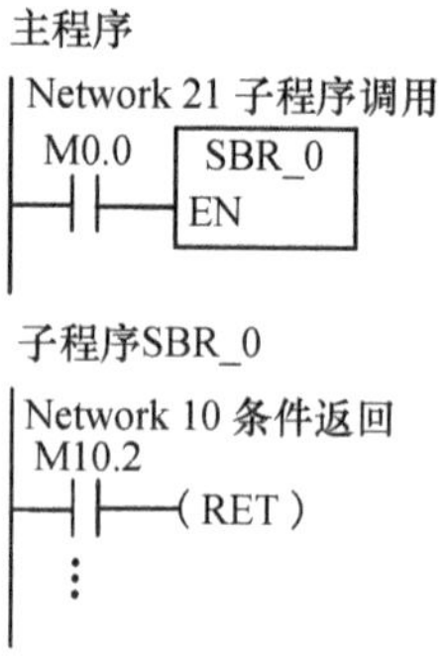

主程序
Network 21 子程序调用
M0.0
SBR_0
EN
子程序SBR_0
Network 10 条件返回
M10.2
(RET)

图 8.70 子程序调用编程

2. 带参数的子程序调用

子程序在带参数调用时,最多可以带 16 个参数。每个参数包含变量名、变量类型和数据类型。这些参数在子程序的局部变量表中进行定义,如图 8.71 所示。定义之后,方可在主程序(或子程序、中断)中调用该子程序,如图 8.72 所示。

1) 变量名(Symbol)

由不超过 23 个字符的字母、数字和下划线组成。但第一个字符必须是字母。

2) 变量类型(Var Type)

变量类型根据参数的数据传递方向来分类,包括传入子程序型(IN 类型)、传入/传出子程序型(IN/OUT 类型)、传出子程序型(OUT 类型)以及暂时型(TEMP 类型)四种。详细描述见表 8.25 所列。

	Symbol	Var Type	Data Type	Comment
	EN	IN	BOOL	
L0.0	En1	IN	BOOL	
L0.1	En2	IN	BOOL	
LB1	INb1	IN	BYTE	
L2.0	En3	IN	BOOL	
		IN		
LW3	IOw1	IN_OUT	WORD	
L5.0	IOen2	IN_OUT	BOOL	
		IN_OUT		
LD6	Odi1	OUT	DINT	
		OUT		

图 8.71　子程序 SBR_1 局部变量表

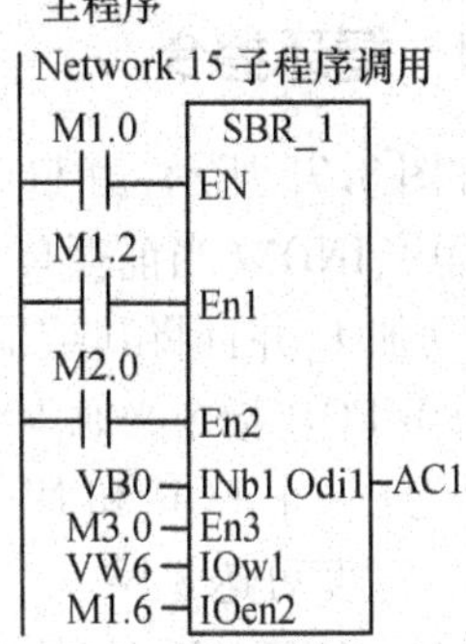

图 8.72　带参子程序调用举例

表 8.25　变量的分类

变量类型	描　　述
IN	传入子程序参数。参数的寻址方式;①直接寻址(如 VB10),将指定位置的数据直接传递到子程序;②间接寻址(如 * AC1),将指针指定地址的数据传入子程序;③常数(如 16#1234),将常数传入子程序;④地址编号寻址(如 &VB100),将数据的地址传入子程序
IN/OUT	将指定地址的参数传到子程序,并将子程序的结果值返回到同样地址。寻址方式可以是直接寻址和间接寻址
OUT	将子程序的结果值返回到指定的参数位置。寻址方式可以是直接寻址和间接寻址
TEMP	不能用来传递参数,只能在子程序内部暂时存储数据

3）数据类型(Data Type)

数据类型有能流型、布尔型、字节型、字型和双字型、整数型和双整数型、实数型等。

(1) 能流型(BOOL)　能流型对位输入操作有效,是位逻辑运算的结果。在局部变量表中能流型,必须出现在其他类型的前面。

(2) 布尔型(BOOL)　用于单独的位输入和位输出。

(3) 字节型(BYTE)、字型(WORD)和双字型(DWORD)　分别用于说明 1 字节、2 字节或者 4 字节的无符号输入或输出参数。

(4) 整数型(INT)、双整数型(DINT)　分别用于说明 2 字节或者 4 字节的有符号输入或输出参数。

(5) 实数型　用于说明一个 4 字节的单精度 IEEE 浮点参数。

在使用带参数子程序调用时,应注意如下几点:

(1) 在带常数调用子程序时必须指明常数类型。

(2) 输入或输出参数上没有自动数据类型转换功能。

(3) 局部变量表的最左列是每个被传递参数的局部存储器地址。当子程序被调用时,输入参数值被复制到子程序的局部存储器。当子程序完成时,从局部存储器区拷贝输出参数值到指定的输出参数地址。

8.5.4 循环指令

如图 8.73 所示，由 FOR 和 NEXT 指令构成循环体结构。当 EN 导通时，执行循环体内的程序，INDX（当前循环次数）从 INIT 值（初始值）开始计数。每执行一次循环体，INDX 自动加 1，并且将其结果同终值（FINAL）做比较，如果大于 FINAL，那么终止循环。

每条 FOR 指令必须对应一条 NEXT 指令。FOR 和 NEXT 循环嵌套（一个 FOR 和 NEXT 循环在另一个 FOR 和 NEXT 循环之内）深度可达 8 层。

INDX、INIT、FINAL 的数据类型是整数（INT）。

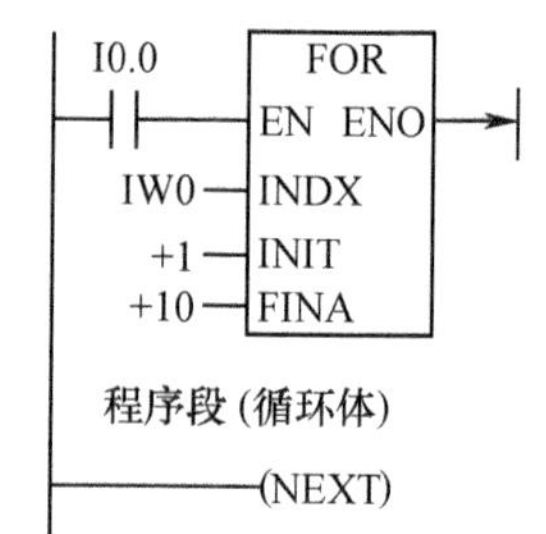

图 8.73 循环指令梯形图

8.5.5 顺控指令

在 PLC 的程序设计中，有时会遇到：有几个程序段，其控制功能相对独立，但它们之间又必须按一定的顺序依次执行。在 S7－200 PLC 的梯形图指令中，有三条简单的指令可以实现这一功能编程，称为顺控指令。

例如，图 8.74（a）所示的机械手，它每次从初始位置（最右最上端）开始，先将升降臂下降，待接触到工件后，用吸盘吸住工件。然后，升降臂上升，上升到位后，伸缩臂右伸，到右限位后，升降臂下降，待接触到工作台 2 后，吸盘释放工件。最后，升降臂上升，上升到位后，伸缩臂左缩，回到初始位置，完成将工件从工作台 1 转移到工作台 2 的目的。工作流程如图 8.74（b）所示。

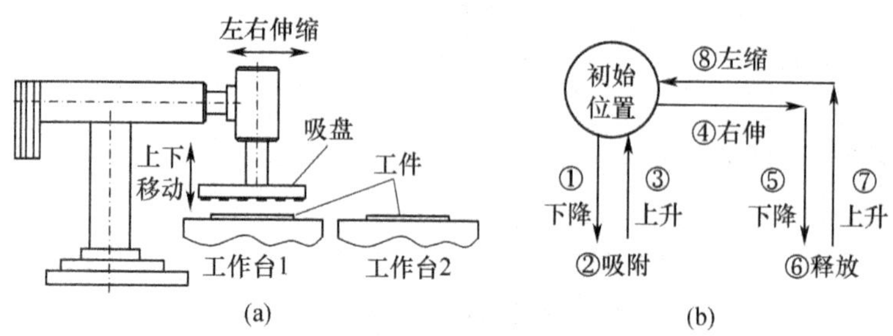

图 8.74 机械手控制

（a）机械手结构示意图；（b）机械手工作流程示意图。

左右伸缩和上下移动动作由相应的电磁阀控制，由汽缸完成，吸盘由接触器控制。这种控制过程就是一种顺序控制，每一步只能在前一步完成之后才可启动。它可以用顺控指令来编程实现。

1. 指令功能

顺控指令有三条：段开始指令（LSCR）、段结束指令（SCRE）和段转移指令（SCRT）。其梯形图符号和应用如图 8.75 所示。

LSCR 和 SCRE 定义一个程序段，状态继电器 Sx.y 是这个段的标志位。当 Sx.y＝1 时，这个程序段被执行；当 Sx.y＝0 时，这个程序段不执行。

SCRT 的功能：当输入端为 ON 时停止当前 SCR 段的工作，启动下一个 SCR 段的工作，即进行切换。其操作数是下一个 SCR 段的标志位 Sx.y。

2. 指令特点

(1) SCRT 的操作数只能是状态继电器 Sx. y。

(2) 一个状态继电器 Sx. y 用做 SCR 段标志位时,可以在主程序、子程序和中断程序中使用,但只能使用一次。

(3) 在一个 SCR 段内,禁止使用循环指令、跳转指令和条件结束指令。

(4) 在一个 SCR 段内,可以有几条 SCRT,每个都转向不同的 SCR 段。

3. 用法与应用

顺控指令除用于如图 8.75 所示的顺序控制外,还可用于选择分支结构、并行分支结构、循环结构和复合结构的步进控制中,复合结构是前四种的综合。

下面以图 8.74 所示机械手的控制为例,介绍顺控指令的应用。

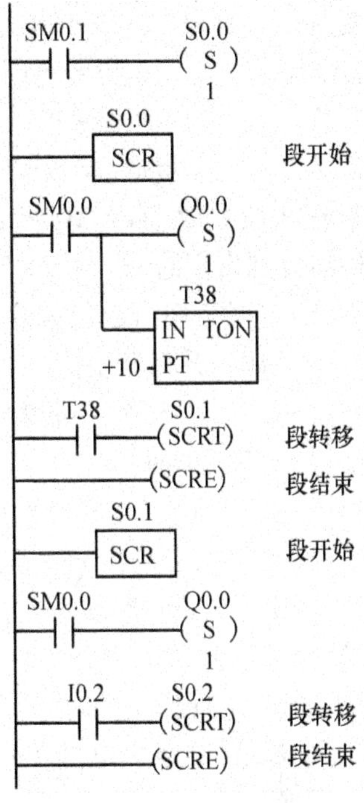

图 8.75 顺控指令梯形图

例 8.15 机械手的基本动作如上所述,另外要求在工作台 1 上无工件或工作台 2 上有工件时,均不能启动;每次启动后,执行完一个循环则自动停止。为了控制方便,另外还设有 6 个限位开关:升降臂上、下限位,伸缩臂左、右限位,2 个工作台的限位(检测是否有工件)。

输入、输出地址见表 8.26 所列。

表 8.26 机械手控制地址分配

信号名称	符号	地址分配	信号名称	符号	地址分配
启动按钮	SB1	I0.0	升降臂上限位	SQ07	I1.3
伸缩臂右伸阀	YV01	Q1.1	升降臂下限位	SQ08	I1.4
伸缩臂左缩阀	YV02	Q1.2	伸缩臂左限位	SQ04	I1.0
升降臂上升阀	YV03	Q1.3	伸缩臂右限位	SQ03	I0.7
升降臂下降阀	YV04	Q1.4	工作台 1 限位	SQ09	I1.5
吸盘接触器	KM2	Q0.7	工作台 2 限位	SQ10	I1.6

梯形图如图 8.76 所示。8 个 SCR 段(S0.0 ~ S0.7)对应工作流程中的 8 个工艺动作。最后两个程序块,通过引入辅助继电器作为中间继电器,使 Q1.3 和 Q1.4 的双重线圈问题得到了解决。

PLC 由 STOP 转为 RUN 时,初始脉冲 SM0.1 对状态继电器复位,8 个 SCR 段(标志位为 S0.0 ~ S0.7 的段)没有激活,机械手不会动作。当机械手处于初始位置,且工作台 1 上有需要转运的工件、工作台 2 上又无工件时,按下启动按钮 SB1,则状态继电器 S0.0 置位,激活第一个 SCR 段(标志位为 S0.0 的段)。辅助继电器 M1.3 和输出继电器 Q1.4 得电,升降臂下降。当吸盘接触到工作台 1 上的工件时,升降臂的下限位开关 SQ08 闭合,I1.4 接通,将 S0.1 置位,同时将 S0.0 复位,这样就激活了第二个 SCR 段,第一个 SCR 段失效,那么 M1.3 和 Q1.4 也失电,升降臂停止下降。Q0.7 置位,吸盘接触器 KM2 得电,吸盘吸附,同时 T38 开始计时,1s 后,S0.2 置位,同时 S0.1 复位,这样就激活了第三个 SCR 段,第二个 SCR 段失效。M1.6 和 Q1.3 得电,升降臂上升。当升降臂到上限时,开关 SQ07 闭合,I1.3 接通,将 S0.3 置位,同时将 S0.2 复位,这样就激活了第四个 SCR 段,第三个 SCR 段失效,那么 M1.6 和 Q1.3 也失电,升降臂停止上升。Q1.1 得电,伸缩臂右伸。当伸缩臂到右限时,开关 SQ03 闭合,I0.7 接通,将 S0.4 置位,同时将 S0.3 复位,这样就激活了第五个 SCR 段,第四个 SCR 段失效,那么 Q1.1 也失电,伸缩臂停止右伸。M1.4 和 Q1.4 得电,升降臂下降。当吸盘接触到工作台 2 时,升降臂的下限位开关 SQ08 闭合,I1.4 接通,将 S0.5 置位,同时将 S0.4 复位,这样就激活了第六个 SCR 段,第五个 SCR 段失效,那么 M1.4 和 Q1.4 也失电,升降臂停止下降。Q0.7 复位,吸盘接触器 KM2 失电,吸盘释放工件,同时 T39 开始计时,1s 后,S0.6 置位,同时 S0.5 复位,这样就激活了第七个 SCR 段,第六个 SCR 段失效。M1.5 和 Q1.3 得电,升降臂上升。当升降臂到上限时,开关 SQ07 闭合,I1.3 接通,将 S0.7 置位,同时将 S0.6 复位,这样就激活了第八个 SCR 段,第七个 SCR 段失效,那么 M1.5 和 Q1.3 也失电,升降臂停止上升。Q1.2 得电,伸缩臂左缩。当伸缩臂到左限时,开关 SQ04 闭合,I1.0 接通,S0.7 复位,这样第八个 SCR 段也失效,那么 Q1.2 也失电,伸缩臂停止左缩。系统恢复到初始状态。

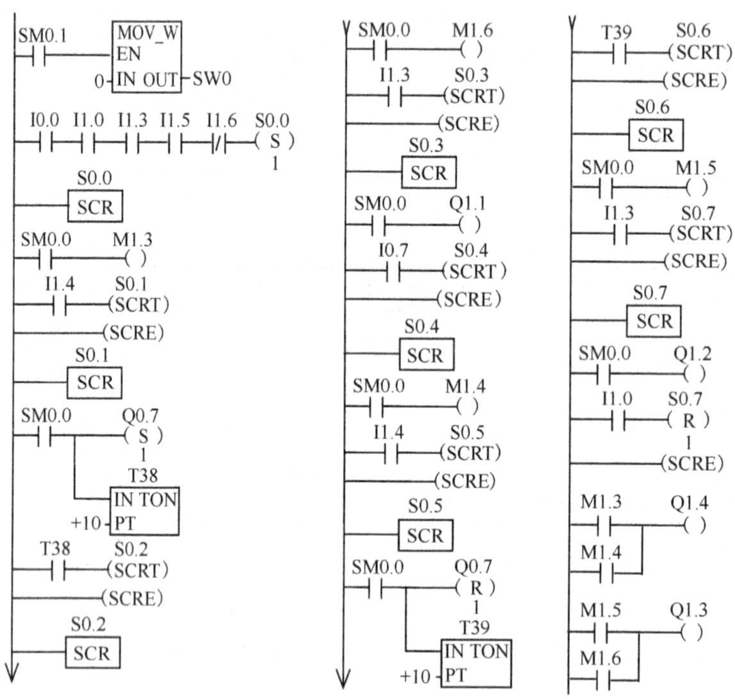

图 8.76 机械手控制梯形图

8.5.6 ENO 指令

ENO(Enable Output)是 PLC 梯形图及功能图中以功能框形式编程时的允许输出端。如果 EN 导通,并且指令执行正确,ENO 就可将能流向下传递,允许程序继续执行。

例 8.16 求三个整数的平均值。梯形图如图 8.77 所示,当第一个整数加法指令执行正确时,直接进行第二个整数加法指令,当第二个整数加法指令执行正确时,直接进行除法指令,从而求出三个整数(VW0,VW2,VW4)的平均值(VW6)。

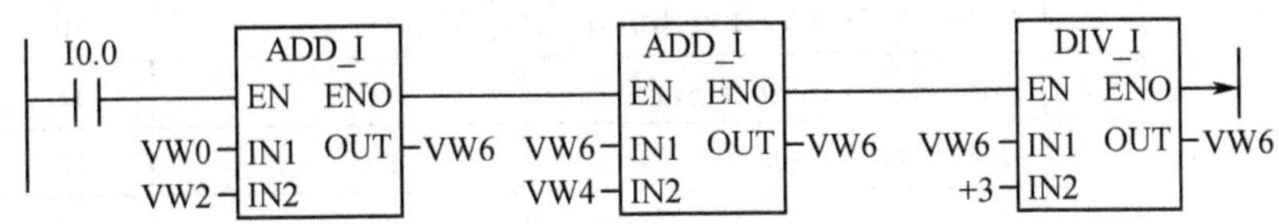

图 8.77 ENO 指令应用(求三个数平均值)梯形图

8.6 特殊指令

在 S7-200 PLC 中,涉及的特殊功能指令有实时时钟的设定和读取指令、中断指令、通信指令、高速计数指令、高速脉冲串输出指令及 PID 控制指令等。本节重点介绍中断指令、高速计数指令、高速脉冲串输出指令和 PID 控制指令。

8.6.1 中断指令

1. 中断事件编号与优先级

在 S7-200 PLC 中有很多信息和事件能够引起中断,最多可以响应 34 个中断事件,每个中断事件分配不同的编号。中断事件还有优先级之分,以便在多个事件同时发出中断请求时,CPU 按照优先级从高到低顺序响应。中断事件号、优先级别见表 8.27 所列。

表 8.27 中断事件编号与优先级

组优先级	组内类型	事件号	中断事件描述	组内优先级	备注
通信中断(最高级)	通信口 0	8	通信口 0:单字符接收完成	0	
		9	通信口 0:发送字符完成	0	
		23	通信口 0:接收信息完成	0	
	通信口 1	24	通信口 1:接收信息完成	1	仅适用于 CPU226
		25	通信口 1:单字符接收完成	1	
		26	通信口 1:发送字符完成	1	
I/O 中断	脉冲串输出	19	PTO0 脉冲串输出完成中断	0	
		20	PTO1 脉冲串输出完成中断	1	
	外部输入	0	I0.0 上升沿中断	2	
		2	I0.1 上升沿中断	3	
		4	I0.2 上升沿中断	4	
		6	I0.3 上升沿中断	5	
		1	I0.0 下降沿中断	6	
		3	I0.1 下降沿中断	7	
		5	I0.2 下降沿中断	8	
		7	I0.3 下降沿中断	9	

（续）

组优先级	组内类型	事件号	中断事件描述	组内优先级	备注
I/O 中断	高速计数器	12	高速计数器 0:CV = PV(当前值 = 设定值)	10	
		27	高速计数器 0:输入方向改变	11	
		28	高速计数器 0:外部复位	12	
		13	高速计数器 1:CV = PV(当前值 = 设定值)	13	仅适用于 CPU224 CPU226
		14	高速计数器 1:输入方向改变	14	
		15	高速计数器 1:外部复位	15	
		16	高速计数器 2:CV = PV(当前值 = 设定值)	16	
		17	高速计数器 2:输入方向改变	17	
		18	高速计数器 2:外部复位	18	
		32	高速计数器 3:CV = PV(当前值 = 设定值)	19	
		29	高速计数器 4:CV = PV(当前值 = 设定值)	20	
		30	高速计数器 4:输入方向改变	21	
		31	高速计数器 4:外部复位	22	
		33	高速计数器 5:CV = PV(当前值 = 设定值)	23	
时基中断（最低级）	定时	10	定时中断 0,以 SMB34 的内容为周期(0 ~ 255ms)	0	
		11	定时中断 1,以 SMB35 的内容为周期(0 ~ 255ms)	1	
	定时器	21	定时器 T32:CT = PT 中断	2	
		22	定时器 T96:CT = PT 中断	3	

2. 中断调用举例

在编制中断调用程序前,先应编制中断服务程序。中断服务程序越短越好,每个中断程序都有一个编号。

中断调用需要两条指令:先使用中断连接指令(ATCH),再使用开中断指令(ENI)。

中断连接指令:将一个中断事件与一个中断服务程序关联,并对该中断事件开放。

开中断指令:允许 CPU 接收所有中断事件的中断请求。

在取消中断功能时,有两条指令可以使用:中断分离指令(DTCH)和关中断指令(DISI)。

中断分离指令:取消某个中断事件与中断服务程序的关联,并对该事件关中断。

关中断指令:禁止 CPU 接收各个中断事件的中断请求。

图 8.78 为用定时中断读取模拟量的梯形图。必须先编制一个中断服务子程序 INT_0,然后才能在子程序 SBR_0 中调用。调用时,首先使中断事件 10(定时中断 0)与相应的中断服务子程序 INT_0 建立联系,然后使中断正常工作,即用开中断指令使全局中断允许。

8.6.2 高速计数器指令

普通计数器计数与扫描周期有关,当被测信号频率较高时,用普通计数器计数往往会丢失计数脉冲。高速计数器可以处理比扫描频率高的输入信号的计数问题。

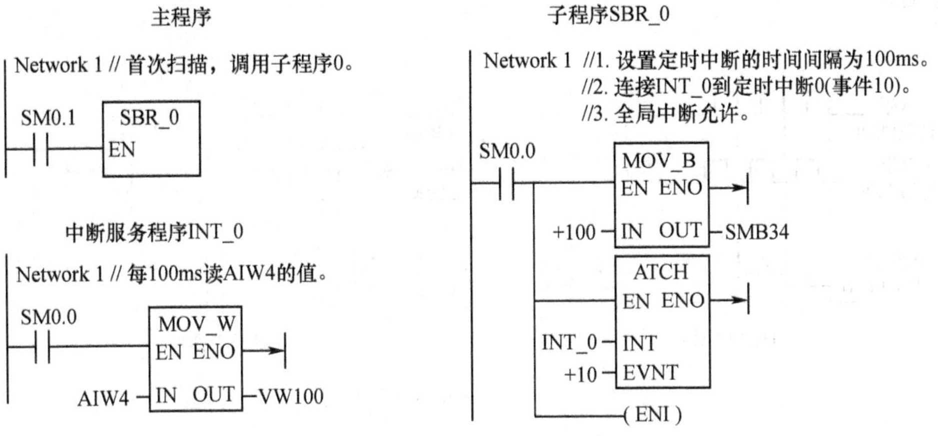

主程序
Network 1 // 首次扫描，调用子程序0。
SM0.1
SBR_0
EN
中断服务程序INT_0
Network 1 // 每100ms读AIW4的值。
SM0.0
MOV_W
EN ENO
AIW4
IN OUT
VW100
子程序SBR_0
Network 1 //1. 设置定时中断的时间间隔为100ms。
//2. 连接INT_0到定时中断0(事件10)。
//3. 全局中断允许。
SM0.0
MOV_B
EN ENO
+100
IN OUT
SMB34
ATCH
EN ENO
INT_0
INT
+10
EVNT
ENI

图 8.78　用定时中断读取模拟量梯形图

CPU221 和 CPU222 有 4 个高速计数器，编号为 HSC0，HSC3 ~ HSC5；CPU224 和 CPU226 有 6 个高速计数器，编号为 HSC0 ~ HSC5。

1. 高速计数器工作模式

按工作模式分，高速计数器有四大类：

（1）具有内部方向控制的单相增/减计数器　根据 PLC 规定的特殊继电器（SMxxx. 3）的状态决定计数方向（增计数/减计数），对规定的 1 路输入端的计数脉冲进行计数。时序图如图 8.79 所示。

（2）具有外部方向控制的单相增/减计数器　根据 PLC 规定的输入点（Ix. x）的状态决定计数方向（增计数/减计数），对规定的 1 路输入端的计数脉冲进行计数。时序图如图 8.79 所示。

（3）具有增/减计数脉冲输入端的双相计数器　对 PLC 规定的一路输入点（Ix. x）的计数脉冲进行增计数，同时对 PLC 规定的另一路输入点（Ix. x）的计数脉冲进行减计数，时序图如图 8.80 所示。如果增计数脉冲的上升沿与减计数脉冲的上升沿之间的时间间隔小于 0. 3ms，高速计数器会把这些事件看作是同时发生的，当前值不变，计数方向指示不变；否则，当大于 0. 3ms 时，高速计数器分别捕捉每个事件。

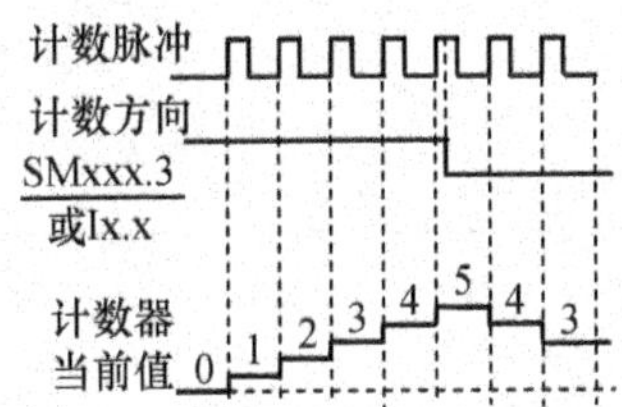

计数脉冲
计数方向
SMxxx.3
或Ix.x
计数器
当前值
0
1
2
3
4
5
4
3

图 8.79　单相增/减计数器时序图

增计数脉冲
<0.3ms
减计数脉冲
计数器
当前值
0
1
2
3
2
1
0

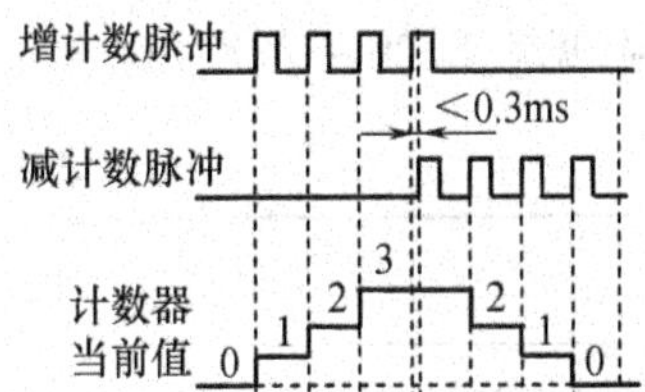

图 8.80　双相增/减计数器时序

（4）A/B 相正交计数器　对 PLC 规定的两路正交的计数脉冲 A/B 相（所谓正交，即指两路脉冲信号相位相差 90°），按 1 倍频或 4 倍频的模式进行增/减计数（增计数：A 相脉冲超前 B 相 90°;减计数:B 相超前 A 相 90°)。1 倍频和 4 倍频工作模式的时序图如图 8.81 所示。

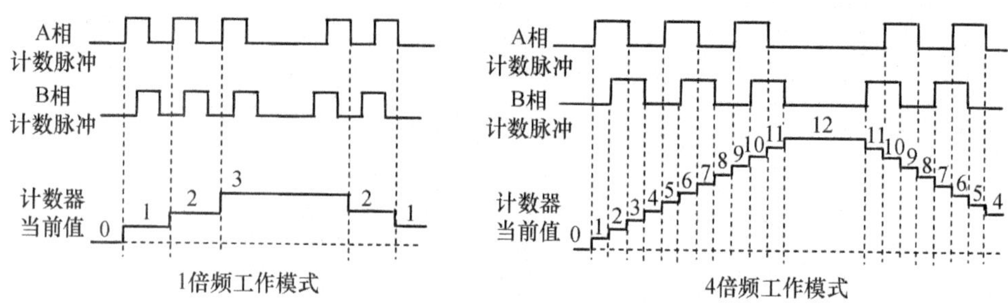

图 8.81　A/B 相正交计数器时序图

每类计数器又根据有无复位输入和启动输入,分成三种工作模式,见表 8.28。

表 8.28　高速计速器工作模式分类

<table>
<tr><th>分　类</th><th>工作模式</th><th>计数脉冲输入端</th><th>增/减计数控制</th><th>复位控制</th><th>启动控制</th></tr>
<tr><td rowspan="3">具有内部方向控制的
单相增/减计数器</td><td>0</td><td rowspan="3">1 路 Ix. x</td><td rowspan="3">SMxxx. 3</td><td></td><td></td></tr>
<tr><td>1</td><td rowspan="2">Ix. x</td><td></td></tr>
<tr><td>2</td><td>Ix. x</td></tr>
<tr><td rowspan="3">具有外部方向控制的
单相增/减计数器</td><td>3</td><td rowspan="3">1 路 Ix. x</td><td rowspan="3">Ix. x</td><td></td><td></td></tr>
<tr><td>4</td><td rowspan="2">Ix. x</td><td></td></tr>
<tr><td>5</td><td>Ix. x</td></tr>
<tr><td rowspan="3">具有增/减计数脉冲输入
端的双相计数器</td><td>6</td><td rowspan="3">增计数:1 路 Ix. x
减计数:1 路 Ix. x</td><td rowspan="3">由不同的计数脉冲
输入端决定</td><td></td><td></td></tr>
<tr><td>7</td><td rowspan="2">Ix. x</td><td></td></tr>
<tr><td>8</td><td>Ix. x</td></tr>
<tr><td rowspan="3">A/B 相正交计数器
A 相超前 B 相 90°,顺时针
B 相超前 A 相 90°,逆时针</td><td>9</td><td rowspan="3">A 相计数:1 路 Ix. x
B 相计数:1 路 Ix. x</td><td rowspan="3">顺转:增计数
逆转:减计数</td><td></td><td></td></tr>
<tr><td>10</td><td rowspan="2">Ix. x</td><td></td></tr>
<tr><td>11</td><td>Ix. x</td></tr>
</table>

2. 高速计数器外部输入信号规定

每个高速计数器都有不同的计数脉冲输入端和计数方向(增/减)、复位信号、启动信号输入端,见表 8.29 ~ 表 8.31。

表 8.29　HSC3、HSC5 输入点分配

<table>
<tr><th rowspan="2">工作
模式</th><th colspan="2">HSC3</th><th colspan="2">HSC5</th></tr>
<tr><th>计数脉冲输入端</th><th>增/减计数控制</th><th>计数脉冲输入端</th><th>增/减计数控制</th></tr>
<tr><td>0</td><td>I0.1</td><td>减计数:SM137.3 = 0
增计数:SM137.3 = 1</td><td>I0.4</td><td>减计数:SM157.3 = 0
增计数:SM157.3 = 1</td></tr>
</table>

表 8.30 HSC1、HSC2 输入点分配

<table>
<tr><td rowspan="2">工作模式</td><td colspan="4">HSC1</td><td colspan="4">HSC2</td></tr>
<tr><td>计数脉冲输入端</td><td>增/减计数控制</td><td>复位</td><td>启动</td><td>计数脉冲输入端</td><td>增/减计数控制</td><td>复位</td><td>启动</td></tr>
<tr><td>0</td><td rowspan="6">I0.6</td><td rowspan="3">减计数:SM47.3 =0
增计数:SM47.3 =1</td><td></td><td></td><td rowspan="6">I1.2</td><td rowspan="3">减计数:SM57.3 =0
增计数:SM57.3 =1</td><td></td><td></td></tr>
<tr><td>1</td><td rowspan="2">I1.0</td><td></td><td rowspan="2">I1.4</td><td></td></tr>
<tr><td>2</td><td>I1.1</td><td>I1.5</td></tr>
<tr><td>3</td><td rowspan="3">减计数:SM57.3 =0
增计数:SM57.3 =1</td><td></td><td></td><td rowspan="3">减计数:I1.3 =0
增计数:I1.3 =1</td><td></td><td></td></tr>
<tr><td>4</td><td rowspan="2">I1.0</td><td></td><td rowspan="2">I1.4</td><td></td></tr>
<tr><td>5</td><td>I1.1</td><td>I1.5</td></tr>
<tr><td>6</td><td rowspan="3">增脉冲:I0.6
减脉冲:I0.7</td><td rowspan="3"></td><td></td><td></td><td rowspan="3">增脉冲:I1.2
减脉冲:I1.3</td><td rowspan="3"></td><td></td><td></td></tr>
<tr><td>7</td><td rowspan="2">I1.0</td><td></td><td rowspan="2">I1.4</td><td></td></tr>
<tr><td>8</td><td>I1.1</td><td>I1.5</td></tr>
<tr><td>9</td><td rowspan="3">A 相:I0.6
B 相:I0.7</td><td rowspan="3">A 超前 B,增计数
B 超前 A,减计数</td><td></td><td></td><td rowspan="3">A 相:I1.2
B 相:I1.3</td><td rowspan="3">A 超前 B,增计数
B 超前 A,减计数</td><td></td><td></td></tr>
<tr><td>10</td><td rowspan="2">I1.0</td><td></td><td rowspan="2">I1.4</td><td></td></tr>
<tr><td>11</td><td>I1.1</td><td>I1.5</td></tr>
</table>

表 8.31 HSC0、HSC4 输入点分配

<table>
<tr><td rowspan="2">工作模式</td><td colspan="3">HSC0</td><td colspan="3">HSC4</td></tr>
<tr><td>计数脉冲输入端</td><td>增/减计数控制</td><td>复位</td><td>计数脉冲输入端</td><td>增/减计数控制</td><td>复位</td></tr>
<tr><td>0</td><td rowspan="4">I0.0</td><td rowspan="3">减计数:SM37.3 =0
增计数:SM37.3 =1</td><td></td><td rowspan="4">I0.3</td><td rowspan="3">减计数:SM147.3 =0
增计数:SM147.3 =1</td><td></td></tr>
<tr><td>1</td><td rowspan="2">I0.2</td><td rowspan="2">I0.5</td></tr>
<tr><td>3</td></tr>
<tr><td>4</td><td>减计数:I0.1 =0
增计数:I0.1 =1</td><td>I0.2</td><td>减计数:I0.4 =0
增计数:I0.4 =1</td><td>I0.5</td></tr>
<tr><td>6</td><td rowspan="2">增计数脉冲:I0.0
减计数脉冲:I0.1</td><td rowspan="2"></td><td></td><td rowspan="2">增计数脉冲:I0.3
减计数脉冲:I0.4</td><td rowspan="2"></td><td></td></tr>
<tr><td>7</td><td>I0.2</td><td>I0.5</td></tr>
<tr><td>9</td><td rowspan="2">A 相:I0.0
B 相:I0.1</td><td rowspan="2">A 相超前 B 相,增计数
B 相超前 A 相,减计数</td><td></td><td rowspan="2">A 相:I0.3
B 相:I0.4</td><td rowspan="2">A 相超前 B 相,增计数
B 相超前 A 相,减计数</td><td></td></tr>
<tr><td>10</td><td>I0.2</td><td>I0.5</td></tr>
</table>

3. 高速计数器的相关特殊存储器

每个高速计数器都有一个状态字节、一个初始值寄存器、一个设定值寄存器和一个控制字节。后三项必须在执行高速计数器定义指令之前,对其进行设置。

(1) 状态字节,表示当前的计数方向、当前值是否大于或等于设定值,见表 8.32 所列。

表 8.32 高速计数器的状态字

计数器 / 表示意义	HSC0	HSC1	HSC2	HSC3	HSC4	HSC5	说 明
	SMxx.0 ~ SMxx.4 不用,状态字节其他位						
当前计数方向	SM36.5	SM46.5	SM56.5	SM136.5	SM146.5	SM156.5	0 = 增计数,1 = 减计数
当前值是否等于设定值	SM36.6	SM46.6	SM56.6	SM136.6	SM146.6	SM156.6	0 = 不等于,1 = 等于
当前值是否大于设定值	SM36.7	SM46.7	SM56.7	SM136.7	SM146.7	SM156.7	0 = 小于等于,1 = 大于

(2) 初始值和设定值寄存器均为一个带符号双字整数(32 位)。向高速计数器装入初始值和设定值,即将数值装入表 8.33 所列的特殊继电器中。

表 8.33 高速计数器的初始值和设定值寄存器

计数器	HSC0	HSC1	HSC2	HSC3	HSC4	HSC5
初始值	SMD38	SMD48	SMD58	SMD138	SMD148	SMD158
设定值	SMD42	SMD52	SMD62	SMD142	SMD152	SMD162

(3) 控制字节的各位所表示的意义见表 8.34 所列。在执行高速计数器定义指令(HDEF)之前,必须对控制字节进行设置。

表 8.34 高速计数器的控制字

计数器 / 控制项目	HSC0	HSC1	HSC2	HSC3	HSC4	HSC5	说 明
复位输入	SM37.0	SM47.0	SM57.0	不用	SM147.0	不用	0 = 高电平有效 1 = 低电平有效
启动输入	不用	SM47.1	SM57.1	不用	不用	不用	
倍率选择	SM37.2	SM47.2	SM57.2	不用	SM147.2	不用	0 =4 倍频,1 =1 倍频
计数方向	SM37.3	SM47.3	SM57.3	SM137.3	SM147.3	SM157.3	0 = 减计数,1 = 增计数
计数方向允许改变	SM37.4	SM47.4	SM57.4	SM137.4	SM147.4	SM157.4	0 = 禁止,1 = 允许
设定值允许改变	SM37.5	SM47.5	SM57.5	SM137.5	SM147.5	SM157.5	
初始值允许改变	SM37.6	SM47.6	SM57.6	SM137.6	SM147.6	SM157.6	
允许高速计数	SM37.7	SM47.7	SM57.7	SM137.7	SM147.7	SM157.7	

4. 高速计数器定义指令(HDEF)

HDEF 指令是指定高速计数器工作模式,梯形图如图 8.82 所示。每个高速计数器在使用前,都必须用 HDEF 指令定义,并且只能定义一次。

5. 高速计数器执行指令(HSC)

HSC 指令使高速计数器设置生效,并按照指定工作模式执行计数操作。梯形图如图 8.83 所示。

6. 高速计数器当前值的读取

高速计数器当前值寄存器为 HCx(x 为高速计数器编号),它为 32 位只读数据。

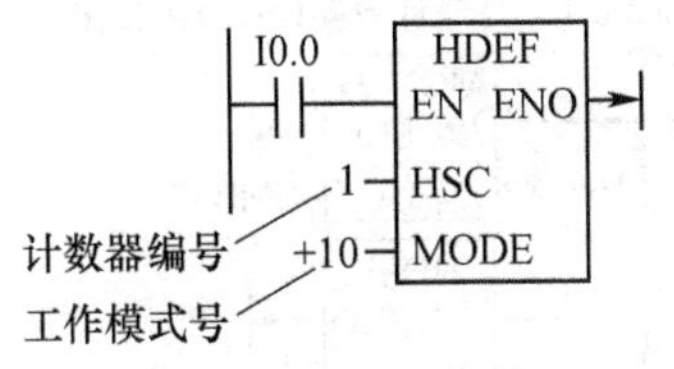

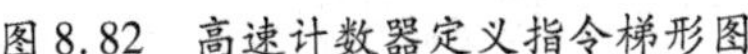

图 8.82 高速计数器定义指令梯形图

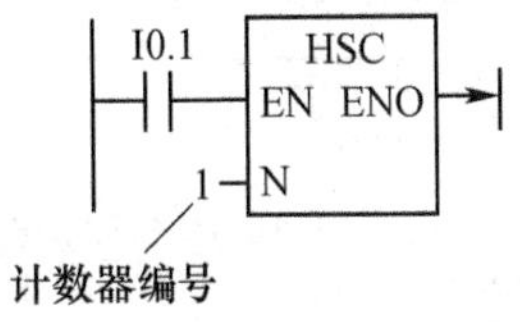

图 8.83 高速计数器执行指令梯形图

7. 高速计数器的应用举例

例 8.17 在某设备中,需对一螺旋输送机的转速进行测控,现测速轮的感应点有 15 个,有一转速传感器,可以输出相位相差 90°的两相脉冲信号用于测速。试设计一测速程序。

首先,选择高速计数器,确定工作模式。本例中,选择高速计数器 HSC0,由于不要求分辨计数方向,启动和复位都为软件操作,所以确定工作模式为 9。高速计数器的初始化采用子程序(SBR_1)完成,由 SM0.1 调用,从而保证开机后此子程序只执行一次。具体内容如下:

(1) 向 SMB37 写入控制字,SMB37 = 16#F8(表示允许计数,允许写入新的初始值,允许写入新的设定值,计数方向为增计数,4 倍频模式计数,启动和复位信号均为高电平有效)。

(2) 执行 HDEF 指令,指定高速计数器工作模式,HSC 置 0,MODE 置 9。

(3) 向 SMD38 写入初始值 0。

(4) 向 SMD42 写入设定值 2147483647(设定一个比较大的值)。

(5) 用中断连接指令 ATCH,将中断事件 21,与中断服务程序 INT_0 相关联:INT = 0,EVNT = 21。

(6) 执行全局中断允许指令 ENI,使 CPU 接收中断请求。

(7) 执行 HSC 指令,使高速计数器设置生效,并开始计数。

其次,本例中采用 1ms 定时器 T32 的当前值等于设定值时产生的中断事件(事件号为 21),启动中断服务程序 INT_0。

在中断服务程序中,先将 HSC0 的当前值移出到 VD10 中,然后对 HSC0 复位(令初始值 SMD38 = 0,控制字 SMB37 = 16#C8——允许计数,允许写入新的初始值,计数方向为增计数,4 倍频模式计数,启动和复位信号均为高电平有效;最后还要执行 HSC 指令,使高速计数器设置生效,开始重新计数),并对 T32 复位。

由于 T32 的设定值为 1000ms,所以 VD10 中的值就是转速值(r/min)。

主程序、子程序 SBR_1、中断服务程序 INT_0 的梯形图如图 8.84 所示。

8.6.3 高速脉冲输出指令

S7 - 200 PLC 的晶体管输出型 CPU 都有两个高速脉冲输出端口 Q0.0 和 Q0.1。此端口除可用作普通数字量输出点使用外,还可用于两路频率高达 20kHz 的脉冲串输出(PTO)或脉宽调制输出(PWM)。高速脉冲的输出方式如图 8.85 所示。

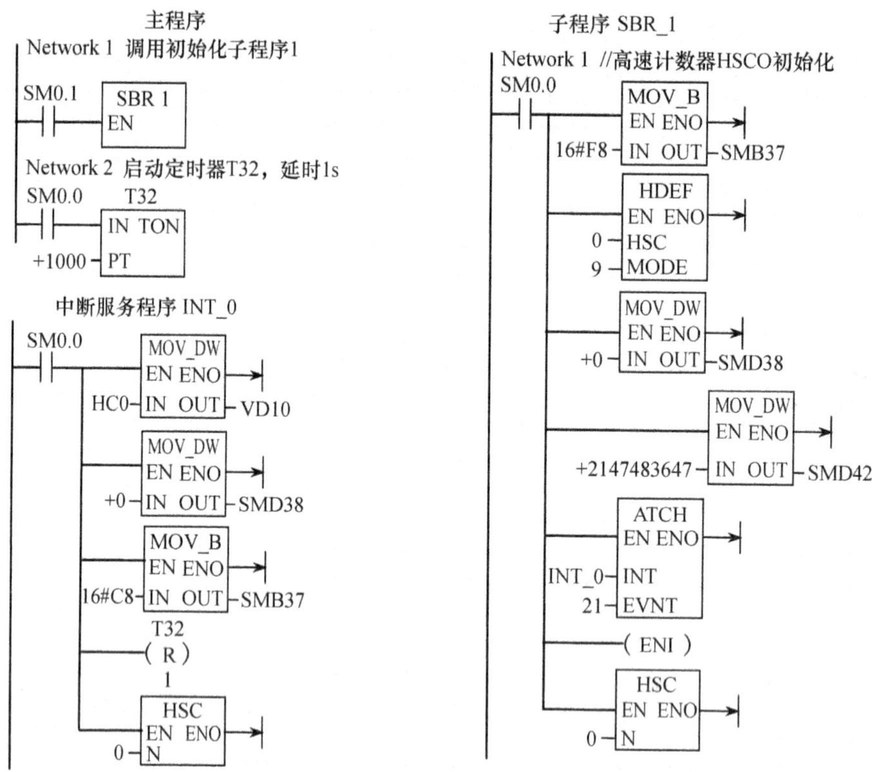

图 8.84 高速计数器用于测速的程序例

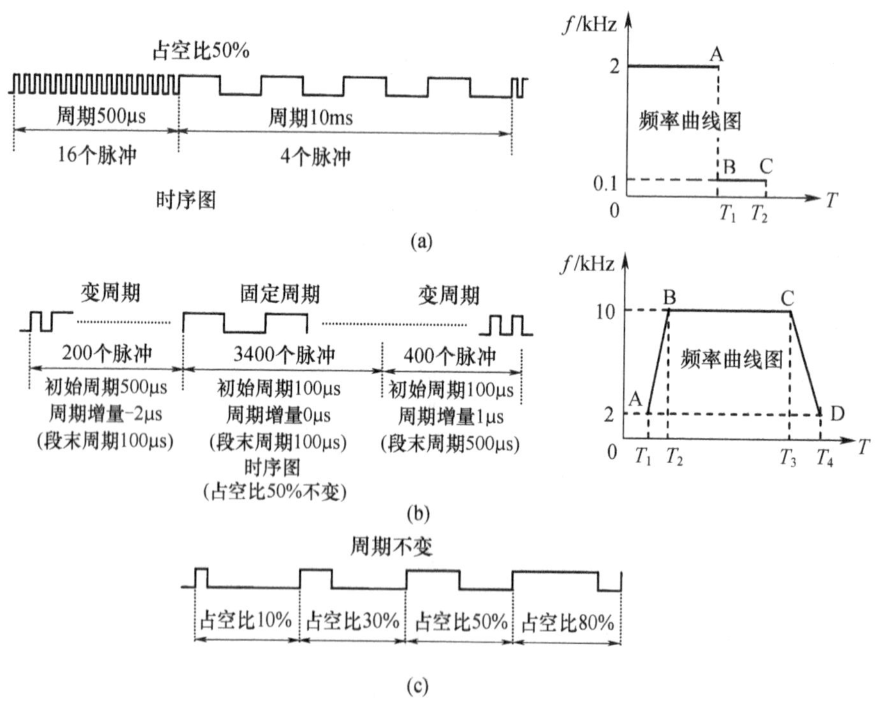

图 8.85 高速脉冲输出方式

（a）单段管线 PTO 输出；（b）多段管线 PTO 输出；（c）PWM 输出时序图。

与高速脉冲输出控制有关的特殊继电器有:1 个字节输出状态寄存器,1 个字节输出控制寄存器,2 个 16 位的周期和脉宽寄存器,1 个 32 位脉冲计数器,1 个 8 位段数寄存器,1 个 16 位偏移地址寄存器。各继电器的功能、意义见表 8.35 ~ 表 8.37 所列。

高速脉冲输出指令(PLS)功能:当 EN 导通时,根据高速脉冲输出的控制字节,和其他相关特殊继电器的值,激活高速脉冲输出操作。

表 8.35　高速脉冲输出的状态字节

高速脉冲输出端 Q0.0	高速脉冲输出端 Q0.1	状态字节含义
SM66.0 ~ SM66.3	SM76.0 ~ SM76.3	不用
SM66.4	SM76.4	PTO 包络表因计算错误而中止:0 = 无错误,1 = 终止
SM66.5	SM76.5	PTO 包络表因用户命令而中止:0 = 无错误,1 = 终止
SM66.6	SM76.6	PTO 管线溢出:0 = 无溢出,1 = 溢出
SM66.7	SM76.7	PTO 空闲:0 = 执行中,1 = 空闲

表 8.35　高速脉冲输出的控制字节

Q0.0	Q0.1	控制字节表示功能	
SM67.0	SM77.0	是否更新 PTO/PWM 周期值	0 = 不更新, 1 = 更新
SM67.1	SM77.1	是否更新 PWM 脉冲宽度值	0 = 不更新, 1 = 更新
SM67.2	SM77.2	是否更新 PTO 脉冲输出数	0 = 不更新, 1 = 更新
SM67.3	SM77.3	PTO/PWM 的时间基准(时间单位)	0 = μs, 1 = ms
SM67.4	SM77.4	PWM 的更新方式	0 = 异步更新,1 = 同步更新
SM67.5	SM77.5	PTO 输出方式(单段管线/多段管线)	0 = 单段管线,1 = 多段管线
SM67.6	SM77.6	PTO/PWM 输出模式	0 = PTO, 1 = PWM
SM67.7	SM77.7	PTO/PWM 输出禁止	0 = 禁止, 1 = 允许

表 8.37　与高速脉冲输出控制相关的特殊继电器

Q0.0	Q0.1	功　能		
SMW68	SMW78	PTO/PWM 周期值	16 位	范围:2 ~ 65,535
SMW70	SMW80	PWM 脉冲宽度值	16 位	范围:0 ~ 65,535
SMD72	SMD82	PTO 脉冲输出数	32 位	范围:1 ~ 4,294,967,295
SMB166	SMB176	多段 PTO 的段数	8 位	范围:1 ~ 255
SMW168	SMW178	多段 PTO 包络表的起始偏移地址	16 位	

1. PTO 输出方式操作

PTO 用于产生单段脉冲串或者多段脉冲串,每段的周期和个数可以不同,但占空比不变,为 50%。当输出多段脉冲串时,允许脉冲串“链接”或者“排队”。在当前脉冲串输出完成时,会立即开始输出下一个新的脉冲串。这保证了多个输出脉冲串之间的连续性。

周期范围为 50μs ~ 65535μs 或 2ms ~ 65535ms。若周期为奇数,会引起占空比失真。

1）PTO 脉冲串的单段管线操作

单段脉冲串输出可以是周期和个数设置好的一段脉冲串，也可以是几段脉冲串排队连续输出（单段流水线方式），如图 8.85（a）所示。

单段管线模式下的编程要点：

在首次扫描时，将高速脉冲输出口（如 Q0.0 或 Q0.1）的映像寄存器清 0 并调用初始化子程序。子程序可以包括以下内容：

（1）设置控制字节，即将控制字内容（如 16#85）写入 SMB67 或 SMB77。16#85 写入 SMB67 的含义：允许 PTO 输出；选择 PTO 操作；选择单段管线模式；选择时间基准为 μs；允许更新脉冲数和周期值。

（2）设定周期值，即将周期值写入 SMW68 或 SMW78。

（3）设定脉冲数，即将脉冲数值写入 SMD72 或 SMD82。

（4）（可选项）设置中断事件，即将中断服务程序与 PTO 完成中断（中断号 19）连接。

（5）（可选项）全局中断允许，即执行 ENI 指令。

（6）启动 PTO 操作，即执行 PLS 指令

（7）预装下一脉冲串的控制字节、周期值及脉冲数。

（8）退出子程序。

待当前脉冲串输出完成时，执行 PLS 指令，立即输出新的脉冲串。但以下两种情况会使脉冲串之间不能平滑转换：时间基准发生了变化或者在利用 PLS 指令捕捉到新脉冲之前，启动的脉冲串已经完成。用单段流水线方式输出几段脉冲串，最大的优点是各段脉冲串的时间基准可以不同。

2）PTO 脉冲串的多段管线

采用多段管线模式，需要在 V 存储区内以表的形式存储将要输出的脉冲串的段数与每段的初始周期、周期增量、脉冲数（称为建立包络表），这样执行 PLS 指令时，CPU 将自动从包络表中依次读出每段脉冲串的特性，连续输出各段脉冲串。

每段脉冲串的周期从本段的初始值开始，按周期增量自动连续增减，直至输出脉冲数达到规定值。周期的修改是在每个脉冲上进行的。

时间基准可以选择微秒或者毫秒，但是，包络表中的所有周期值必须使用同一个时间基准，而且当包络正在运行时不能改变。

包络表的构成见表 8.38 所列。

表 8.38　包络表的格式

V 变量地址	存储内容			
VBn		脉冲串的段数	字节型数据（8 位）	范围：1～255 段
VWn +1	第一段脉冲串	初始周期值	字型数据（16 位）	范围：2～65535 时基单位
VWn +3		周期增量值	带符号整数（16 位）	范围：－32768～＋32767 时基单位
VDn +5		输出脉冲数	无符号双整数（32 位）	范围：1～4294967295 个
VWn +9	第二段脉冲串	初始周期值	字型数据（16 位）	范围：2～65535 时基单位
VWn +11		周期增量值	带符号整数（16 位）	范围：－32768～＋32767 时基单位
VDn +13		输出脉冲数	无符号双整数（32 位）	范围：1～4294,967295 个
⋮	⋮	⋮	⋮	⋮

例 8.18 对步进电动机编程,实现图 8.85(b)所示的频率控制。

图 8.85(b)中给出的步进电动机控制模式要求整个运行过程分为三段:第一段,由 2kHz 启动加速到 10kHz,历时 200 个脉冲左右;第二段,以 10kHz 的频率匀速运转,历时 3400 个脉冲左右;第三段,由 10kHz 减速到 2kHz 停止,历时 400 个脉冲左右。

由于包络表中的值是用周期表示的,而不是用频率,需要把给定的频率值转换成周期值。所以,启动和结束的脉冲周期为 500μs,最高频率对应的周期值为 100μs。

用来调整每个脉冲周期所使用的周期增量值按如下公式计算:

周期增量 =(该段结束的周期值 - 该段开始的周期值)/该段脉冲数

本例中,加速部分(第一段)的周期增量是 -2μs。减速部分(第三段)的周期增量是 1μs。由于第二段是恒速控制,因此,该段的周期增量是 0。表 8.39 给出了该例的包络表。梯形图如图 8.86 所示。

表 8.39 步进电动机控制包络表

V 变量地址	存储内容			
VB500	脉冲串的段数			3 段
VW501	第一段脉冲串	加速	初始周期值	500μs
VW503			周期增量值	-2μs
VD505			输出脉冲数	400
VW509	第二段脉冲串	匀速	初始周期值	100μs
VW511			周期增量值	0μs
VD513			输出脉冲数	3400
VW517	第三段脉冲串	减速	初始周期值	100μs
VW519			周期增量值	1μs
VD521			输出脉冲数	400

多段管线模式下的编程要点:

在首次扫描时,将高速脉冲输出口(如 Q0.0 或 Q0.1)的映像寄存器清 0 并调用初始化子程序。子程序可以包括以下内容:

(1) 建立包络表。依次将脉冲串段数及各段的初始周期、周期增量、脉冲数写入包络表。

(2) 设置控制字节,即将控制字内容(如 16#A0)写入 SMB67 或 SMB77。

16#A0 写入 SMB67 的含义:允许 PTO 输出;选择 PTO 操作;选择多段管线模式;选择时间基准为 μs;禁止更新脉冲数和周期值。

(3) 将包络表起始地址写入 SMW168 或 SMW178。

(4) (可选项)设置中断事件,即将中断服务程序与 PTO 完成中断(中断号 19)连接。

(5) (可选项)全局中断允许,即执行 ENI 指令。

(6) 启动 PTO 操作,即执行 PLS 指令。

(7) 退出子程序。

2. PWM 功能

PWM 功能提供周期固定、占空比可调的高速脉冲串输出。周期和脉宽既可以用微秒

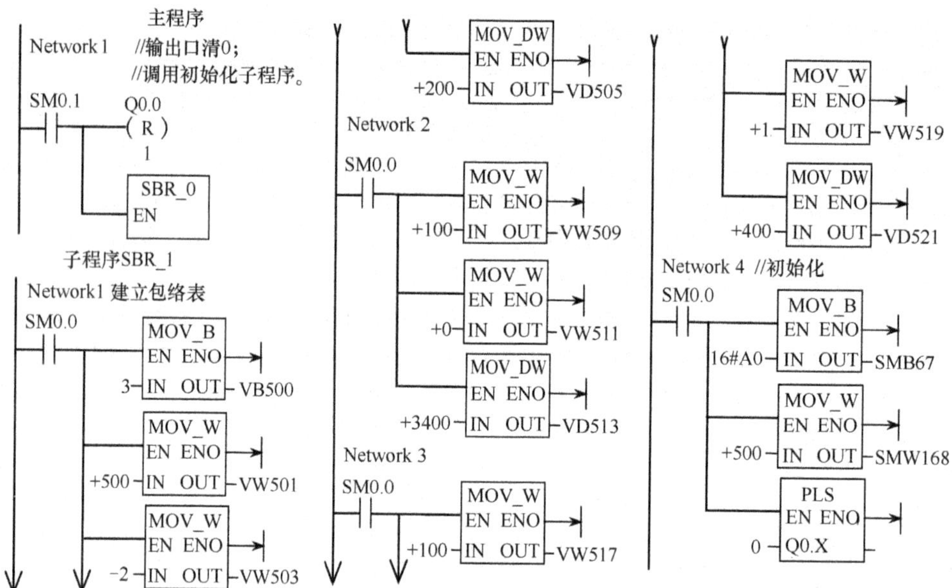

图 8.86 步进电动机控制程序例

又可以用毫秒为单位。周期范围为 50μs～65535μs 或 2ms～65535ms。脉宽可以从 0～65535μs 或 0～65535ms。当脉宽等于周期时，占空比为 100%，输出连续接通；当脉宽等于 0 时，占空比为 0，输出断开。

PWM 的典型操作是当周期时间保持常数时改变脉冲宽度，根据在改变脉冲宽度时，是否改变时间基准，可以分为同步更新和异步更新两种情况。

(1) 同步更新　不改变时间基准。利用同步更新，波形特性的变化发生在周期边沿，提供平滑转换。

(2) 异步更新　改变时间基准。异步更新会造成 PWM 功能被瞬时禁止，和 PWM 波形不同步。这会引起被控设备的振动。

由于这个原因，建议采用 PWM 同步更新。选择一个适合于所有周期时间的时间基准。一般做法是将 PWM 输出反馈到一个中断输入点，如 I0.0，当需要改变脉宽时产生中断，在下一个 I0.0 的上升沿，脉宽的改变将与 PWM 的新周期同步发生。

PWM 模式下的编程要点：

在首次扫描时，将高速脉冲输出口（如 Q0.0 或 Q0.1）的映像寄存器清 0 并调用初始化子程序。子程序可以包括以下内容：

(1) 设置控制字节，即将控制字内容（如 16#D3）写入 SMB67 或 SMB77。

16#D3 写入 SMB67 的含义：允许 PWM 输出；选择 PWM 操作；选择同步更新；选择时间基准为 μs；更新脉宽和周期值。

(2) 将希望的周期值写入 SMW68 或 SMW78。

(3) 将希望的脉宽值写入 SMW70 或 SMW80。

(4) 启动 PTO/PWM 操作，即执行 PLS 指令。

(5) 为以后的脉宽改变预装控制字节，如将 16#D2 写入 SMB67。

(6) 退出子程序。

如果希望在子程序中，修改 PWM 输出的脉冲宽度：

(1) 将希望的脉宽值写入 SMW70 或 SMW80。

(2) 启动 PTO/PWM 操作,即执行 PLS 指令。

(3) 退出子程序。

例 8.19 设置 Q0.0 为 PWM 输出形式,脉冲周期为 10000ms,初始脉宽为 1000ms,以后每个脉冲的脉宽按 1000ms 递增,当脉宽增加到 9000ms 时,又开始按 1000ms 递减,一直减到脉宽为 1000ms 时,关闭输出。(本题是为配合在继电器输出型 S7-200 PLC 上练习使用;若在晶体管输出型 CPU 上练习,可以将脉冲周期与脉宽增量设为较小单位。)

梯形图如图 8.87 所示。应该注意:为了实现同步更新,将高速脉冲输出端 Q0.0 与输入端 I0.0 直接相连,这样 PWM 输出也可反馈到中断输入点 I0.0。当第一个方波脉冲

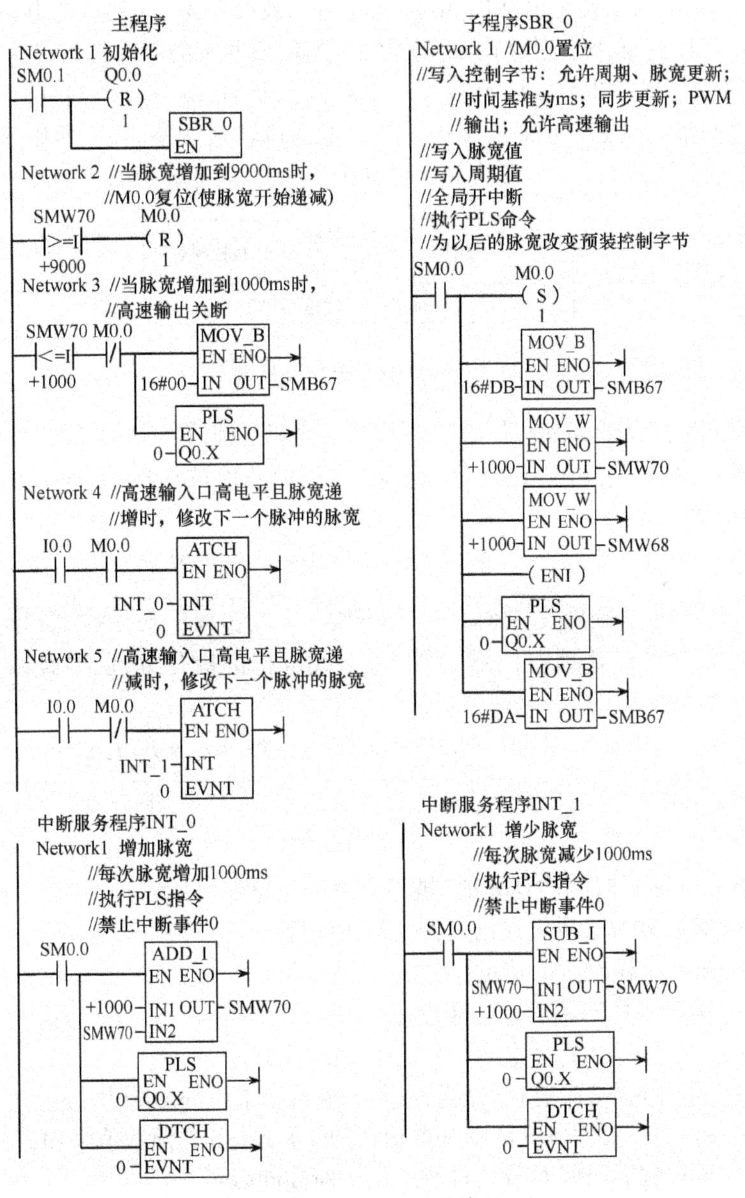

图 8.87 PWM 应用举例

输出时，利用 ATCH 指令，把中断程序 1(INT1)赋给中断事件 0(I0.0 的上升沿)。每个周期中断程序 1 将当前脉宽增加 1s，然后利用 DTCH 指令分离中断 INT1，使这个中断再次被屏蔽。如果在下次增加时，脉宽大于或等于周期，则将辅助内存标记位 M0.0 再次置 0。这样就把中断程序 2 赋予事件 0，并且脉宽也将每次递减 1s。

8.6.4 PID 回路控制指令

1. PID 算法

PID 算法是一种闭环控制回路的控制算法，详细介绍可参考有关资料，本书仅介绍 PID 在 PLC 中的应用。典型应用如图 8.88 所示。假如要对直流电动机调速，并使其稳定到某一转速，则被控对象就是电动机，电动机转速是被控要素，电动机的电枢电压是调整值。当给定一个转速值(SP)时，PID 控制器将其与反馈回来的电动机的转速现值(PV)做比较，根据其偏差(SP - PV)大小，计算出一个新的控制值($M(t)$)加到电枢电压上，使电动机转速得以调整。但由于控制器很难一次将电动机转速调整到位，所以人们设计出了许多种控制器，试图使调速过程既快又平稳，PID 控制器就是其中的一种。

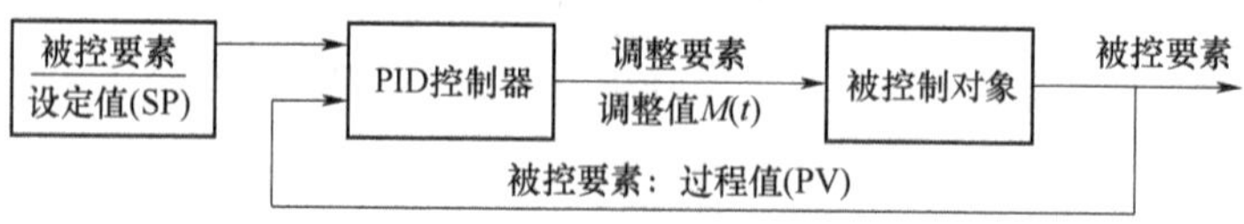

图 8.88 PID 控制回路框图

下面介绍 PID 控制器如何根据被控要素设定值和过程值，计算出被控对象的调整值。

设偏差 E = SP - PV，则输出 $M(t)$(调整值)为偏差值的比例项、积分项和微分项之和，用公式表示为

$$\underbrace{M(t)}_{\text{输出}} = \underbrace{K_C \times e}_{\text{比例项}} + \underbrace{(K_C\int_0^t e\mathrm{d}t + M_0)}_{\text{积分项}} + \underbrace{K_C \times \mathrm{d}e/\mathrm{d}t}_{\text{微分项}} \tag{8-1}$$

由于 PLC 无法直接处理模拟量，所以将上式进行离散化处理，并经改进即可得到 S7-200 PLC 提供的 PID 指令运算公式：

$$\underbrace{M_n}_{\text{输出}} = \underbrace{K_C \times (SP_n - PV_n)}_{\text{比例项}} + \underbrace{K_C \times T_S/T_I \times (SP_n - PV_n) + MX}_{\text{积分项}} + \underbrace{K_C \times T_D/T_S \times (PV_{n-1} - PV_n)}_{\text{微分项}} \tag{8-2}$$

式中 M_n——第 n 采样时刻的计算值(被控对象的调整值)；

K_C——回路的增益，决定输出对偏差的灵敏度；

SP_n——第 n 采样时刻的给定值；

PV_n——第 n 采样时刻的过程变量值；

T_S——采样时间间隔，是重新计算输出的时间间隔；

T_I——积分时间常数，控制积分项在整个输出结果中的影响大小；

MX——第 $n-1$ 采样时刻的积分前值，是积分项全部先前数值之和；

T_D——微分时间常数，是重新计算输出的时间间隔；

PV_{n-1}——第 $n-1$ 采样时刻的过程变量值，在第一采样时刻令 $PV_{n-1} = PV_n$。

PID 运算是比例(P)+积分(I)+微分(D)运算的组合,在许多控制系统中,往往只需PID 中的一种或两种运算(如 PI 运算),不同的组合可以通过设定不同的参数来实现。

如果需要关闭积分运算,可以把积分时间常数设为无穷大。虽然有初值 MX 使积分项不为零,但其作用可以忽略。

如果需要关闭微分运算,可以把微分时间常数设为零。

如果需要关闭比例运算,仅需要积分或微分运算,可以把增益设为 0.0,系统会在计算积分项和微分项时,把增益当作 1.0 看待。

2. PID 参数表

在式(8-2)中共包含 9 个参数,在执行 PID 指令前,要将其按表 8.40 所规定的格式建立 PID 参数表。

表 8.40　PID 参数表

V 变量地址	PID 参数	数据格式	类型	说　明
VDn	PV_n	32 位实数	I	过程变量当前值,0.0~1.0 之间
VDn+4	SPV_n		I	给定值,0.0~1.0 之间
VDn+8	Mn		I/O	计算值,0.0~1.0 之间
VDn+12	K_C		I	回路增益,正、负常数
VDn+16	T_S		I	采样时间间隔,单位为 s,正数
VDn+20	T_I		I	积分时间常数,单位为 min,正数
VDn+24	T_d		I	微分时间常数,单位为 min,正数
VDn+28	MX		I/O	积分前值,0.0~1.0 之间
VDn+32	PV_{n-1}		I/O	过程变量前值

3. PID 回路控制指令

PID 指令的功能是进行 PID 运算。PID 指令的梯形图如图 8.89 所示,TBL 是参数表的首地址,由 VB 指定;LOOP 是回路号,是 0~7 的常数。当 EN 导通时,根据 PID 参数表,进行 PID 运算。

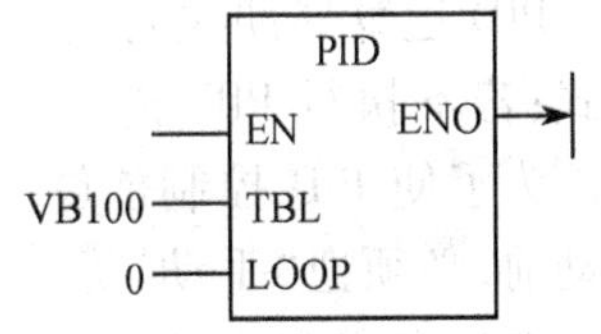

图 8.89　PID 指令梯形图

在程序中最多可以使用 8 条 PID 指令,每条 PID 指令中的回路号不能相同。

为了让 PID 运算以预想的采样频率工作,PID 指令必须在定时发生的中断程序中使用;或者用在主程序中,被定时器所控制,以一定频率执行。采样时间必须通过 PID 参数表输入到 PID 运算中。

4. 输入量的标准化和输出量的转化

每个 PID 回路有给定值(SP)和过程变量(PV)两个输入量。PID 指令在对这些量进行运算以前,必须把它们转换成标准的浮点型实数,步骤如下:

(1) 将 16 位整数输入值转换为双整数;

(2) 把双整数转成浮点型 32 位实数值;

(3) 把实数值标准化为 0.0~1.0 之间的实数。

下面的算式可以用来标准化给定值或过程变量:

$$R_{Norm} = R_{Raw}/S_{Pan} + \text{Offset} \tag{8-3}$$

式中 R_{Norm}——标准化后的实数值(0.0～1.0)；

R_{Raw}——没有标准化的实数值或原值；

S_{Pan}——可能的最大值减去可能的最小值，通常取32000(单极性)，或64000(双极性)；

Offset——取0.0(单极性)或0.5(双极性)。

图8.90是将一个单极性的模拟量输入值转化并标准化的一段程序示例。

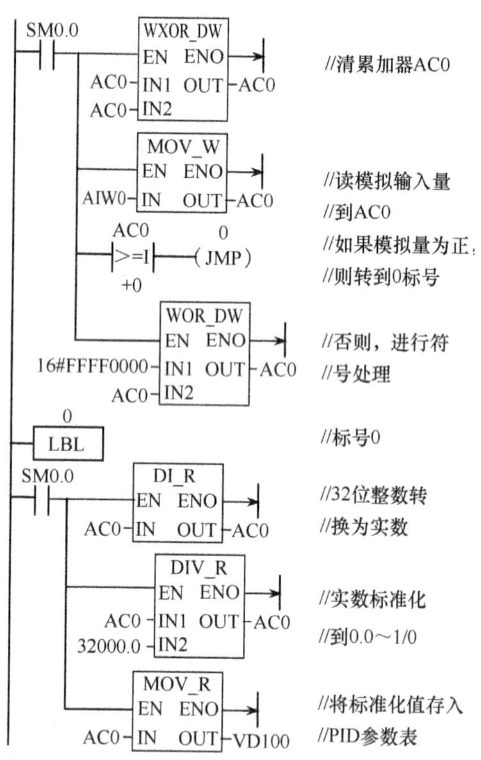

图8.90 单极性输入量的标准化程序

回路输出值一般是控制变量，比如，在汽车速度控制中，可以是油门开度的设置。同时，输出是0.0～1.0之间的标准化了的实数值，为了能够驱动实际驱动装置，必须把回路输出转换成相应的16位整数，步骤如下：

(1) 把标准格式的控制值(计算值Mn)转换成相应的实数格式，公式如下：

$$R_{Scal} = (M_n - \text{Offset}) \times S_{pan} \tag{8-4}$$

式中：R_{Scal}为控制值的实数格式；M_n为控制值的标准值；Offset与S_{pan}意义同式(8-3)。

(2) 把实数转换为32位整数；

(3) 把32位整数转换为16位整数。

5. PID控制的无扰动启动

PID运算周期执行，称为“自动”运行方式；若不执行PID指令，称为“手动”方式。为了使PID控制能够无扰动启动，在启动前，必须把“手动”方式的当前输出值填入PID参数表中的Mn栏。PID指令对回路表中的值进行下列动作，以保证从手动方式无扰动切换到自动方式：

给定值(SP_n) = 过程变量(PV_n)

过程变量前值(PV_{n-1}) = 过程变量现值(PV_n)

积分项前值(MX) = 输出值(Mn)

PID使能位的默认值是1，在CPU启动或从STOP方式转到RUN方式时建立。CPU进入RUN方式后首次使PID块有效，没有检测到使能位的正跳变，那么就没有无扰动切换的动作。

6. PID编程举例

例8.20 有一水箱需要维持一定的水位，该水箱里的水以随机变化的流量流出。这就需要有一个水泵以不同的速度给水箱供水，以维持水位基本不变。

本系统的控制值是水泵的转速(即电动机转速)，由PLC的AQW0输出控制：0对应额定转速的0%，30000对应额定转速的100%。

控制目标是水箱水位(即过程变量)，由PLC的AIW0读入：0对应满水位的0%，

30000 对应满水位的 100%。本系统给定值为水箱满水位的 75%(AIW0 = 22500),可以预先输入到回路表中。

过程变量值和 PID 输出值都是单极性模拟量。这两个模拟量的范围是 0.0 ~ 1.0,分辨率为 1/32000(标准化)。

在本系统中,只使用比例和积分控制,其回路增益和时间常数可以通过工程计算初步确定。但还需要进一步调整以达到最优控制效果。初步确定的增益和时间常数为: $K_c = 0.25$, $T_s = 0.1S$, $T_i = 30min$。

系统启动时,关闭水箱出水口,用手动控制进水泵速度,使水位达到满水位的 75%,然后打开出水口,同时水泵控制从手动方式切换到自动方式。切换由 I0.0 控制:0 代表手动;1 代表自动。

当工作在手动控制方式下,可以把水泵速度控制值(0.0 ~ 1.0 之间的实数)写到 VDl08(VDl08 是 PID 参数表中保存输出的寄存器)。

程序及注释如图 8.91 所示。

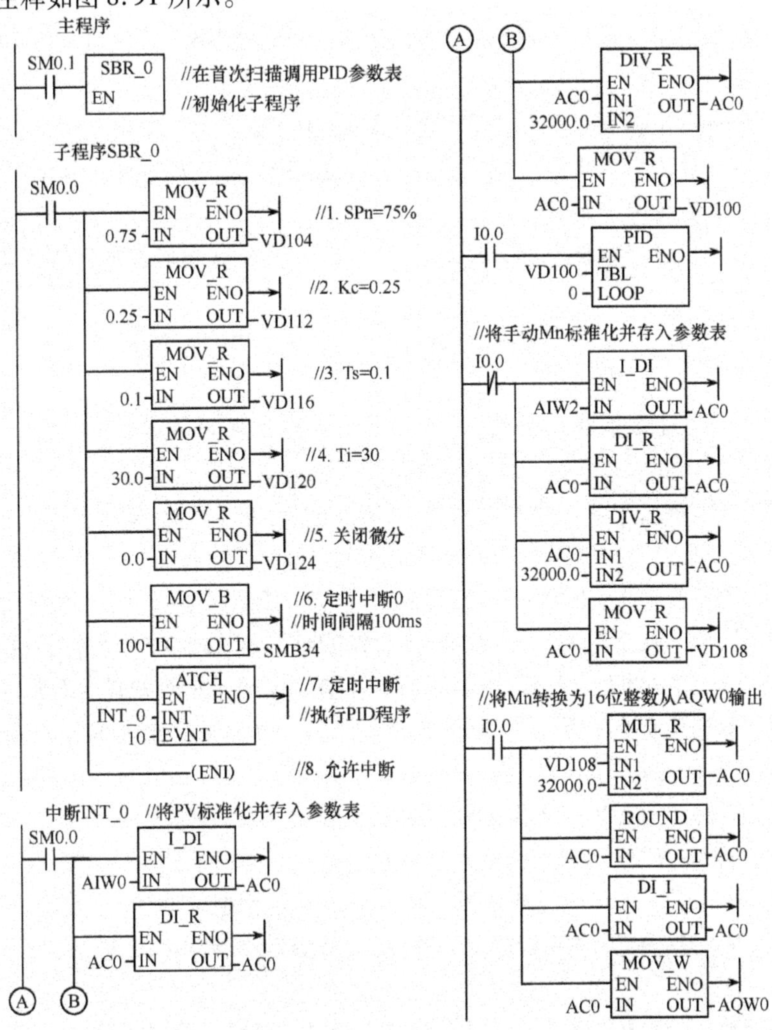

图 8.91 水箱恒水位供水控制程序

习题与思考题

8-1 简述 S7-200 PLC 的编程元件及有效寻址范围。

8-2 简述可编程控制器的扫描工作原理。

8-3 梯形图与继电器控制线路图的差别是什么？

8-4 可编程控制器由哪几部分组成？各部分的作用和功能是什么？

8-5 可编程控制器的数字量输出有几种输出形式？各有什么特点？都适用于什么场合？

8-6 试对鼠笼式电动机的进行可逆运行控制，要求：

(1) 启动时，可根据需要选择旋转方向；

(2) 可随时停车；

(3) 运行期间需反转时，可以改变旋向选择开关，但必须在停止 10s 后才可接通反转电路。

8-7 编写一个循环计数程序，计数范围 1~1000。

8-8 某锅炉的鼓风机总是比引风机晚 1min 启动，晚 30s 停止。试设计一段程序控制鼓风机和引风机的启动与停止。

8-9 编写一段梯形图程序，要求：由三个不同的按钮共同控制一盏灯，实现任一按钮皆可开灯或关灯。

8-10 某设备有甲、乙两台电动机必须按下述要求启/停，试设计一段程序满足其要求：

(1) 甲电动机上装有速度开关，并已调好。即高于规定转速时，速度开关闭合，否则处于断开。

(2) 系统启动时，甲电动机立即启动，当达到规定转速时，启动乙电动机。

(3) 系统停止时，甲电动机立即停止，当低于规定转速时，停止乙电动机。

8-11 某装料小车，当按下启动按钮后，可以从任意位置启动左行，到达左端压下行程开关 LS1，小车停止行进，装料门打开（通电打开，断电关闭），开始装料，15s 后装料结束，小车右行，到达右端压下行程开关 LS2，小车停止行进，并开始卸料（机械自卸），10 s 后卸料结束，小车又左行重复上述过程，直到按下停止按钮，小车完成卸料后停止。上述过程在启动后全部自动完成。试设计一段控制程序。

8-12 试设计如题 8-12 图所示的剪板机控制系统，要求：

(1) 初始状态，压钳和剪刀在上限位置（SQ1，SQ2 被压下）。

(2) 按下启动按钮 SB1，板料右行（由一个进料电动机带动），至 SQ3 处停止。此时压钳下行，压紧板料后，压力继电器 KA 动作（其动合触点接通），压钳保持压紧，剪刀开始下行。

(3) 剪断板料后，SQ4 被压下，压钳和剪刀同时上行，分别碰到 SQ1、SQ2 时停止，回到初始状态。

8－13　在题 8－13 图所示系统中，当按一次启动按钮 SB1，则小车按图中的行进路线往返一次，最后停止在左端的初始位置上。小车的左行与右行由一个电动机的正、反转来决定，每次反向时必须先停止 5s。试设计一控制程序。

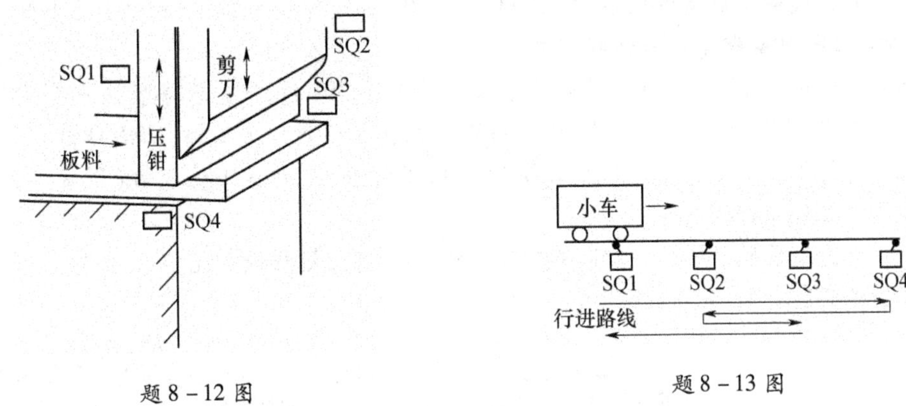

题 8－12 图　　　　　　题 8－13 图

8－14　某轧钢机的主传动电动机 A、循环水电动机 B、供料电动机 C、卷取电动机 D 的启动要求应符合下列关系：

（1）只有电动机 B 启动后电动机 A 才能启动。

（2）只有电动机 A 和 D 都启动 C 才能启动。电动机 A、B、C、D 各自的启动按钮和总停止按钮分别为 SB1～SB5。

试设计一控制程序。

8－15　在输出端 Q0.0～Q0.7 上分别接有 8 个灯，试用循环移位指令实现下列要求：

（1）每次点亮一个灯的循环流动。

（2）每次点亮二个相邻灯的循环流动。

8－16　如题 8－16 图所示一个圆盘形刀库可以绕轴转动，其上有 6 个工位。每个工位上面放着不同的刀具（用 1～6 表示），正下方有感应点供接近开关检测。有 6 个按钮 SB1～SB6 分别对应 6 个工位的刀具，当根据需要选择某按钮并点按后，对应的刀具转到正前方。试编程实现之。

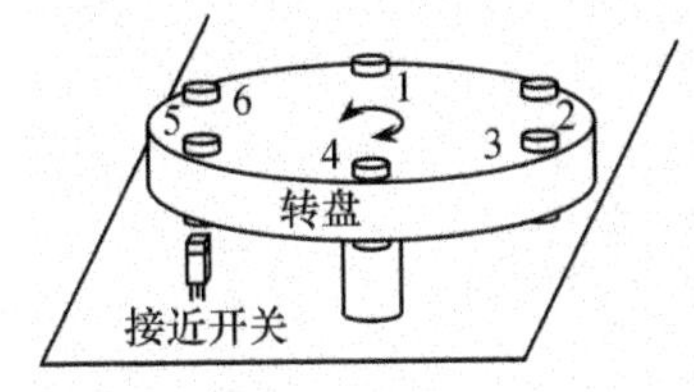

题 8－16 图

8－17　如题 8－17 图所示一个配有进料和出料的自动冲床。它由进料传送带、进料机械手、进料吸盘、出料机械手、出料吸盘、出料传送带和冲头等组成。其控制要求：

（1）按下启动按钮 SB1，进料传送带运转（接触器 KM1 通电），工件移动，到达工位 1 后（行程开关 SQ1 闭合），传送带停止（KM1 断电）。

（2）进料吸盘吸住工件（接触器 KM2 通电）。

(3) 进料机械手将工件送入工作台(接触器 KM3 通电),直到工件到达工位 2 后(行程开关 SQ2 闭合),自动停止。

(4) 进料吸盘放下工件(KM2 断电);进料机械手后退(KM3 断电)。

(5) 进料机械手后退到位后(即 KM3 断电 30s 后),冲头下降,完成冲压后上升(即接触器 KM4 通电 60s,整个冲压过程完成)。

(6) 出料机械手进入工作台(接触器 KM5 通电);30s 后,出料吸盘吸住工件(接触器 KM6 通电);出料机械手后退(KM5 断电);30s 后,出料吸盘放下工件(KM6 断电)。

(7) 出料传送带运转(接触器 KM7 通电),工件移动,到达工位 3 后(行程开关 SQ3 闭合),传送带停止(KM7 断电)。

(8) 上述过程反复循环,直到再次按下 SB1 后,待全过程进行完毕,才能停止。

试编程实现之。

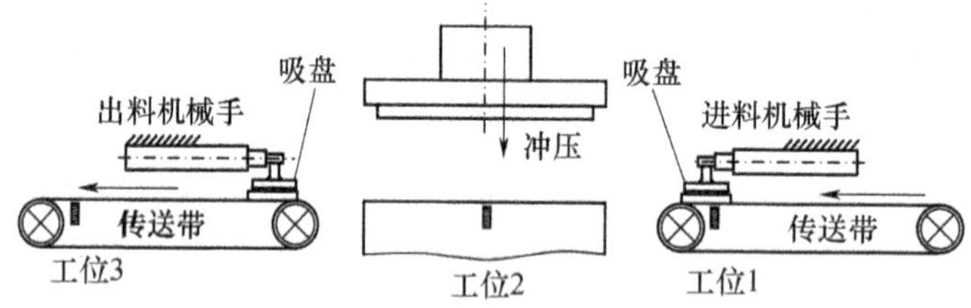

题 8－17 图

附录 常用电气的图形符号与文字符号

名 称	图 形 符 号	文字符号
导线的连接		
端子		
可拆卸的端子		
导线的连接	或	
导线的多线连接	或	
导线的不连接		
直流	—	DC
交流	~	AC
交直流		
接地		PE
接机壳或接底板		PE
电阻器		R
可变电阻器		R
压敏电阻器	U	RV
滑动触点电位器		RP
电容器		C
极性电容器	+ −	C
可变电容器		C
电感器		L

名 称	图 形 符 号	文字符号
带磁芯的电感器		L
有两个抽头的电感器		L
原电池或蓄电池		GB
加热元件		EH
直流发电机	G	G
直流电动机	M	M
交流电动机	M ~	M
直线电动机	M	M
步进电动机	M	M
电动机的换向绕组或补偿绕组		W
串励绕组		WF
并励或他励绕组		WF
三相鼠笼式异步电动机	M 3~	M
三相线绕式异步电动机	M 3~	M
自耦变压器		T
电抗器		LF

（续）

名称	图形符号	文字符号	名称	图形符号	文字符号
双绕组变压器电压互感器		T TV	自动空气断路器		QF
电流互感器		TA	接触器动合主触点		KM
			接触器动断主触点		KM
三相变压器（Y－△连接）		T	延时闭合的动合触点		KT
			延时断开的动合触点		KT
三相自耦变压器		T	延时闭合的动断触点		KT
			延时断开的动断触点		KT
整流器		SR	手动开关		S
桥式全波整流器		VC	启动按钮		SB
逆变器		U	停止按钮		SB
动合（常开）触点	或	K(KM)	复合按钮		SB
动断（常闭）触点		K(KM)	旋转开关、旋钮开关		SA
先断后合的转换触点		QB	行程开关、限位开关的动合触点、动断触点		SQ
中间断开的双向触点		SA			
多极开关（单线表示）			急停开关		QS
多极开关（多线表示）			复合行程开关		SQ

（续）

名 称	图形符号	文字符号
热继电器的驱动器件	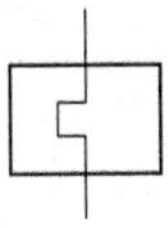	FR 
热继电器的触点	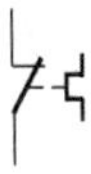	FR 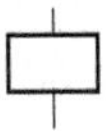
速度继电器的动合触点	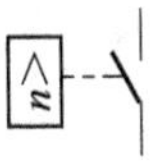 n	 KS
控制器或操作开关(图中表示操作手柄有五个位置)	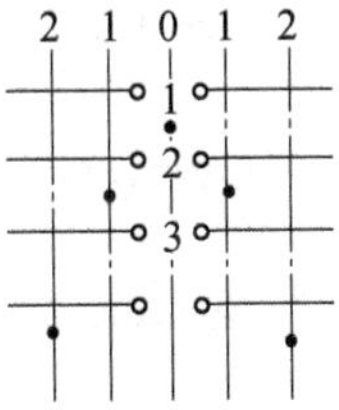 2 1 0 1 2 1 2 3	 S0
接近开关的动合触点	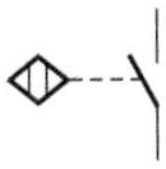	SQ 
接近开关的动断触点	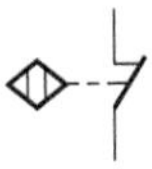	SQ 
铁控接近开关 (附动合触点)	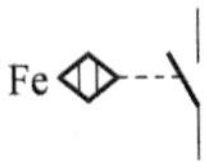 Fe	 SQ
磁控接近开关 (附动合触点)	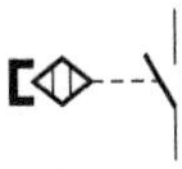	SQ 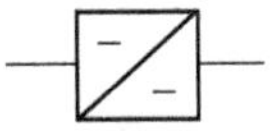
光控接近开关 (附动合触点)	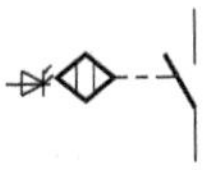	SQ 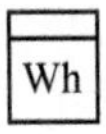
接触器线圈 继电器线圈	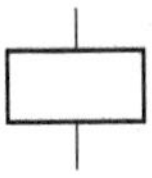	KM K
失电延时(延时释放) 继电器线圈	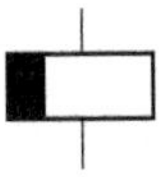	KT
得电延时(延时吸合) 继电器线圈	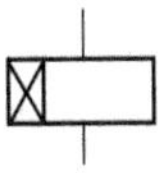	KT
过电流继电器线圈	$I>$	KA
欠电压继电器线圈	$U<$	KV
电磁铁线圈		YA
熔断器		FU
半导体二极管		V(VD)
发光二极管		
隔离开关		QG
热电偶		
直流变流器		U
电度表	Wh	PJ
电流表	A	PA
电压表	V	PV
指示灯 照明灯		HL EL
蜂鸣器		HA
光耦合器 (光隔离器)	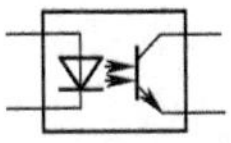	

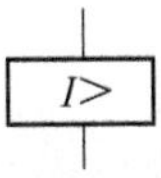

参 考 文 献

[1] 邓星钟,等. 机电传动控制(第4版)[M]. 武汉:华中科技大学出版社,2007.

[2] 孙建忠,刘凤春. 电机与拖动[M]. 北京:机械工业出版社,2007.

[3] 汤以范. 机电传动控制[M]. 北京:清华大学出版社,2010.

[4] 陈白宁,段智敏,刘文波. 机电传动控制基础[M]. 沈阳:东北大学出版社,2008.

[5] 李发海,王岩. 电机与拖动基础(第3版)[M]. 北京:清华大学出版社,2005.

[6] 顾绳谷. 电机及拖动基础(上、下册)(第3版)[M]. 北京:机械工业出版社,2004.

[7] 电机工程手册编辑委员会. 电机工程手册(第2版)[M]. 北京:机械工业出版社,1996.

[8] 胡学林,可编程控制器教程(基础篇)[M]. 北京:电子工业出版社,2003.

[9] 陈隆昌,阎治安,刘新正. 控制电机(第3版)[M]. 西安:西安电子科技大学出版社,2000.

[10] 程明. 微特电机及系统[M]. 北京:中国电力出版社,2009.

[11] 梅晓蓉,柏桂珍,张卯瑞. 自动控制元件及线路(第4版)[M]. 北京:科学出版社,2007.

[12] 李建兴,等. 电气控制技术[M]. 北京:机械工业出版社,2006.

[13] 高钟毓. 机电控制工程[M]. 北京:清华大学出版社,2001.

[14] 许瘳. 工厂电气控制设备[M]. 北京:机械工业出版社,2000.

[15] 方承远. 工厂电气控制技术[M]. 北京:机械工业出版社,2000.